普通高等教育机电类系列教材

机 械 工 程 导 论

主　编　谢黎明
副主编　靳　岚　刘芬霞
参　编　沈　浩　冯晓春　王得蛟
　　　　陈艳丽　高　双　邢冠梅
　　　　刘文静　姚引婧
主　审　傅水根

机 械 工 业 出 版 社

本书较全面地介绍了机械工程学及其相关知识，内容广泛，包罗万象。主要包括机械工程的过去与现在、材料发展史及工程材料、机械工程的基础理论，展望了机械制造的未来及其发展方向，具体叙述了机械制造业的最新设计手段、机械制造技术、能源技术及机械应用领域。

本书分4篇12章，将机械工程与社会发展、人们的日常生活以及现代高科技紧密结合起来。本书涵盖面广，面向新世纪，讲解精练、通俗易懂，具有较强的可读性与实用性。

本书可作为高等院校理工类或文管类各专业开设相关必修或选修课的教材，以扩大学生的知识面，又适合各相关领域工作者（大专院校教师、科研人员、管理人员）阅读，也可以供机械爱好者参考。

图书在版编目（CIP）数据

机械工程导论/谢黎明主编. —北京：机械工业出版社，2013.9（2026.2重印）
普通高等教育机电类系列教材
ISBN 978-7-111-44109-0

Ⅰ.①机… Ⅱ.①谢… Ⅲ.①机械工程-高等学校-教材 Ⅳ.①TH

中国版本图书馆CIP数据核字（2013）第222077号

机械工业出版社（北京市百万庄大街22号 邮政编码100037）
策划编辑：舒 恬 责任编辑：舒 恬 耿 娅 邓海平
版式设计：霍永明 责任校对：张 媛
责任印制：郜 敏
河北虎彩印刷有限公司印刷
2026年2月第1版第21次印刷
184mm×260mm · 17.5印张 · 434千字
标准书号：ISBN 978-7-111-44109-0
定价：49.80元

电话服务
客服电话：010-88361066
010-88379833
010-68326294

网络服务
机 工 官 网：www.cmpbook.com
机 工 官 博：weibo.com/cmp1952
金 书 网：www.golden-book.com
机工教育服务网：www.cmpedu.com

前　　言

机械工程学是人类科学技术发展史上历史最为悠久的学科之一，也是对人类社会进步具有巨大贡献的工程领域之一。近三百多年来世界经济社会发展史，可以说是一部灿烂辉煌的工业文明史，是一部技术革命和技术创新的历史，也是一部机械工程持续扮演主要角色的发展史。18 世纪的产业革命，实现了社会分工的变革并改变了人们的生活方式，但机械学科和以此为基础的制造业始终是一个国家的支柱产业。在世界进入知识经济时代的今天，由于微电子技术、计算机技术、网络技术、信息技术的迅猛发展，制造业已发生了而且还在继续发生着更为深刻的变化；制造技术与信息技术的紧密结合，特别是制造技术与计算机技术的紧密结合，使现代制造技术所拥有的技术较之以往更为高、更为新、更为广，更为复杂而先进。

21 世纪制造业的发展和变化将是令人炫目、令人无法想象的，设计手段、制造理论、工艺方法不断推陈出新，微电子技术、控制技术、信息与计算机技术、传感技术、生物技术与机械学科的交叉、渗透、融合，逐步形成了制造科学与技术的许多新理论、新观念、新方法、新成果，从一个侧面给人们描绘了一幅未来信息社会的壮丽图景。

本书基于二十大报告中关于“深入实施科教兴国战略、人才强国战略、创新驱动发展战略”的要求，在详细讲授基础理论知识的同时融入探索性实践内容，以增强学生的自信心和创造力，即用学科理论知识促进学生活跃思维、敢于创新，尽可能地将新思路在实践中进行创造性的转化，推动科学技术实现创新性发展。

本书试图向读者展示机械工程的发展历史，当今制造业的设计手段、加工方法、服务领域，机械制造业的未来的发展方向。希望读者在详细阅读和学习本书后，能够对制造这一概念有一种豁然开朗和回味无穷之感。

本书分为 4 篇 12 章，由谢黎明担任主编，靳岚、刘芬霞担任副主编，沈浩、冯晓春、姚引婧、王得蛟、邢冠梅、陈艳丽、高双和刘文静参与了主要章节的编写工作。

本书可作为高等院校理工科及文科各专业所开设的相关必修或选修课的教材，以扩大学生知识面，又适合各相关领域工作者（大专院校教师、科研人员、管理人员）阅读，也可以供机械爱好者参考。

机械工程学科涉及的知识面非常广泛，由于作者水平限制，因此书中的错误、不妥和欠缺之处在所难免，恳请读者批评指正，作者不胜感激！

作　者

目　录

绪　　论

第一节　机械与机械工程

一、机械概述

机械始于工具，工具即是简单的机械。机械的发明是人类区别于其他动物的一项重要标志，人之所以成为地球的主宰，能够利用工具是重要的一条。人类最初制造的工具是石器，如石刀、石斧、石锤等。随着时代发展和社会进步，人类依靠自己的智慧使得工具在种类、材料、工艺、性能等方面不断丰富、完善并日趋复杂，现代各种精密复杂的机械都是从古代简单的工具逐步发展而来的。

机械是人类生产和生活的基本要素之一，是人类物质文明最重要的组成部分。

人类现在已能上游天空和宇宙，下潜大洋深层，远窥百亿光年，近察细胞和分子。机械技术在整个技术体系中占有基础和核心地位，机械技术的历史与人类社会的发展史一样源远流长。

什么是机械呢？许多中外机械专家都给它下过不同的定义。由于机械所涵盖的内容非常广泛，要下一个简明的定义很难。一台简单的机器可以称作机械；一套复杂的成套设备也是机械；一个机件可以称作机械，多个构件组成的实现各种运动形式的机构也是机械。简单地说，机械就是实现某些工作任务的机具或装备，也是机器和机构的总称。

机械是现代社会进行生产和服务的五大要素（即人、资金、能量、材料和机械）之一。任何现代产业和工程领域都需要应用机械，就是人们的日常生活，也越来越多地应用各种机械了。从某种意义上讲，所有的机械、工具等都是人的某个或某些器官能力的延伸。今天，工具、机械已经渗透到人们生活中的每一个方面。清早醒来，打开窗户，你已经无意中起动了连杆机构；抬起手腕，看看时间，你也许不会意识到其中的齿轮正在传动；驾上爱车，匆匆赶路，你又能否想起发动机和摩擦力的作用呢？实际上，在人们的生活和工作中，机械无处不在。穿衣离不了纺织机械，吃饭离不了食品机械，住房离不了建筑机械，出行离不了交通机械，上天入地、出洋下海更是样样离不了机械。

18 世纪中叶英国工业革命开辟了机械时代，用机器代替人工进行生产，从而造成生产方式的变革，才使世界有了飞速的发展。

中国是世界上机械发展最早的国家之一。我国古代在机械方面有许多发明创造，在动力的利用和机械结构的设计上都有自己的特色。许多专用机械的设计和应用，如指南车、地动仪等，均有独到之处，为社会的发展进步作出了卓越的贡献，有些机械甚至至今还在发挥着作用。最典型的古代机械有辘轳、水车等提水机械；水磨、水转大纺车等水力机械；指南车、记里鼓车及各类车船交通机械；浑仪、简仪、地动仪、铜壶滴漏等天文、观测和计时机械；耕、犁、耧车、扇车等农业机械；缫车、纺车、织机等纺织机械；弓、弩、发石机等军事机械；还有铸造、锻造、表面处理、切削加工等各种加工技术和加工机械等。这些机械与技术无一不透露出古代先民的智慧和创造力。

现代机械涵盖的范围更加广泛。按照能量转换角度划分，有动力机械，它把各种能源转换为便于利用的机械能，如风力机、汽轮机、内燃机、汽油机、电动机、液压马达、气动马达等；有能量换机械，它把机械能转换为其他能源形式，如发电机、液压泵、压缩机等；还有工作机械，它利用人力、畜力和动力机械提供的机械能来改变工作对象的状态和位置。按功能可分为粉碎机械、物料搬运机械等。如果按照产业领域和服务对象划分，有工作母机（各类机床）、矿山机械、冶金机械、石油机械、农业机械、林业机械、交通运输机械、建筑机械、纺织机械、造纸机械、塑料机械、橡胶机械、造纸机械、印刷机械、仪器仪表等。也许你还能发现更多的种类。

二、机械工程

机械工程就是以有关的自然科学和技术科学为理论基础，结合在生产实践中积累的技术经验，研究和解决在开发设计、制造、安装、运用和修理各种机械中的理论和实际问题的一门应用学科。

各个工程领域的发展都要求机械工程有与之相适应的发展，都需要机械工程提供所必需的机械。某些机械的发明和完善，又会导致新的工程技术和新的产业的出现和发展。例如，大型动力机械的制造成功，促成了电力系统的建立；机车的发明导致了铁路工程和铁路事业的兴起；内燃机、燃气轮机、火箭发动机等的发明和进步，以及飞机和航天器的研制成功导致了航空航天事业的兴起；高压设备的发展导致了许多新型合成化学工程的成功等。机械工程就是在各方面不断提高的需求的压力下获得发展动力，同时又从各个学科和技术的进步中得到改进和创新的能力。

机械工程的服务领域广阔而多面，凡是使用机械、工具，以至能源和材料生产的领域，都需要机械工程的服务。概括说来，现代机械工程有五大服务领域：研制和提供能量转换的机械、研制和提供用以生产各种产品的机械、研制和提供从事各种服务的机械、研制和提供家庭和个人生活中应用的机械、研制和提供各种先进的武器装备。

另外，机械在其研究、开发、设计、制造、运用等过程中都要经过几个工作性质不同的阶段。按这些不同阶段，机械工程又可划分为互相衔接、互相配合的几个分支系统，如机械科学、机械设计、机械制造、机械应用和机械维修等。

这些按不同方面分成的多种分支学科系统互相交叉，互相重叠，从而使机械工程可能分化成上百个分支学科。例如，按功能分的动力机械；按工作原理分的热力机械、流体机械、往复机械、蒸汽动力机械、核动力装置、内燃机、燃气轮机；按行业分的中心电站设备、工业动力装置、铁路机车、船舶轮机工程、汽车工程等都有复杂的交叉和重叠关系。船用汽轮机是动力机械，也是热力机械、流体机械和透平机械，它属于船舶动力装置、蒸汽动力装置，可能也可以属于核动力装置等。

不论服务于哪一领域，机械工程的内容基本相同：建立和发展机械工程的工程理论基础。例如，研究金属和非金属的成形和切削加工的金属工艺学和非金属工艺学；研究各类有独立功能的机械构件的工作原理、结构、设计和计算的机械原理和机械零件学；研究力和运动的工程力学和流体力学；研究金属和非金属材料的性能及其应用的工程材料学；研究热能的产生、传导和转换的热力学等。

三、机械工程的发展历程

人类成为"现代人"的标志就是制造工具。石器时代的各种石斧、石锤和木质、皮质的简单粗糙的工具是后来出现的机械的先驱。从制造简单工具演化发展到制造由多个零件、部件组成的现代机械，经历了漫长的过程。

1. 中国古代机械

中国在大约40~50万年前就已出现加工粗糙的刮削器、砍砸器和三棱形尖状器等原始工具。4~5万年前出现了磨制技术，许多石器都已比较光滑，刃部也较锋利，并有单刃、双刃、凸刃、凹刃和圆刃之分。新石器时代晚期，人们已能用石范和泥范（用石或泥制的模子）铸造简陋的工具和武器。中国在28000年前出现弓箭，这是机械方面最早的一项发明；公元前8000~公元前2800年期间出现了陶轮（制陶用转台）；农具大约出现在公元前6000~公元前5000年，除石斧、石刀外，还有石锄、石铲、石镰、蚌镰、骨镰和骨耜（耜，古代农具名，形似锹），石斧和石刀上已有用硬质砂子磨削而成的孔。

人类从石器时代进入青铜时代，再进而到铁器时代。在此漫长的历史进程中，用以吹旺炉火的鼓风器的发明和发展起了重要作用。有足够强大的鼓风器，才能使冶金炉获得足够高的炉温，从矿石中冶炼金属。在中国，公元前1000年~公元前900年就已有了冶铸用的鼓风器，并逐渐从人力鼓风发展到畜力和水力鼓风。中国古代金属冶铸技术发明时间较早，且技术精湛，已发现的中国最早的青铜器，如甘肃东乡马家窑出土的铜刀，距今已有4800年左右的历史。殷商时期，随着手工业生产的发展和技术水平的提高，形成了灿烂的青铜文化。青铜冶铸技术得到高度发展，春秋时期的青铜铸件曾侯乙尊盘已十分精细。商周时期的青铜器朴质雄浑，春秋时期的青铜器纤细精巧，形成了中国古代青铜器的独特风格。

中国是世界上机械发展最早的国家之一。中国古代在机械方面有许多发明创造，在动力的利用和机械结构的设计上都有自己的特色。许多专用机械的设计和应用，如指南车、地动仪等，均有独到之处。

夏代以前和夏代，先后出现了辁（古代无辐的木制车轮，有辐曰轮，无辐曰辁）和各种有辐条的车轮；殷商和西周时已有相当精致的两轮车；独木舟和筏等水上运输工具早就相继出现。

春秋至魏汉时期（公元前770~公元265年）是中国古代机械开始较快发展的时期。春秋时期铁器和生铁冶铸技术开始出现；黑心可锻铸铁、白心可锻铸铁和锻钢的出现，加速了由铜器向铁器时代的过渡；春秋中期以后发明了失蜡铸造法和低熔点合金铸焊技术；战国时期又有了叠铸和锚链铸造等工艺；西汉中期已炼出灰铸铁，并出现了壁厚3~5mm的薄壁铸铁件。

春秋时期出现弩，控制射击的弩机已是比较灵巧的机械装置。到汉代，弩机的加工精度和表面质量已达到相当高的水平。汉弩有一石至十石等八种规格，这些规格的形成表明机械制造标准在汉代已初步确立。弩机上大都留有作工、锻工、磨工等的名字。

战国时期流传的《考工记》是现存最早的手工艺专著，其中记有车轮的制造工艺。对弓的弹力、箭的射速和飞行的稳定性等都作了深入的探索。

1980年出土的秦始皇陵铜车马如图0-1所示。铜制，高1.042m，全长3.284m。马高

0.92m，总质量约1200kg，车马结构完整，挽具齐全。装饰物和一些小型构件由金银制成，显得异常富丽堂皇。铜车结构十分精密，镂雕成菱形花纹格的车窗启闭自如，金属鞍辔上雕有精美的花纹装饰，辔绳婉转灵活。全车通体彩绘，工艺精湛，气魄恢宏，反映出秦代铸造技术、金属加工和组装工艺的高超水平。同时，它是目前发现年代最早、形体最大、保存最完整的铜铸车马，对研究中国古代冶炼技术、机械加工技术等，都具有极其重要的历史价值。

图0-1　秦始皇陵铜车马

汉代已有各类舰船和大量的三四层舱室的楼船。有些舰船已装备了艉舵和高效率的推进工具橹。西汉时的被中香炉构造精巧，无论球体香炉如何滚动，其中心位置的半球形炉体都能经常保持水平状态。

汉代张衡利用漏壶的等时性制成水运浑象，以漏水为动力通过齿轮系使浑象每天等速旋转一周。公元132年张衡创制了世界上第一台地震仪，即候风地动仪。汉代纺织技术和纺织机械也不断发展，绫机已成为相当复杂的纺织机械。汉代的农具铁犁已有犁壁，能起翻土和碎土的作用，汉武帝时赵过即已创制三脚耧，一天能播种一顷地。在这一时期，大型铜铁铸件和大型机械结构陆续出现。

唐末时期机械制造已有较高水平。如西安出土的唐代银盒，其内孔与外圆的不同心度很小，子母口配合严紧，刀痕细密，说明当时机械加工精度已达到新的水平。水力机械方面，唐代已有筒车，从人力提水发展为水力提水。在运输工具方面，人力和水力并用，在技术上有进一步发展。南朝齐祖冲之所造日行百里的所谓千里船和南朝梁侯景军中的160桨快船，都是人力推进的快速舰船，南北朝时期出现了车船。唐代的李皋对车船的改进起了承前启后的作用。

南宋末期创造出先进的水转大纺车，三摧、五摧（锭）手摇纺车曾是当时世界上比较先进的人力纺纱机具。元代薛景石所著《梓人遗制》是木工名家总结亲身经验之作，并详细记述了当时通行的纺织机具和车辆，以古代著名的木制机械技术专著而留世。

北宋苏颂和韩公廉等制成的木构水运仪象台，能用多种形式表现天体时空的运行。它由水力驱动，其中有一套擒纵机构。水运仪象台代表了当时机械制造的水平高度，是当时世界上先进的天文钟。元代的滚柱轴承也属当时世界上先进的机械装置。

明初的造船业已有很大进展。郑和下西洋的船队是当时世界上最大的船队。郑和所乘宝船长约137m，12张帆，舵杆长11m，是古代最大的远洋船舶。当时的机械制造主要依靠手工操作，故船用机件，大者如千钧锚，是靠人工先锻成四爪，然后依次逐节锻接而成；小者如制针用的钢丝，也用手工制成。

明代已有活塞风箱。它是宋元木风扇的进一步发展，风箱靠活塞推动和空气压力自动启闭活门，成为金属冶铸的有效的鼓风设备。

机械技术的进步促进了古代学术研究。王徵于1627年编译和出版了《远西奇器图说录最》，介绍了西方机械工程的概况。来自西方的自鸣钟表等也在一定范围内得到流传。

1634～1637年，明朝的宋应星编著和出版了《天工开物》，记录了许多先进的工艺技术和科学创见。它反映出当时的农业和手工业的生产技术水平。记载了不少有关机械制造和产品性能的情况。内容涉及泥型铸釜、失蜡法铸造以及铸币等铸造技术，还记述了千钧锚和软硬绣花针的制造方法、提花机和其他纺织机械以及车船等各种交通工具的性能和规格等。《天工开物》被称为中国17世纪的工艺百科全书。

清乾隆年间宫廷造办处曾制造打更钟，它依靠悬锤的重力驱动，并增添了精确的报更机构，加工精致，富有中国民族特色。明清两朝中国钟表工匠创制了不少新奇的钟表。当时的广州、苏州、南京、扬州等地，成为有名的制造钟表的城市。

2. 指南车

早在商代，我国工匠已经能制造相当高级的两轮车，车轮有辐条，结构精致华美。周代已经采用油脂作为轴承润滑材料。春秋战国时期除了出现高架车辆、巢车等新型车辆以外，还特别注意薄弱环节的加强，如车轮上出现夹辅（车旁横木。辅所以益辐，使之能重载）等。

在汉魏时期，盛行独轮车。独轮车在当时是一种极经济而应用很广的交通运输工具，在交通运输史上是一项十分重要的发明。《三国演义》中所着力描述的“木牛流马”，据许多专家考证，所谓的“木牛”，就是四轮车，所谓“流马”，就是独轮车，“木牛流马”是独特的独轮车，其车形似牛似马，具有特殊的运输功能。

指南车在汉魏时期就已经出现。根据历史记载，我国东汉杰出的科学家张衡发明过指南车，可是他的制造方法不久就失传了。到了三国时候，有个叫马钧的发明家，曾经重新造出了指南车。

指南车是一辆双轮独辕（辕，车前驾牲口的直木）车，由马来拉动，如图0-2所示。车箱内采用一种能自动离合的齿轮系。车箱外壳上层，置有一个木刻的木人，无论车朝哪个方向转弯，它的伸臂都指向南方。从三国时期开始，历代史书差不多都有记里鼓车和指南车的记载，但是比较简略。直到宋元时期，《宋史》才详细地记载了它们的内部齿轮构造。

图0-2　指南车

指南车的制法，主要是采用差动齿轮的机械原理。车里面装有九个大小不同的齿轮，当两个齿轮组合在一起时，一个齿轮向右转，相邻一个便相反地向左转。利用这个道理，可以使指南车上木人的手臂指向南方，当车轮向东转时，有的齿轮就反转，使手臂仍保持向南，所以不管车轮怎么转，手臂可以永远指向南方。据考证，其构造大体是：车中水平地安装着一个大平轮（有48个齿），其中心竖一长轴，上面立着一个木雕小人。车轮直径6尺[㊀]，两轮间的距离也是6尺。两个车轮内侧各装有一个小齿轮（有24个齿），它们能随着车轮一起转动。在大平轮和小齿轮之间的空隙上方用绳子各悬着一个小平轮（有12个齿），绳子的另一端系在车辕的后端。

指南车结构简单，能使木人的手臂始终指向南方，关键就在于差动齿轮系的设计。它体

㊀ 1尺＝（1/3）m。

现了两千年前我国机械工程技术的先进水平，是我国古代科学技术的卓越成就。

3. 蒸汽机与近代工业革命

机械工程通过不断扩大的实践，从分散性的、主要依赖工匠们个人才智和手艺的一种技艺，逐渐发展成为一门有理论指导的、系统的和独立的工程技术。16 世纪以前，机械工程发展缓慢。但在以千年计的实践中，在机械发展方面还是积累了相当多的经验和技术知识，成为后来机械工程发展的重要潜力。17 世纪以后，资本主义在英、法和西欧诸国出现，商品生产开始成为社会的中心问题。在 18 世纪中后期，蒸汽机的应用从采矿业推广到纺织、面粉、冶金等行业。制作机械的主要材料逐渐从木材改为更为坚韧，但难以用手工加工的金属。机械制造业开始形成，逐步成为一个重要产业。机械工程是促成 18 ~ 19 世纪的工业革命以及近代机械大生产的主要技术因素。

（1）蒸汽机的出现　蒸汽机是将蒸汽的能量转换为机械功的往复式动力机械。蒸汽机的出现曾引起了 18 世纪的工业革命。直到 20 世纪初，它仍然是世界上最重要的原动机，20 世纪中叶才逐渐让位于内燃机和汽轮机等。

16 世纪末到 17 世纪后期，英国的采矿业，特别是煤矿，已发展到相当的规模。单靠人力、畜力已难以满足排除矿井地下水的要求，而现场又有丰富而廉价的煤作为燃料。现实的需要促使许多人，如英国的工程师萨弗里、纽科门等致力于“以火力提水”的探索和试验。世界上第一部实用蒸汽机是由萨弗里制造的，他于 1698 年制成一台能从矿井中抽水的蒸汽水泵，被称为“矿工之友”。与此同时，纽科门设计了另外一种更加安全实用的抽水机并于 1705 年制成第一台有实用意义的大气式蒸汽机，又称纽科门蒸汽机，在当时英国的煤矿和金属矿中使用。纽科门蒸汽机的蒸汽气缸和抽水缸是分开的，蒸汽通入气缸后在内部喷水使其冷凝，造成气缸内部真空，气缸外的大气压力推动活塞作功，再通过杠杆、链条等机构带动水泵活塞。

18 世纪中叶，瓦特在前人科学研究和实验的基础上，对蒸汽机作了重大的改进，创造出更好、更实用的蒸汽机，效率提高了 4 倍之多，对在英国发生的工业革命起了关键性的和主导的作用。1765 年，他制作了一台试验性的有分离凝汽器的小型蒸汽机，并于 1769 年取得了标名为“在火力机中减少蒸汽和燃料消耗的新方法”的专利；1776 年，瓦特与博尔顿合作制造的两台蒸汽机开始运转；1781 年瓦特又取得双作用式蒸汽机的专利。到了 1804 年，英国的棉纺织业已普遍采用蒸汽机作为生产动力。

使用蒸汽机增加了燃料生产，又以廉价的不用人力、畜力的能量，促进了矿产尤其是煤的开采，从而加快了采矿业的发展与金属冶炼技术的提高。机械工程在世界范围内出现了飞速的发展，并获得了广泛的应用。

（2）第一次工业革命　工业革命（The Industrial Revolution），又称产业革命，发源于英格兰中部地区，是指资本主义工业化的早期历程，即资本主义生产完成了从工场手工业向机器大工业过渡的阶段。工业革命首先在英国掀起，后来逐步波及其他各国，前后延续了一个多世纪。英国工人哈格里夫斯发明了珍妮纺纱机，18 世纪中叶，英国人瓦特改良了蒸汽机，蒸汽机的发明和使用标志着工业革命的开始。在工业革命中最主要的变革是：用生产能力大和产品质量高的大机器，取代了手工工具和简陋机械；用蒸汽机和内燃机等无生命动力，取代了人和牲畜的肌肉动力；用大型的集中的工厂生产系统，取代了分散的手工业作坊。在这期间，动力机械、生产机械和机械工程理论都获得了飞跃性的发展。

机械工程的发展在工业革命的进程中起着重要的骨干作用。例如，18 世纪中叶以后，英国纺织机械的出现和使用，使纺纱和织布的生产技术迅速提高；蒸汽机的出现和推广使用，不仅促进了当时煤产量的迅速增长，并且使炼铁炉鼓风机有了机器动力，而使铁产量成倍增长，煤和铁的生产发展又推动各行各业的发展；蒸汽机用于交通运输，出现了蒸汽机车、铁路、蒸汽轮船等，这又促进了煤、钢铁工业和其他工业的发展；汽轮机、内燃机和各种机床相继出现。

19 世纪中期内燃机问世。第一台在工厂中实际使用的内燃机，是 1860 年法国勒努瓦制造的无压缩过程的煤气机，其基本结构与当时的蒸汽机相差不多。

动力机械包括蒸汽机、内燃机、汽轮机和水轮机等。动力机械技术的突破，促进了各技术领域的突飞猛进。

1862 年，法国罗沙提出四冲程循环的基本原理；1876 年，德国奥托制成四冲程往复活塞式单缸卧式煤气机，比勒努瓦的煤气机效率更高，功率更大；1878 年，英国克拉克制成了二冲程循环的内燃机；1892 年，德国狄塞尔提出压燃式内燃机原理，为提高内燃机热效率作出了重要贡献；1897 年他制成第一台压缩点火式内燃机（柴油机），使用液体燃料，按四冲程原理工作，热效率高于当时其他内燃机。早期的压燃式内燃机的转速比较低，进入 20 世纪后，内燃机的转速开始大幅度提高。

随着发电机和电动机的发明，世界开始进入电气时代。火力发电站迅速兴起，大功率的高速汽轮机应运而生。1882 年，瑞典的拉瓦尔制成第一台单级冲动式汽轮机。

第一台有实用意义的汽轮机，是英国帕森斯在 1884 年制成的多级反动式汽轮机，它利用反作用的原理使涡轮旋转，但功率仅为 7.5kW。不久，他又制造出每台为 1000kW 的发电用的汽轮机；1896 年，法国拉托把几个单级冲动式汽轮机串联在一起，形成多级冲动式汽轮机；同年，美国柯蒂斯也获得汽轮机的发明专利，他把蒸汽的动能分两部分供给两排动叶片，因而转速比拉瓦尔的单级冲击式汽轮机低。汽轮机的进一步发展把冲击式和反作用式结合起来，改善了汽轮机的性能。

水轮机虽是一种古老的水力机械，但发展成为高效率、大功率的、能适合机器大工业生产需要的机器，则是近代的事。1827 年，法国工程师富尔内隆成功地试制了反作用水轮机；1838 年豪特发明一种向心流动的水轮机；1849 年前后美国弗朗西斯设计了混流式水轮机，对水轮机作出了很大的改进。

随着蒸汽机和内燃机的出现和使用，交通运输工具也得到了发展。第一辆蒸汽汽车是法国人居诺于 1769 年制成的，它有三个轮子，速度很慢；1803 年，英国特里维西克制成高压蒸汽汽车，并驾驶它行进在伦敦的街道上；19 世纪下半叶，汽油机汽车出现；至 19 世纪末，世界上已有成百家作坊式的汽车工厂。

机械制造的革新和机床工业的形成，是工业革命后期的非常重要的一个方面。英国大约用了半个世纪的时间完成了机械制造方面的革命，到 1861 年所有的机械和机器基本上都可以用机器来制造了。

在欧洲，加工技术的改进从 17 世纪就已经开始了。18 世纪时，车床逐渐由木结构改为金属结构。1750 年，法国蒂奥在车床上安装了一个刀架，用丝杠驱动作纵向移动，比过去手握车刀前进了一大步；1774 年威尔金森制造了一台新的炮筒镗床，可以加工直径达 1.83m 的内圆，1775 年他曾为瓦特成功地加工出蒸汽机气缸；1770 年英国拉姆斯登首先用车床制造螺钉；1784年布拉默制成一把具有比较复杂机构的锁，他还和莫兹利共同改进和制造了几种机床。

1797年，莫兹利在车床上安装了丝杠、光杆和滑动刀架，能加工精密平面和精密螺钉，使机械制造技术的精度水平大为提高。1836年，内史密斯制成刨床。这台刨床已经具备了现代牛头刨床的基本结构。1842年他还设计制造了单作用和双作用的蒸汽锤，扩大了锻件的尺寸。1830～1850年间，惠特沃思利用螺纹微调原理制造的测量装置，使机械产品质量进一步提高，为后来的互换性生产创造了条件。

19世纪机械制造方面的重大技术进步是发展了零件的互换性，从而提高了生产的经济性。1845年，美国制造出转塔车床，用八个刀具装在可旋转塔形支架上，由一人操作轮流完成八种加工工序，1861年又实现了转塔的自动转动。之后为进一步节省劳动力，又研制出自动螺纹车床。

19世纪下半叶，新的工具材料和新的动力来源也促进了机床的继续发展。1850年的碳素钢刀具只能在约12m/min以下的切削速度下工作。1868年穆舍特发明含有钨和钒的锰钢（合金工具钢）使切削速度提高到18.3m/min。1898年泰勒等人用含铬的高速钢把切削速度提高到36.6m/min。切削速度的提高反过来又促进了机床各部分强度、轴承、变速机构的改进。

在19世纪的大部分年代里，机床的动力来源主要是蒸汽动力，车间顶棚布满了纵横交错的轴和传动带。1873年，电动机成为机床的动力，开始了电力取代蒸汽动力的时代。

最初，电动机安装在机床以外的一定距离处，通过带传动。后来把电动机直接安置在机床本身内部。19世纪末，已有少数机床使用两台或多台电动机，分别驱动主轴和进给机构等。至此，被称为“机械工业的心脏”的机床工业已初具规模。

18世纪以前，机械匠师全凭经验、直觉和手艺进行机械制作，与科学几乎不发生联系。到18～19世纪，在工业革命的促进下，掌握科学知识的人士开始注意生产，而直接进行生产的匠师则开始学习科学文化知识，他们之间的交流和互相启发取得很大的成果。在这个过程中，逐渐形成一整套围绕机械工程的基础理论。进入20世纪后，迅速发展的汽车工业和后来的飞机工业，又促进了机械制造技术向高精度、大型化、专用化和自动化的方向继续发展。

4. 现代机械工程

19世纪，机械加工的各个领域，包括锻压、焊接、热处理等技术及装备，金属切削加工技术和机床、刀具、量具等，都得到迅速发展，保证了各产业发展生产所需的机械装备的供应。

生产批量的增大和精密加工技术的进展，促进了大量生产方法的形成，如零件互换性生产、专业分工和协作、流水加工线和流水装配线等。

简单的互换性零件和专业分工协作生产，在古代就已出现。在机械工程中，互换性最早体现在英国人莫兹利于1797年利用其创制的螺纹车床所生产的螺栓和螺母上。同时期，美国工程师惠特尼用互换性生产方法生产火枪，显示了互换性的可行性和优越性。这种生产方法在美国逐渐推广，形成了所谓“美国生产方法”。

从18世纪起，新理论的不断诞生，以及数学方法的发展，使设计计算的精确度不断地提高。进入20世纪以后，世界机械工程的发展远远超过了19世纪。出现了各种实验应力分析方法，人们已能用实验方法测出模型和实物上各部位的应力。尤其是第二次世界大战以后，由于科学技术工作从个人活动走向社会化，科学技术的全面发展，特别是电子技术、核技术和航空航天技术与机械技术的结合，大大促进了机械工程的发展。20世纪初期，美国人福特在汽车制造上创造了流水装配线。大量生产技术加上泰勒在19世纪末创立的科学管理方法对工业活动进行的分解与优化，使汽车和其他大批量生产的机械产品的生产效率很快达到了过去无法想象的高度。

第二次世界大战前的四十年，机械工程的发展主要是继承19世纪延续下来的传统技术，并不断改进、提高和扩大其应用范围。如农业和采矿业的机械化程度有了显著的提高；动力机械功率增大，效率进一步提高；内燃机的应用普及到几乎所有的移动机械。随着工作母机设计水平的提高及新型工具材料和机械式自动化技术的发展，机械制造工艺的水平有了极大的提高。

第二次世界大战以后的三十年，机械工程除原有技术的改进和扩大应用外，与其他科技领域的广泛结合和相互渗透明显加深，形成了机械工程的许多新的分支，机械工程的领域空前扩大，发展速度加快。这个时期，核技术、电子技术、航空航天技术迅速发展，生产和科研工作的系统性、成套性、综合性大大增强，机器的应用几乎遍及所有的生产部门和科研部门，并深入到生活和服务部门。

从20世纪60年代开始，计算机逐渐在机械工业的科研、设计、生产及管理中普及应用，过去机械工程中许多不便计算和分析的工作，已能用计算机加以科学计算，为机械工程各学科向更复杂、更精密方向发展创造了条件。

进入20世纪70年代以后，机械工程与电工、电子、冶金、化学、物理和激光等技术相结合，创造了许多新工艺、新材料和新产品，使机械产品精密化、高效化和制造过程的自动化等达到了前所未有的水平。

20世纪中、后期，机械加工的主要特点是：不断提高机床的加工速度和精度，减少对手工技艺的依赖；提高成形加工、切削加工和装配的机械化和自动化程度；利用数控机床、加工中心、成组技术等，发展柔性加工系统，使中小批量、多品种生产的生产效率提高到近于大量生产的水平；研究和改进难加工的新型金属和非金属材料的成形和切削加工技术。

随着电子技术、信息处理、传输技术及自动控制技术的发展以及微型计算机的出现，给机械加工自动化技术带来了新的概念。用数字化信号对机械运动和工作过程进行控制，推动了机床自动化的发展。数控技术的应用不但给传统的机械制造业带来了革命性的变化，而且使制造业成为工业化的象征。

现代航空航天制造技术是集现代科学技术成果之大成的机械制造技术，远远高于一般制造技术，不断由一般机械制造向高技术和提供技术密集型产品的高精尖先进制造技术的方向发展。航空航天制造工程的技术状况，是衡量一个国家科技发展综合水平的重要标志。

近40年来，空间技术发展很快，是高度综合的现代科学技术。它是以机械工程为基础的许多科技最新成就的集成，其中包括喷气技术、电子技术、自动化技术、遥感技术、材料科学、计算科学、数学、物理、化学等。航空航天制造工程是航空航天高科技产业的重要组成部分。航空航天工业就其行业性质来说，是属于机械制造业范畴的。由先进制造技术支撑的航空航天工业被誉为工业之花，它集中代表了一个国家的最高制造业水平和技术实力。航空航天制造工程的发展水平，对飞机、火箭、导弹和航天器的可靠性和使用寿命的提高，综合技术性能的改善，研制费用和生产成本的降低，甚至总体设计思想能否得到具体实现均起着决定作用。

进入 21 世纪，孤独的地球人对火星表现出空前热情，2003 年一年之间先后有四颗探测器朝着火星绝尘而去。但火星似乎并不好客，日本的“希望号”中途失踪，欧洲的“小猎兔犬 2 号”踏上火星土地后就音讯全无。

然而，尽管遭受了多次挫折，人类探索火星的行动并没有停止，2011 年 11 月 26 日 23 时 2 分，“好奇”号火星探测器发射成功，顺利进入飞往火星的轨道。2012 年 8 月 6 日成功降落在火星表面，展开为期两年的火星探测任务。从到达火星盖尔陨坑起，“好奇”号一直在检测包括激光在内的各种仪器的性能。在为期两年的任务中，“好奇”号会在开往夏普山这座可能留有水痕的山脉的过程中，利用激光射击各种岩石，目的是核实火星环境是否适合生物生存。“好奇”号火星探测器如图 0-3 所示。

图 0-3　“好奇”号火星探测器

“好奇”号的动力由一台多任务放射性同位素热电发生器提供，其本质上是一块核电池。因为使用了核动力，“好奇”号曾经引发了环保组织的抗议，它也因此推迟了发射时间。该系统主要包括两个组成部分：一个装填钚-238 二氧化物的热源和一组固体热电偶，可以将钚-238 产生的热能转化为电力。这一系统设计使用寿命为 14 年，高于太阳能电池板。该系统足以为“好奇”号同时运转的诸多仪器提供充足能量。

与目前在火星上探测的“勇气”号（图 0-4）和“机遇”号火星车相比，“好奇”号个头要大得多，所携带的探测设备更多、更先进，在火星表面的连续行驶能力更强，它将是下一个 10 年中美国火星探测项目的“开篇之作”。“好奇”号安装了很多科学设备，主要包括以下部分：

1）桅杆相机。桅杆相机是“好奇”号的主要成像工具，负责拍摄火星地貌的高解析度彩色照片和视频，供科学家进行分析。

2）火星手持透镜成像仪。火星手持透镜成像仪功能相当于一个超级放大镜，允许地球上的科学家更细致地观察火星上的岩石和土壤。

3）火星降落成像仪。火星降落成像仪是一台小型摄影机，安装在“好奇”号的

图 0-4　“勇气”号结构示意图

1—取样分析仪器（包括质谱仪等多种分析仪器）　2—机械手臂　3—避危摄影机（一对）　4—磁铁阵列　5—全景摄像机桅杆　6—导航摄像机　7—全景摄像机　8—超高频天线　9—仪器平台　10—低增益天线　11—校准目标全景摄像机　12—高增益天线　13—太阳能电池板　14—电子恒温箱　15—悬吊驱动系统

主车身上，负责拍摄“好奇”号降落火星地面过程的影像。

4）火星样本分析仪。火星样本分析仪（以下简称SAM）是“好奇”号的心脏，质量为83lb（约合38kg），占到“好奇”号所携带科学仪器总质量的一半左右。SAM由三个独立的仪器构成，分别是质谱仪、气相色谱仪和激光分光计。这些仪器负责搜寻构成生命的要素——碳化合物。此外，它们还将搜寻与地球上的生命有关的其他元素，如氢、氧和氮。

5）化学与矿物学分析仪。化学与矿物学分析仪可用于确定火星上的矿物类型和数量，帮助科学家进一步了解这颗红色星球过去的环境。

6）化学与摄像机仪器。化学与摄像机仪器可以向30ft（约合9m）外的火星岩石发射激光，使其蒸发，而后分析蒸发的岩石成分。“好奇”号激光攻击岩石示意图如图0-5所示。

7）阿尔法粒子X射线分光计。阿尔法粒子X射线分光计安装在“好奇”号机械臂末端，负责测量火星岩石和泥土中不同化学元素的数量。

图0-5　“好奇”号激光攻击岩石示意图

8）中子反照率动态探测器 。中子反照率动态探测器安装在“好奇”号主车身背部附近，将帮助火星车寻找火星地下的冰和含水矿物质。

9）辐射评估探测器。辐射评估探测器体积与一个烤面包机相当，在设计上用于帮助准备未来的火星探索任务。

10）火星车环境监测站。火星车环境监测站安装在“好奇”号桅杆中部，是一座火星天气监测站，负责测量大气压、湿度、风速和风向、空气温度、地面温度以及紫外线辐射，并将所有这些数据汇聚成每日和每季报告，帮助科学家详细了解火星环境。

11）火星科学实验室进入、降落与着陆仪。火星科学实验室进入、降落与着陆仪并不是“好奇”号携带的仪器之一。这一装置内置在隔热板中，负责在“好奇”号穿过火星大气层过程中对其进行保护。

12）导航相机。“好奇”号在桅杆上装有两对导航用的黑白3D相机，每个有45°的视野。主要用于辅助地面控制人员规划“好奇”号的行动路线。

13）化学相机。用高能激光在远达7m外分析气化目标，通过分析过程中发出的强光，来测定目标物的成分。

14）避险相机。“好奇”号在四个角落的较低位置处各装有一对避开障碍用的黑白3D相机，每个约有120°的视野。它们主要用来防止“好奇”号意外撞上障碍物，并在软件的帮助下，让“好奇”号能够在一定程度上自主决定行走路线。

15）动态中子返照率设备。该设备实际上早先在地球上是用于石油勘探的，它发射出中子，然后通过观察中子与氢原子核相互作用后发生的能量变化来确定氢的存在，用于查找水分子的研究。

16）火星样本分析设备。依靠“好奇”号的机械臂取样，分析土壤或岩石样本。

17）机械手臂。“好奇”号的机械手臂备有钻头，可钻入岩石内部采集样本，并在机身内进行化验，将分析结果及时回传地球上的NASA（美国国家航空航天局）。

18）通信速度。“好奇”号与地球的直接数据带宽大约8kbit/s左右，但与火星探测器

2001 火星“奥德赛”号的最理想传输带宽则能达到 2Mbit/s，而 2001 火星“奥德赛”号与地球的带宽为 256kbit/s。

神舟飞船是由我国为载人航天计划研制的载人宇宙飞船系列，其原型机神舟一号于 1999 年 11 月 20 日成功发射，而其发展型号神舟五号于 2003 年 10 月 15 日第一次完成载人飞行。2011 年 11 月 1 日发射的神舟八号为其正式定型型号。

神舟飞船由轨道舱、逃逸塔、返回舱、推进舱构成，神舟飞船的轨道舱是一个圆柱体，总长度为 2.8m，最大直径 2.25m，一端与返回舱相通，另一端与空间对接机构连接。神舟六号的轨道舱之所以被称为“多功能厅”，是因为几名航天员除了升空和返回时要进入返回舱以外，其他时间都在轨道舱里。轨道舱集工作、吃饭、睡觉和盥洗等诸多功能于一体。航天员的“家”构，用来把太阳能转换为飞船的能源，并与地面进行通信等。作为航天员的“太空卧室”，轨道舱的环境很舒适，舱内温度一般在 17 ~ 25℃之间。逃逸救生塔位于飞船的最前部，高 8m。它本身实际上就是由一系列火箭发动机组成的小型运载火箭。在运载飞船的火箭起飞前 900s 到起飞后 160s 期间，火箭运行距离在 0 ~ 100km，一旦发生紧急情况，这个救生塔将紧急起动，拽着飞船的返回舱和轨道舱与火箭分离，迅速逃离险地，并利用降落伞降落到安全地带。返回舱又称座舱，它是航天员的“驾驶室”。是航天员往返太空时乘坐的舱段，为密闭结构，前端有舱门。神舟六号完成绕地飞行任务后，两名航天员已乘坐返回舱回归地球。推进舱又称为仪器舱。通常安装推进系统、电源、轨道制动，并为航天员提供氧气和水。推进舱的两侧还装有面积达 20 多平方米的主太阳能电池帆翼。

神舟八号飞船在前期飞船的基础上，进行了较大的技术改进。全船一共有 600 多台套设备，一半以上发生了技术状态的变化，在这中间，新研制的设备、新增加的设备就占了 15%，主要变化有两个方面：

1）具备了自动和手动交会对接功能，为此新增加和改进了一些设备。例如，新研制了异体同构周边式结构和多种交会对接测量设备，用于交会对接自主控制的飞行软件、控制软件也是全新设计和研发的。为了满足交会对接的任务，飞船上增加配置了平移和反推发动机。同时，航天员的手动控制设备也进行了改进。

2）飞船在前期具备 57 天自主飞行的能力基础上，已具备停靠 180 天的能力。神舟八号飞船电源帆板因为采用了新的太阳电池片，发电能力提高了 50%。飞船的降落伞系统和着陆缓冲系统也进行了技术上的改进，提高了使用的可靠性。

神舟九号是中国第一个宇宙实验室项目 921—2 计划的组成部分，“天宫”与神舟九号载人交会对接为中国航天史上掀开极具突破性的一章。中国计划 2020 年建成自己的太空家园，中国空间站届时将成为世界唯一的空间站。2012 年 6 月 16 日 18 时 37 分，神舟九号飞船在酒泉卫星发射中心发射升空。2012 年 6 月 18 日约 11 时左右转入自主控制飞行，14 时左右与天宫一号实施自动交会对接，这是中国实施的首次载人空间交会对接，并于 2012 年 6 月 29 日 10 点 00 分安全返回地球。

神舟十号飞船（图 0-6）已于 2013 年 6 月 11 日在酒泉卫星发射中心成功发射，3 名航天员驾乘飞船与在轨运行的天宫一号目标飞行器进行了载人交会对接。这次任务的主要目的，一是为天宫一号在轨运营提供人员和物资天地往返运输服务，进一步考核交会对接、载人天地往返运输系统的功能和性能；二是进一步考核组合体对航天员生活、工作和健康的保障能力，以及航天员执行飞行任务的能力；三是进行航天员空间环境适应性、空间操作工效研究，开展空间科学实验、航天器在轨维修试验和空间站等关键技术验证试验，首次开展面向青少年的太空科学讲座科普教育活动等；四是进一步考核工程各系统执行飞行任务的功能、性能和系统间协调性。

图 0-6　神舟十号飞船

除了载人交会对接技术的巩固外，神舟十号还对飞行时间、航天员工作程序、工作方式、科学实验项目编排进行了调整，为我国空间站的建设打基础。在神舟九号标志我国突破和掌握了载人交会对接技术的基础上，神舟十号将进行了载人天地往返运输系统的首次应用性飞行。神舟十号发射并完成与天宫一号空间交会对接等任务后，我国载人航天第二步任务第一阶段将完美收官，全面进入空间实验室和空间站研制阶段。

四、机械工程的发展展望

在 21 世纪中，随着电子、信息等高新技术的不断发展，随着市场需求的个性化与多样化，未来机械工程和以此为基础的制造业将以增加生产、提高劳动生产率、提高生产的经济性为目标来研制和发展新的机械产品。机械制造技术发展的总趋势是向精密化、柔性化、网络化、虚拟化、智能化、清洁化、集成化、全球化的方向发展。在未来的年代，新产品的研制将以降低资源消耗，发展清洁的再生能源，治理、减轻以至消除环境污染作为超经济的目标任务。

机械工程和以此为基础的制造业发展趋势大致有以下几个方面：

1. 信息技术的巨大作用

信息化是当今社会发展的趋势，信息技术正在以人们想象不到的速度向前发展。信息技术也正在向机械制造技术注入和融合，促进着制造技术的不断发展。信息技术使制造技术的技术含量提高，使传统制造技术发生质的变化。信息技术对制造技术发展的作用目前已占第一位，在 21 世纪对先进制造技术的各方面发展将起着更重要的作用。

信息技术促进着设计技术的现代化，加工制造的精密化、快速化，自动化技术的柔性化、智能化，整个制造过程的网络化、全球化。各种先进生产模式的发展，如 CIMS、并行工程、精益生产、敏捷制造、虚拟企业与虚拟制造，也无不以信息技术的发展为支撑。

2. 设计技术不断现代化

产品设计是制造业的灵魂。现代设计技术的主要发展趋势是：

(1) 设计手段的计算机化　在实现了计算机计算、绘图的基础上，当前突出反映在数值仿真或虚拟现实技术在设计中的应用，以及现代产品建模理论的发展上，并且向智能化设计方向发展。

(2) 新的设计思想和方法不断出现　如并行设计、面向“X”的设计（Design For X，DFX）、鲁棒设计（Robust Design）、优化设计（Optimal Design）、反求工程技术（Revese Engineering）等。

(3) 向全寿命周期设计发展　传统的设计只限于产品设计，全寿命周期设计则由简单的、具体的、细节的设计转向复杂的、总体的设计和决策，要通盘考虑包括设计、制造、检测、销售、使用、维修、报废等阶段的产品的整个生命周期。

（4）设计过程的全方位发展　设计过程由单纯考虑技术因素转向综合考虑技术、经济和社会因素，设计不只是单纯追求某项性能指标的先进和高低，而是注意考虑市场、价格、安全、美学、资源、环境等方面的影响。

3. 制造技术向超精密、超高速等方向发展

（1）超精密加工技术　目前加工精度可达到0.025μm，表面粗糙度达到0.0045μm，已进入纳米级加工时代。超精切削厚度由目前的红外波段向可见光波段甚至更短的波段靠近；超精加工机床向多功能模块化方向发展；超精加工材料由金属扩大到非金属。

（2）超高速切削　目前铝合金超高速切削的切削速度已超过1600m/min，铸铁为1500m/min，超耐热镍合金为300m/min，钛合金200m/min。超高速切削的发展已转移到一些难加工材料的切削加工。

（3）新一代制造装备的发展　市场竞争和新产品、新技术、新材料的发展推动着新型加工设备的研究与开发，其中典型的例子是“并联桁架式结构数控机床”（或俗称“六腿”机床）的发展。它突破了传统机床的结构方案，采用六个轴在长短上的变化，以实现刀具相对于工件的加工位姿的变化。

4. 新的工艺技术得到迅速发展

工艺设计由经验判断走向定量分析，加工工艺由技艺发展为工程科学。

热加工过程的数值模拟与物理模拟是一个重要的发展方向，是使热加工工艺由技艺走向科学的重要标志。应用数值模拟于铸造、锻压、焊接、热处理等工艺设计中，并与物理模拟和专家系统相结合，来确定工艺参数，优化工艺方案，预测加工过程中可能产生的缺陷及应采取的防止措施，控制和保证加工工件的质量。采用这种科学的模拟技术并与少量的实验验证结合，以代替过去一切都要通过大量重复实验的方法，不仅可以节省大量的人力和物力，而且还可以通过数值模拟来解决一些目前无法在实验室进行直接研究的复杂问题。

工艺模拟也发展并应用于金属切削加工过程、产品设计过程。最新的进展是在并行工程环境下，开展虚拟成形制造，使得在产品的设计完成时，成形制造的准备工作（如铸造）也同时完成。

5. 成形制造技术向精密成型方向发展

成形制造技术是铸造、塑性加工、连接、粉末冶金等单元技术的总称。

21世纪，成形制造技术正在从制造工件的毛坯、从接近零件形状（Near Net Shape Proccess）向直接制成工件精密成形或称净成形（Net Shape Proccess）的方向发展。据国际机械加工技术协会预测，塑性成形与磨削加工相结合，将取代大部分中小零件的切削加工。改性技术主要包括热处理及表面工程各项技术。主要发展趋势是通过各种新型精密热处理和复合处理，达到零件性能精确、形状尺寸精密的目标以及获得各种特殊性能要求的表面（涂）层，同时大大减少能耗及完全消除对环境的污染。

6. 专业、学科间的界限逐渐淡化、消失

先进制造技术的不断发展，在冷热加工之间，加工、检测、物流、装配过程之间，设计、材料应用、加工制造之间，其界限均逐渐淡化，逐步走向一体化。例如，CAD、CAPP、CAM的出现，使设计、制造成为一体；精密成形技术的发展，使热加工可能直接提供接近最终形状、尺寸的零件，它与磨削加工相结合，有可能覆盖大部分零件的加工，淡化了冷热加工的界限；快速原型/零件制造（Rapid Prototyping/Parts Manufacturing，RPM）技术的产生，是近20年制造领域的一个重大突破，它可以自动而迅速地将设计思想物化为具有一定结构和功能的原型或直接制造零件，淡化了设计、制造的界限；机器人加工工作站及FMS（柔性制造系统）的出现，使加工过程、检测过程、物流过程融为一体；现代制造系统使得自动化技术与传统工艺密不可分；很多新材料的配制与成形是同时完成的，很难划清材料应用与制造技术的界限。这种趋势表现在生产上就是专业车间的概念逐渐淡化，将多种不同专业的技术集成在一台设备、一条生产线、一个工段或车间里的生产方式逐渐增多。

7. 更加注重绿色制造

日趋严格的环境与资源的约束，使绿色制造业显得越来越重要，它将是21世纪制造业的重要特征，与此相应，绿色制造技术也将获得快速的发展。主要体现在：

（1）绿色产品设计技术　使产品在生命周期内符合环保、人类健康、能耗低、资源利用率高的要求。

（2）绿色制造技术　在整个制造过程，对环境负面影响最小，废弃物和有害物质的排放最小，资源利用效率最高。绿色制造技术主要包含了绿色资源、绿色生产过程和绿色产品三方面的内容。

（3）产品的回收和循环再制造　例如，汽车等产品的拆卸和回收技术，以及生态工厂的循环式制造技术。它主要包括生产系统工厂——致力于产品设计和材料处理、加工及装配等阶段和恢复系统工厂——主要对产品（材料使用）生命周期结束时的材料处理循环。

8. 虚拟现实技术不断完善

虚拟现实技术（Virtual Reality Technology）主要包括虚拟制造技术和虚拟企业两个部分。

虚拟制造技术将从根本上改变设计、试制、修改设计、规模生产的传统制造模式。在产品真正制出之前，首先在虚拟制造环境中生成软产品原型（Soft Prototype）代替传统的硬样品（Hard Prototype）进行试验，对其性能和可制造性进行预测和评价，从而缩短产品的设计与制造周期，降低产品的开发成本，提高系统快速响应市场变化的能力。

虚拟企业是为了快速响应某一市场需求，通过信息高速公路，将产品涉及的不同企业临时组建成为一个没有围墙、超越空间约束、靠计算机网络联系、统一指挥的合作经济实体。虚拟企业的特点是企业功能上的不完整、地域上的分散性和组织结构上的非永久性，即功能的虚拟化、组织的虚拟化、地域的虚拟化。

虚拟现实技术在制造业中将获得越来越多的应用。

9. 先进制造生产模式不断发展

制造业在经历了少品种小批量、少品种大批量、多品种小批量生产模式的过渡后，20世纪70年代、80年代开始采用计算机集成制造系统（CIMS）进行制造的柔性生产模式，并逐步向智能制造技术（IMT）和智能制造系统（IMS）的方向发展，精益生产（LP）、敏捷制造（AM）等先进制造模式相继出现。21世纪，先进制造模式必将获得不断发展。

新兴的电子计算机软、硬件科学使人类开始有了加强并部分代替人脑的科技手段，这就是人工智能。人工智能与机械工程之间的关系近似于脑与手之间的关系，其区别仅在于人工智能的硬件还需要利用机械制造出来。过去，各种机械离不开人的操作和控制，其反应速度和操作精度受到人脑神经系统的限制，人工智能将会消除了这个限制。计算机科学与机械工程之间的互相促进，平行前进，将使机械工程在更高的层次上开始新的一轮大发展。

机械可以完成人用双手和双目，以及双足、双耳直接完成和不能直接完成的工作，而且完成得更快、更好。现代机械工程创造出越来越精巧和越来越复杂的机械和机械装置，使过去的许多幻想成为现实。

进入21世纪，科学技术以更加迅猛的速度发展，以互联网为代表的信息技术得到广泛应用，人类社会正开始走向知识经济的新时代，纳米科技将会掀起新一轮的技术浪潮，纳米材料学、纳米加工学有朝一日将把机器零件的成形与加工融为一体，以分子、原子等为对象的纳米制造和以基因技术为核心的生物制造将闪亮登场，机械工程及机械制造业将进入一个崭新的发展阶段。

第二节　材料及材料科学

一、材料发展史

人类发展的历史证明：材料是人类文明进步的里程碑。纵观人类利用材料的历史，可以清楚地看到，每一种重要材料的发现和利用，都会把人类支配和改造自然的能力提高到一个新的水平，给社会生产力和人类生活带来巨大的变化，把人类物质文明和精神文明向前推进一步。人类使用材料的历史，从过去到现在共经历了七个时代，人类使用材料的七个时代的开始时间见表0-1。

表0-1　人类使用材料的七个时代的开始时间

公元前10万年	公元前3000年	公元前1000年	公元元年	1800年	1950年	1990年
石器时代	青铜器时代	铁器时代	水泥时代	钢时代	硅时代	新材料时代

早在100万年前，人类就开始以石头作为工具，称之为旧石器时代。1万年前，人类开始对石头进行加工，从而进入新石器时代。在新石器时代，人类发明了使用黏土成形烧制成陶器，同时，人类开始用皮毛遮身。中国在8000年前就开始用蚕丝作衣服；印度人在4500年前开始种植棉花。

在新石器时代，人类已经知道使用天然金和铜，后来在人类找寻石料的过程中认识了矿石，在烧制陶器的过程中又还原出铜和锡，创造了冶铜技术。在铜石并用时代之后，大约在公元前6000年，古巴比伦王国出现了铜锡合金，生产出各种青铜器物，开始有武器、工具和生活用具，从而进入了青铜器时代。这是人类大量使用金属的开始，是人类文明发展的重要里程碑。

中国的青铜器时代最初源于黄河流域。从公元前21世纪开始，直到公元前5世纪止，经历了1600多年的历史。大体上相当于文献记载的夏、商、周以至春秋时代，与中国的奴隶制国家的产生、发展和衰亡相始终。黄河流域在龙山文化（晚期）和齐家文化时期，出现了纯铜、黄铜和青铜制造的器物，种类有刀、铲、凿、钻头、匕、斧、镜等工具、用具和环、指环等饰物。这些器物经过化验，证明多为纯铜，采用锻打的方法制成；镜为青铜，采用范氏铸造方法制作。龙山文化之后，原始公社逐渐解体，黄河流域进入文明时代，青铜冶铸业普遍发展起来。中国青铜器以夏、商、周三代为代表，在商、周（即公元前17世纪初—公元前256年）进入青铜器的鼎盛时期。其种类丰富、数量较大、分布地区广，另外青铜器造型雄伟、文饰精美、铸造精良，如勾践剑、双羊尊、大克鼎、毛公鼎、莲鹤方壶、双雄宝剑、后母戊鼎㊀、长信宫灯、嵌绿松石卧鹿等。此外，各类青铜器物铸造者可根据不同的硬度要求，准确把握铜锡比例，使器皿质量优良，这是国外青铜器铸品望尘莫及的。

西安秦始皇陵陪葬坑出土的由八马两车两俑组成的质量为1061kg的铜车马和铜剑（此剑发现时，已被压在其上面的质量约为200kg的陶俑压弯，当抬走陶俑后，剑身竟不可思议的反弹平直了），铜剑铸造精美，虽深埋地下2000余年，但仍锋利如初，寒光闪闪，十几层厚的纸被其轻轻一划，竟一裂为二。1939年河南安阳殷墟商代晚期墓中出土的司母戊鼎，鼎高133cm，口长110cm，口宽78cm，质量832.84kg，四足中空。该鼎造型庄严雄伟，长方形腹，每面四边及足上部饰兽面纹；双耳外侧饰双虎噬人首纹。后母戊鼎是目前已发现的中国古代形体最大质量最重的青铜器，在世界上也是仅此一件，如图0-7所示。四川广汉三星堆出土的世界上年代最久远、树枝最高最大、形象神奇多彩、高为4m的青铜树神，高2.6m的青铜立人，青铜头像和青铜面具等，更令世人惊叹；湖北随州市曾侯乙墓出土的共计64件、4400公斤的古代乐器——铜编钟如图0-8所示，其音域之宽广，可与现代乐器媲美，1997年7月1日香港回归的庆典上，用其演奏的《交响乐1997》，更是轰动海内外。

图0-7　后母戊鼎

图0-8　曾侯乙墓出土的铜编钟

铁器时代是人类发展史中一个极为重要的时代。人们最早知道的铁是陨石中的铁，古代埃及人称之为神物。铁的冶炼和铁器的制造经历了一个很长的时期，早在公元前10世纪，铁制工具已比青铜工具更为普遍，人类从此由青铜器时代进入铁器时代，一直延续到现在。铁器坚硬、韧性高、锋利，胜过石器和青铜器。铁器的广泛使用，使人类的工具制造进入了一个全新的领域，生产力得到极大的提高。铁器的使用，导致了世界上一些民族从原始社会发展到奴隶社会，也推动了一些民族脱离了奴隶制的枷锁而进入了封建社会。

㊀ 原称为“司母戊鼎”，后更名为：后母戊鼎。

最先出现铁器使用的是古埃及与苏美尔，在公元前4000年已出现极少量的使用，但大多是在陨石中得到铁，而非由铁矿中提取。在公元前3000年至公元前2000年，在小亚细亚，埃及与美索不达米亚越来越多地由陨石矿中提炼铁，但大多用在礼仪上。而且当时铁是极昂贵的金属，比金子还要昂贵。有些考古证据指出铁在当时是在提炼铜时生成的副产品，称为海绵铁，就当时的冶炼技术来说是不可能进行大量生产的。最早大量生产铁并将其应用的是西台帝国，其于公元前1400年已掌握了冶铁技术。约在公元前1000年，古希腊和古罗马开始普遍使用铁制的工具和兵器。约在公元前500年左右，欧洲大陆普遍使用铁器。

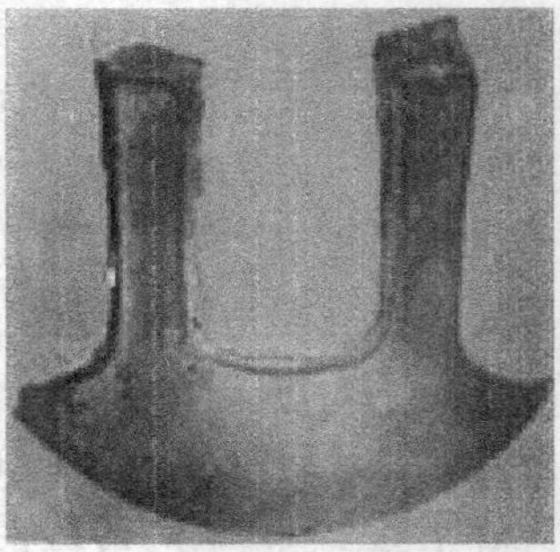

图0-9　铁镀的青铜战斧

中国最早的关于使用铁制工具的文字记载，是《左传》中的晋国铸铁鼎。在公元前6世纪已出现了生铁制品。1972年在河北的附近，发掘出一把铁镀的青铜战斧，如图0-9所示，经考证大约是在公元前14世纪所制。而经鉴定，这些铁应是由铁陨石取得。中国在春秋（公元前770-公元前476年）末期已经在农业、手工业生产上广泛使用铁器。冶铁技术已有很大的突破，生铁和块炼铁几乎是同时出现的，这使得中国古代的冶铁工艺在世界上处于领先地位，例如，利用生铁经过退火制造韧性铸铁，即以生铁制钢技术的发明，标志着中国生产力的重大进步，给中国带来了巨变，成为中华民族统一和发展的重要因素之一。战国时期，铁器逐渐普及，随之而来的是耕地和灌溉面积扩大，农耕技术提高，手工业兴盛，金属铸币大量发行。新建的邯郸、燕下都等列国都城，规模宏大，兴筑起巨大的夯土高台宫殿建筑。这时社会由奴隶制向封建制过渡，并经过兼并战争，建立起中国历史上空前统一的秦帝国。铁器在秦汉时期进一步推广，到东汉最终代替了青铜器。

到了近代，18世纪蒸汽机和19世纪电动机的发明，使材料的新品种开发和规模生产等发生了飞跃。例如，1856年和1864年先后发明了转炉和平炉炼钢，使世界钢产量从1850年的6万t突增到1900年的2800万t，大大促进了机械制造、铁路交通的发展。随后不同类型的特殊钢种也相继出现，这些都是现代文明的标志，使人类进入了钢铁时代。钢铁时代的来临，引起世界范围的工业革命，因而产生了若干经济发达的强国。与此同时，铜、铅、锌也大量得到应用，铝、镁、钛等金属相继问世并得到应用。直到20世纪中叶，金属材料在材料工业中一直占有主导地位。继钢时代之后，1950年开始了硅时代，这是信息技术革命的时代，对当今世界产生了深远的影响。

人们今天已处在一个新材料时代，这一时代的特征是：不像以前的各个材料时代，它是一个由多种材料决定社会和经济发展的时代；新材料以人造为特征，而不是自然界中现有的；新材料是根据人们对材料的物理和化学性能的了解，为了特定的需要设计和加工而成的。高新技术的发展往往与材料有关，因此新型材料的开发本身就成为一种高新技术，可称为新材料技术，其标志技术是材料设计或分子设计，即根据需要来设计具有特定功能的新材料。材料的重要性已被人们充分地认识，能源、信息和材料已被公认为是当今社会发展的三大支柱。

二、材料科学

1. 材料科学的发展阶段

材料科学的发展大致经过冶金学、金相学、物理冶金学、材料科学或材料科学与工程（MSE）等几个阶段。最初，各种材料的发展是分别进行，互不相关的。后来在20世纪60~70年代，金属、无机非金属和高分子三大材料领域以及后来的复合材料领域的研究和应用开始联系密切。因此鉴于不同材料领域本身发展和社会经济发展的需要，约在20世纪80年代初期，发展成了材料科学与工程（MSE）学科。

2. 材料科学四要素与四面体

材料科学是研究各种材料的成分、结构、制备加工工艺与性能之间关系的科学。所以近年来国内外材料界都把材料的组成（成分）与结构、合成与生产过程、性质（或性能）以及使用性能（即效能）称之为材料科学与材料工程的四个基本要素，将它们连接在一起，便形成一个四面体，如图0-10a所示。后来我国材料工作者考虑到四要素中的组成（成分）与结构之间的区别，将它们二者分开，提出了五个基本要素的六面体模型，如图0-10b所示，并赋予更为全面而丰富的内涵。

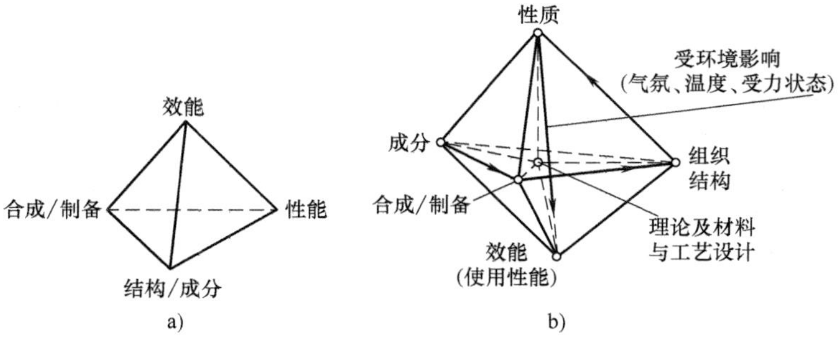

图0-10　材料科学与材料工程基本要素
a）四要素　b）五要素

所谓成分/组织，表示材料结构所包含的四个层次：原子结构、结合键、原子排列方式（晶体与非晶体）和组织。

材料的制备合成与加工工艺，其方法和对性能的影响随材料种类的不同而异。

材料的固有性能，包括材料本身所具有的物理性能（电、磁、光、热等性能）、化学性能（如抗氧化和腐蚀、聚合物的降解等）和力学性能（如强度、塑性、韧性等）。

材料的服役性能或使用性能，是把材料的固有性能和产品设计、工程应用能力联系起来，度量材料使用性能的指标是寿命、速度、能量利用率、安全可靠程度和成本等综合因素，在利用物理性能时包括能量转换效率、灵敏度等。

材料科学用这四个要素来表达，说明它不仅着眼于基础理论的研究，也考虑了实际应用，因此提出了材料的使用性能。材料科学的四个要素之间关联密切，它们是材料科学与工程的核心所在，它们相互作用形成了一个整体，构筑成了一个系统（材料系统），形成了一个领域（材料科学与材料世界）。这一关系的表达最早用于金属材料，以后证明它也同样适用于其他材料。在各种材料中，金属使用得最早也最多，金属的基础理论也最成熟，有关研究金属的思路和方法甚至一些理论，也正在移植或渗透到其他学科中去。因此，材料工作者的任务就是研究这四个要素以及它们之间的相互关系，并在此基础上创造新材料和挖掘现有材料的潜力，满足社会要求，推动社会发展。

3. 材料科学的研究任务

材料科学的研究任务是对材料的结构和性能进行分析，并研究结构和材料性能的关系，为材料性能的改进和新材料的开发提供指导，材料科学研究方法分为理论研究方法和实验研究。实验研究的手段包括材料性能测试和微观性能测试。材料性能测试包括材料的力学性能、光学性能等各种测试手段。材料的微观测试手段包括扫描电子显微镜、透射电子显微镜、X 射线衍射仪，电子探针等，这些测量仪器单独使用或联合使用，可很好地分析材料的结构，近年来，扫描隧道显微镜的应用促进了纳米材料的发展。材料的结构决定了材料的性能。例如，原子的结构决定了原子间化学键的类型，从而对材料的性能如电导率、磁性、绝缘性能、介电常数、折光率产生重要的影响。金刚石和石墨，尽管由同样的碳原子组成，由于其原子在空间的排列不同，导致金刚石较石墨具有较小的导电性能和较高的硬度。在常温下，细晶结构较粗晶结构具有更好的力学性能。

第一篇　工 程 材 料

第一章　材料性能、分类及加工工艺

第一节　材料的性能、分类与特征

一、材料的性能

所有的工程技术人员在日常工作中都要与材料打交道：制造和加工材料，选择材料，使用材料进行设计和制造元器件或结构件，分析材料的失效原因。

从工程角度来说，工程技术人员的责任是改善他所设计或制造的产品的性能，以及研制具有更好性能的产品。电气工程师要使集成电路正确地运行使用，计算机中的开关应能瞬时作出反应，即使在最恶劣的条件下，绝缘材料也能承受高的电压；建筑工程师希望建造高强度、可靠、耐腐蚀而同时又有美感的建筑物；石油和化学工程师要求钻头和输送管道能在磨损或腐蚀条件下长时间工作；汽车工程师除了希望采用轻质材料之外，还希望材料具有高强度并能经久耐用；宇航工程师则要求得到在高温和外层空间的冷真空情况下能顺利完成任务的轻质材料；冶金、陶瓷和高分子材料的工程技术人员希望生产和加工更便宜的、同时又具有优良性能的材料。

工程材料之所以能够在机械、车辆、船舶、建筑、化工、能源、仪器仪表、航空航天等工程领域中得到广泛应用，是因为它具有良好的工艺性能和优良的使用性能。所谓工艺性能是指制造工艺过程中材料适应加工的性能。金属材料的工艺性能包括铸造性能、锻造性能、焊接性能、切削加工性能和热处理工艺性能等。所谓使用性能是指材料制成零件或产品后，在使用过程中能适应或抵抗外界对它的力、化学、电磁、温度等方面的作用而必须具有的能力。使用性能又可分为：力学性能，包括各种强度、塑性、韧性、硬度以及断裂韧性等；物理性能，包括密度、熔点、导电性、导热性、磁性以及膨胀系数等；化学性能，包括抗氧化、耐腐蚀性能等。从工程意义上说，材料和材料工程的核心就是材料的性能以及如何去达到所希望的这些性能。

工程上对材料的要求是多方面的，除了力学、理化性能（应用时就对应着使用特性，即通常所说的使用性能）外，还有其他一些要求，如材料与构件的安全可靠性，制造方法的适应性，即工艺性能及经济性等，这些也可称为材料的广义性能。广义负荷下对材料要求的各种性能如图 1-1 所示。

国防上的军用产品，如核潜艇、宇宙飞船，是把安全可靠性放在第一位，为此可以不惜

- 广义负荷作用下的性能
  - 简单性能
    - 力学性能
      - 强度— σ_b, σ_f 等
      - 弹性— σ_p, E, G 等
      - 塑性— δ, χ, n 等
      - 韧性— A_E, C_K, K_{IC}
    - 物理性能
      - 热学性能—热导率、热膨胀系数等
      - 声学性能—声波的吸收、反射等
      - 光学性能—折射率、黑度等
      - 电学性能—电导率、电介系数等
      - 磁学性能—导磁率、矫顽力等
      - 辐照性能—电子吸收面积、中子散射系数等
    - 化学性能
      - 抗氧化性
      - 耐腐蚀性
      - 抗渗入性
  - 复杂性能
    - 复合性能—简单性能的组合，如高温疲劳强度等
    - 工艺性能—铸造性、可锻性、焊接性、切削性等
    - 使用性能—刀刃锋锐性、耐磨性、抗弹穿入性、乐器悦耳性等

图 1-1　广义负荷下对材料要求的各种性能

工本。此外，军工产品所用材料类型基本上是定型的，不如民用工业有较大的灵活性。例如，飞机的机翼和机身的主要框架必须要用高强度铝合金 7075（Al-Zn-Cu-Mg）而不能用钢，因为机翼的比抗弯强度正比于 $E^{1/3}/\rho$（E 为弹性模量，ρ 为密度），高强度铝合金的弹性模量与密度的比值可高达 1.48，而不锈钢只有 0.76；反之，像飞机的起落架就只能用超高强度钢（如美国钢号 300M）而不能用高强度铝合金。因为起落架的工作条件要求材料有很高的静强度、低周疲劳强度、足够的断裂韧性以及良好的应力腐蚀抗力，工作任务繁重，而且要求体积要小（起飞后起落架藏于机身里，过大的体积会影响飞机的动力性能）。现在许多重要的民用产品，大型工程构件，如高压锅炉、船体、桥梁等，也要进行使用寿命及剩余寿命评估，进行可靠性设计。因此，要对材料的性能、使用性能以及它们在服役中的变化（劣化）等提出相应的要求。所以，从力学性能考虑，材料除要具有静强度外，尚要考虑动强度及某些耐久性能，如疲劳强度、蠕变强度等，以及抗周围环境介质作用的能力，确保在服役期内安全而有效地工作。

在民用产品设计中，大多把经济成本放在首位，但这不等于说产品就不需要考虑安全可靠性，产品的经济核算是以一定使用寿命为依据的，如摩托车的最低使用寿命是 16 年，电视机 8 ~ 10 年等。在满足一定使用寿命期限的前提下，究竟选择什么材料最合适，这就要看哪种材料成本低廉，当然这其中包括原材料的成本和制造加工成本。显然，从经济性考虑，就应该选择既能满足使用寿命要求而成本又低廉的材料，这就是材料优化设计的观点。当然，材料的优化设计还应包括在一组性能各有所长的材料中如何合理地选择，这里面一项重要指标就是材料的性能与价格的比值（性价比），此项比值越高，材料的价值越大。

在金属产品中有 90% 左右是钢铁，而在钢铁生产中，又有 80% 左右是普通碳素钢。据 20 世纪某年统计，美国生产了 13700 万吨钢，其中普通碳素钢占 85.3%。没有一种其他工程材料能够像普通碳素钢那样，在极便宜的价格下，提供如此良好的综合力学性能和工艺性能。因此，从经济性考虑，普通碳素钢常常是最引人注目的材料。

不同材料的工艺性是很不同的，即使在钢铁材料中也是如此。铸铁的铸造工艺性能好，低碳钢的塑性加工性能优越，高碳钢接受热处理的能力强。当然它们各自的其他工艺性能可能较弱。所以，一般而言，某种材料的工艺性能是此消彼长的。有时，当制造方法、加工的

难易成为选择材料的主要矛盾时，则材料的工艺性会上升为第一位。家用电器外壳及某些支撑部位或日用品，强度要求不高，但往往具有不规则形状，则多用塑料注塑、压塑等成形；航天飞机增压舱形状复杂，又要求质量轻及具有一定强度，所以不能用塑料，而是采用有色金属超塑性合金进行超塑性加工成形。

总之，材料是具有性能的，而且具有多种多样的性能。重要的是，要使材料的性能与零件所需的工作条件相匹配，而且还要考虑加工工艺性能及经济性等（使用性能是最基本的）。材料研制或选材过程的第一步就是要对用途进行分析，确定材料必须具备的最重要的特性。如从力学角度来说，材料应是高强度的、高刚度的，还是高延展性的，它是在高的反复应力下、突然的强烈应力下、高温高应力下，还是在磨损条件下工作，当然，还可能在复杂的物理化学环境下工作。必须知道在诸如此类不同的条件下应该用什么样的材料性能来表征，知道这些性能代表的是什么，还有相应的试验方法的基本原理以及具体的试验条件，以便能准确无误地应用于现实工程中。

二、材料的类型

工程上使用的材料种类繁多，据粗略统计，目前世界上的材料已达40余万种，并且每年约以5%的速度增加，且材料有许多不同的分类方法。

按凝聚状态来分，材料有气态、液态和固态三大类，工程上最普遍使用的是固态材料。

固态材料中按存在状态，可分为单晶体材料、多晶体材料和非晶体材料。

根据材料的尺寸，可分为一维材料（纤维及晶须）、二维材料（薄膜）和三维材料（块体）等。

按用途和使用领域可分为建筑工程材料、机械工程材料、航天航空材料、核材料、信息材料、电子材料、能源材料、生物材料、包装材料、电工电器材料、医用材料等。

若按材料的物理和化学性质又可分为耐磨材料、耐蚀材料、半导体材料、磁性材料、超导材料等。

还有按主要使用功能分为结构材料和功能材料；按开发、使用的时间长短及先进性等，分为传统材料，如普通钢材、通用塑料、日用陶瓷等，和新型材料（往往也称为先进材料），如超导材料、纳米材料、智能材料等。

从科学意义和实用意义上综合考虑，最常用、最有价值的是按工程材料的化学组成、结合键的特点，分为金属材料、无机非金属材料、高分子材料和复合材料四大类。图1-2所示为按化学组成进行的材料分类，每一类又可分为若干大类。金属材料、无机非金属材料、高分子材料和复合材料构成了工程材料的四大支柱，这四大类材料的应用范围已遍及国民经济的各个领域。

三、各类材料的特征

1. 金属材料的特征

金属材料因具有金属键（少数含有一定程度的共价键）而使其具有良好的综合力学性能（强度和塑性等）、导电性、导热性和工艺性能等，并呈特有的金属光泽，因此，在工业中获得广泛的应用。金属中有自由电子存在，只要在金属两端施加很小的电压，就可使自由电子向正极流动，从而形成电流。这便是金属具有高导电性的原因。同样原因也使金属具有

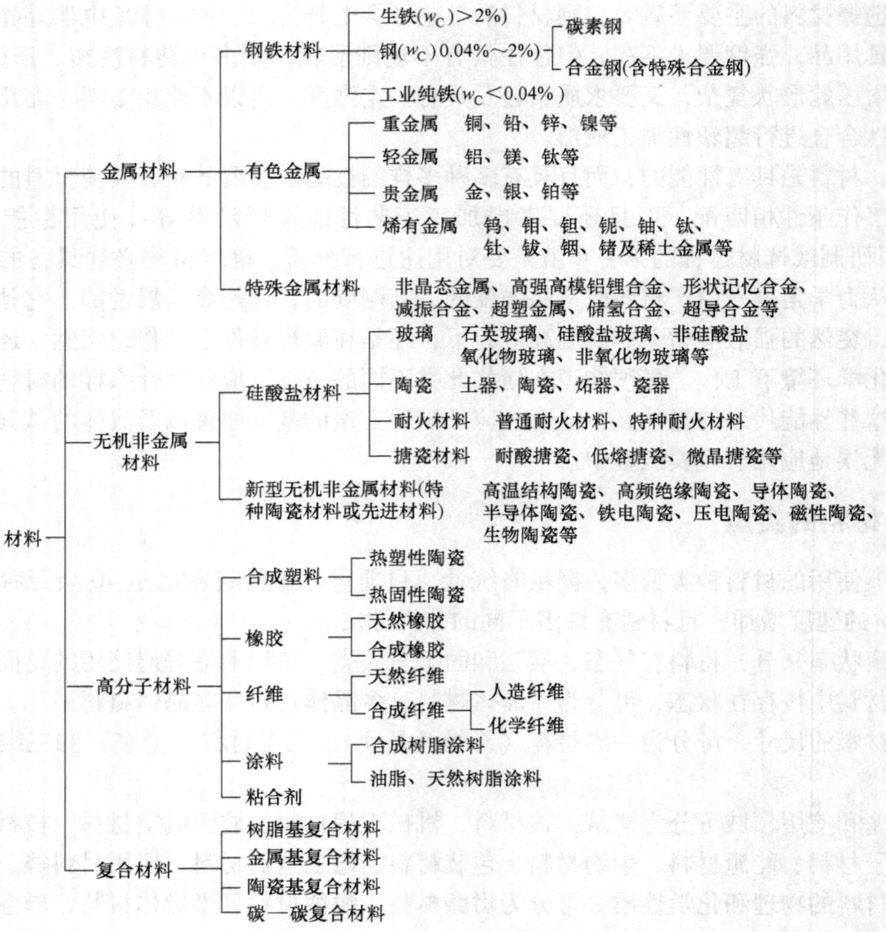

图 1-2　材料分类

良好的导热性。对金属施加很大的外力时，其正离子将沿着一定的方向发生相对移动，此时，自由电子也随之移动，于是离子间仍保持着牢固的结合。因此，金属能在一定外力作用下发生一定的永久变形而不致破裂，这就是金属具有高塑性的原因，这使金属可进行各种塑性加工。各种金属的原子结合强弱相差很大，使它们的强度、熔点等也相差较大。

总之，金属材料兼有优良的力学性能、理化性能和工艺性能，可大量用作结构材料，部分也可用作功能材料。但是应该指出：在特别高的温度以及特殊介质环境中，由于化学稳定性问题，一般金属材料难以胜任。此外，地球上金属材料的资源有限。

2. 无机非金属材料的特征

无机非金属材料是以某些元素的氧化物、碳化物、氮化物、卤化物、硼化物以及硅酸盐、铝酸盐、磷酸盐、硼酸盐等物质组成的材料，是除金属材料和有机材料以外的所有材料的统称。无机非金属材料是 20 世纪 40 年代以后，随着现代科学技术的发展从传统的硅酸盐材料演变而来的，其典型代表就是陶瓷材料，是由一种或多种金属和非金属元素形成的具有离子键或共价键的化合物。由于它的熔点高、硬度高、化学稳定性高，具有耐高温、耐腐蚀、耐磨损、绝缘、热膨胀系数小等优点，在现代工业中已得到越来越广泛的应用。在有些情况下，陶瓷为唯一能选用的材料，例如，内燃机的火花塞，引爆时瞬间温度可达2500℃，并要求绝缘和耐化学腐蚀，显然金属材料和高分子材料都不能满足要求，只有陶瓷最为合适。脆性大及不易加工成形，使陶瓷材料的应用受到较大的限制。

3. 高分子材料的特征

高分子材料（也称高聚物）是以相对分子质量 >5000 的高分子化合物为主要组分的材料，其中每个分子可含几千、几万、甚至几十万个原子。

高分子材料大分子主链内原子间的强共价键及大分子链间的弱分子键的结合特征，使其具有高弹性、一定耐磨性、绝缘性、抗腐蚀性及质量轻等优良性能，而且易于成形，加工性好，原料来源丰富，在工业中得到广泛应用。但高分子材料强度、硬度低，耐热性很差，尺寸稳定性低，易老化，使应用又受到一定限制。

4. 复合材料

复合材料是由两种或两种以上材料组成的，它具有任何单一材料所不具备的性能。混凝土、胶合板和玻璃钢都是典型的（虽然是初级的）复合材料的实例。玻璃纤维增强复合材料（俗称玻璃钢）是将玻璃纤维（丝）嵌入聚合物（多为树脂）而制成的，由玻璃纤维获得强度，树脂保证塑性。用复合材料可以生产出其他材料所不及的质轻、强度高、延展性好和耐高温的材料，还可以生产出既硬又耐冲击的切削工具。现在许多新发展的材料都与复合材料有关，如美国先进战斗机中，碳纤维复合材料占40%～50%，垂直起飞（包括直升机）的飞机中可达65%。当然，这些先进复合材料是相当昂贵的。

第二节　常见的材料制备、加工与处理技术

生机盎然的五彩世界，其实只是由为数不多的几十种元素以不同的方式组合而成的，如周围的矿石、黏土、石油、空气及各种动植物等。如果把现代社会比作一个人，则信息可看作是神经，能源可看作血液，而材料就是他的骨和肉。人们不断用一些物质（原料）通过化学或物理反应过程制造出另一些物质（材料），再用这些材料加工成多姿多彩的工业产品，从而创造了一个又一个新的物质世界，推动社会文明的发展。

一、从原料到材料

原材料的选用与合成是材料制备的一个重要环节。由于所要制备的材料的不同，则所采用的原料是不同的；而相同的原材料通过不同的制备工艺过程和方法，可以制得具有不同性能及用途的材料。原料有天然原料及化工原料（亦称人工合成原料）之分。其中天然原料是指天然的矿物、空气及动植物等；而化工原料则是采用化学或物理方法将天然原料进行富集或提纯、加工后所得的产品，例如，由石油提炼的有机原料乙烯，由铝矾土提炼的无机原料三氧化二铝等。

对常用的三大工程材料而言，通常，冶炼是金属材料的基本制备方法，烧结是陶瓷材料的制备手段，而反应合成则是有机聚合物的主要制备方式。

二、从材料到零件

零件是组成机器的基本单元，有时也可看作是具有特定性状、尺寸及功能的独立产品。

零件是由符合性能要求的材料制造而成的，材料只有经过各种加工，包括材料的成形、改性、连接等，最终形成机器零件或产品，才能体现其功能和价值。

产品（零件）的结构设计、材料的选择、加工工艺方法的选择是有机关联的。产品的设计及材料选择体现了“做什么”的过程，而加工工艺（或制造）则体现了“如何做”的过程。就加工制造而言，其过程又常常是很复杂的，包括成形、连接、切削加工、特种加工、装配、检测及调试等，其间有可能穿插不同的整体和表面的强化或改性等工序。合理选择不同的加工工艺方法并且合理安排好零件的加工工艺路线，是使产品最终达到技术经济指标的重要因素之一。

常见产品的材料种类繁多，性质各异。同时，产品的结构特征、质量及性能要求，还有具体的生产条件等都决定了加工工艺方法选择的多样性及灵活性。一般加工工艺分以下几类。

1. 成形加工

这类加工是通过加热或加压的方式，使材料在液态或固态下发生流动或连接，从而得到要求的形状、尺寸及性能的产品的方法。其不仅可以改变材料的形状尺寸，而且还常有改变材料性能的作用。成形过程中产生的废料较少，甚至不产生废料，故又称为无屑成形。按成形时材料的状态及工艺特点又分为液态材料成形（即铸造）、固态材料的塑性成形（即压力加工）、材料的连接成形（即焊接和粘接）、粉末压制成形及一些橡胶、塑料的特殊成形等。

2. 切削（或切除）加工

这类加工是通过利用比工件材料更硬的刃具或利用光能、声能、电能、化学能等来逐渐去除工件上多余的材料，最终得到符合要求的形状和尺寸的产品的方法，故又称有屑成形，或称机械加工。其又可分为利用刃具的传统切削加工和利用特殊物理或化学现象的特种加工。

3. 热处理加工

这类加工是通过对工件整体或表面进行一定的加热、保温及冷却操作，从而使工件材料的组织及性能达到使用要求的方法。例如，绑扎物件用的低碳钢丝塑性很好，强度较低，可任意弯曲变形，并且还会“越弯越难弯”；用高碳钢制作的锯片硬而脆，可对一般钢铁进行锯削，但用火烧红慢冷后，则又变得软而韧，且可弯曲变形，而再用火烧红且油冷后，则又恢复硬而脆的状态。一般塑料强度、刚度较低，但加入一定的玻璃纤维后制得的玻璃钢，则有很高的比强度及比刚度，甚至超过不少钢铁材料。一般碳钢耐热性、耐蚀性远不如耐热钢及不锈钢等。所有这些变化，是由于这些材料采用了适当的热处理或改性处理的缘故。常用热处理工艺可分为普通热处理和表面热处理两大类。普通热处理包括退火、正火、淬火和回火，表面热处理包括表面淬火及化学热处理。

4. 表面改性加工

这类加工是通过物理、化学或机械的方法，使材料表面的成分或组织改变，从而改变产品表面性能的方法。例如，在扭转、弯曲、冲击等负荷作用下的零件，其表层比心部承受较高的应力；相对运动的两物体在接触面上会产生摩擦磨损等；金属在某些环境介质中其表面会受到介质的腐蚀作用；有时为使产品表面具有特殊的装饰效果，或为改变表面的电、磁、光性能，或为节约贵重材料等，所有这些情况，若单纯从选材去考虑常是无法解决的。此时，常利用表面改性加工的方法使材料表面获得特殊的化学成分或组织结构，以满足使用要求。按改性处理的原理及工艺特点，一般大致分为表面处理技术、表面扩渗技术、表面涂镀技术三类。

第三节　常见工程材料

一、工业材料的“脊梁”——钢铁

完全由钢铁制造的蒸汽机的发明及应用，是人类文明史上一个重要的里程碑，导致了第一次技术革命。今天，钢铁仍是现代工业、农业、国防和科技不可缺少的重要材料。在工厂、矿山、港口、桥梁、铁路、建筑等的建设中少不了钢铁；制造汽车、飞机、轮船、机床等各种机器也都要用到钢铁；军事上的枪、炮、坦克、装甲车、军舰等更少不了钢铁；甚至缝衣针、注射针、钢笔尖、小刀、螺钉、别针这样的小物品也都是由钢铁制造的。因此，人们常把钢铁生产及使用的数量和质量作为一个国家经济发展水平及实力强弱的评价标准。

从成分上看，钢铁材料有塑性很好、强度较低的低碳钢，有强韧性很高的中碳钢，有硬而耐磨的高碳钢，也有塑性很差，但消振性、铸造性却很好的铸铁。如果加入合金元素进行合金化，则更会使性能产生明显的变化，可制得耐腐蚀的不锈钢，耐高温的耐热钢，可在零下一百多度工作的低温钢，削铁如泥的高速钢，导磁性好的磁钢等。

从形状及工艺方面看，钢铁材料可轧制成很薄的板材以便制造各种产品的壳体，拉成很细的钢丝作钢丝绳，轧制成槽钢、角钢、钢管等用于各种工程结构，如建筑、桥梁、铁塔、客车等；可铸造成形各种复杂机器零件，如机床及汽车箱体等；可用焊接成形方法拼焊成各种大型工程结构及零件，并且大多都易于切削加工。

通过热处理，可使较软的钢铁变得很强韧或硬而耐磨，也可使硬脆的钢铁材料变得较软，使其易变形及易切削。钢铁材料还易于进行各种表面处理，以满足不同的使用要求。

目前，也只有钢铁材料才具有这样丰富的性能，由于其冶炼工艺相对简单、原料丰富、价格较低，使其成为应用最广、最重要的工程材料。

1. 钢铁是怎样炼成的

钢铁实质为钢和生铁（生铁也称白口铁，由铁矿石在高炉内熔炼而成，用于作铸造原料时则称铸造生铁，用于作炼钢的原料时则称炼钢生铁）的统称。它们的基本成分都是铁，差别仅在于碳的含量不同：$w_C < 2.11\%$ 时则为钢，反之为生铁。故可把钢和生铁看作是“孪生兄弟”。现代炼铁，是用铁矿石和焦炭等在高炉内经高温加热，由焦炭把矿石中的铁还原出来的过程。打开炉底的出口，炽热的生铁液就像“火龙”一样奔流而出。而炼钢，实际上就是把生铁液中的碳去掉一部分，使碳含量降低到 2.11% 以下一定范围的过程。钢铁生产的基本流程如图 1-3 所示。

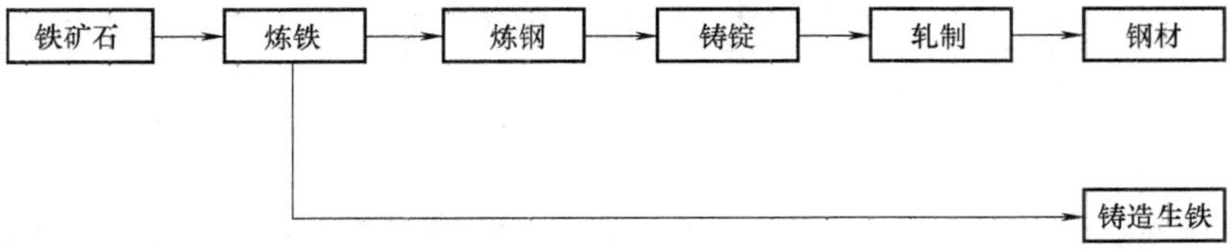

图 1-3　钢铁生产的基本流程

早在 2600 年前的春秋战国时代后期，中国人的祖先就发明了生铁冶炼技术，成为最早使用铁器的民族之一。人们把铁矿石和木炭一起放入极为简单的地窖炉中加热冶炼，制得含有夹渣的海绵铁，再经过高温反复锻打，使渣子减少，组织变致密，最终成为可制作器具的材料。公元前6世纪末，中国在世界上首先掌握了生铁铸造方法并得到了应用。汉朝以后，中国又发明了“炒钢”等当时独步世界的炼钢方法，即将生铁放于熔池里加热熔化后，像炒菜一样搅拌翻炒，利用空气里的氧气除去生铁液中的碳以后成为“熟铁”（即钢），然后锻造除渣、成形。直到19世纪中叶前，这种方法还是欧洲各国炼钢的主要方法。

2. 钢的分类及常用钢

目前常用的钢分类方法很多，例如，根据 $Fe\text{-}Fe_3C$ 相图中的共析转变，可分为亚共析钢、共析钢和过共析钢。在机械行业较为实用的分类方法如下：

（1）按化学成分分类

1）碳钢和合金钢。碳钢除了铁和碳以外，还含有少量脱氧元素 Mn、Si、Al，杂质元素 P、S 及气体 N、H、O 等。合金钢是在碳钢的基础上，特意添加某些合金元素，控制杂质和有害元素，用以满足一定的生产和加工技术以及所要求的组织与性能的钢。

2）碳钢按碳含量可分为低碳钢（$w_C < 0.25\%$）、中碳钢（$w_C = 0.25\% \sim 0.60\%$）、高碳钢（$w_C > 0.6\%$）和超高碳钢（$w_C > 1.0\%$）。

3）合金钢按合金元素含量可分为低合金钢（合金元素总量≤5%）、中合金钢（合金元素总量5%～10%）和高合金钢（合金元素总量>10%）。

（2）按用途分类

1）结构钢、工具钢、特殊性能钢。

2）结构钢分为工程结构用钢和机械结构用钢。结构钢一般属于低、中碳（合金）钢，强调强韧性的配合。工程结构用钢强调成形性、焊接性，机械结构用钢强调淬透性。

3）工具钢分为刃具钢、量具钢和模具钢。工具钢一般属于高碳（合金）钢。刃具钢、量具钢和模具钢主要是使用其热硬性、尺寸稳定性和热疲劳性能。

4）特殊性能钢有耐蚀钢、耐磨钢、耐热钢和特殊物理性能钢。特殊性能钢一般属于中、高合金钢。

（3）按冶金特点分类

1）按钢中杂质元素硫、磷含量的高低，结构钢可分为：普通钢（$w_P \leq 0.045\%$，$w_S \leq 0.055\%$）、优质钢（w_P、w_S 均 $\leq 0.035\%$）、高级优质钢（$w_P \leq 0.035\%$，$w_S \leq 0.030\%$，在牌号后加符号“A”）和特级优质钢（$w_P \leq 0.025\%$，$w_S \leq 0.020\%$，在牌号后加符号“E”）。

2）按钢材冶炼时脱氧程度（由低到高）可分为：沸腾钢、半镇静钢、镇静钢、特殊镇静钢。

常用钢产品及牌号见表1-1。

表1-1 常用钢产品及牌号

钢类		钢号举例	主要用途
结构钢	碳素结构钢和低合金结构钢	Q235AF	既可用作较重要的建筑构件、车辆及桥梁等的各种型材，又可用于制作一般的机器零件，也可进行热处理

（续）

钢类		钢号举例	主要用途
结构钢	低合金高强度结构钢	Q345D、Q345R、20MnK	主要用来制造各种要求强度较高的工程结构，例如，船舶、车辆、高压容器、输油、输气管道、大型钢结构等。在建筑、石油、化工、铁路、造船、机车车辆、锅炉容器、农机、农具等许多领域得到广泛的应用
	优质碳素结构钢	08F、50A、50MnE、45AH、65Mn	通常适于制造一般高速切削刀具，如车刀、铣刀、绞刀等
	合金结构钢	20Cr、40CrNiMoA、60Si2Mn、18MnMoNbER	可用于制造断面尺寸较大的机器零件
工具钢	碳素工具钢	T8、T8Mn、T8A	在钳工、木工和形状简单受力不大的刃具、磨具中得到广泛应用
	合金工具钢	9SiCr、CrWMn	9SiCr 可用于制作丝锥、板牙等；CrWMn 主要用来制造较精密的低速刀具，如长铰刀、拉刀等
	高速工具钢	W18Cr4V、CW6Mo5Cr4V2	通常适于制造一般高速切削刀具，如车刀、铣刀、绞刀等
不锈钢和耐热钢		06Cr19Ni10、022Cr18Ti、20Cr15Mn15Ni2N、20Cr25Ni20	不锈钢的使用要求主要是长期保持产品的原有形貌；耐热钢常用于制造锅炉、汽轮机、动力机械、工业炉和航空、石油化工等工业领域中在高温下工作的零部件
轴承钢		GCr15SiMn、G20CrNiMoA、G95Cr18、G80Cr4Mo4V	主要用作轴承滚珠、轴承套圈等，有时也用来制造工具，如冲模、量具、丝锥等

3. 铸铁的分类及常用铸铁

依据铸铁的化学成分、结晶形态和组织性能不同，可分为普通铸铁和合金铸铁两类。铸铁的分类如图 1-4 所示。

（1）按碳的存在形态或断口颜色分类　碳在铸铁中以化合状态的渗碳体（Fe_3C）形式存在，也可以游离状态的石墨（G）形式存在。由于碳的存在形态存在差异，断口呈现不同颜色，据此可将铸铁分成三类。

1）白口铸铁。碳除少量固溶于铁素体中外，其余的碳都以渗碳体（第二相）的形式存在于铸铁基体中，其断口呈银白色，故称白口铸铁。由于这类铸铁中都存在共晶莱氏体组织，所以其性能硬而脆，很难切削加工，一般很少直接用来制造各种零件。

2）麻口铸铁。一部分碳以游离状态的石墨（G）形式存在，另一部分以化合状态的渗碳体（Fe_3C）形式存在，在其断口上呈黑白相间的麻点，故称麻口铸铁。这类铸铁也具有较大的硬脆性，故工业上也很少使用。

3）灰口铸铁。碳几乎全部以游离状态的石墨（G）形式存在，其断口呈暗灰色，故称灰口铸铁。灰口铸铁具有良好的切削加工性、减摩性、减振性等，而且熔炼的工艺与设备简单，成本低廉，所以在目前的工业生产中，灰口铸铁是最重要的工程材料之一。

（2）根据灰口铸铁中石墨形态分类　根据石墨形态的差异，可将灰口铸铁分为四类，图 1-5 所示是灰口铸铁中的石墨形态。

1）灰铸铁。铸铁中石墨呈片状存在。这类铸铁的力学性能虽然不高，但它的生产工艺简单、价格低廉，故工业上应用最广。

2）球墨铸铁。铸铁中石墨呈球状存在。它不仅力学性能比灰铸铁高，而且还可以通过热处理进一步提高其力学性能，所以它在生产中的应用日益广泛。

3）蠕墨铸铁。铸铁中石墨呈蠕虫状存在，即其石墨形态介于片状与球状之间。其力学性能也介于灰铸铁与球墨铸铁之间。

4）可锻铸铁。铸铁中石墨呈团絮状存在。其力学性能（特别是韧性和塑性）较灰铸铁高，并接近于球墨铸铁。

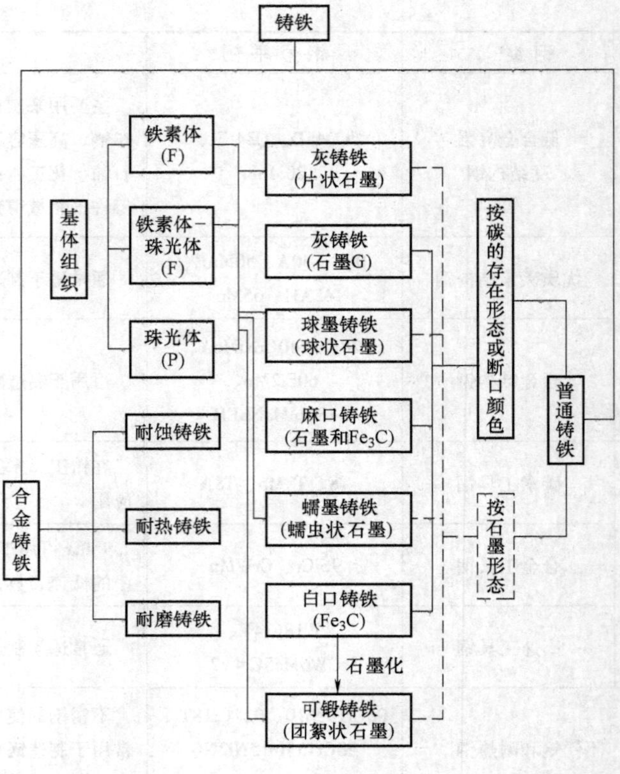

图 1-4　铸铁的分类

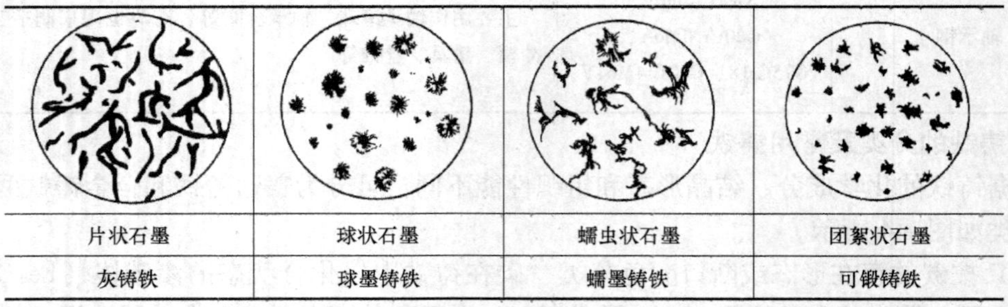

图 1-5　灰口铸铁中的石墨形态

需要说明的是部分文献中混淆了灰口铸铁和灰铸铁的区别。灰口铸铁强调的是碳主要以石墨形式存在，即灰口铸铁包括灰铸铁、球墨铸铁、蠕墨铸铁和可锻铸铁；而灰铸铁强调的是石墨形态，即灰铸铁是石墨呈片状的灰口铸铁。

二、丰富多彩的有色金属

有色金属的种类很多，根据它们的蕴藏状况和物理特性基本可分为以下四类。

1）有色重金属：铜、镍、锡、铅、锑、钴、汞等，它们的密度较大，约为 7 ~ 11g/cm^3。

2）有色轻金属：铝、镁、钙、钾、钠、钡等，它们的密度 <5g/cm^3。

3）贵金属：金、银及铂族金属（铂、铑、钯、铱、锇、钌）等，因其价格比一般金属贵得多而得名，这些金属在空气中不会被氧化。

4）稀有金属：在80余种有色金属元素中，其中大约50种被认为是稀有金属。这是指那些发现较晚、在工业上应用较迟、在自然界中分布比较分散以及在提取方法上比较复杂的金属。

尽管有色金属的耗用量只占金属总量的5%左右，但由于这些金属具有许多特殊的优良性能，如导电、导热性好，密度小，化学性能稳定，耐热、耐酸和耐腐蚀，工艺性好等，是电工电子、机械、化工、轻工、仪表、航天工业不可缺少、不能替代的材料。

1. 上天用得最多的材料——铝合金

铝是自然界蕴藏量最丰富的金属，约占地壳质量的8%左右。人们脚下的黏土，就是铝的藏身之处，所以有人称铝是“来自黏土的白银”。在今天，铝是产量仅次于铁的第二大金属，生活中随处可见。但在100多年前，铝比黄金还贵几倍，是王公贵族才能赏玩的珍宝。

纯铝作为金属材料具有质量轻、比强度大，良好的导电、导热性，耐蚀性好等优点，使其在有色金属中占有非常重要的地位。在纯铝中加入Cu、Mg、Zn、Si、Mn、稀土等合金元素可配制成各种铝合金，再经冷变形强化、细晶强化、固溶强化及时效强化来提高强度，以满足工程应用。

2. 又轻又强的材料——钛合金

早在1795年德国化学家马丁·可拉普洛恩就从金红石中发现了钛元素，希望这未知的金属能像希腊神话里的大地女神之子Titans（泰坦）一样，英雄无比，为人类立功建勋，因此就用“Titanium（钛）”为这新元素命名，故钛又被称为“大地女神之子”。

钛是一种银白色的金属，密度为4.5g/cm^3，比铁小得多；钛的熔点为1668℃，比铁还要高；热膨胀系数小，作为耐热材料很有潜力；用其制成的钛合金抗拉强度可达1500MPa，可与超高强度钢媲美，其比强度是常用工程材料中最高的；钛合金可在550℃以下工作，优于铝合金及一般钢；钛和钛合金的低温韧性很好，在-253℃（液氮温度）时仍有良好的韧性，是最理想的能在超低温下使用的工程金属材料。

钛在550℃以下的空气中，表面会迅速形成薄而致密的氧化钛膜，使其在大气、海水、硝酸、硫酸等氧化性介质及强碱中的耐蚀性优于大多数不锈钢。但如与液态氧、高压氧接触时，则会发生燃烧或爆炸。

钛与氮、碳结合生成的氮化钛、碳化钛也是非常耐热及坚硬的物质，是制作高耐热、高耐磨工具的材料，而金黄色的氮化钛像黄金一样闪亮，已成为一种高级仿金装饰膜材料。

纯钛的强度不太高，为提高纯钛的强度等性能，常加入铝、铬、钼、锡、钒、硼、铌等制成钛合金。

3. 最早应用的金属——铜及铜合金

铜及铜合金是人类应用最早的一种金属。青铜器的应用，是人类生产力发展的一个里程碑，中国在夏代就进入了青铜时代。在科学技术高度发展的今天，铜仍然是一种很重要的金属，其在国民经济中的应用范围仅次于钢铁和铝，居第三位。电器工业是用铜大户，世界上有50%以上的铜用于制造各种电器导电零部件；机械工业用各种铜合金制作轴承、开关、阀门、热交换器；建筑行业将铜用于各种装饰及配件，几乎处处都有铜的身影。

纯铜颜色为玫瑰红，表面形成氧化膜后则呈紫红色，故又称紫铜；因其目前是用电解法获得的，又称为电解铜。纯铜强度低（但比纯铝高），塑性好，易于加工，导电性、导热性仅次于银，居第二位，广泛用作电器及热交换产品；纯铜为抗磁性材料，无低温脆性，可用于制作深度冷冻工业产品及抗磁仪表零件；纯铜的电极电位较高，在大气、淡水、非氧化性酸液中具有较高的化学稳定性。

因纯铜强度低，价格也较贵，一些性能达不到使用要求，为此，常以纯铜为原料加入锌、锡、铝、猛、铁、铍、钛、铬等，配制成黄铜（铜锌合金）、白铜（铜镍合金）及青铜（铜锡、铜铝、铜铍合金）等铜合金，以达到固溶强化、第二相强化及提高某些物理、化学性能的目的。

三、古老又年轻的无机非金属材料

无机非金属材料是以某些元素的氧化物、碳化物、氮化物、卤化物、硼化物和（或）硅酸盐、铝酸盐、磷酸盐、硼酸盐等物质组成的材料。陶瓷、玻璃、水泥、耐火材料等都是人们所熟悉的硅酸盐材料。

1. 陶瓷

陶瓷是一种既古老而又年轻的工程材料，为人类最早制成的固体材料，中国生产陶瓷已有近千年的历史。陶瓷的英文单词 Ceramics 一词最早来源于古希腊的“烧物”，意思是经高温烧结而赋予一定强度的材料。瓷器是中国古代劳动人民的伟大发明之一，英文单词小写“china”即为瓷器，据考证它是中国景德镇在宋朝前的古名“昌南”镇的音译。在材料大家族中，它远比金属和塑料古老。

陶瓷的传统概念一般是指陶器、炻器和瓷器这些以黏土等无机非金属矿物为主要原料，经高温烧结而成的有一定强度的固体材料的总称。一般而言，陶器杂质多，烧结温度低（即烧结不充分），坯体断面粗糙无光，有较大的气孔率和吸水率，如烧结砖、瓦、罐等；瓷器成分较纯，烧结温度高（烧结充分），坯体致密细腻，具有一定光泽，基本不吸水，如日用细瓷等；而炻器则介于陶器和瓷器之间，如普通的墙地砖、卫生陶瓷、化工陶瓷等。

随着现代科学技术的发展，为满足特殊工业应用的需要，人们仍基本沿用传统陶瓷的原料处理→成形→烧结这种生产方法，采用更纯的化工原料或人工合成物作为原料，不用或少用黏土等天然矿物，制成具有特殊性能的特种陶瓷（又称先进陶瓷、新型陶瓷、精细陶瓷等），如氧化物陶瓷、金属陶瓷、功能陶瓷等。

2. 玻璃

早在5000 年前的古埃及就已制造出简单的玻璃制品，玻璃也为很古老的材料之一。玻璃是指熔融物在冷却凝固过程中因熔体黏度大，原子或大分子不能作充分扩散结晶而得到的一种保持熔体结构的非晶态固体无机材料。

工业上大量生产的是以一定纯度的二氧化硅砂、石灰石以及纯碱（为助熔剂）等为原料，在 1550～1600℃下熔融、成形、冷却而制得的钠-钙硅酸盐玻璃。这种玻璃可透各种可见光，吸收红外线及紫外线，广泛用于建筑平板玻璃、瓶罐玻璃方面。如用钾长石代替钠长石，可制成比钠-钙玻璃更硬、更光泽的钾-钙玻璃，可用于制作化学试验容器、高级玻璃日用品及透红外玻璃；如用氧化铅代替氧化钙等，则成为折射率大，易吸收高能射线的铅玻璃，可用于制作荧光灯管、显像管、光学镜片、艺术器皿等。透明彩色玻璃是在原料中加入一定量的金属氧化物或其他化合物而使得玻璃带色，如加氧化钴可着蓝色。如将普通平板玻璃在加热炉中加热到接近软化点温度（约650℃），出炉后立即向玻璃两面吹冷空气，造成表层及中心层因收缩不均匀而使表层存在压应力，中心层存在拉应力的情况。这样制作的玻璃强度很高，破碎后玻璃呈细小、无尖锐棱角状碎块，此即汽车常用的钢化玻璃。如在两层钢化玻璃中间夹一层强韧透明的高分子塑料膜，热压粘合后即得到所谓安全玻璃或防弹玻璃。此外，还有激光玻璃、镀膜玻璃等各种功能玻璃。

3. 水泥

水泥是指细磨成粉末状，加水拌和成塑性浆体后，能胶结砂、石等适当材料并能在空气中硬化的粉状水硬性胶凝材料。胶凝材料是指在物理、化学作用下，能从浆体变成坚固的石状体，并能胶结其他物料且具有一定机械强度的物质。胶凝材料可分为无机胶凝材料和有机胶凝材料两大类，沥青和各种树脂属于有机胶凝材料，无机胶凝材料按照硬化条件分为水硬性胶凝材料和非水硬性胶凝材料两种。非水硬性胶凝材料只能在空气中吸收水气缓慢反应硬化而不能直接在水中硬化，故又称其为气硬性胶凝材料，如石灰、石膏等。水硬性胶凝材料在拌水后既能在空气中又能在水中硬化，即水泥。

水泥按其基本物质——熟料的矿物组成，可分为硅酸盐水泥、铝酸盐水泥、硫铝酸盐水泥、氟铝酸盐水泥、铁铝酸盐水泥、少熟料或无熟料水泥等。按用途及性能可分为通用水泥、专用水泥和特性水泥三类。通用水泥是指大量用于一般土木工程的水泥；专用水泥是指专门用途的水泥，如G级油井水泥、砌筑水泥、道路硅酸盐水泥等；特性水泥是指某种性能比较突出的水泥，如快硬硅酸盐水泥、低热矿渣硅酸盐水泥、膨胀硫铝酸盐水泥等。

水泥具有水硬性、可塑性、适应性强、耐久性好、不会生锈（与钢材比）、不老化（与塑料比）等性能特征，使其在工程材料中占有极其重要的地位，是最重要的建筑材料之一。它不但大量应用于工业与民用建筑工程中，还广泛地应用于农业、水利、公路、铁路、海港和国防等工程中。常用来制造各种形式的钢筋混凝土、预应力混凝土构件和建筑物，也常用于配制砂浆，以及用作灌浆材料等。此外，水泥还可用于医药材料，如假牙、人造骨骼。

四、多姿多彩的高分子材料

有机高分子材料是以高分子化合物（也称聚合物、高聚物、树脂）为主要组分的材料。高分子化合物是指相对分子质量很大的化合物，其每个分子可含有几千、几万甚至几十万个原子。由于其分子量很大，相对于低分子化合物而言，高分子化合物大多具有一定的强度和弹性。有机高分子化合物又有天然的（如虫胶、松香、淀粉、纤维素、皮革、天然橡胶等）和合成的（如塑料、合成橡胶、合成纤维等）之分，此外，还有液态的胶粘剂和涂料。由于高分子材料的品种繁多，原料来源丰富，加工简便，成本相对较低，又有质量轻、比强度高、耐蚀、易于改性等特点，应用非常广泛。

1. 塑料

塑料是以树脂（即高分子化合物）为基本原料，加入能改善其性能或降低其成本的添加剂，在一定的温度和压力下塑制成形，并在常温下能保持其形状不变的材料或制品的总称。

塑料也有不同的分类方法。按树脂受热行为的不同，可分为热塑性塑料和热固性塑料；按功能和用途，可分为通用塑料、工程塑料和特种塑料。

2. 橡胶

橡胶是以生胶为原料，加入适量的配合剂所组成的一种高弹性的高分子化合物。

橡胶按来源可分为天然橡胶和合成橡胶，按性能和用途可分为通用橡胶和特种橡胶。凡是性能与天然橡胶相同或接近，物理性能和加工性能较好，能广泛用于制造轮胎、软管、密封件、传送带等一般橡胶制品的橡胶称为通用橡胶，如天然橡胶、丁苯橡胶、顺丁橡胶、氯丁橡胶等；凡是具有特殊性能，专供耐热、耐寒、耐化学腐蚀、耐油、耐溶剂、耐辐射等特殊性能要求使用的橡胶称为特种橡胶。如硅橡胶、氟橡胶、聚氨酯橡胶、丁腈橡胶等。

橡胶最重要的特点是高弹性，因此又称为弹性体。橡胶由若干细长而柔顺的分子链组成，分子链通常蜷曲成无规则线团状，相互缠曲。当受外力拉伸时分子链就伸直，外力去除后又恢复蜷曲，其弹性变形量可达100%～1000%。橡胶最大的缺点是易老化，即橡胶制品在使用过程中出现变色、发黏、发脆以及龟裂等现象，使橡胶的弹性、强度等性能劣化。

3. 纤维

纤维是指长宽比在10^3倍以上、粗细为几微米到上百微米的柔软细长体，有天然纤维和化学纤维，无机纤维（如石棉、玻璃纤维、金属纤维等）和有机纤维之分。其中化学纤维又可分为人造纤维（如硝化纤维、醋酸纤维、粘胶纤维等所谓“人造丝”、“人造棉”）和合成纤维。合成纤维是以石油、煤、天燃气及一些农副产品为原料制成单体，再经化学合成与机械加工的方法制成的纤维。基于成本和性能考虑，合成纤维是工程中主要应用的有机纤维。

4. 胶黏剂和涂料

（1）胶黏剂　胶黏剂又称黏合剂，习惯上简称为胶。它是一类通过黏附作用，使同质或异质材料连接在一起，并在胶接面上有一定强度的物质。

胶黏剂以黏料为主要组分，根据需要还要配合一种或多种其他组分才可使用，包括固化剂、固化促进剂、增塑剂、增韧剂、稀释剂、填料、偶联剂等。其中，黏料是决定胶黏剂性能的主要组分，能起到胶黏的作用；稀释剂是为了降低胶黏剂黏度、增加胶黏剂浸透力而使用的低分子化合物，有些稀释剂还能降低胶黏剂的活性，延长胶黏剂的使用期；偶联剂是为了改善胶黏剂和被粘物表面之间的界面强度而使用的助剂。

胶黏剂品种繁多，用途不同，组成各异，其中有机胶黏剂是一类以高分子化合物为主体制成的胶黏材料，分为天然和合成胶黏剂两种。天然胶黏剂由天然动、植物和矿物的胶黏物质制成，其价格低廉、无毒或低毒、加工简便，但不耐潮、强度低，因此工程中应用较多的是合成胶黏剂。

（2）涂料　涂敷于物体表面，能与基体材料很好粘结并形成完整而坚韧保护膜的物料称为涂料。按所起作用，涂料中各组分可分为主要成膜物质、次要成膜物质和辅助成膜物质。

涂料按其是否有颜料可分为清漆与色漆；按其形态可分为水性涂料、溶剂型涂料、粉末涂料、高固体分涂料（含不挥发组分70%以上）、无溶剂涂料（光固化、酸固化）等；按其用途可分为建筑涂料、汽车漆、飞机漆、木器漆等；按其固化方式可分为常温固化涂料、高温固化涂料、射线固化涂料；按其涂装方式可分为喷漆、浸漆、烘漆、电泳漆等；按其涂膜的特殊功能可分为绝缘漆、防锈漆、防腐蚀漆等。

五、博采众长的复合材料

自然界中存在许多天然的复合材料。例如，树叶、竹子是纤维素和木质素的复合材料。人类很早就开始接触和使用各种天然复合材料，并仿效自然界制作复合材料。例如，早在7000多年前，中国陕西半坡人就开始用草梗和泥筑墙；16世纪拉丁美洲的印第安人已用橡胶涂在织物上来防水；有4000多年历史的、世界闻名的中国传统工艺品——漆器就是麻纤维和土漆复合而成的。直到今天，人们普遍使用的橡胶雨衣、自行车（汽车、飞机）轮胎、高压水管等都是橡胶与纺织材料（天然纤维、人造纤维或金属丝）的复合材料。对每个人而言，复合材料不仅不是陌生的，而且是随时都看得见、用得着的。

现代复合材料的发展与科学技术和高技术产业的发展密切相关。特别是宇航、导弹、原子能等现代技术的飞速发展，要求材料除了具有一些特殊的性能外，还要具有优良的综合性能，这有力地促进了复合材料的迅速发展。例如，在设计导弹、人造卫星、飞机的承载构件时，理想的结构材料应具有质量轻、强度和模量高的特点。但是，即使是比普通钢强度高7倍左右的超高强度钢，由于密度大，其比强度仍很低，不能满足在某些特殊场合应用的要求。单一的金属、陶瓷、高分子等工程材料很难满足性能的综合要求。为了克服单一材料性能上的局限性，充分发挥各种材料特性，弥补其不足，材料复合化已成为材料发展的必然趋势。

航空、航天、先进武器系统等军需业的发展对早期复合材料的研究与开发起了巨大的推动作用。电子、汽车等民用工业的迅速发展又为各种类型复合材料的应用提供了广阔的前景。

广义上，复合材料是指由两种或两种以上不同性质或不同组织的组分（单元）构成的材料。然而，从工程概念上讲，复合材料是指以人工方式将两种或多种性质不同，但又可性能互补的材料复合起来作成的新材料。它既能保留原组成材料的主要特性，还能通过复合效应获得原组分所不具备的性能。例如，纤维增强复合材料具有比强度、比模量高，抗疲劳性能好，减振性能好，高温性能好，工艺性能好等特点。

第二章 新型材料及材料的未来

第一节 新型高性能结构材料

新型结构材料具有高比强度、高比刚度、耐高温、耐腐蚀、耐磨损等特点，是在高新技术推动下发展起来的一类新材料，包括新型金属材料、高性能结构陶瓷材料和高分子材料等。发展新型高性能结构材料将支撑航空航天、交通运输、电子信息、能源动力以及国家重大基础工程建设等领域的可持续发展，对国家支柱产业的发展和国家安全的保障起着关键性的作用。

一、超硬材料

超硬材料通常是指莫氏硬度达到或接近 10 的材料，主要是指金刚石和立方氮化硼。

1. 金刚石

人类对金刚石的认识和开发具有悠久的历史，出土的大金刚石如图 2-1 所示，天然钻石如图 2-2 所示。早在公元前 3 世纪古印度就发现了金刚石。自公元纪年起至今，钻石一直是国家与王宫贵族、达官显贵的财富、权势、地位的象征。世界金刚石矿产资源不丰富，1996 年世界探明金刚石储量仅 19 亿 ct，远不能满足宝石与工业消费的需要。20 世纪 60 年代以来，人工合成金刚石技术兴起，至 20 世纪 90 年代日臻完善，人造金刚石几乎已完全取代工业用天然金刚石，其用量占世界工业用金刚石消费量的 90% 以上，在我国已达 99% 以上。

图 2-1 出土的大金刚石

图 2-2 天然钻石

金刚石主要生产国为澳大利亚、俄罗斯、南非、博茨瓦纳和扎伊尔等。世界钻石的经销主要由迪比尔斯中央销售组织控制。

2. 立方氮化硼

立方氮化硼是 20 世纪 70 年代才出现的超硬刀具材料，图 2-3 和图 2-4 所示是两种不同颜色的立方氮化硼。作为刀具的立方氮化硼一般作成聚晶复合片。立方氮化硼微粉的显微硬度为 8000 ~ 9000HV，仅次于金刚石，但热硬度和热稳定性比金刚石高很多。立方氮化硼在

1300℃时仍能保持其硬度。这种材料不与铁系金属发生化学作用，可用于加工钢和铸铁，因此成为钢铁材料切削刀具的重要材料。

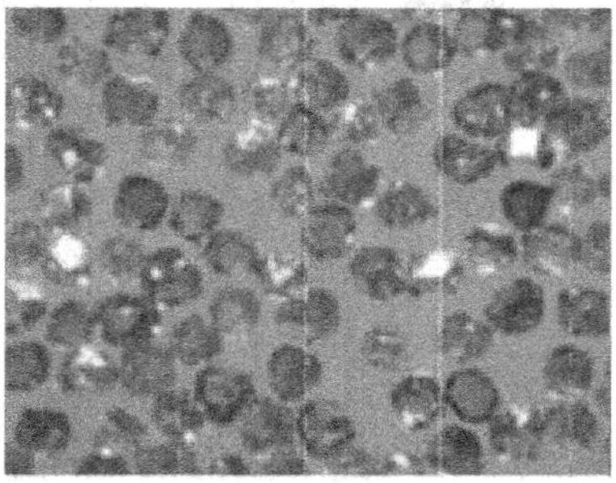

图 2-3　立方氮化硼

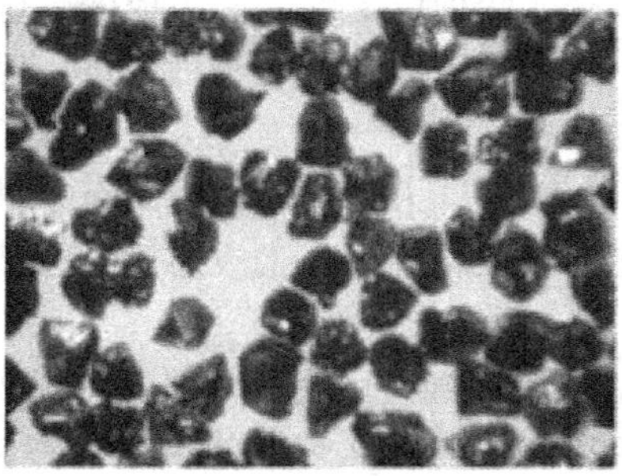

图 2-4　黑色立方氮化硼

金刚石是目前已知的世界上最硬的物质，包括天然金刚石、人造聚晶金刚石、化学气相沉积金刚石等，其中以人造聚晶金刚石占主导地位。人造金刚石是加工业最硬的磨料，电子工业最有效的散热材料，半导体最好的晶片，通信元器件最高频的滤波器，音响最传真的振动膜，机件最稳定的抗蚀层等，已经被广泛应用于冶金、石油钻探、建筑工程、机械加工、仪器仪表、电子工业、航空航天以及现代尖端科学领域。图 2-5、图 2-6、图 2-7 所示为金刚石刀具。

图 2-5　金刚石锯片

图 2-6　金刚石砂轮

图 2-7　PCD 刀具

由立方氮化硼制造的刀具主要用来加工淬硬高速钢、淬硬合金钢、淬硬轴承钢、渗碳钢、冷硬铸铁、球墨铸铁等，也常用于加工各种镍基高温合金和各类喷焊材料等难加工材料。充分利用立方氮化硼材料热硬性好的特点，在很多种场合下可进行切削，对于节省冷却润滑液的开支和防止环境污染有很重要的意义。立方氮化硼作为新型的刀具材料已经越来越广泛地应用于机械加工的各个领域及各个行业，对于提高加工效率和质量、降低加工成本发挥了重要作用。随着普及程度的提高，这种刀具越来越受到人们的重视。

金刚石和立方氮化硼这两种超硬材料的硬度都远高于其他材料的硬度，因此，超硬材料适于用来制造加工其他材料的工具，尤其是在加工硬质材料方面，具有无可比拟的优越性，占有不可替代的重要地位。正因如此，超硬材料在工业上获得了广泛应用。除了用来制造工具之外，超硬材料在光学、电学、热学方面还具有一些特殊性能，是一种重要的功能材料，引起了人们的高度重视，这方面的性能和用途正在不断地得到研究开发。

二、超塑性合金

金属或两种以上的金属组成的合金通常是比较坚硬的，有较高的强度，制成各种构件很坚固，不容易破坏，这是一种优点，但是，强度越大的材料，要作成某种形状的构件，加工成形也就越困难，这时强度大反而成了缺点。

长久以来，人们一直幻想着有一种材料，加工成形时，像麦芽糖一样柔软可塑，用一点力就能把它拉长，而加工成形后，又像钢铁一样坚固。今天，超塑性合金使这种梦想成为现实。

1. 金属超塑性的发现

1920 年，德国人罗森海因在对锌铝铜合金进行研究时，发现这种塑性很低的脆性材料，快速弯曲时一折就断。但如果慢慢地弯曲，那么即使弯曲到两面对折起来，它仍然是一点裂纹也没有，显示出异乎寻常的塑性，但他没有对此进行深入研究。一直到 1945 年，前苏联学者包奇瓦尔对这一奇异现象进行了进一步研究，并在许多有色金属合金中，发现了延展性特别显著的奇异现象，于是他以“超塑性”来概括金属及其合金在一定条件下出现的这一奇特的性质，从此，对超塑性合金的寻找与研究被许多科学家所关注。1982 年英国物理学家森金斯给金属的超塑性现象作了如下定义：凡金属在适当的温度下（大约相当于金属熔点温度的一半）变得像软糖一样柔软，而应变速度为 10mm/s 时产生本身长度 3 倍以上的延伸率，均属于超塑性现象。超塑性合金是指那些具有超塑性的金属材料。超塑性是一种奇特的现象，具有超塑性的合金能像饴糖一样伸长 10 倍、20 倍甚至上百倍，既不出现缩颈，也不会断裂。

2. 超塑性合金的应用

日常生活中，超塑性合金的应用随处可见。例如，铸铁通常也称为生铁，炒菜使用的铁锅就是这种材料，质硬而脆，加压力进行加工成形十分困难。后来发现铸铁具有超塑性行为，一些企业利用其超塑性行为来加工铸铁，非常方便容易。

第一个实用的超塑性合金是 Zn-22Al，这种合金最初是在英国实现商品化的。通过吹埋气压法，Zn-22Al 可塑制成薄壳体，如车身外壳、汽车门内板以及具有凸肚及精细花纹的空心球体。Zn-22Al 合金形成超塑性的温度范围为 250 ~ 270℃，压力范围为 0. 39 ~ 1. 37MPa，这样的条件在工厂里很容易实现。而普通金属要进行加压力成形，压力范围高达 2000 ~ 4000MPa。Zn-22Al 超塑性合金一次整体成形所需的时间很短，小部件只要 1 ~ 2min，复杂部件只需 5 ~ 6min。Zn-22Al 合金的超塑性行为除了加工成形压力低、节省加工时间外，还能降低加工成形的温度，降低模具费用，所以此合金后来风靡全世界。

超塑性合金最大的应用就是航空航天材料。航空航天材料要求具有高强度、耐高温和能够实施复杂形状的加工成形等特点。但是，材料的强度越高，形状越复杂，加工成形就越困难，特别是整体成形就更困难了。普通的高强度材料要满足这样的目标需要很高的压力，而且材料的利用率低，所以成本居高不下，故超塑性合金当仁不让地成为上述结构的首选材料。

超塑性钛合金在 680 ~ 790℃ 温度范围内加热，成形压力为 140 ~ 210MPa，加工时间只有 8min。这项技术与普通加工技术相比，有许多好处：①使飞机的质量减轻了约 1/3；②加工压力低，成形时间短，使航空航天器的制造成本可以降低一半；③简化工序，可一次成形，甚至像吹玻璃器皿那样，吹塑成形；④产品质量十分优秀，例如，航空航天器上某些部件要拼接在起，一般材料需要在高温、高压条件下压接，制造很困难，采用超塑性材料，只要很小的压力就可以压接得很好，甚至用X射线也发现不了压接的焊缝。超塑性钛合金在航空航天工业上的应用，是一次重大技术革新。

三、高温合金

飞机的大型化和高速化，对金属材料提出了越来越高的要求。喷气式飞机的“心脏”——喷气发动机对材料的要求尤其苛刻。正是基于这一点，从20世纪30年代后期起，英、德、美等国就开始研究高温合金。第二次世界大战期间，为了满足新型航空发动机的需要，高温合金的研究和使用进入了蓬勃发展时期。我国从1956年开始试制高温合金，逐渐形成“GH”系列的变形高温合金和“K”系列的铸造高温合金。太行发动机是我国首个具有自主知识产权的高性能、大推力、加力式涡轮风扇发动机，它填补了国产先进涡轮风扇发动机的空白。太行发动机由我国606所研制，是国产第三代大型军用航空涡轮风扇发动机。图2-8所示是太行发动机，其涡轮盘使用了高温合金。

1941年，英国首先在80Ni-20Cr合金中加入少量铝和钛，研制成功第一种具有较高的高温强度的镍基合金。三年后通过往此合金中加入硼和锆，把耐热温度提到820℃。此后，美国在1948年研制的钴基高温合金耐热温度达830℃。现在高温合金的最高使用温度超过千度，达到实用化的高温合金已有四百多种。高温合金中常见的合金元素有铝、钛、铌、碳、钨、钼、钽、钴、锆、硼、铈、镧等。

图2-8　太行发动机

1. 高温合金及其分类

高温合金是指在600～1200℃高温下能承受一定应力并具有抗氧化或抗腐蚀能力的合金。根据成分、组织和成形工艺不同，高温合金有不同的分类方法。

1）按照基体组元的不同分，主要有铁基高温合金、镍基高温合金和钴基高温合金。

2）按制备工艺不同分，主要有变形高温合金、铸造高温合金、粉末冶金高温合金和氧化物弥散强化（ODS）合金。

2. 高温合金的应用

随着科学、技术和工业的蓬勃发展，在高温下进行的工艺过程和反应不断增多，温度、压力等工艺参数逐渐增高，从而使高温合金在科学、技术和各工业领域中的应用越来越广泛。特别是在航空航天、核能等尖端技术领域中，在电力、煤炭、石化等能源工业中，在冶金材料、建材陶瓷等基础工业中以及在国防军工等工业中，都离不开耐热钢和高温合金。

四、超低温材料

从理论上说，物质世界可能存在的最低温度是－273.15℃，也就是绝对零度。但是，地球上记录的最低温度是－88.3℃，月球背太阳一面的最低温度是－183℃，离太阳最远的大行星——冥王星的温度估计在－240℃以下，科学家推测宇宙空间超冷区的温度是－270℃左右。

近年来，随着能源结构的变化，钢铁冶炼、石油化工、宇宙航行、低温超导等技术的进步，需要大量的液氢、液氧、液氮、液氟、液氨等作为氧化剂、燃料、冷却剂等。储存、运输这些超低温的液化气体需要大量的低温容器，这大大促进了超低温材料的研究和发展。

1. 超低温世界的奇异现象

低温下，无色、无味的气体变成了浅蓝色的液体；液态空气里浸过的苹果或鲜花变得像玻璃一样硬脆；蓝宝石导热性能居然胜过了铜；橡胶完全失去了弹性；鸡蛋变得像皮球一样有弹性。各种金属在超低温条件下也有奇怪的表现：固体锡变成锡粉；水银冻的坚如钢铁；低碳钢强度成倍提高等。

金属材料在超低温下的屈服强度、抗拉强度、伸长率等力学性质与常温下相比有很大不同。在超低温下，金属材料的抗拉强度上升，但延展性降低。超低温条件下金属材料的塑性也明显下降。因此，在超低温下所使用的材料，应具有很好的韧性，使之不引起脆性破坏，具有这些特性的材料就称为超低温材料。这就是说，超低温材料与其他“超”字号合金不同，它本身并不是“超”字号的，只是使用环境特殊——工作在超低温下。

“泰坦尼克”号游轮的历史悲剧——冰海沉船和第二次大战时大西洋海面上盟军百艘战舰船体的断裂事故，其主要原因之一就是冰冷海水中由低碳钢焊接而成的船体脆化。

2. 超低温合金的分类及应用

应用较多的超低温合金主要有三类：9%镍钢、钛合金和铝合金。而在 −253℃ 的极低温度以下，应用较多的则是奥氏体不锈钢。

超低温合金中9%镍钢主要用于制作生产液氨的设备、液化天然气的储罐；钛合金主要是 Ti-5Al-25Sn ELI，可用作宇宙飞船上液氢储箱的高压容器，Ti-6Al-4V ELI 可用作导弹储存氦气的容器。铝合金也能在超低温下保持良好的韧性，冲击吸收能量基本保持不变，适合于制作低温设备中的结构件，例如，低温压缩机的活塞，低温设备的容器、管道以及中等强度的结构件和紧固件等；奥氏体不锈钢的强、韧、塑性配合良好，低温韧性极佳，是制造低温容器、储箱等设备的理想材料。

第二节　新型高性能功能材料

功能材料是指那些具有优良的电学、磁学、光学、热学、声学、力学、化学、生物医学功能，特殊的物理、化学、生物学效应，能完成功能相互转化，主要用来制造各种功能元器件而被广泛应用于各类高科技领域的高新技术材料。

功能材料是新材料领域的核心，是国民经济、社会发展及国防建设的基础和先导。在全球新材料研究领域中，功能材料约占85%，它涉及信息技术、生物工程技术、能源技术、纳米技术、环保技术、空间技术、计算机技术、海洋工程技术等现代高新技术及其产业。因此功能材料成为国内外新材料领域研究发展的重点，也是世界各国高技术发展中战略竞争的热点。

功能材料种类繁多，用途广泛。按使用性能，可分为微电子材料、光电子材料、传感器材料、信息材料、生物医用材料、生态环境材料、能源材料和机敏（智能）材料等。这里主要介绍形状记忆合金、储氢合金、海绵金属和“无声”合金、梯度功能材料和生物医学材料。

一、形状记忆合金

形状记忆材料是指具有一定初始形状的材料经变形并固定成另一种形状后，通过热、光、电等物理刺激或化学刺激的处理后，又可恢复成初始状态（形状）的材料，即无生命的材料却具有一定的“记忆”功能。

1. 形状记忆合金的发现

1951年张禄经和Read等人在Au-Cd合金中首先发现形状记忆效应，但一直未引起人们的注意。直到1964年，布赫列等人发现T-Nt合金具有优良的形状记忆性能，并研制成功形状记忆合金“Nitinol”，才引起人们的极大关注，世界各国科学家进行了广泛的理论研究和应用开发。迄今为止，已有10多个系列、50多个品种形状记忆合金。近年来，又在高分子聚合物、陶瓷、玻璃材料、超导材料中发现形状记忆现象。图2-9所示为用形状记忆合金制造的加热会变直的勺子。

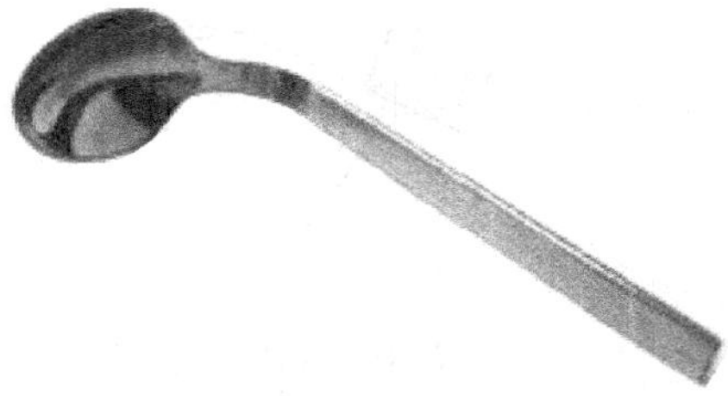

图2-9　加热会变直的勺子

2. 形状记忆合金的分类

具有较完全形状记忆效应的合金可分为三大系列：

1）Ti-Ni系形状记忆合金。Ti-Ni系形状记忆合金是目前所有形状记忆合金中研究得最全面、记忆性能最好、实用性最强的合金材料。此合金具有丰富的相变现象、优异的形状记忆和超弹性性能、良好的力学性能、耐腐蚀性和生物相容性以及高阻尼特性，因而受到工程界的普遍重视。

2）铜基系形状记忆合金。在已发现的形状记忆材料中，铜基系形状记忆合金的种类比较多，占的比重最大。铜基系合金的形状记忆效应明显低于Ti-Ni合金，而且形状记忆稳定性差，表现出记忆性能衰退现象。但由于其来源充足，加工容易，成本低廉（只有Ti-Ni合金的1/10），热滞后性小，导热性好，依然受到大批研究者的青睐。

3）铁基系形状记忆合金。铁基系形状记忆合金价格较Ti-Ni合金和铜基系合金便宜得多，且易加工、刚度好，在应用方面具有明显的竞争优势，因此受到国内外科学界的重视，是很有发展前途的形状记忆合金。其中Fe-Mn-Si合金单程记忆性能完全恢复能力接近95%，已成为铁基系形状记忆合金在工业应用上的首选材料。

3. 形状记忆合金的应用

形状记忆合金作为新型功能材料在航空航天、自动控制系统、医学、能源等领域具有重要作用。

（1）飞行器用天线　形状记忆合金最典型的应用是制造人造卫星天线，如图2-10所示。由Ti-Ni合金板制成的天线能卷入卫星体内。当卫星进入轨道后，利用太阳能或其他热源加热就能在太空中展开。美国宇航局曾利用Ti-Ni合金加工制成半球状的月面天线，并加以形状记忆热处理，然后压成一团，用阿波罗运载火箭送上月球表面。小团压缩天线受太阳照射加热引起形状记忆效应而恢复原状，即构成正常运行的半球状天线，如图2-11所示。

（2）连接紧固件　利用Ti-Ni形状记忆合金具有的优良形状记忆效应，可制成各种连接紧固件，如管接头、紧固圈、连接套管和紧固铆钉等。形状记忆合金连接件结构简单、质量轻、所占空间小、安全性高、拆卸方便、性能稳定可靠。美国 F14 战斗机中的油压管线全部采用形状记忆合金，在几十万例应用中无一发生漏油。

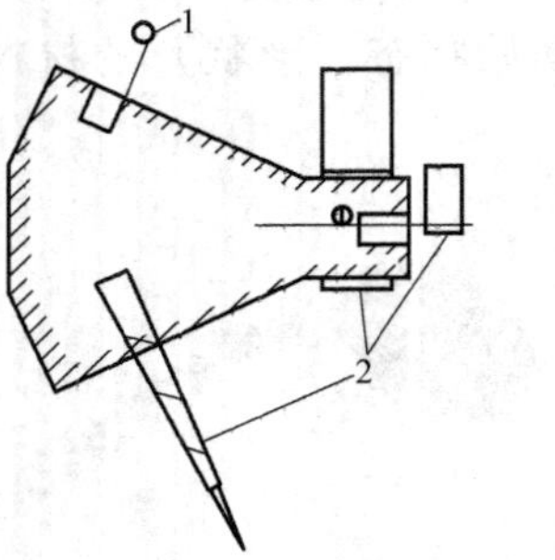

图 2-10　人造卫星天线
1—形状记忆 Ti-Ni 合金丝　2—形状记忆 Ti-Ni 合金板

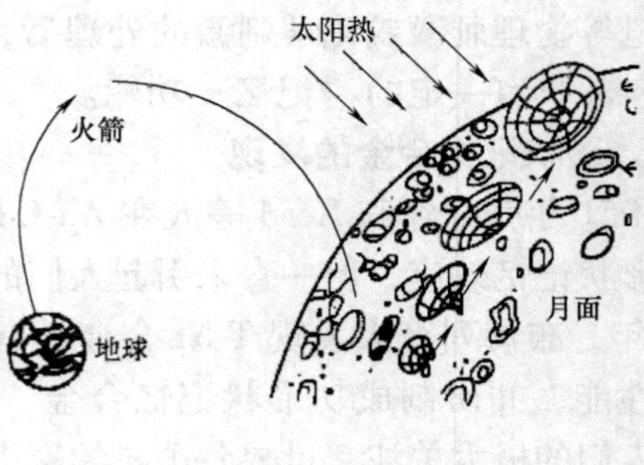

图 2-11　形状记忆合金月面天线的自动展开示意

（3）智能驱动元件　形状记忆合金作为一种兼有感知和驱动功能的新材料，利用其在加热时形状恢复的同时，恢复力可对外做功的特性，可制作智能驱动元件。这种驱动结构简单，灵敏度高，可靠性好。1994 年 2 月 3 日，美国 Clementine 航天器利用这类驱动元件在 15s 内成功释放了四只太阳能板。

（4）医学上的应用　形状记忆合金 Ti-Ni 最早在口腔和骨科得到应用，其后推广到医学各领域，例如，人造骨骼、伤骨固定加压器、牙科正畸器、各类腔内支架、栓塞器、心脏修补器、血栓过滤器、介入导丝和手术缝合线等，形状记忆合金在现代医疗中正扮演着不可替代的角色。医学领域的形状记忆合金除了具备形状记忆或超弹性外，还必须满足化学和生物学等方面可靠性的要求。目前，由于其优越的生物相容性，Ti-Ni 合金是医学上使用的惟一形状记忆合金。

（5）日常生活应用

1）防烫伤阀。形状记忆阀可用来防止洗涤槽中、浴盆和浴室的热水意外烫伤。如果水龙头流出的水温达到可能烫伤人的温度（大约 48℃）时，形状记忆合金驱动阀门关闭，直到水温降到安全温度，阀门才重新打开。

2）眼镜框架。在眼镜框架的鼻梁和耳部装配 Ti-Ni 合金可使人感到舒适并抗磨损，用超弹性 Ti-Ni 合金丝作眼镜框架，即使镜片热膨胀，该形状记忆合金丝也能靠超弹性的恒定力夹牢镜片。

3）移动电话天线和火灾检查阀门。使用超弹性 Ti-Ni 金属丝作移动电话天线是形状记忆合金的另一个应用。过去使用不锈钢天线，由于弯曲常常出现损坏问题。使用 Ti-Ni 形状记忆合金丝的移动电话天线具有高抗破坏性，受到人们普遍欢迎。使用 Ti-Ni 制作的火灾检查阀门，可在火灾中局部地方升温时使阀门自动关闭，防止了危险气体进入。

（6）其他方面的应用　在工程和建筑领域用 Ti-Ni 形状记忆合金作为隔音材料及探测地震损害控制的潜力已显示出来，已试验了其在桥梁和建筑物中的应用。因此，作为隔音材料及探测损害控制的应用已成为形状记忆合金一个新的应用领域。

随着薄膜形状记忆合金材料的出现和开发利用，形状记忆合金在智能材料系统中受到高度重视，应用前景更广阔。

二、储氢合金

随着石油能源的枯竭，新能源的开发已日益迫切。氢能是目前重点开发的新能源之一。燃烧1kg氢可放出14×10^5J的热量，且在燃烧过程中氢与氧结合生成水，对环境不会造成任何污染；同时地球的水资源丰富，水中含有大量的氢。所以可以说，氢是最洁净、发热值高、取之不尽用之不竭的二次能源，是人类未来的理想能源。氢气的开发和利用成为世界各国特别关注的技术。

1. 储氢合金的发展

氢能的储存是其应用的前提。长期以来，氢的储存和运输一直是个技术难点，氢的气态储存要用钢制的很重的耐高压容器——氢气瓶。由于氢气质量轻，即使加到150atm㊀，瓶里所装氢气的质量也不到气瓶质量的1/1000，而液态氢气的储存必须在超低温度-253℃下或装在耐高压的特别容器中，既不经济也不安全。由于制造液氢的设备费用很高，液化时又要消耗大量的能量，且氧气与氢气混合还有发生爆炸的危险，因此，能否利用氢气作为能源的关键就是能否解决氢气的储存和运输技术。储氢材料就是在这种情况下应运而生的。自20世纪60年代中期发现$LaNi_5$和FeTi等金属间化合物的可逆储氢作用以来，储氢合金及其应用研究得到迅速发展。储氢合金能以金属氢化物的形式吸收氢，是一种安全、经济而有效的储氢方法。金属氢化物不仅具有储氢特性，而且具有将化学能与热能或机械能相互转化的功能，从而能利用反应过程中的焓变开发热能的化学储存与输送，有效利用各种废热形式的低质热源。因此，储氢合金的众多应用已受到人们的特别关注。

2. 储氢合金的定义及分类

储氢合金是一种能在晶体的空隙中大量储存氢原子的合金材料。这种合金具有可逆吸、放氢的神奇特性。氢原子很容易进入合金内并与之形成金属氢化物，可以储存相当于合金自身体积1000~3000倍的氢气。氢与这些金属的结合力很弱，稍一加热氢便会自动逸出，轻便而又安全。自$LaNi_5$和FeTi等储氢合金被发现以后，储氢合金及其应用的研究得到迅速发展。迄今为止，具有使用价值的储氢合金材料主要有三大类：稀土系、钛系和镁系储氢合金。

（1）稀土系储氢合金 荷兰Philips实验室1969年首先研制开发的$LaNi_5$是稀土系储氢合金的典型代表。稀土系储氢合金是应用性能最好的一类储氢合金。

（2）钛系储氢合金 钛系储氢合金主要有钛铁系储氢合金，其最大特点就是价格便宜，储氢量大，但活化困难和易于中毒限制了其实际应用；钛锰系储氢合金，钛锰系二元合金中以$TiMn_{1.5}$储氢性能最佳，具有吸氢量大、初期氢化容易、反应速度快、反复吸放氢性能稳定、价格便宜（与TiFe系的成本相近）等优点，但滞后效应较为严重，影响其实际应用。

（3）镁系储氢合金 这类合金价格便宜，密度小，有最大的储氢量。但其有两个不足：一是释放温度高，要在250℃以上，反应速度慢，氢化困难；二是抗腐蚀能力差，特别是作为阴极储氢合金材料。

㊀ 1atm = 101.325kPa。

3. 储氢合金材料的应用

储氢合金是一种新型功能材料，除了应用于氢的储存与运输、氢气的分离与净化、合成化学的加氢与脱氢外，工程上的典型应用还有：

1）用于制造镍金属氢化物电池。

2）热泵、空调及热储存。储氢合金热装置无腐蚀，不存在氟里昂对大气臭氧层的破坏作用，极有发展前景，现已成为金属氢化物工程的热点之一。

3）氢能汽车。氢能汽车是一种完全以氢气为燃料代替汽油的新型汽车。它不存在环境污染问题，具有良好的发展前景。德国奔驰公司已成功试制用钛铁储氢合金代替汽油箱的氢能汽车。美国 Ovenic 电池公司也将镍金属氢化物电池用于电动汽车，充电一次，可行驶 350km，平均时速为 90km/h，最高速度可达 160km/h。

三、非晶态合金

通常情况下，金属及合金在从液体凝固成固体时，原子总是从液体的混乱排列转变成整齐的排列，即成为晶体。但是，如果金属或合金的凝固速度非常快，原子来不及整齐排列便被冻结住了，最终的原子排列方式类似于液体，是混乱的，这就是非晶态合金。因为非晶态合金原子的混乱排列情况类似于玻璃，所以又称为金属玻璃。非晶态金属材料的主要优点有高强韧性、优良的磁性、制造工艺简单和节能环保。

1. 非晶态合金的发展

1934 年克雷默采用蒸发沉积法制备出非晶态合金；布伦纳等在 1950 年用电沉积法制出 Ni-P 非晶态合金，并用来制作硬的耐磨和耐腐蚀涂层。1960 年，美国人卜杜维茨发现，当某些液态贵金属合金以 100℃/s 的速度冷却时，就可以获得非晶态合金。同时，前苏联的米罗什尼琴科和萨·利采用喷溅冷却法，将金属熔滴喷射在冷基板上，分散成为薄膜从而实现快速凝固而得到非晶态合金，用此法可以产生大于 100℃/s 的冷却速度。

1976 年，美国联信公司生产出 10mm 宽的非晶态合金带材，到 1994 年已经达到年产 4 万 t 的能力。目前美国能生产出最大宽度达 217mm 的非晶态带材。2000 年，中国钢铁研究总院的非晶态带材生产线成功地喷出了宽 220mm、表面质量良好的非晶态带材，这标志着我国在该材料的研制和生产上达到国际先进水平。

2. 非晶态合金的应用

1）其实在日常生活中所能接触到的非晶态材料已经很多了，例如，采用非晶态合金制作的高耐磨音频、视频磁头，在高档录音、录像机中已广泛应用；而采用非晶态合金的高尔夫球杆、钓鱼竿也已经面世；图书馆或超市中书或物品中所暗藏的报警设施更是让人感慨非晶态合金的神奇，其实，这不过是非晶态软磁材料在其中发挥着作用。非晶态合金条带可以夹在书籍或者商品中，也可以作成商品标签，如果尚未付款就将商品带出，在出口处的检测装置就会发出信号报警。

2）电子技术中的应用。在电子技术中，非晶态合金以其高效、低损耗、高导磁等优异的物理性能，有力地促进了电子元器件向高频、高效、节能、小型化方向发展，并可部分替代传统的硅钢、铁氧体等材料。

3）电力系统中的应用。在电力系统中，非晶态合金最大的应用就是制作配电变压器、电力互感器、开关电源变压器以及漏电开关互感器等的铁心。

此外，许多非晶态合金的耐腐蚀性能比最好的不锈钢高100倍。实验证明，当非晶态合金中含有一定量的铬和磷时，它就具有极高的抗腐蚀能力。不久的将来，非晶态合金将在许多特殊的场合取代不锈钢，成为重要的耐腐蚀材料。

总之，非晶态合金生产被誉为冶金生产工艺中的一次革命。非晶态合金作为一类高新技术材料，以其优越的物理、化学和力学性能展示出强大的活力和竞争力，是电子、电力、计算机、通信等领域的关键材料，市场需求大，产业化前景非常广阔。

四、海绵金属和“无声”合金

1. 海绵金属

金属一向以致密、坚硬著称。但是，近年出现了一种具有多孔结构的金属。这种金属从里到外，布满了孔洞，孔洞大小不一，相互连通，像海绵一样，被称为海绵金属。因为它有点像泡沫塑料，所以也称为泡沫金属。

海绵金属的孔洞体积可占整个金属体积的90%以上，所以非常轻。与同成分同体积的致密金属相比，有些海绵金属的质量只有其五十分之一。但是多孔的海绵金属仍然具有一般金属的基本特点，可用常规加工金属的方法加工，如可以轧制成薄片，薄的海绵金属板的透明度相当高。

（1）海绵金属的加工方法

1）起泡剂法。在海绵金属的制造中，首先是把金属熔化成液体，然后往熔融的金属里加起泡剂。起泡剂和金属发生剧烈反应，生成大量的气泡。这时候把金属强制冷却，使熔融的金属快速凝固，气泡还没有来得及跑掉就被“冻结”在固化的金属中，多孔的海绵状金属就这样制成了。常用的起泡剂是氢化锂和氢化钡。

2）泡沫树脂法。相对于起泡剂法而言，用得更广泛的是泡沫树脂法。这种方法工艺较成熟，生产成本也低。泡沫树脂法是以泡沫树脂为骨架，在骨架周围涂敷金属然后把树脂烧掉，就得到所需的海绵金属了。

3）金属条直接制造。自从新的、工艺简单的金属纤维生产方法——车刀切削金属纤维方法出现以后，直接用金属条（金属纤维）制造海绵金属成为可能。只要把切削出来的金属纤维弄成弯弯曲曲的波浪形，然后放到一起，经过加压、烧结，就可以得到海绵金属。直接用金属纤维制造海绵金属的方法简单易行，而且用此方法制造的海绵金属，从性能上讲，与其他方法得到的海绵金属并没有什么差别，所以很有发展前途。

（2）海绵金属的性能及其应用　由于独特的多孔结构，海绵金属有一些独特的性能，如具有相当强的吸音能力，孔洞相互串通使通过金属的气体、液体压力损失很小，传热导电能力可调整，空洞多使其总表面积很大，具有高的热交换效率、高的集热效率等。其不同于普通金属的优异性能可应用于如减噪消振、过滤、控制导热、导电、催化以及热交换和集热等领域。

2. “无声”合金

人类凭借特有的聪明才智，不断地改造社会、促进社会生产的发展。但是物质文明的进步也给人们带来一些有害的废物，噪声就是其中之一。

噪声的来源是多方面的，一切对人们的生活和工作有妨碍的令人厌烦的声音都是噪声。噪声可破坏人的听力，影响人的心血管系统，使人容易患高血压和心脏病。人的神经系统也会受到噪声的伤害，引起头痛、头晕、心神不宁、记忆力衰退等。为了控制噪声，人们采取了各种办法。以工业噪声为例，改进设备的结构和运动参数，降低产生振动的能量；在噪声声源附近，设置各种类型的隔音罩、隔音墙、反射屏等；还可以采取吸音的办法，例如，在工厂车间的墙壁上铺一层疏松多孔的吸音物质，吸收声能以降低室内噪声；最后就是采取个人防护措施，比如戴耳塞、耳罩等。虽然阻止措施也确实起到了一定作用，但大都是治标不治本。

（1）无声合金减振的原理　无声合金（也称减振合金）是根据声音的本质来消音的。无声合金是一种高性能的减振合金，其减振性能非常可观，例如，用铁锤敲打锰铜无声合金板，发出的声音很微弱，就像敲打橡胶一样。材料科学家利用内耗现象，使振动物体靠自身内部某种机制吸收振动能量，制成了“无声”合金。这类合金的特点是内耗大，能有效地把振动能转化为热能或其他形式的能量。

（2）无声合金的分类　根据引起内耗的主要原因的不同，可以把无声合金分为四类，依靠相界面作用内耗的无声合金、依靠磁性变化的内耗强磁性无声合金、依靠位错内耗的位错型无声合金、依靠孪晶界内耗的孪晶型的无声合金。总之，由于合金内部在每个应力循环过程中都有显著的能量消耗，所以能够达到无声防噪的目的。

（3）无声合金的应用　无声合金的主要应用是降低噪声。早在20世纪80年代，铁磁性不锈钢就被应用于蒸汽轮机，直到今天它仍然是一种很受欢迎的减振材料。

Mn-Cu-Al-Fe-Ni 合金的减振效果特别好，用作潜水艇的螺旋桨材料已经十几年了，这种材料使潜水艇能减少被声呐发现的机会。

通常用于木材加工的圆盘锯工作时能发出刺耳的噪声，如果用可锻铸铁来制造圆盘锯，噪声就能降低10dB；而用锰铜铝合金制造圆盘锯，可降低噪声13~30dB。

无声合金已经在应用中取得了很大的成绩。当然，要真正达到无声的境界是不可能的，也是不必要的（其实，人们并不期望、也不习惯沉寂无声的周围世界）。可是对于令人难以忍受的噪声污染，利用无声合金的特殊功能达到减振消音的愿望却是完全能够实现的。

五、梯度功能材料

梯度功能材料是由两种或多种材料复合，构成组分和结构沿（构件）断面呈连续变化的一种新型复合材料。它是根据现代航空航天工业等高技术领域的需要，为满足在极限环境（超高温、大温度落差）下能反复正常工作而发展起来的一种新型功能材料。

1. 梯度功能材料概念的提出

当代航空航天等高技术的发展，对材料性能的要求越来越苛刻。例如，当航天飞机往返大气层，飞行速度超过25个马赫数时，其表面温度高达2000℃。而其燃烧室内燃烧气体温度可超过2000℃，燃烧室的热流量大于5MW/m^2，其空气入口的前端热通量达50MW/m^2，对于如此巨大的热量必须采取冷却的措施。一般将用作燃料的液氧作为强制冷却的制冷剂，此时燃烧室内外温差>1000℃。传统的金属材料根本无法满足这种苛刻的使用环境，而金属表面涂层陶瓷材料或金属与陶瓷复合材料在高温环境中使用时，由于两者的热膨胀系数相差较大，往往在金属和陶瓷的界面处产生较大的热应力，导致出现剥落或龟裂现象而使材料失效。为了有效解决此类极端条件下常规耐热材料的不足，日本学者新野正之、平井敏雄和渡边龙三人于1987年首次提出了金属和陶瓷两者梯度化结合这一新奇想法。梯度功能材料的提出，引起了世界各国的普遍重视，美国、前苏联、法国和英国等许多国家相继开展了研究。

2. 梯度功能材料的特点和分类

所谓梯度功能材料就是在材料的制备过程中，选择几种不同性质的材料，连续地控制材料的微观要素，包括组成、结构和空隙在内的形态与结合方式等，使构件断面上的成分和组织呈连续性的变化，从而使材料内部的热应力大为缓和，使其成为可在高温环境下应用的新型耐热材料。例如，为了对柴油机的活塞头进行热保护，通常在钢基体上喷涂厚度＞2mm的氧化锆涂层。通过逐步增加从内界面到外表面的陶瓷含量和覆盖一些陶瓷含量不断增加的金属-陶瓷复合的次涂层，从而保证如此厚的涂层的力学性能完整性。

从材料的组合方式来看，梯度功能材料可分为金属-陶瓷、陶瓷-陶瓷及陶瓷-塑料等多种结合方式。从组成变化来看，梯度功能材料可分为三类：梯度功能整体型（组成从一侧到另一侧呈梯度渐变的结构材料），梯度功能涂覆型（在基体材料上形成组成渐变的涂层）和梯度功能连接型（粘接两个基体间的界面层呈梯度变化）。

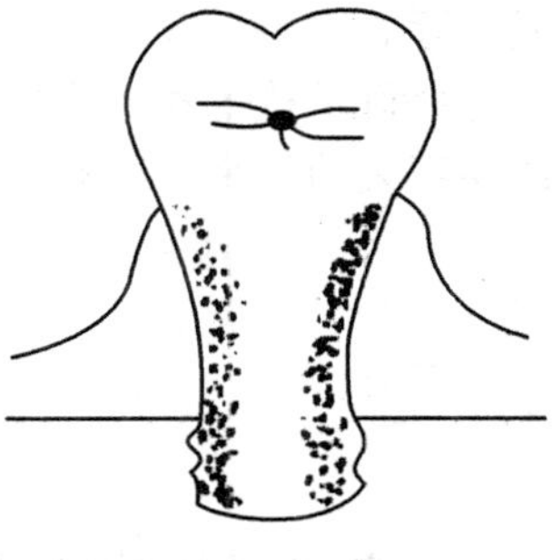

图 2-12　梯度功能材料制成的人工牙齿

3. 梯度功能材料的应用

由于特殊的内部结构所表现出的特殊优越性能，梯度功能材料在航天工业、能源工业、电力工业、光学工业、化学工程和生物医学工程等领域具有重要的应用，例如可用作航空航天材料和核反应堆材料，生物医学材料，用梯度功能材料制成的人工牙齿，如图 2-12 所示，电子材料等。

总之，由于设计思想新颖，所用材料面广，材料组合自由度大，梯度功能材料具有广阔的发展前景。如将梯度功能材料与智能材料系统有机地结合起来，必将给材料科学带来场新的革命。因此，梯度功能材料被认为是 21 世纪材料科学的一个重要发展方向。

六、生物医学材料

1. 医用高分子材料

医用高分子材料根据实际应用，大致可以分为三类：第一类用于制作人工脏器；第二类用于修复人体的缺陷部位；第三类用作医疗器材。

1）人工脏器。人工器官就是用来暂时或永久代替人体某个器官功能的人工装置，对恢复已经丧失的功能，挽救病人的生命有重要作用。目前，已经研制出大量的人工脏器，有些已经能够永久性地植入人体中，如人工喉、人工食管、人造心脏瓣膜、人造血管等。

2）修复性医用高分子材料，如人工角膜和接触眼镜、人工骨、美容材料等。经过材料科学与医学方面的专家几十年共同努力，医用高分子材料已经获得了令人鼓舞的成就。

3）高分子医疗器材。一次性高分子医疗用品，主要有各种插管、注射器、输液用具、超强吸水药棉等；医用导管，广泛应用于血液循环、消化道和泌尿系统疾病的诊断和治疗；高分子绷带材料，可代替石膏固定骨折部位以保证骨折部位不会移动，由于其遇水反应后硬如铁板，且透气性好，再加上这种自硬化绷带的质量轻，厚度小，利于患者的移动，所以这种材料将得到广泛的应用。此外外科手术用的缝合线及止血、粘接、密封用的材料等，目前使用的主要产品是纤维蛋白糊类和异氰酸酯类。

2. 生物陶瓷材料

20 世纪 60 年代以后，由于科学技术的发展，生物陶瓷逐渐成为一个活跃的研究课题。目前，它不仅成为医学临床应用的重要材料，而且是高技术新材料研究的一个重要领域。

生物陶瓷是用于制造人体“骨骼肌肉”系统、修复或替换人体器官或组织的一种陶瓷材料，因为它关系到人的健康和生命，所以被认为是“人命关天的材料”。生物陶瓷性能特殊，它必须和人体组织有相容性，即用生物陶瓷制成的“零件”在植入人体后，决不能引起人体组织的发炎和不适应。最常见的例子是人的牙齿和骨骼。

根据生理环境中所发生的生物化学反应，生物陶瓷可分为三种类型：第一类是接近于生物惰性的陶瓷，如氧化铝、氧化锆及氧化钛陶瓷等；第二类是表面活性生物陶瓷，包括致密羟基磷灰石陶瓷、生物活性微晶玻璃等；第三类是可吸收生物陶瓷，如熟石膏、磷酸三钙及铝酸钙等。

材料科学技术和生物医学工程的进展，正在创造出品种越来越多的生物陶瓷，可以相信，在不久的将来，会有日益增多的类似于人体组织的生物陶瓷问世并将进一步造福于人类。

第三节　未来材料的发展

一、各种材料的发展趋势

金属在结构材料中仍占主要位置，钢铁在今后几十年内产量不会下降，而且钢的性能会大幅度提高。有些有色金属，如铜、铅、锌的资源接近枯竭，替代品的开发成为当务之急，同时开发低品位矿的提炼方法也迫在眉睫。镁和钛将得到更广泛的应用。随着功能材料需求的增加，稀有金属、稀散金属与稀土金属的用途将不断扩大。

功能陶瓷将会有更大发展，而结构陶瓷的性能将进一步提高，生产成本将进一步下降，但能否得到广泛应用，前途难卜。这主要取决于它们的脆性和可靠性问题能否得到显著改善。水泥和玻璃仍是重要的建筑材料。水泥的生产将大量采用矿渣、炉渣等废料；玻璃将走向智能化以实现节能的目的。

有机高分子材料将得到更大发展，特别是功能高分子材料，包括导电高分子材料、铁磁高分子材料、光学高分子材料、半导体和超导体材料以及存储和显示材料，都将有广阔的发展前景，但高分子材料的稳定性和老化问题目前仍是人们担心的问题。

先进复合材料在 20 世纪下半叶曾得到很大发展，但只有树脂基复合材料得到较为广泛的应用，金属基与陶瓷基复合材料则因其成本过高而未打开局面。21 世纪虽可得到进一步发展，但很难像钢铁或高分子材料那样得到普遍应用。

碳素材料以其资源丰富，且存在性质各异的同素异构体而成为多用途的材料，将得到更大发展。例如，片状石墨是最好的固体润滑剂；碳纤维强度高而价廉；金刚石至今仍是最硬的材料，又是良好的高温半导体材料；活性炭是物美价廉的吸附材料等。1985 年发现巴基球（C_{60}），随后又发现了纳米碳管，虽然目前仍处于基础研究阶段，但应用前景广阔，将成为 21 世纪研究与开发的热点。

二、新材料开发及应用

材料科学的主要发展是研究和开发新材料，目的是人工制造耐超高温、耐超高压、超高强度、高速信息传输和在常温下表现超导等具有特殊性能的材料。新材料主要有：新金属材料，如非晶态合金；新陶瓷材料，如精细陶瓷；高分子材料，如高性能碳纤维增强塑料；复合材料等。纳米技术在材料中的应用将产生一系列新材料。可以预测今后材料科学将朝着高功能化、超高性能化、复杂化和智能化的方向发展。特别值得一提的是，在新材料的研究方法上提出了“材料设计，按照需要设计和制备新材料”的口号。

目前世界上传统材料已有几十万种，新材料还在以每年约5%的速度继续增长。新材料有些是从传统材料的改进发展而来的，有些则是从基础研究和应用基础研究的成果逐步发展起来的，还有些则是根据需要通过人为的材料设计而制造出来的，上面新材料的三种不同来源代表了三个不同的层次，说明了人类认识世界、改造世界由必然王国向自由王国过渡的能力。

1. 超导材料

某些金属、合金和化合物，在温度降到绝对零度附近某一特定温度时，它们的电阻率突然减小到无法测量的现象称为超导现象，能够发生超导现象的物质称为超导体。现已发现有28种元素和几千种合金和化合物可以成为超导体。

（1）超导材料的发现　1911年，荷兰物理学家昂尼斯（1853—1926）发现，水银的电阻率并不像预料的那样随温度降低逐渐减小，而是当温度降到4.15K附近时，水银的电阻突然降到零。

（2）超导材料的应用　超导材料的应用，大致可用如图2-13所示的超导材料应用树状图表示。

超导材料具有的优异特性使它从被发现之日起，就向人类展示了诱人的应用前景。但要实际应用超导材料又受到一系列因素的制约。这首先是它的临界参量，其次还有材料制作的工艺等问题。例如，脆性的超导陶瓷如何制成柔细的线材就有一系列工艺问题。到20世纪80年代，超导材料的应用主要有：

1）利用材料的超导电性可制作磁体，应用于电动机、高能粒子加速器、磁悬浮运输、受控热核反应、储能等；可制作电力电缆，用于大容量输电（功率可达10000MV·A）；可制作通信电缆和天线，其性能优于常规材料。

2）利用材料的完全抗磁性可制作无摩擦陀螺仪和轴承。

3）利用约瑟夫逊效应可制作一系列精密测量仪表以及辐射探测器、微波发生器、逻辑元件等。利用约瑟夫逊隧道结的控制特性制造计算机的逻辑和存储元件，其运算速度比高性能集成电路的计算机快10~20倍，功耗只有四分之一。

超导体得天独厚的特性，使它可以在各种领域得到广泛的应用。但由于早期的超导体存在于液氦极低温度条件下，极大地限制了超导材料的应用，人们一直在探索高温超导体。为了开发超导技术在国防和商业上的应用，美国国会审议成立专门的委员会，国防部拨出专款资助超导研究。日本有100多家研究所在研究新超导材料，其中20%以上是企业的研究所。研究热潮甚至影响了国际稀土市场，制造超导材料的钇等稀土材料在国际市场上空前紧俏，一场超导技术在各个领域应用的激烈竞争正在各国展开。我国的“八五”、“九五”攻关计

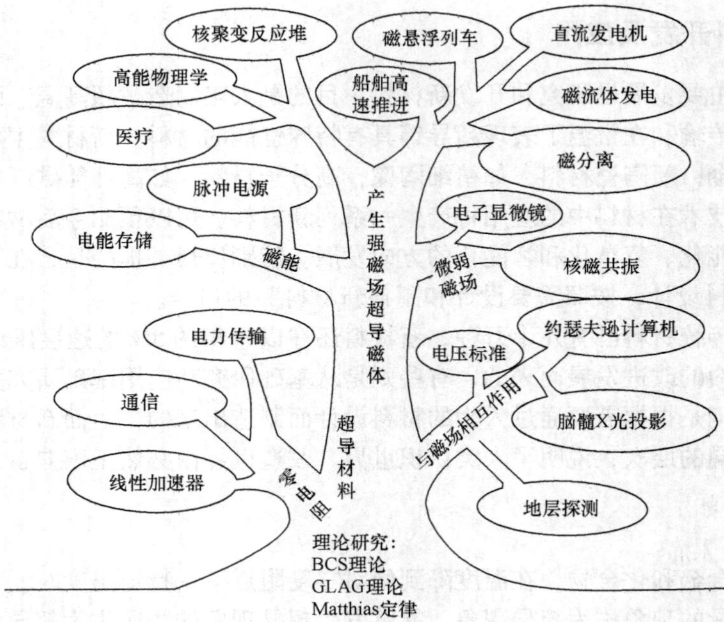

图 2-13 超导材料应用树状图

划中都有这样一句:"开发中国超导科学技术,促进中国超导产业形成"。在高科技发展日新月异的今天,这项计划具有重要意义。

2. 纳米材料

1959 年,著名物理学家、诺贝尔奖获得者理查德·费曼预言:人类可以用小的机器制作更小的机器,最后将变成根据人类意愿,逐个地排列原子,制造产品。21 世纪内这个幻想正在变成现实。

纳米是英文 namometer 的译名,是一种度量单位,1nm 为百万分之一毫米,即 1 毫微米,也就是十亿分之一米,约相当于 45 个原子串起来那么长。纳米结构通常是指尺寸在 100nm 以下的微小结构。纳米材料是指由尺寸 <100nm (0.1~100nm) 的超细颗粒构成的具有小尺寸效应的零维、一维、二维、三维材料的总称。纳米材料的概念形成于 20 世纪 80 年代中期,由于纳米材料表现出特异的光、电、磁、热、力学等性能,纳米技术迅速渗透到材料的各个领域,成为当前材料科学研究的一个热点,有人认为纳米材料是 21 世纪最有前途的材料。

纳米材料已经或即将在电子、医药、化工、通信、环保等领域得到应用。

纳米技术使医药生产过程越来越精细,并在纳米的尺度上直接利用原子、分子的排布制造具有特定功能的药品。纳米级粒子将使药物在人体内的传输更为方便,用数层纳米粒子包裹的智能药物进入人体后可主动搜索并攻击癌细胞或修补损伤组织,使用纳米技术的新型诊断仪器只需检测少量血液,就能通过其中的蛋白质和 DNA 诊断出各种疾病。

纳米材料制成的纳米多功能塑料,具有抗菌、除味、防腐、抗老化、抗紫外线等作用,可用作电冰箱、空调外壳里的抗菌除味塑料。

电子计算机和电子工业中,存储容量为目前芯片上千倍的纳米级存储器芯片已投入生产。计算机在普遍采用纳米材料后,可以缩小成为"掌上电脑"。

环境科学领域将出现功能独特的纳米膜。这种膜能够探测到由化学和生物制剂造成的污染，并能够对这些制剂进行过滤，从而消除污染。

在合成纤维树脂中添加纳米 SiO_2、纳米 ZnO、纳米 SiO_2 复配粉体材料，经抽丝、织布，可制成杀菌、防霉、除臭和抗紫外线辐射的内衣和服装，可用于制造抗菌内衣、用品，可制造满足国防工业要求的抗紫外线辐射的功能纤维。

采用纳米技术对机械关键零部件进行金属表面纳米粉料涂层处理，可以提高机械设备的耐磨性、硬度和使用寿命。

3. 智能材料

智能材料是继天然材料、合成高分子材料、人工设计材料之后的第四代材料，是现代高技术新材料发展的重要方向之一。将支撑未来高技术的发展，使传统意义下的功能材料和结构材料之间的界限逐渐消失，实现结构功能化、功能多样化。科学家预言，智能材料的研制和大规模应用将导致材料科学发展的重大革命。

智能材料就是同时具有感知功能即信号感受功能（传感器的功能）及自己判断并自己作出结论功能（情报信息处理功能）的材料。图 2-14 所示是智能材料的动作流程。对环境参数的敏感，对敏感信息的传输，对敏感信息的分析、判断和智能反应是智能材料必须具备的四要素。

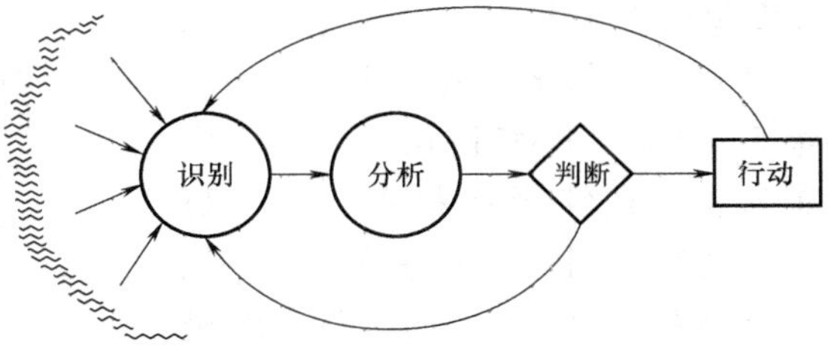

图 2-14 智能材料的动作流程

关于智能材料应用的研究报道很多，下面从几个方面举例说明。

1）航空航天方面。航空和航天飞行器的智能表层是智能材料应用的重点研究方面。智能表层功能之一就是能够自动地检测出周围环境的变化，并自动适应之。例如，英国宇航公司研制出用于测试飞机表层的应变与温度情况的传感器。图 2-15 所示为一般飞机上监测环境的传感器，它们应和结构材料融合成整体。智能表层的另一个功能是能够适合于当前的电子战，即具有识别、人为干扰、隐蔽通信和电子障碍系统。对于材料内部的缺陷和损伤，智能表层能够进行自我诊断、自我修复，能够抑制噪声和振动。

2）建筑方面，目前已解决了在钢筋混凝土中埋置光导纤维的技术，埋入的光导纤维可用于通信、强度检测等。目前正在研究的是在桥梁结构中埋入传感器、微电子芯片和微处理器，这类器件用形状记忆合金构成，在外界作用下能自动发生相变。当桥梁发生故障，如局部开裂或外力过大时，传感器检测到变化后，能发出信息，经处理后就会发出指令而使相关的损伤部位自动修复或加固。此外，材料科学家正在研究具有控制系统的抗地震智能建筑物。

3）智能材料在医学上的用途更广，如利用形状记忆合金丝治疗肺血栓和连接断骨，矫正骨骼畸形等；又如智能医用胶带，它不仅能加快伤口愈合，防止感染，还能在伤口愈合后自动脱落，使病人无痛苦。另外医学上还要用智能材料制造出人工胰腺、肝脏、胃等器官。

4）智能材料在服装方面也大有用武之地。如用智能材料制成的服装冬暖夏凉、防电磁波、杀菌防蚊、消除烟味，从而保证使用者的美观和舒适。

5）智能玻璃是一种新型智能材料，其光学特性可以根据入射光线的波长和强度而改变。例如，在热天，可以滤掉热辐射，但又能通过可见光；在冬天能够防止热损耗，使室内保温。

4. 生态环境材料

所谓生态环境材料，是指同时具有满意的使用性能和优良的环境协调性，或者能改善环境的材料。其中的环境协调性是指对资源和能源消耗少，对环境污染小，再生利用率高，而且从材料制造、使用、废弃直到再生循环利用的整个寿命过程，都与生态环境相协调。生态环境材料的研究与开发包括以下几个方面：环境协调材料和传统材料的生态环境材料化、环境工程材料、环境降解材料等。到目前为止，在纯天然材料、仿生材料、绿色包装材料、环境降解材料、人居环境材料等方面都有较大的进展。

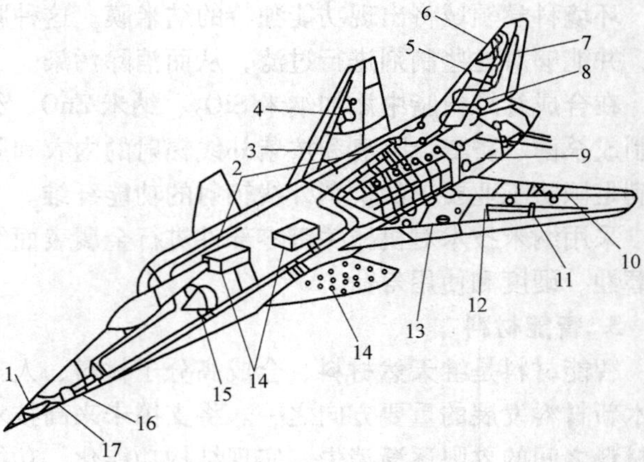

图 2-15　一般飞机上检测环境的传感器

1—温度传感器　2—备用环形总线　3—武器控制总线　4—膜式加压传感器　5—分布阵列　6、17—环流点火撞击传感器　7—线性分布传感器　8—光纤相位耦合器　9—分散的温度传感器　10—表面控制传感器　11—核辐射传感器　12—至环形总线　13—化学-生物传感器　14—备用计算机发射天线　15—现场气流传感器　16—局部信息处理器

（1）绿色包装材料　为了减少白色污染，近年来各国开发出各种绿色包装袋、绿色包装容器等。典型的包装材料主要有：天然生物包装材料、可食性包装材料、绿色玻璃包装材料、绿色塑料包装材料等。

（2）绿色建筑材料　绿色建筑材料一般是指有利于保护生态环境，对人体、周围环境无害的健康型、环保型、安全型的建筑材料。绿色建筑材料主要有生态水泥和生态混凝土、环境功能玻璃、环境净化及修复替代材料、环境降解材料等。

（3）存在的问题和发展前景　生物降解高分子材料的价格要高于通用塑料 5～10 倍，不易推广应用；降解高分子材料的降解控制问题有待于解决，如医学上的应用要求降解比较快，而作为包装等材料又要求有一定的使用期；降解高分子材料的使用会影响高分子材料的回收利用，对使用后的生物降解材料需要建立处理的基础设施。

未来高分子材料的降解工作将会集中在以下几个方面：利用分子设计合成生物降解塑料；采用生物基因工程，利用绿色天然物质，如纤维素、菜油、桐油、松香等，制造降解高分子材料；通过对微生物的培养获得生物降解塑料；降低材料的成本并拓宽应用；明晰降解机理，控制降解速度。

第二篇　设计与制造技术

第三章　机械工程基础及制造技术

第一节　机械工程基础

一、机械科学基础

机械工程从古代工匠的摸索实践发展到今天的科学理论，从自动生产机器到包括电子、流体、电力、水力的机械，超高温、超导、耐磨、耐蚀的生产动力机械，从生物工程机械以及与环境控制有关的新技术、新设备到核动力、核武器和航空、航天等高速、高功率的机械装置等，都离不开机械工程的科学基础：力学、数学、材料学等科学。

1. 力学

物理学是研究物质内部结构及其运动规律的科学，力学是物理学的一个分支学科，是许多工程学的基础。机械、建筑、航空、航天等的合理设计都必须以力学为基本依据。

"力学"一词译自英语 mechanics（源于希腊语 μηχανη，机械）。在英语中，mechanics 是一个多义词，既可解释为"力学"，也可解释为"机械学"、"结构"等。英文中"机器"称为 machine，"机器"与"机械"又总称为 machinery，"力学的"和"机械的"在英语中同为 mechanical，"机械学"与"力学"同称为 mechanics。人们常以"mechan—"作为"机械"的构词成分，例如，机械的（mechanical）自然观，其实是指用力学解释自然的观点，而英语 mechanist 是指机械师，不是指力学家。可见，机械学与经典物理学中的一个分支学科，即力学是同一学科，它们的区别也只在于深度与侧重点不同罢了，因此，力学是机械学科的最基本科学基础之一。

各种机械都是由许多不同的零件组成的。当机械工作时，这些零件将受到外力的作用。在外力作用下，零件可能静止，也可能改变原有的运动状态并发生变形，还可能被破坏。因此，零件在外力作用下的变形、零件的运动规律以及运动状态变化与外力的关系等，都是机械工程中经常遇到的力学问题。

例如，在生产车间使用的桥式起重机（图 3-1），首先遇到的就是力学问题。在确定的起吊质量下，需要考虑大梁、减速器、传动轴、联轴器各部件受到哪些力的作用以及这些力的大小；其次，在这些力的作用下，它将产生哪些变形，这些变形对于起重机的正常工作会产生什么样的影响；此外，在突然起吊重物或制动时，重物又会产生什么运动以及这些运动对吊车系统的零部件将产生什么影响等。

19 世纪末，一方面由于机器制造的迅速发展，产生了基础科学与工程实践直接结合的

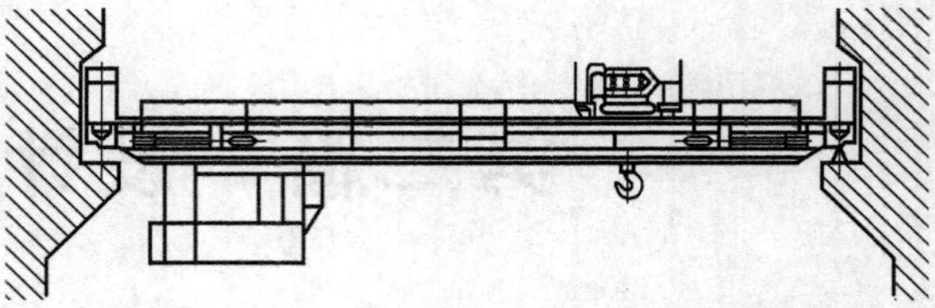

图 3-1 桥式起重机

问题，德国数学家兼力学家克莱因在哥廷根大学创设了应用力学专业，以后其他各国相继仿效，不久就从力学中诞生了材料力学、应用力学、工程力学、机构学、机械零件等独立课程。原来只限于运动学研究的机构学，在 20 世纪高速机械出现后就又发展了机械动力学。随着机器生产的不断发展，以后又发展出机械的分析与设计等课程，这样就诞生了现代机械学和机械工程。

另一方面近代力学理论的每一重大发展又使机械制造得以进步。伽利略和牛顿都是近代力学、机械学和物理学的奠基人。19 世纪初，与机械学最为密切的刚体力学达到比较成熟的阶段，因而在英、法等国出现了经典机械学派。19 世纪中期，热力学和能量守恒定律的建立，为机械工程技术奠定了理论基础。19 世纪下半叶，电磁理论的建立又促成了一项崭新的机械工程即发电机、电动机以及相关的交通运输机械的问世与发展。由此可见，物理学、力学与机械学、机械工程之间，无论在理论原理或实践方面都是密不可分的。

2. 数学

数学是研究现实世界中数量关系和空间形式的科学，任何客观物体都不能脱离量而存在。为了认识客观物体的数量关系及空间存在形式，数学已经成了人类认识客观世界不可一日或缺的工具，而且是否能用数学精确地刻画客观事物的运动规律，这几乎成了大家公认的一个学科发展是否成熟的标志。

由于生活和劳动上的需求，即使是最原始的民族，也知道简单的计数，并由用手指或实物计数发展到用数字计数。在中国最迟在商代，即已出现用十进制数字表示大数的方法；在古希腊也建立了数理是宇宙的根本原理这种思想。伽利略认为，支配宇宙的原理是数理。牛顿将力学法则用单纯的数学方式表达。自牛顿力学有了光辉成就以来，包含物理学在内的自然科学领域中出现了一种趋势：致力于用单纯的数学式表示自然法则，求出数学解，并与实验和观测结果相比较去理解自然现象。

由于数学研究对象的数量关系与空间形式都来自现实世界，因而数学尽管在形式上具有高度的抽象性，而实质上总是扎根于现实世界。生活实践与科学技术的需要始终是数学的真正源泉，反过来，数学对改造世界的实践又起着重要的、关键性的作用。天文，如果摒弃数学，它就会一片混乱，物理，如果不用精确的数学语言来描述，似乎就不能称之为物理，机械工程技术，如果离开了精确的数学手段，就不会有现在各类的高质量、高精度机器，那么人们的生活也不会有现在的进步。

事实证明，衡量一个学科的进步与否，往往以数学在该学科中的应用为标志。科学数学化的思想源于著名的数学家笛卡儿，他说：“世界是可以认识的，并可归结到数学，一切现象都可用数学描述出来。科学的本质是数学，数学是一切科学的基础”。

20 世纪出现了各种崭新的技术，产生了新的技术革命，特别是随着计算机的出现及其高速发展，使机械工程技术与数学关系更加紧密起来，数学已成为人们进行机械工程设计的一种有力工具。

3. 材料学

材料就是制造物品的原材料，因此材料是人类生产活动和生活所需的物质基础。从日常生活用具到高、精、尖的产品，从简单的手工工具到技术复杂的航天器、机器人，都是由不同种类、不同性能的材料加工成的零件组合装配而成的。材料的利用情况标志着人类文明的发展水平，历史学家把人类的历史按人类所使用的材料种类划分为石器时代、青铜器时代、铁器时代，材料的利用和发展构成了人类文明史的里程碑。在现代科学技术中，材料科学技术是基础，其重要性是显然的。20 世纪 70 年代，人们把材料、信息、能源称为现代技术的三大支柱。

材料科学是一门古老的学科，又是一个不断焕发青春的学科，它具有 5000 年的悠久历史，又处于当今科学技术中的主导地位。人们对材料的认识是逐步深入的，材料的进步直接影响到生产力的变革。人们在材料的生产和使用方面有过辉煌的成就。商代青铜冶炼已达到相当大的规模，能够制造出 832.84kg 重的后母戊方鼎，到春秋战国时期已达到技术顶峰，著名的越王剑的制造水平令今人惊讶！18 世纪后，随着物理、化学、力学等科学的发展，尤其是第一台光学显微镜问世，导致了金相学的研究，使人们步入材料的微观世界。到 1895 年，由于发现了 X 射线，开始了晶体微观结构的研究，1932 年又发明了电子显微镜以及后来出现的各种光谱仪，把人们带到了微观世界的更深层次。现代科学技术的发展为人们认识材料提供了技术手段和理论基础，一些与材料有关的基础学科的发展，如固体物理、量子力学、化学等，有力地推动了材料研究的深化。所以，材料科学是在物理、化学、冶金学等基础上建立起来的以材料为研究对象的多学科性科学。

由于现代科学技术的发展，促进和支持了材料工业的迅速发展，新材料，新工艺不断涌现。而且伴随着金属材料的发展，一些非金属材料，复合材料也迅速发展起来，弥补了金属材料性能的某些不足，在机械制造业中这些新材料的份额逐渐在增加。金属材料和非金属材料及复合材料构成了完整的工程材料的科学体系。

就机械工业来说，各种机床，汽车、拖拉机、农业机械、矿山机械、冶金设备、发电设备、石油化工设备、交通运输设备以及其他各种机械设备等，都必须有良好而可靠的材料作保证，从而也对材料提出了更高的要求。

因此，材料科学研究的内容包括从认识材料到使用材料的整个过程，是研究材料的化学组成、结构与性能之间的相互关系及其变化规律的一门学科，它的研究对象包括：研究材料的形成机理和制取方法；研究材料物理性能（成分、组织、结构、杂质、缺陷与性能的关系）；分析材料在加工和使用过程中的变化和损坏机理，确定材料的合理加工方法和最佳使用方案，扩大材料的用途；研究材料的性能及性能的测试技术；研究材料的工程应用与材料的选择等。材料科学研究的目的就是要从化学和物理的角度上去说明材料所具有的性能，并以此为指导来发展各种新材料，不断满足生产和科学技术发展的需要。

二、机械运动的类型

任何复杂的机械运动初看起来可能感觉很复杂，但仔细观察会发现，任何一部机器的运动过程均为一些最基本的运动的组合。机械运动的基本运动形式有：单向转动、单向移动、住复摆动、往复移动、间歇运动等。

1. 单向转动和移动

单向转动和单向移动是指在一段时间内，在单一方向的转动和移动。在机械行业中经常碰到的铣削运动，如图 3-2 所示，在铣削过程中，刀具作旋转运动而工件相对于刀具作单向进给运动。

2. 往复移动和摆动

图 3-3 所示为汽车发动机的一部分。在这里，活塞作往复直线运动而曲轴作旋转运动。活塞的往复运动带动曲轴转动，曲轴通过离合器和齿轮把动力传递到车轮上。

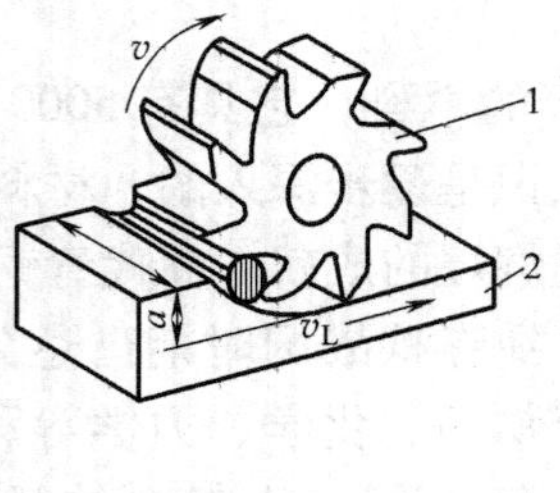

图 3-2　铣削运动

1—铣刀　2—工件

图 3-3　汽车发动机的一部分

1—活塞　2—曲轴

图 3-4 所示是汽车挡风玻璃清扫刷。电动机驱动曲柄 3 转动，使连杆 4 带动摇杆 1 左右摆动。摇杆 1 绕 *D* 点的摆动驱动安装在摇杆 1 另一端的雨刷完成清扫挡风玻璃的动作。

图 3-5 所示是颚式破碎机的压碎机构。曲柄 3 带动连杆 2 和摇杆 1 运动，固连在摇杆上的动颚将矿石压碎。

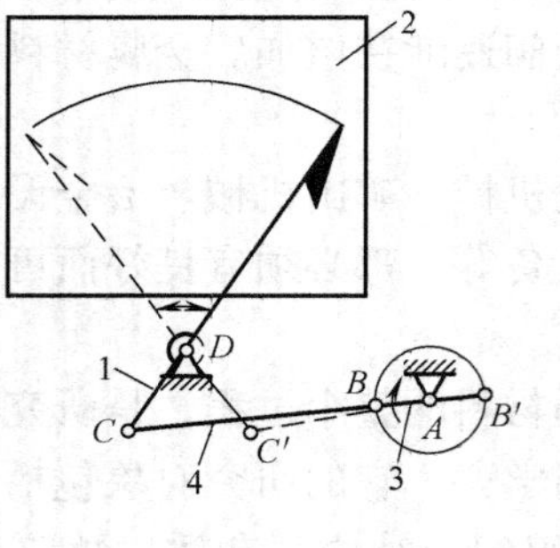

图 3-4　汽车挡风玻璃清扫刷

1—摇杆　2—车前玻璃窗　3—曲柄　4—连杆

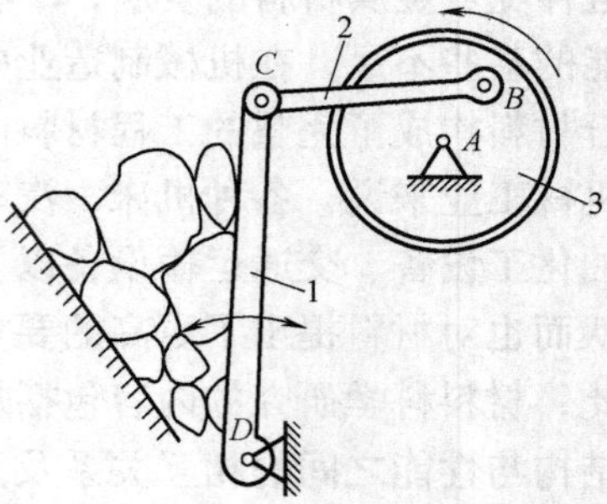

图 3-5　颚式破碎机的压碎机构

1—摇杆　2—连杆　3—曲柄

3. 间歇运动

间歇运动是由运动和停歇序列组成的运动。输入构件连续运动而输出构件保持不动的这段时间称为停歇。间歇运动的机械有很多应用，图 3-6 所示是槽轮机构。

槽轮机构是一种常用形式的间歇运动装置，连杆由一个半运动副替代，输入曲柄 3 一般是匀速驱动的原动机，槽轮 2 上开有至少三个等距的径向槽。曲柄 3 上有一销轴进入径向槽使槽轮转过部分的整周转角。当该销轴离开径向槽时，槽轮保持静止，直到销轴进入下一个槽。结果就得到了槽轮的间歇转动，这就保证了槽轮静止不动，并能保证槽轮在正确的位置以便销轴下次进入。槽的个数决定了机构的停歇次数，一个槽轮需要至少三次停歇。最多的停歇数仅受槽轮尺寸的限制。

图 3-7 所示是棘轮机构。主动爪 3 与锁止爪 2 同时作间歇运动。

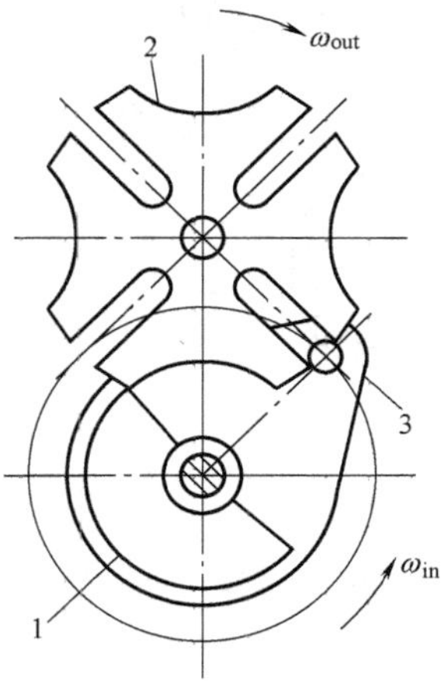

图 3-6　槽轮机构

1—弧　2—槽轮　3—曲柄

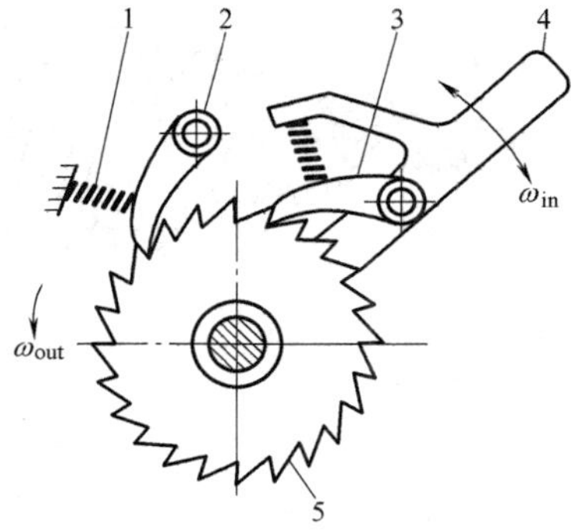

图 3-7　棘轮机构

1—弹簧　2—锁止爪　3—主动爪　4—臂　5—棘轮

三、典型机械零件的结构与应用

1. 轴

轴类零件是组成机器的主要零件之一。几乎所有的机器设备都有轴类零件。一切作回转运动的传动零件都必须安装在轴上才能进行运动及动力的传递。轴类零件应用很广，因此轴类零件的设计、制造加工尤其重要。要使轴类零件满足使用需求，必须对轴类零件的结构设计及其工艺性进行全面的分析和设计。轴类零件有不少分类方法和类型。

（1）按照轴的轴线分类　各轴段轴线在同一直线上的轴称为直轴，直轴还可分为光轴，如图 3-8a 所示，和常用的阶梯轴，如图 3-8b 所示；各轴段轴线不在同一直线上的轴称为曲轴，曲轴主要用于有往复式运动的机械中，图 3-9 所示为汽车发动机上的曲轴；由多组钢丝分层卷绕而成，具有良好挠性的钢丝软轴，可将回转运动灵活地传到不开敞的空间位置，如图 3-10 所示。在机床的运动系统上就有诸多的直轴；在发动机、活塞式空压机中都有曲轴。曲轴又可分为多拐曲轴和单拐曲轴。发动机曲轴就属于多拐曲轴。

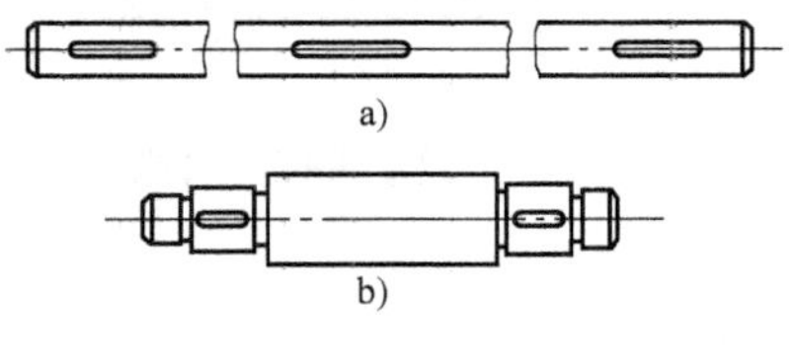

图 3-8　直轴

a）光轴　b）阶梯轴

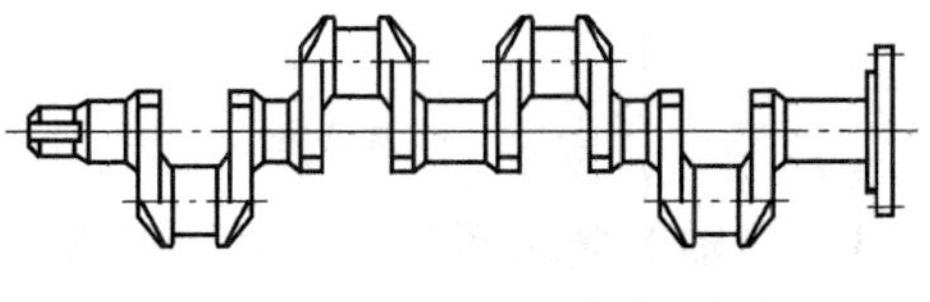

图 3-9　汽车发动机上的曲轴

（2）按轴的受力情况分类　可分为：承受转矩为主的轴——传动轴等，汽车的传动轴，如图 3-11 所示；承受弯矩为主的轴——心轴等，主要用于支撑回转零件，如车辆轴和滑轮轴，火车轮轴（心轴）如图 3-12 所示；承受弯矩和转矩为主的轴——转轴，减速器轴，如图 3-13 所示；承受弯矩、转矩、拉伸、压缩等多种力的轴——船舶推进轴等。

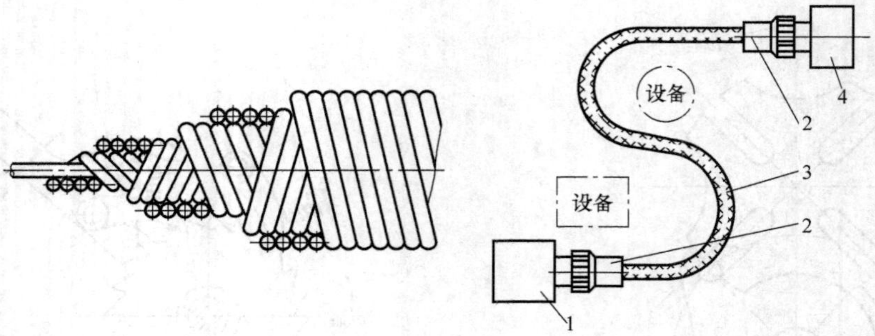

图 3-10　钢丝软轴

1—动力源　2—接头　3—钢丝软轴（外层为护套）　4—被驱动装置

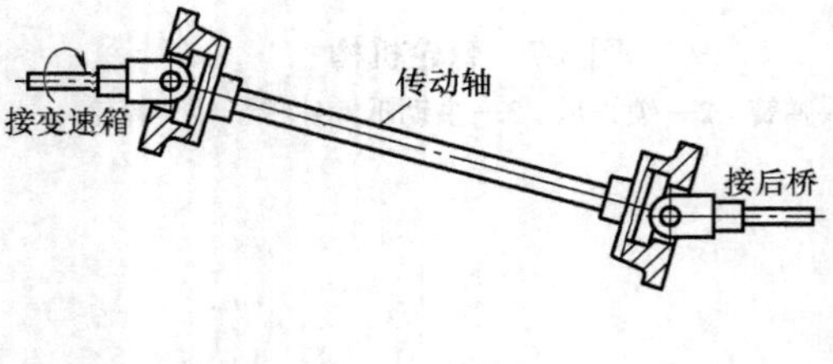

图 3-11　汽车传动轴

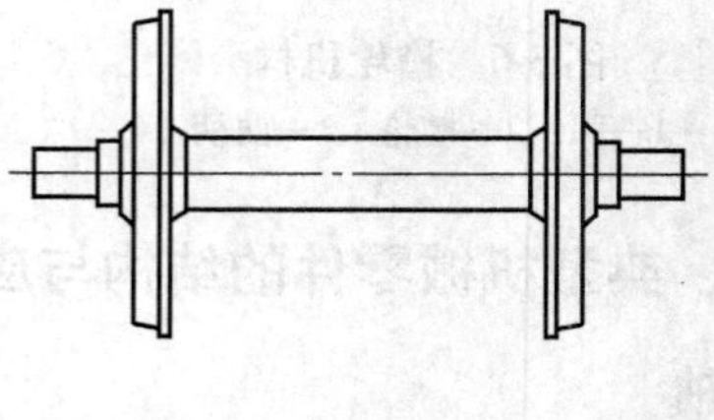

图 3-12　火车轮轴（心轴）

图 3-14 所示为一起重机传动机构，按载荷性质包括了以上三种轴：Ⅰ为传动轴，Ⅱ、Ⅲ、Ⅳ为转轴，Ⅴ为心轴。

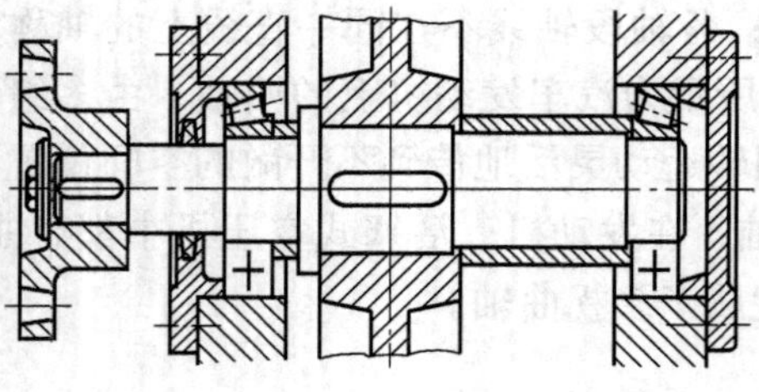

图 3-13　减速器轴

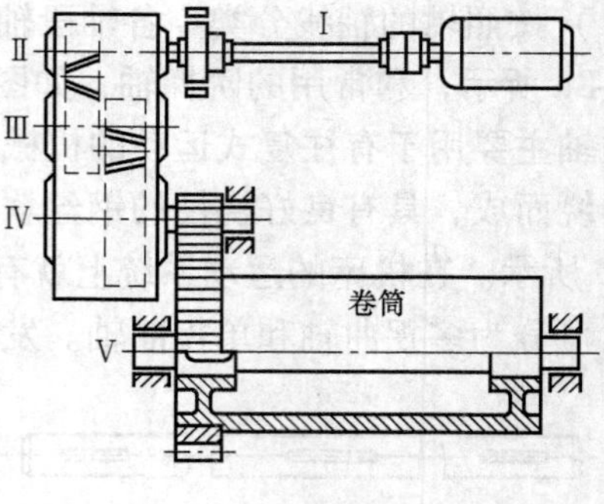

图 3-14　起重机传动机构

（3）按轴的横断面分类　有圆形轴、方形轴、六角边形轴等。

（4）按轴的中心是否空心分类　有实心轴和空心轴。

还可按直径大小分为大轴，如直径为1m 多的轴；小轴，如仪表中的直径为0.5mm 及以下的轴。此外，还有一些特殊用途的轴，如凸轮轴、齿轮轴、偏心轴、花键轴、十字轴等。轴的材料主要是碳素钢或合金钢，常用的是45 钢。在载荷较大、要求减小质量和提高轴颈耐磨性时可采用合金钢。合金铸铁和球墨铸铁也可用作轴的材料。轴的工作能力由轴的强度、刚度和振动稳定性来决定。轴应尽量避免形状突变的结构，以减少应力集中和提高疲劳强度。

2. 齿轮

齿轮是能互相啮合的有齿机械零件，它在机械传动及整个机械领域中的应用极其广泛。

远在公元前400～公元前200年的中国古代就已开始使用齿轮，在我国山西出土的青铜齿轮是迄今已发现的最古老的齿轮，作为反映科学技术成就的指南车就是以齿轮机构为核心的机械装置。古希腊哲学家亚里士多德在《机械问题》中，就阐述了用青铜或铸铁齿轮传递旋转运动的问题。1674年，丹麦天文学家雷米尔发表了关于制造齿轮的基准曲线（摆线）的论述。1766年，法国的数学家卡诺又发表了更详细的论述。1767年，瑞士数学家欧拉对渐开线原理发表了新的研究见解。1837年，英国的威列斯创造了制造渐开线齿轮的简单方法，渐开线齿轮代替了摆线齿轮，从而渐开线齿轮成为应用最广的齿轮。1899年，拉舍最先实施了变位齿轮的方案。变位齿轮不仅能避免轮齿根切，还可以凑配中心距和提高齿轮的承载能力。1923年美国怀尔德哈伯最先提出圆弧齿廓的齿轮，1955年苏诺维科夫对圆弧齿轮进行了深入的研究，圆弧齿轮遂得以应用于生产。

随着齿轮加工技术的发展，现代齿轮加工技术已达到：齿轮模数0.004～100mm；齿轮直径由0.001～150m；传递功率可达10^5kW；转速可达10^5rad/min；最高的圆周速度达300m/s。

（1）齿轮的主要结构组成　齿轮的各部分如图3-15所示。

1）轮齿（齿）。齿轮上的每一个用于啮合的凸起部分。一般说来，这些凸起部分呈辐射状排列。配对齿轮上轮齿互相接触，导致齿轮的持续啮合运转。

2）齿槽。齿轮上两相邻轮齿之间的空间。

3）分度圆。在端面内计算齿轮几何尺寸的基准圆。

4）齿顶圆。齿顶端所在的圆。

5）齿根圆。槽底所在的圆。

6）基圆。形成渐开线的发生线在其上作纯滚动的圆。

7）齿面。轮齿上位于齿顶圆柱面和齿根圆柱面之间的侧表面。

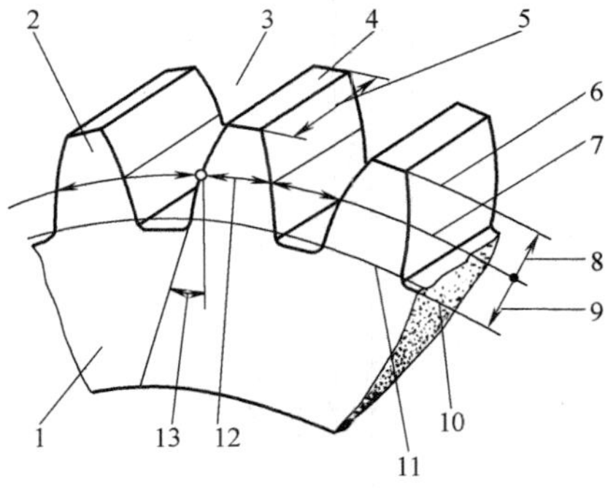

图3-15　齿轮的各部分

1—端面　2—轮齿　3—齿槽　4—齿顶　5—齿宽　6—齿顶圆　7—分度圆　8—齿顶高　9—齿根高　10—齿根圆　11—基圆　12—齿厚　13—端面压力角

8）模数m。齿距除以圆周率π所得到的商，以毫米计。

9）齿厚s。在端面上一个轮齿两侧齿廓之间的分度圆弧长。

10）槽宽e。在端面上一个齿槽的两侧齿廓之间的分度圆弧长。

11）全齿高h。齿顶圆与齿根圆之间的径向距离。

12）齿宽b。轮齿沿轴向的尺寸。

13）端面压力角a。过端面齿廓与分度圆的交点的径向线与过该点的齿廓切线所夹的锐角。

（2）齿轮的分类　齿轮有许多种类，依照齿轮轴的性质区分，有平行轴，直交轴，错交轴；齿轮还可以按其外形分为圆柱齿轮、锥齿轮、非圆齿轮、齿条、蜗杆蜗轮；按齿线形状齿轮分为直齿轮、斜齿轮、人字齿轮、曲线齿轮。按轮齿所在的表面齿轮分为外齿轮、内齿轮；按制造方法齿轮分为铸造齿轮、切制齿轮、轧制齿轮、烧结齿轮等。齿轮分类见表 3-1。

表 3-1 齿轮分类

齿轮的分类	齿轮的种类
平行轴	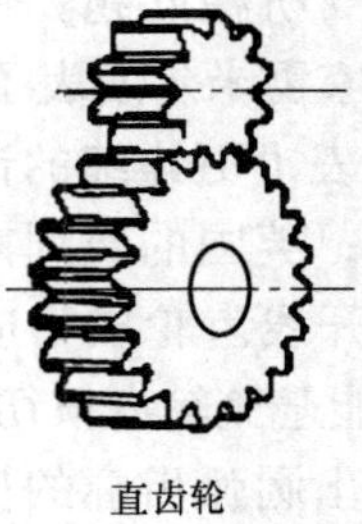 直齿轮  斜齿轮
	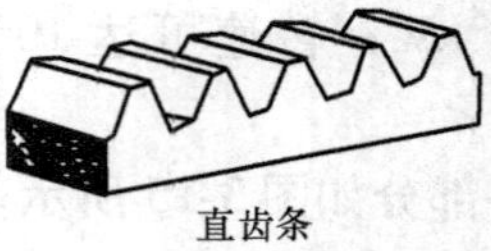 直齿条 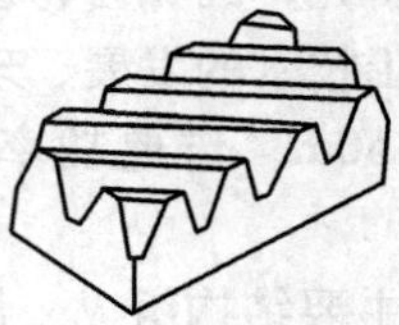 斜齿条
	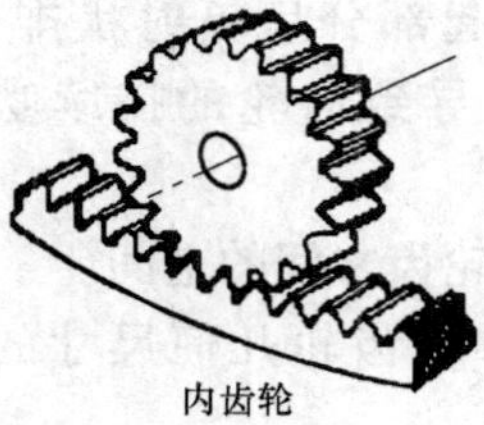 内齿轮
相交轴	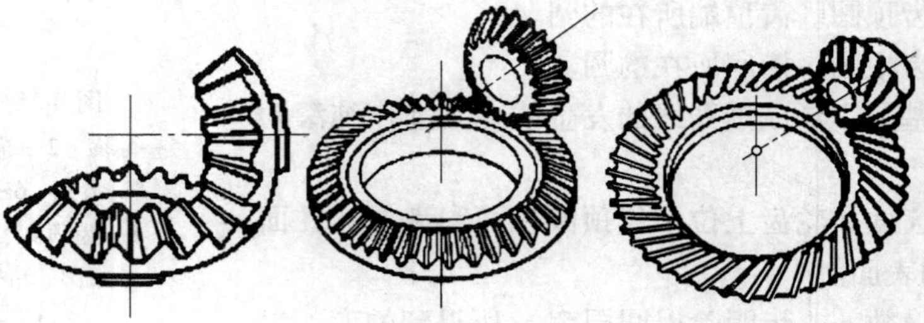 锥齿轮
交错轴	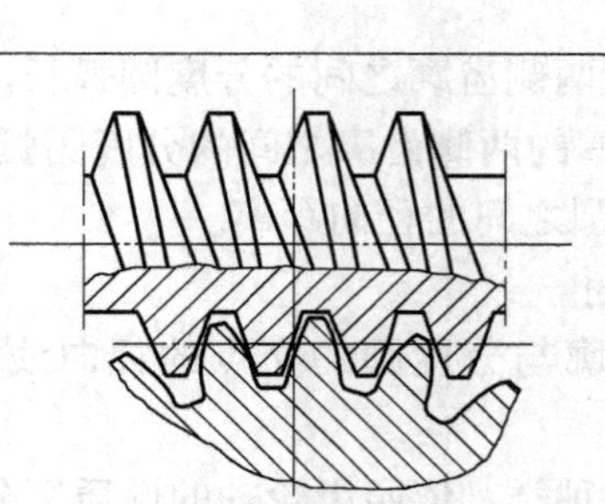 蜗杆蜗轮 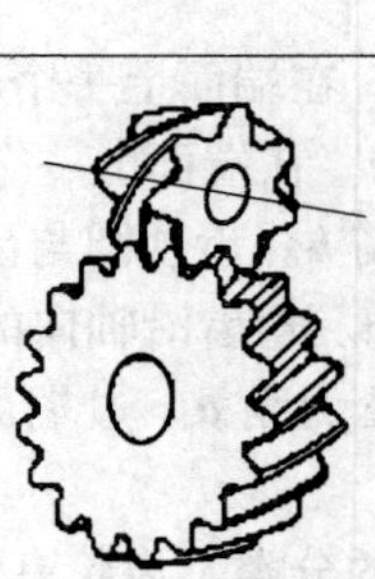 交错螺旋齿轮

（3）齿轮的材料　材料对齿轮的承载能力、尺寸和质量有很大的影响。20 世纪 50 年代前多用碳钢，20 世纪 60 年代改用合金钢，而 20 世纪 70 年代多用表面硬化钢。球墨铸铁可部分地代替钢制造齿轮。而在一些轻载和要求噪声低的场合，可用塑料制造齿轮，与其配对的齿轮一般用导热性好的钢齿轮。

齿轮是机械产品的重要零件。齿轮传动是传递机器动力和运动的一种主要形式。与带、摩擦、液压等机械传动相比，齿轮具有功率范围大、传动效率高、传动比准确、使用寿命长、安全可靠等特点，因此它已成为许多机械产品不可缺少的传动部件，如汽车变速器、机床的主轴箱等。所以说，齿轮的设计与制造水平将直接影响到机械产品的性能和质量。由于在工业发展中有突出地位，因此齿轮被公认为工业化的一种象征。

3. 箱体类零件

箱体类零件一般起着支撑、容纳、定位等作用，因此这类零件多数是中空的壳体，具有内腔和壁，此外还常具有轴孔、轴承孔、凸台和筋板等结构。为方便其他零件的安装或箱体自身再安装到机器上，因此有安装底板、法兰、安装孔和螺纹孔等结构。为了防止尘埃、污物进入箱体，通常要使用箱体密封件。多数箱体内安装有运动零件，为了润滑，箱体内常盛有润滑油。箱体的结构特点是：形状复杂，具有形状复杂的内腔，箱壁多有用于安装轴承的轴承孔或其他用途的孔系。箱体的加工面较多，主要加工面是平面和孔。

箱体是机器的基础零件之一，按照变速、换向等传动要求，箱体内装有轴和轴承、齿轮、离合器、手柄和盖板等零件和组件。箱体在机器构件中主要起到支撑其他零部件、并充当其他零部件的外壳的作用。箱体零件在使用过程中承受压应力及程度不同的摩擦和振动。机器构件中的轴承箱、轴承座或支架等属于箱体零件的典型代表，此外，机器构件中的床身、底座、立柱、导轨、工作台、泵体、壳体等部分也主要承受压应力及摩擦和振动，其材质及加工方法与箱体零件相同或相似，因而在结构工艺性设计方面有着与箱体的结构工艺性类似的要求，可视为箱体类零件。图 3-16 所示为车床溜板箱，图 3-17 所示为双孔支架，是两个典型的箱体类零件。

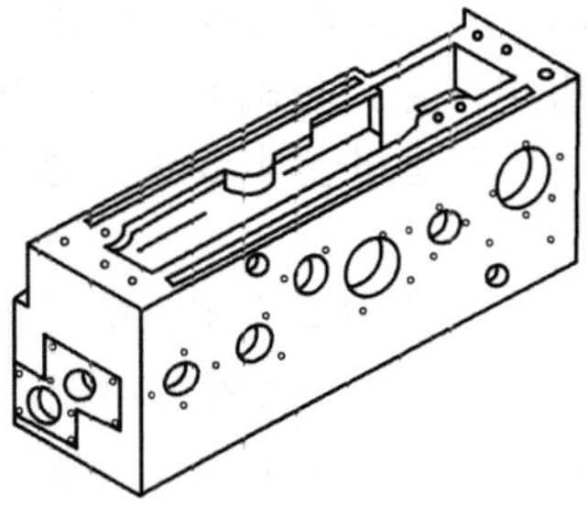

图 3-16　车床溜板箱

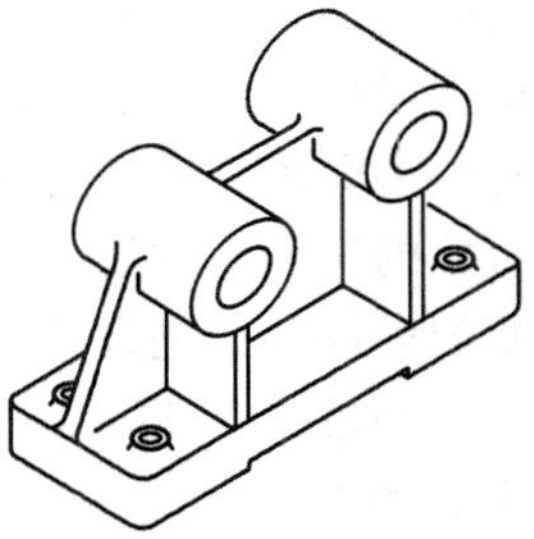

图 3-17　双孔支架

4. 盘套类零件

盘套类零件是机械中最常见的一类零件，它的应用范围很广，轴系结构中除轴以外其他零件绝大部分都属于盘套类零件。例如，支撑旋转轴的各种形式的轴承，起定位作用的定位套、齿轮坯、凸轮盘、端盖、法兰盘、带轮，内燃机上的气缸套，液压系统中的液压缸等。套类零件的长度一般大于直径，零件的重要表面为要求较高的内、外旋转表面，零件的壁厚较薄易变形。盘类零件的直径一般大于长度，零件的重要表面为要求较高的内、外旋转表面和端面。盘套类零件材料一般是钢、铸铁、青铜或黄铜等材料制成。有些滑动轴承采用双金属结构，即用离心铸造方法在钢或铸铁套的内壁上浇注巴氏合金等轴承合金材料，这样既可节省贵重的有色金属，又能提高轴承的使用寿命。盘套类零件的毛坯选择与其材料、结构和尺寸等因素有关，孔径较小（$d<20\text{mm}$）时，一般选择热轧钢或冷拉棒料，也可用实心铸件；孔径较大时，常采用无缝钢管或带孔的铸件和锻件。大量生产时，可采用冷挤压和粉末冶金等先进的毛坯制造工艺，以提高生产率，节约金属材料。盘套类零件主要起传动、连接、支撑、密封等作用，如手轮、法兰盘、各种端盖等。

四、人机工程学

自从有了机器，人与机器就构成了人机系统。人的能力与机器的潜力如果能够很好地配合，就能提高管理和控制效率。因此，在组成和设计人机系统时，就需要把人和机器作为一个整体来考虑，合理地分配人和机器的功能，不仅需要考虑温度、噪声、振动等环境因素，还要考虑同人机系统有关的生物学或医学问题对人的效率和行为的影响，以保证在环境变动下仍能达到系统所要求的目标。对于这些研究，在北美称为人因工程学或人机工程学，俄罗斯称为工程心理学，欧洲、日本和其他国家称为工效学。

1. 人机工程学的起源

人机工程学（Human Engineering）是运用生理学、心理学和医学等有关科学知识，研究组成人机系统的机器和人之间的相互关系，以提高整个系统工效的边缘科学。

提起人机工程学首先要介绍一个人物——美国人亨利·德雷夫斯（Henry Dreyfess），他是人机工程学的奠基者和创始人。德雷夫斯起初是做舞台设计工作的，1929 年建立了他自己的工业设计事务所。1930 年，他开始与贝尔电话公司合作。在此期间，德雷夫斯坚持设计任何工业产品必须考虑产品的高度舒适这一功能特性，提出了“从内到外（From The Inside Out）”的设计原则，对电话机进行了的完美功能性设计——听筒与话筒合一的设计，随后这种电话机进入了美国和世界的千家万户，成为现代家庭的基本设施。

德雷夫斯的人机工程学的其他研究成果是在 1955 年以后，他为约翰·迪尔公司开发的一系列农用机械设计，这些设计围绕建立舒适的、以人机学计算为基础的驾驶工作条件这一中心，特点是外形简练，其中与人相关的部件设计合乎人体舒适的基本要求。这是工业设计的一个非常重要的进步与发展。

德雷夫斯的设计信念是设计必须符合人体的基本要求，他认为适应于人的机器才是最有效率的机器。他经过多年研究，总结出有关人体的数据以及人体的比例及功能。1955 年出版了专著《为人的设计》，该书收集了大量的人体工程学资料，1961 年他又出版了著作《人体度量》（The Measure Of Man），从而为工业设计领域奠定了人机工程学这门学科，德雷夫斯也成为最早把人机工程学系统运用在设计过程中的设计家。

随着机械化、自动化和电子化的高度发展，人的因素在生产中的影响越来越大，人机协调问题也就越来越显得重要，人机工程学就是在这样的背景下创立和发展起来的。其应用领域有电话、电传、计算机控制台 、数据处理系统、高速公路信号、汽车、航空、航海、现代化医院、环境保护、教育等，人机工程学甚至可用于大规模社会系统。

2. 人机工程学的研究内容

人机工程学的各个分支学科的研究，在第二次世界大战期间获得了突破性的进展。当时人们就认识到对制造出来的各种高效能的新式机器和机器系统（生产、运输、通信、武器和航空飞行器等）进行操纵和控制时，整体系统的工作效率在很多情况下是由其中人的活动来决定的。例如，雷达运行时，要求操纵人员接收和分辨出显示器上显示的各种信息，根据这些信息在很短时间内作出决策和进行操作。若雷达设备的全部潜力没有发挥出来，至少部分原因是操纵人员不能掌握这个电子设备的复杂操作。经验和教训提醒人们，有时飞机弄错方向坠毁，炸弹误中己方船只，就是因为设计时没有考虑人的各种长处和短处。又如空战和歼击机提出对飞行员的体能和智能要求，使得人员的选拔和培训难度不断增大，促使在飞机的仪表显示、操纵工具和飞行员座椅等部件的设计中，不得不加大对人的因素的考虑，这些都使得人机协调问题的突然激化，进而也带动了有关的技术和研究的迅速发展。

目前，人机工程学着重研究以下问题：

1）研究人与机器之间的分工与配合。任何一个系统都离不开人的参与，人机系统中人与机器相互作用、相互配合、相互制约、协同工作，完成确定的工作。因为机器是从属于人的，是由人来控制和使用的，要执行人的意志，按人的意图、目的去办事，所以在人机分工与协同工作中首先应该充分考虑人的生理和心理特点，使人与机充分发挥各自的特点与优势；其次，应该让机器更多地代替人的工作；最后，考虑经济上的投资与效益。

2）研究机器如何能更适合于人的操作和使用，以提高人的工作效率，减轻人的疲劳和劳动强度。

3）研究人机系统的工作环境对操作者的影响，目标是使工作环境安全、舒适。不合适的操作环境会使工作效率降低，差错频繁发生，并极易产生疲劳。环境包括大气环境、照明、噪声、色彩等。

4）研究人机之间的界面，信息传递以及控制器和显示器的设计。人机界面负责人机之间的信息传递，人通过控制器向机器输入控制信息，而机通过显示器向人输出运行结果。良好的显示器和控制器设计将使操作者能够方便正确地操纵机器。

在人机系统中，人被看作系统中的一个元件。人通过感觉器官（视、听、触、嗅、味）接收来自机器的信息，了解其意义并予以解释，或先进行计算，再把结果与过去的经验和策略进行比较，然后作出决策。作出决策后，人通过控制器官（手、脚等）去操纵机器的操纵器，如开关、按钮、操纵杆、操纵盘、光笔或口令等，来改变机器的运转情况，机器随即发出新的信息，如此不断重复。人机系统不是孤立存在的，而是存在于某种环境之中。环境特性影响人的效率和行为。

人机工程学总的任务是在人、机器、环境之间实现最优配合，充分发挥人机的作用，使人尽其力，机尽其用，环境尽可能舒适，使整个人机系统安全、高效、可靠，胜任其工作效率。

3. 人机工程学的应用

人机工程学作为一个工程应用学科，基本研究对象是人的工作，常常是针对具体的现实问题。其中许多原理认识之后常常显得非常浅显，而认识之前又常常难以发现或被忽视。例如，座椅的设计就包含着人机工程学的含义。座椅与人们的生活息息相关，无论是工作、学习、出门旅行、在家休息都离不开座椅。关于座椅的设计问题至今仍是值得研究的课题。从20世纪50年代初，美国的科甘对整形外科的医用座椅进行研究以后，40多年来关于座椅的设计问题已有多位学者进行了系统科学的研究，各种设计参数也相继见于诸多资料。但就目前来看，尚不能说一把真正获得公认的理想的舒适座椅已经问世。这是因为人体的坐姿是个相当复杂的问题。例如，从事长时间体力劳动的人能坐上一只木板凳休息，则会感到非常舒适，而对于常年日工作量 8h 且取坐姿工作的人（秘书、打字员等），任何一种座椅都不会被认为是完美无缺的。

在西方某些国家还流行一种“适度不舒适”的座椅设计，即某些流动性较大的公共空间（如快餐店等）为加速人员流动，有意识地把座椅设计得不太舒适；另有一些工作场合需要较高的警觉性，也通过把座椅设计得不太舒适，以提高工作人员的警觉性。日本在解决工作人员坐姿工作的警觉性问题时另辟新招，例如，日本马自达汽车公司为了防止人们在从事单调坐姿工作时打瞌睡，推出一种“功能音乐式”座椅，即在座椅上安装附加设施，让坐者每隔 30s 听一次音乐，同时振动坐者的腰部，以驱赶睡意，使人员集中注意力从事工作。

交通运输设备涉及范围很广，驾驶用座椅的基本要求相差也较大，但它们的共同特点是，作业空间有限，连续作业时间较长，操作频繁，要求精力集中等。在进行这类座椅设计时，就需要考虑在不同的操作环境下，使得驾驶员的腰部得到充分的支撑，使腰椎恢复到自然状态，那么疲劳就会得到延缓，从而得到轻松舒适感。

4. 人机工程学发展前景

21 世纪人类步入了信息时代，人机工程学的发展必然向着信息化、智能化、网络化的方向发展。人机工程学作为应用性学科，与人的工作生活息息相关，设计生产出更加人性化、高效能的设备、工具和日常生活用品是人机工程学努力的目标。以发展的眼光看，人机工程学又分为技术人性化和人的技术化两个方面。

今天，技术人性化的最大体现在于计算机虚拟现实技术的实用化。从人与计算机交互方式的演变，从利用穿孔纸带输入计算程序，到面对终端机上的字符操作界面，再到个人计算机上的图形界面和多媒体，继而是网络和虚拟现实，就是计算机技术的日益“人性化”的过程，也就是人机工程特性的不断提高。比尔·盖茨的《未来之路》就谈到了虚拟现实的有关概念和前景，从人机工程学的角度来说，虚拟现实技术把人类的空间感、行走等感觉和行为功能纳入到人机交流之中，使得人与信息的交流变得更加自然和没有阻碍。

在 21 世纪，随着计算机技术和网络技术的发展，基于人机工程学的虚拟设计和测试评价已经成为可能，这不仅可以节省大量的时间和资源，而且可以增强企业的竞争能力，使产品更具有使用性和人性化。

英国科学家霍金认为：由于人类社会和技术环境的复杂性的不断提高，使人类作为一种生物所具有的有限能力和复杂性日益难以适应，因而利用基因技术来改造和提高人类的素质将成为必然的选择。此观点意味着人类这个认识和改造的主体，将自觉地将其所发展的技术手段应用于对自身的根本性改造，这将对人类未来的演变带来复杂和深远的影响。

第二节　改变世界的制造技术

（1）机器改变了世界　制造技术的突破和进步已经极大地改善了人们的生活质量和工作，使人们支配和控制大自然的能力极大地增强。汽车是现代工业文明的标志，汽车制造业是制造业的典型代表，它经历了大规模生产方式阶段和精益生产方式阶段，实现了从单件生产到规模生产的跨越，能以低成本快速生产出高质量用户满意的产品。制造技术在20世纪进入了划时代的系统应用阶段，物美价廉的家电产品终于走进了寻常百姓的家，制造技术因此能够更加深刻、更加广泛地影响人们的生活。

（2）机器制造迈入信息化大生产　21世纪的制造业，正在从以机器为特征的传统技术时代，向着以信息为特征的系统技术时代迈进。制造业从传统机器化大生产到自动化大生产，正在向信息化大生产迈进，网络经济时代的制造业已经步入全球化制造阶段。计算机集成制造技术为企业提高市场竞争能力提供了系统解决方案。敏捷制造技术则为企业参与21世纪以知识为基础的全球化新产品竞争提供了主要手段。

（3）机器制造不断创造新生活　除了宏观制造将沿着20世纪90年代展开的道路继续前进外，微纳制造也将在21世纪得到迅速发展，成为制造技术革命性的发展方向。机器人不仅将继续扩大其在工业领域的应用，而且会从工业领域走向社会生活的方方面面，进一步提高人类的生产能力与生活质量。

一、机器改变了世界

机器已成为现代社会的时代标志。作为一个永恒的动力源泉，人们总是设法或努力把今天从事的工作交给明天的机器去做。每获得一次成功，就从规模到内容提高到更高一个层次，同时也把人类自身活动提高到更高一个层次。因而，人和机器的交互面，始终是整个技术发展的前沿，也是技术发展的增长点。人类不断突破人机界面的极限，人和机器实现交互式发展，推动着技术进步，推动着整个人类社会的进步。

如果在生活中仔细观察就会发现机械就在人们身边。自从人类有了电，晚上就有了光明；天上有了飞机，世界就开始变小；而个人电脑的普及，给人类带来了连计算机的发明者都想不到的变化。各类机械产品的出现及人们对它们的依赖，几乎使每一个人的生活都发生了变化。人类与机械产品朝夕相处，很难说人们周围的哪一样不是机器制造出来的。从太空探索到衣食住行，从汽车、计算机到生物制造、外科手术，到处都有它的身影。正是有了机械技术，生活才会变得更加丰富多彩、更加舒适方便，人们时时处处都享受着机械制造技术的恩惠。

1. 光阴似箭——计时钟表

时间看不见，摸不着，计量它确实很困难，但是聪明的古人还是找到了各种方法来计时。最早的日晷（日规）使得人们可以根据太阳的影子来计时，但是到了夜间就无法使用了。因此人们又开始利用某种有规律的活动（漏水或漏沙等）来计时。直到现在，连最先进的原子钟也是通过铯原子的极有规律的往复运动的振荡周期来进行计时的。

（1）铜壶漏滴　“寸金难买寸光阴”对人们来说是再熟悉不过的诗句了，但是其中却揭示了计量时间的方法。我国古代计时是用铜壶滴漏，如图3-18所示，它使水从高度不等的几个容器里依次滴下来，最后滴到最低的有浮标的容器里，根据浮标上的刻度，也就是根据最低容器里的水位来读取时间。这样，就使无形的时间改换成有形的尺寸了。光阴自然可以用“寸”来计量。

图3-18　铜壶滴漏

铜壶漏滴中的最低容器里的水位，是由高处的水一滴一滴流下来，经过长时间的积累而形成的，所以铜壶滴漏的计时原理实质上就是水滴总数的自动累计。

大约在我国使用铜壶滴漏的同时，在西方有了沙漏计时的办法。在一个葫芦形玻璃瓶中装半瓶细沙，把瓶子颠倒过来，让沙子经过瓶的细腰慢慢地漏下来，这种方法计时的实质是沙粒的自动累计。沙漏没有铜壶滴漏好，因为它没有刻度标尺不便读数，但是它小巧轻便，而且简单。

（2）擒纵机构　机械式钟表里有一个称为“擒纵机构”的关键部件，它能把重锤或发条里储存的能量一点一点地施加到摆上，使摆不致因能量损耗而逐渐停下来；它又使钟表的指针一点一点地转动，从而将时间一秒一秒地指示出来。所以这类机械式钟表的计时原理，实质上就是机械摆动次数的累计。在手表里为了小巧紧凑，用带弹性“游丝”的摆轮代替单摆，游丝是个形似一盘蚊香的螺旋弹簧。

所谓“擒纵机构”是由一个边缘上有一圈尖角的轮子，和一个与钟摆相连的马蹄铁形钩子组成的。这个轮子经过若干传动齿轮被重锤或发条驱动，它总想转动，但是因为旁边有个讨厌的钩子把轮缘上的尖角绊住了，它必须等钩子放开的时候才能转动。钩子和钟摆相连，钟摆每摆动一次，右侧的钩子就释放轮边上的一个尖角，让轮子转一个角度，如此反复不已，轮子始终不能痛痛快快地连续旋转，只能一点一点地转下去。不过，这个总在轮子边上绊腿的钩子也有一定的积极作用，每当它释放一个尖角的时候，就会因重锤或发条的力量顺势被推一把，于是通过钩子又间接给钟摆加一个力，免得钟摆停下来。就这样一绊一放地反复工作，钟表就嘀嘀嗒嗒地走下去。

时至今日，各种各样的石英表，不论是数字显示的或是带指针的，都是靠石英振荡元件的稳频特性工作的。用不着复杂的机件，最多不过有带动指针和日历的少数齿轮，所以价格低廉，又不需上发条，因此受到普遍欢迎。

电子线路里的振荡、石英振荡元件和钟表里的摆轮的机械振荡似乎迥然不同，但是通过理论推导可知它们的作用机理一样的。无论用什么样的振荡电路构成电子钟表，它实质上是电振荡次数的累计。而每一次电振荡经历的时间是基本上固定不变的，因此就可以用来计时。

钟表要求走时准确，稳定可靠，但一些内部因素和外界环境条件都会影响钟表的走时精度。内部因素包括各组成系统的结构设计、工作性能、选用材料、加工工艺和装配质量等。例如，发条力矩的稳定性，传动系工作的平稳性，擒纵调速器的准确性等都影响走时精度。

2. 车轮滚滚——汽车里程表

乘出租车已成为日常生活中一件很平常的事，而出租车收费的主要依据是所行驶的里程，收费多少是由计价器根据里程表的数据算出来的。

里程表的原理很简单，因为汽车车轮的直径已知，车轮的圆周长便是恒定不变的。由此可以计算出每走 1km 路车轮要转多少圈，这个数也是恒定不变的。因此只要能够自动把车轮的转数积累下来，然后除以每 1km 路对应的转数就可以得到行驶的里程了。这一简单的原理古人就已经发现并且开始使用了。“记里鼓车”就是这样的装置，它是利用上述原理，再加上巧妙的机构使得车轮每转一定圈数就自动敲一下鼓，此时只要有专人把鼓声数目记下，就可以得到所走里程了。此装置十分巧妙，无论白天、黑夜均可使用，而且盲人也可使用，体现出了我国古代人民的聪明才智。不过，如果车上没有人默记鼓声数目的话，单靠

“记里鼓车”本身还不能累计一共走了多少里，而且车停下来之后谁也不知道这车曾经走过多少里路，这是美中不足之处。

现在汽车上的里程表可就不一样了，它克服了“记里鼓车”的不足之处，既能告诉你这次走了多少公里，也能记录自从出厂以来一共走了多少公里，于是，车辆是否需要大修，发动机是否应该报废，全都有据可依。

汽车发动机的曲轴把动力传给变速器，从变速器的输出轴到车轮的传动比是不变的。在变速器的输出轴上装有一根“软轴”，一直通到驾驶员面前的里程表里去。所谓“软轴”就是像自行车线闸用的拉线那样是有钢丝芯的螺旋管，管壁和内芯之间有润滑油，外管固定而内芯可以转动，这个内芯的转速与车轮的转速有着恒定的比例关系。软轴通到车速表，使得指针能把车的行驶速度指示出来。同时，软轴的旋转还经过蜗轮蜗杆传到车速表中间的滚轮计数器上，把车轮转数所代表的里程数累计了下来，因为车速和里程都是靠同一根软轴传递的旋转动作驱动的，所以这两个表在一起，前者用指针指示，后者由滚轮计数器累计。车速里程表工作原理如图 3-19 所示。

图 3-19 中软轴 1 传递旋转动作，经过减速器 2 送到滚轮计数器 3，累计出的里程在小窗口里由指针 4 显示。

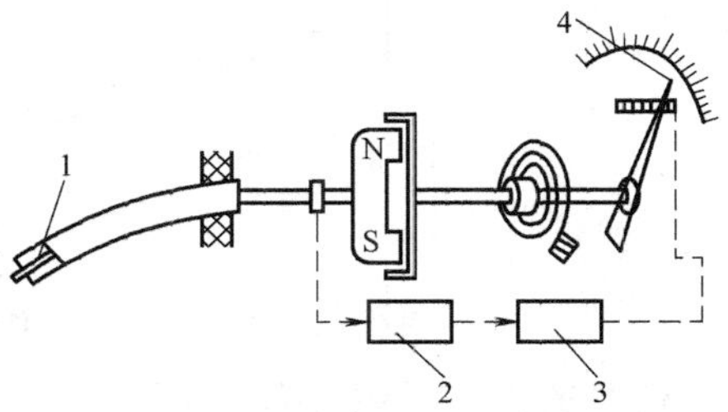

图 3-19　车速里程表工作原理

1—软轴　2—减速器　3—计数器　4—指针

新型小汽车的里程表里包括由同一软轴带动的两个滚轮计数器，分别累计本次里程和总里程。本次里程通常有四位数，供短期计数，这是可以清零的；总里程则有六位数，不能清零。每次记录里程的单独指示和清零对于出租车的计费十分方便。

近年来电子式车速里程表逐步推广，它不用软轴，而是在变速器输出轴上安装脉冲发生器，用导线把电脉冲传到仪表里，用脉冲频率指示速度，用脉冲计数器累计里程。看起来电子式车速里程表比先前的机械电磁式的更合理，因为它不用软轴传动。但是因为机械电磁式的价格比较便宜，在目前汽车里用得仍然比较多。

3. 点点滴滴——计量水表

现代的自动化仪表技术在当今社会的各行各业发挥着重要作用，同时也为人们的日常生活提供着便利。而“计量”是和居家过日子关系最紧密的。特别是一段时间（如一个月）里某种物质或能量总共消费了多少，这是要心中有数的。对于有具体件数的东西人们可以数出来，有具体形态的东西可以通过称重法来计量，而水、燃气、电之类的东西却是难以计量的，因此必须有专门的公平合理的器具来计量它们。在这方面自动化的机械装置又可以大显身手了，自来水表、燃气表和电表等仪表，帮助人们来计量这些看起来难以计量的东西。

水之所以不好计量，是由于人们使用的是自来水，不能够按桶或罐来计量，而必须用一种连接在管道上，能够精确、快速而且自动地把某段时间里总共用了多少水统计出来的器具，这就是人们常见的家用自来水表。水表的用途是用来自动累计某一段时间里（通常是一个月）总共用了多少水，以便作为收费的依据，所以它是一种自动累计仪表。“累计”就是把过去一段时间里“积累”的总量“统计”出来的意思。即使读表的时候水已经不流了，过去累计的数据依然存在，不会丢失。也就是说，它不单有进行“加法运算”的功能，而且还有“记忆”的功能。作为收费依据的自动累计仪表，记忆力是非常重要的，它不会把你已经消费的总量忘掉，否则就没法收费了。

那么水表的工作原理是什么呢？实际上很简单，因为水表的壳体是固定的，其内部的体积是固定的，而水是流动的，它推动一个叶轮旋转，每当叶轮旋转一圈，就有一恒定体积的水流过。因此，只要把叶轮旋转的圈数累计下来，乘以这一恒定体积，就可以得到流过的总的水量。水表的结构如图 3-20 所示。

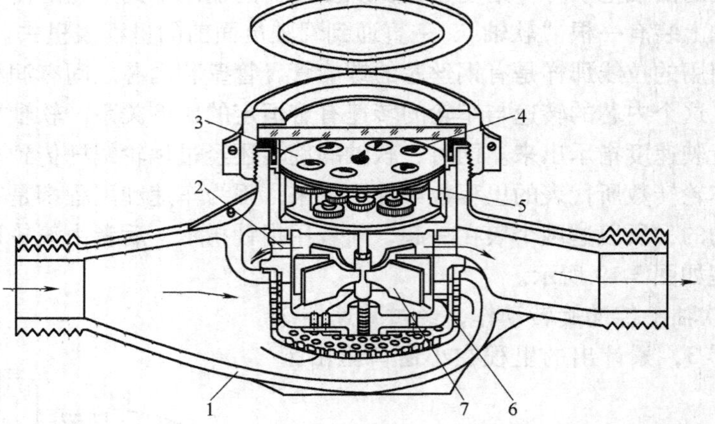

图 3-20　水表的结构

1—外壳　2—上排孔　3—刻度盘　4—计数器　5—减速齿轮　6—下排孔　7—叶轮

燃气的立方米数怎么计量呢？类似地，只要在管道上装个燃气表，就能把某个时间里总共用了多少气累计出来，这就是家用燃气表。

水和燃气还算有形物质，电就更难计量了，它是看不见摸不着的。何况电费的收取并不单纯按电流的大小，也不是按电压的高低，而是按电流、电压和用电时间三者的乘积来收费的，因此更得用专门的量具，这就是家用电度表。在电度表里有“乘法运算”功能、“加法运算”功能和“记忆”功能。

4. 生活的瞬间——照相机

照相机是用于摄影的光学器械。被摄景物反射出的光线通过照相机镜头（摄景物镜）和控制曝光量的快门聚焦后，被摄景物在暗箱内的感光材料上形成潜像，经冲洗处理（即显影、定影）构成永久性的影像。最早的照相机结构十分简单，仅包括暗箱、镜头和感光材料。现代照相机比较复杂，具有镜头、光圈、快门、测距、取景、卷片、计数、自拍等系统，是一种集光学、精密机械、电子技术和化学等技术一体的机电产品。

在公元前 400 年前，墨子所著《墨经》中已有针孔成像的记载；13 世纪，在欧洲出现了利用针孔成像原理制成的映像暗箱，人走进暗箱观赏映像或描画景物；1550 年，意大利的卡尔达诺将双凸透镜置于原来的针孔位置上，映像的效果比暗箱更为明亮清晰；1558 年，意大利的巴尔巴罗又在卡尔达诺的装置上加上光圈，使成像清晰度大为提高；1665 年，德国僧侣约翰章设计制作了一种小型的可携带的单镜头反光映像暗箱；1860 年，英国的萨顿设计出带有可转动的反光镜取景器的原始的单镜头反光照相机；1960 年以后，照相机开始采用了电子技术，出现了多种自动曝光形式和电子程序快门；1975 年以后，照相机的操作开始实现自动化。

照相机品种繁多，按用途可分为风光摄影照相机、印刷制版照相机、文献缩微照相机、显微照相机、水下照相机、航空照相机、高速照相机等；按取景方式分为透视取景照相机、双镜头反光照相机、单镜头反光照相机。

从完成摄影的功能来说，照相机大致要具备成像、曝光和辅助三大结构系统。成像系统包括成像镜头、测距调焦、取景系统、附加透镜、滤光镜、效果镜等；曝光系统包括快门机构、光圈机构、自拍机构等；辅助系统包括卷片机构、计数机构、倒片机构等。

镜头是用以成像的光学系统，由一系列光学镜片和镜筒所组成，每个镜头都有焦距和相对口径两个特征数据；取景器是用来选取景物和构图的装置，通过取景器看到的景物，凡能落在画面框内的部分，均能拍摄在胶片上；测距器可以测量出景物的距离，它常与取景器组合在一起，通过连动机构可将测距和镜头调焦联系起来，在测距的同时完成调焦。

快门是控制曝光量的主要部件，最常见的快门有镜头快门和焦平面快门两类。镜头快门由一组很薄的金属叶片组成，在主弹簧的作用下，连杆和拨圈的动作使叶片迅速地开启和关闭；焦平面快门由两组部分重叠的帘幕（前帘和后帘）构成，装在焦平面前方附近。两帘幕按先后次序起动，以便形成一个缝隙。缝隙在胶片前方扫过，以实现曝光。这其中有很多精巧的机械结构。

光圈又称为光阑，是限制光束通过的机构，装在镜头中间或后方。光圈能改变通光口径，并与快门一起控制曝光量。常见的光圈有连续可变式和非连续可变式两种。

自拍机构是在摄影过程中起延时作用，以供摄影者自拍的装置。使用自拍机构时，首先释放延时器，经延时后再自动释放快门。自拍机构有机械式和电子式两种，机械式自拍机构是一种齿轮传动的延时机构，一般可延时 8 ~ 12s；电子式自拍机构利用一个电子延时线路控制快门释放。

今天，照相机从单纯的机械结构转向机械加电子装置，从手动操作发展到自动程序，摄影装备的数字化时代正在向人们大步走来。

二、信息时代的制造业

1. 以柔克刚——告别刚性生产线

从 20 世纪 20 年代开始，随着汽车、滚动轴承、小型电动机和缝纫机等工业发展，机械制造中开始出现自动线，最早出现的是组合机床自动线。在此之前，首先是在汽车工业中出现了流水生产线和半自动生产线，随后发展成为自动线。第二次世界大战后，在工业发达国家的机械制造业中，自动线的数目出现了急剧增加。

自动化生产是人们梦寐以求的事情。人们都听说过诸葛亮三天之内造十万只箭的故事，诸葛亮虽然没有造出十万只箭来，但是他从曹操那里借了十万只箭，显示了诸葛亮过人的计谋。但是在 1789 年的美国却真发生了这样一件事情，美国政府要求工厂主惠特尼在 15 个月中生产一万只滑膛枪。这比诸葛亮的十万只箭的任务还要难完成，但是惠特尼采用了一个新的方法完成了任务，他把每个造枪的工作化整为零，每个工作只生产其中的一种部件，然后把每种部件都放在一个袋子里，每个袋子都编上号。最后从不同的袋子里各取出一个零件就可以组装成一条枪。惠特尼就是靠这种方法完成了生产任务，他的这种方法也为后来的流水线生产打下了基础。

在大批大量生产中，对一些结构复杂，加工工序较多的工件，往往将它们的各个加工工序合理地安排在若干台组合机床上，组成流水线进行加工，这就是常见的组合机床流水线。如果采用液压、电气控制系统，将流水线上各台组合机床之间的工件输送、转位，在夹具中的定位、夹紧以及辅助装置的动作均实现自动化，并按规定的程序自动地进行工作，这种自动工作的组合机床流水线，称之为组合机床自动线。

采用自动线进行生产的产品应有足够大的产量；产品设计和工艺应先进、稳定、可靠，并在较长时间内保持基本不变。在大批大量生产中采用自动线能提高劳动生产率，稳定和提高产品质量，改善劳动条件，缩减生产占地面积，降低生产成本，缩短生产周期，保证生产均衡性，有显著的经济效益。

机械制造业中有铸造、锻造、冲压、热处理、焊接、切削加工和机械装配等自动线，也有包括不同性质工序的自动线，如毛坯制造、加工、装配、检验和包装等的综合自动线。

自动线中设备的联结方式有刚性连接和柔性连接两种。在刚性连接自动线中，工序之间没有储料装置，工件的加工和传送过程有严格的节奏性。当某一台设备发生故障而停止时，会引起全线停工。因此，对刚性连接自动线中各种设备的工作可靠性要求甚高。

在柔性连接自动线中，各工序（或工段）之间设有储料装置，各工序节拍不必严格一致。某一台设备短暂停歇时，可以由储料装置在一定时间内起调剂平衡的作用，因而不会影响其他设备正常工作。综合自动线、装配自动线和较长的组合机床自动线常采用柔性连接。

切削加工自动线在机械制造业中发展最快、应用最广。主要有：用于加工箱体、壳体、杂类等零件的组合机床自动线；用于加工轴类、盘、环类等零件的，由通用、专门化或专用自动机床组成的自动线；旋转体加工自动线；用于加工工序简单小型零件的转子自动线等。

自动线的工件传送系统一般包括机床上、下料装置、传送装置和储料装置。在旋转体加工自动线中，传送装置包括重力输送式或强制输送式的料槽或料道，提升、转位和分配装置等。有时采用机械手完成传送装置的某些功能。在组合机床自动线中当工件有合适的输送基面时，采用直接输送方式。其传送装置有各种步进式输送装置、转位装置和翻转装置等，对于外形不规则、无合适的输送基面的工件，通常装在随行夹具上定位和输送，这种情况下要增设随行夹具的返回装置。

自动线的控制系统主要用于保证线内的机床、工件传送系统，以及辅助设备按照规定的工作循环和联锁要求正常工作，并设有故障寻检装置和信号装置。为适应自动线的调试和正常运行的要求，控制系统有三种工作状态：调整、半自动和自动。在调整状态时可手动操作和调整，实现单台设备的各个动作；在半自动状态时可实现单台设备的单循环工作；在自动状态时自动线能连续工作。

控制系统有“预停”控制机能，自动线在正常工作情况下需要停车时，能在完成一个工作循环、各机床的有关运动部件都回到原始位置后才停车。自动线的其他辅助设备是根据工艺需要和自动化程度设置的，如工件自动检验装置、自动换刀装置、自动排屑系统和集中冷却系统等。为提高自动线的生产率，必须保证自动线的工作可靠性。影响自动线工作可靠性的主要因素是加工质量的稳定性和设备工作可靠性。

组合机床自动线能减轻工人劳动强度，减少操作人员，减少辅助运输工具和减少占地面积，显著地提高劳动生产率和降低产品成本。而其缺点是，自动线内任意一台机床或装置发生故障，将会使全线停车或一个工区停车；它要求产品结构和加工工艺不能轻易改变，因为产品更换、工艺方案改变，将引起一系列组合机床被淘汰或重新改装，故称组合机床自动线为刚性自动线，即它适应产品变换、工艺变换的能力（柔性）差。

自动线目前的发展方向主要是提高生产率和增大多用性、灵活性，以适应多品种和变批量生产的柔性生产线（FMC 或 FMS），刚性自动线则逐步退出制造领域。

数字控制机床、工业机器人和电子计算机等技术的发展，以及成组技术的应用，将使自动线的灵活性更大，可实现多品种、中小批量生产的自动化。多品种可调自动线，降低了自动线生产的经济批量，因而在机械制造业中的应用越来越广泛，并向自动化程度更高的柔性制造系统发展。

2. 未来工厂——CIMS

福特发明的汽车生产线是最成功的早期生产线，1913 年福特创建了由专用机床组成的“运动中的组装线”。在这种生产线上，要组装的部件由传送带运到一个个工人面前，每一个工人只完成一种操作。组装汽车就像流水一样运行得有条不紊，大大提高了生产效率。这种生产线使福特成为“汽车大王”，也使汽车走入了普通百姓的家中。从流水线问世至今，生产自动化的发展跨越了单机自动化、刚性自动化、柔性自动化和智能自动化几个阶段，现在已经发展到完善的阶段即无人工厂，也就是 CIMS 技术。

CIMS 是英文 Computer Integrated Manufacturing Systems 的缩写，直译就是计算机集成制造系统。计算机集成制造即 CIMS 的概念最早是由美国学者哈林顿博士提出的，其基本出发点是：

1）企业的各种生产经营活动是不可分割的，要统一考虑。

2）整个生产制造过程实质上是信息的采集、传递和加工处理、实现的过程。

因此，企业作为一个统一的整体，必须以系统的观点、全局的观点广泛采用计算机等高新技术，加速信息的采集、传递和加工处理过程，提高工作效率和质量，从而提高企业的总体水平。

制造业的各种生产经营活动，从人的手工劳动变为采用机械的、自动化的设备，并进而采用计算机是一个大的飞跃，而从计算机单机运行到集成运行是一个更大的飞跃。作为制造自动化技术的最新发展、工业自动化的革命性成果，CIMS 代表了当今工厂综合自动化的最高水平，被誉为是未来的工厂。

从 CIMS 的概念的提出到现在已有 20 余年了。20 多年来，CIMS 的概念已从美国等发达国家传播到发展中国家，已从典型的离散型机械制造业扩展到化工、冶金等连续或半连续制造业。CIMS 概念已被越来越多的人所接受，成为指导工厂自动化的哲理，有越来越多的工厂按 CIMS 哲理，采用计算机技术实现信息集成，建成了不同水平的计算机集成制造系统。

CIMS 是自动化程度不同的多个子系统的集成，例如，管理信息系统（MIS）、制造资源计划系统（MRPII）、计算机辅助设计系统（CAD）、计算机辅助工艺设计系统（CAPP）、计算机辅助制造系统（CAM）、柔性制造系统（FMS），以及数控机床（NC，CNC）、机器人等。CIMS 正是在这些自动化系统的基础之上发展起来的，它根据企业的需求和经济实力，把各种自动化系统通过计算机实现信息集成和功能集成。当然，这些子系统也使用了不同类型的计算机，有的子系统本身也是集成的，如 MIS 实现了多种管理功能的集成，FMS 实现了加工设备和物料输送设备的集成等。但这些集成是在较小的局部，而 CIMS 是针对整个工厂企业的集成。CIMS 是面向整个企业，覆盖企业的多种经营活动，包括生产经营管理、工程设计和生产制造各个环节，即从产品报价、接受订单开始，经计划安排、设计、制造直到产品出厂及售后服务等的全过程。

在制造业全球化的趋势下，CIMS 被赋予了新的含义，即现代集成制造系统（Contemporary Integrated Manufacturing System）。将信息技术、现代管理技术和制造技术相结合，并应用于企业全生命周期各个阶段，通过信息集成，过程优化及资源优化，实现物流、信息流、价值流的集成和优化运行，达到人（组织及管理）、经营和技术三要素的集成，加强企业新产品开发，以上市时间 T、质量 Q、产品成本 C、服务 S、环境 E、灵活性 F 为目标的生产管理模式，从而提高企业的市场应变能力和竞争力。

自动化技术为生产力的发展起了巨大作用，实现了人们摆脱繁重劳动的愿望。同时自动化技术也在应用中得到不断发展和完善。

3. 以假乱真——虚拟制造

在当今经济全球化、贸易自由化和社会信息化的形势下，制造业的经营战略发生了很大变化。

在 20 世纪 30 ~ 60 年代企业追求的是规模效益，如美国福特汽车公司、通用汽车公司相继采用刚性流水线进行大批量生产；20 世纪 70 年代更加重视降低生产成本，如日本丰田公司采用准时化生产；20 世纪 80 年代提高产品质量成为主要目标；进入 20 世纪 90 年代新产品开发及交货期成为竞争的焦点。由此产生了多种多样的制造哲理，例如，精益生产、并行工程、敏捷制造和虚拟制造等，它们各有侧重，从不同角度研究如何增强企业的竞争力。

一般来说，虚拟制造的研究都与特定的应用环境和对象相联系，由于应用的不同要求而存在不同的侧重点，因此出现了三个流派，即以设计为中心的虚拟制造、以生产为中心的虚拟制造和以控制为中心的虚拟制造。

虚拟制造技术的广泛应用将从根本上改变现行的制造模式，对相关行业也将产生巨大影响，可以说虚拟制造技术决定着企业的未来，也决定着制造业在竞争中能否立于不败之地。

4. 大脑的延伸——智能制造

智能制造（Intelligent Manufacturing，IM）是一种由智能机器和人类专家共同组成的人机一体化智能系统。它在制造过程中能进行智能活动，诸如分析、推理、判断、构思和决策等。通过人与智能机器的合作共事，去扩大、延伸和部分地取代人类专家在制造过程中的脑力劳动。它把制造自动化的概念更新，扩展到柔性化、智能化和高度集成化。

谈起智能制造，首先应介绍日本在 1990 年 4 月所倡导的“智能制造系统 IMS”国际合作研究计划。许多发达国家如美国、欧洲共同体、加拿大、澳大利亚等参加了该项计划。该计划共计划投资 10 亿美元，对 100 个项目实施前期科研计划。

毫无疑问，智能化是制造业自动化的发展方向。在制造过程的各个环节几乎都广泛应用人工智能技术。专家系统技术可以用于工程设计，工艺过程设计，生产调度，故障诊断等，也可以将神经网络和模糊控制技术等先进的计算机智能方法应用于产品配方，生产调度等，实现制造过程智能化。而人工智能技术尤其适合于解决特别复杂和不确定的问题。但显而易见的是，要在企业制造的全过程中全部实现智能化，如果不是完全做不到的事情，至少也是在遥远的将来才能实现。而智能化如果只是在企业的某个局部实现，又无法保证全局的优化，则这种智能化的意义是有限的。

从广义概念上来理解，计算机集成制造系统（CIMS）、敏捷制造等都可以看作是智能自动化的例子。的确，除了制造过程本身可以实现智能化外，还可以逐步实现智能设计，智能管理等，再加上信息集成，全局优化，逐步提高系统的智能化水平，最终建立智能制造系统。这可能是实现智能制造的一种可行途径。

5. 神医妙手——故障诊断

现代的机械制造系统具有控制规模大、自动化程度高和柔性化强的特点。目前制造系统的结构越来越复杂且价格越来越昂贵，由于各种故障而导致的停机都是不可忍受的负担。故障诊断系统就能够在这种情况下满足需要，也就是能够合理制定维修计划，最大限度地减少停机维修的时间，并能在故障发生之后能够迅速做出反应。因此，故障诊断系统现在得到了迅速的发展。

诊断的目的是对于机械制造过程或者其他过程中产生的各种故障进行获取、传输、处理、分析和解决。该技术包括对过程中出现的各种物理量用先进的传感器接收，进行信号传输和信号处理，从分析处理的结果来对生产设备的工作情况以及产品的质量进行检测，对其所发展趋势进行预测，并对故障进行诊断和报警。

因此，多台多种类传感器的应用是故障诊断系统所必需的，因为只有通过获取到足够的数据才有可能获得精确的分析结果。早期的系统通常只采用一种传感器来监视系统，但这个方法早就无法满足现在获取系统状态的需要了。现在的系统的复杂程度都在日益提高，多种不同精度的传感器的同时应用为获得准确数据提供了可能。

此外，基于知识的专家系统的应用为系统的智能化分析提供了人工智能的支持。这种专家系统拥有一个专门领域的知识库和一套有效的推理机制。由于现在生产系统的复杂性，通常的专家系统都拥有一个复合的知识库，提供相应的生产系统的知识支持。而且伴随着网络和通信技术的发展，故障诊断系统也发展了分布式和集成性的特点。

要能够获得比较好的诊断效果，需要首先知道故障的模式。所谓模式就是相当于症状的一种描述。把能够获得的故障的模式集中在一起，就能够对故障进行有效的分类。正如治病不能只看症状一样，还要分析生病的原因。分析故障的机理，也就是诱发故障的原因，这就好比知道系统生病的原因一样。有的时候，故障的机理和故障的模式不是很容易区分的，但是通过综合分析这些机理和模式，就有可能归纳出一个故障的模型，这个模型可以被故障诊断的专家系统所采用，作为知识库的一部分。一种比较普遍的方法是把故障模型表示成为树型结构，这样的表达便利了以后的程序分析，也便于集成在专家系统中。所以可以看出，故障模型的建立是故障分析中最重要的部分。

现阶段，故障分析在机械生产系统方面可以应用在自动生产线、数控机床、柔性制造单元以及计算机集成制造系统中。具体分析不同的应用环境，才能够获得适合于不同环境的设计。例如，自动生产线，它是由基本工艺设备和各种辅助设备、控制系统组成的，从实质上来说就是一个刚性自动化制造系统。自动线由不同的机床组成，由于集成性的存在，它比单个设备复杂，要想在短时间内找出故障的原因和位置是很困难的，除了提高设备的可靠性之外，在一定的条件下，完全有必要引入自动线中的故障诊断系统。为了和自动线相适应，就要在不同的位置获取到信息，然后引入一个适合于流动生产的故障模型来分析故障的原因。这样，故障诊断的引入就有可能为自动线带来健壮性（Robust Control）。

故障诊断是随着生产过程的复杂化而产生的一种技术，由于和现代传感器技术、专家系统技术相结合，已经展现出了很强的生命力，必将为提高企业的生产效率和稳定性提供越来越强大的支持。

三、精益求精的制造

1. 超精密加工技术的地位

回顾刚刚过去的20世纪，人类取得的每一项重大科技成果，几乎都与制造技术，尤其与超精密加工技术密切相关。在某种意义上，超精密加工担负着支持最新科学发现和发明的重要使命。

超精密加工技术起源于美国20世纪60年代初期（于1962年首先研制成功超精密车床），它是为了适应现代高科技发展需要而兴起的一种机械加工新工艺。它综合应用了机械技术发展的新成果及现代电子技术、计算机技术和测量技术等新技术。超精密加工的加工精度目前正在向纳米级发展。超精密加工技术在航天运载工具、武器研制、卫星研制中有着极其重要的作用。

如果你对现代战争有一点了解，就一定对制导武器尤其是制导导弹有深刻的印象。而制导技术中的一个关键设备就是陀螺仪，陀螺仪是在动态中保持相对跟踪状态的装置。陀螺仪的关键是轴的不变性。这样的特性，看起来虽然简单，但能应用在许多不同的场合。制导武器就是陀螺仪的重要应用之一。在惯性制导中，陀螺仪是控制武器飞行姿态的重要部件，在剧烈变化的环境中，没有精心设计的陀螺仪用来保证稳定性和准确性，再好的控制规律也无法命中目标。除了制导之外，陀螺仪还能够应用在其他的尖端科技上。著名的哈勃天文望远镜的三个遥感装置中每个都装有一个陀螺仪和一个备份。三个工作的陀螺仪是保证望远镜指向所必不可少的。

陀螺仪正是因为它的平衡的特性，已经成为了飞行设备中关键的部件，从航模、制导武器、导弹、卫星到天文望远镜，它的身影无处不在，陀螺仪默默地工作保证了这些飞行设备能按照指定的方式去工作。

陀螺仪的加工涉及多项超精密加工技术，导弹系统的陀螺仪质量直接影响其命中率，1kg的陀螺转子，其质心偏离对称轴0.0005μm，就会引起100m的射程误差和50m的轨道误差。中国有一句话叫作“百发百中”，由于超精密加工技术的支撑，现代的战争离这个目标越来越近了。装有高精度陀螺仪精确制导的导弹就是这样一种百发百中的武器。

在军事历史上，第一次大规模使用精确制导武器的是1982年的英国和阿根廷的马岛之战。而在海湾战争和对南联盟的轰炸中更是大量使用了最新的精确制导武器。所谓精确制导武器，是以微电子、电子计算机和光电转换技术为核心，以自动化技术为基础发展起来的高新技术武器，它是按一定规律控制武器的飞行方向、姿态、高度和速度，引导战斗部队准确攻击目标的各类武器的统称。通常精确制导武器包括精确制导的导弹、航空炸弹、炮弹、鱼雷、地雷等武器。武器的精确制导系统通常由测量装置和计算机、敏感装置、执行机构等部分组成，主要是依靠控制指令信息修正武器的飞行姿态，保证武器的稳定飞行，直至命中目标。由于精确制导武器的优异的特性，因此受到各国军界的青睐。

有人对海湾战争中美国及盟国武器系统与超精密加工技术的关系做了研究，发现其中在间谍卫星、超视距空对空攻击能力、精确制导的对地攻击能力、夜战能力和电子对抗技术方面，与超精密加工技术有密切的关系。可以说，没有高水平的超精密加工技术，就不会有真正强大的国防。

当前，超精密加工是指被加工零件的尺寸误差 $<0.1\mu m$，表面粗糙度 $Ra<0.025\mu m$ 以

及所用机床定位精度的分辨率和重复性高于0.01μm的加工技术，也称之为亚微米级加工技术，并且正在向纳米级加工技术发展。

2. 超精密加工技术的现状

超精密加工技术在国际上处于领先地位的国家有美国、英国和日本。这些国家的超精密加工技术不仅总体成套水平高，而且商品化的程度也非常高。

美国是开展超精密加工技术研究最早的国家，也是迄今处于世界领先地位的国家。早在20世纪50年代末，由于航天等尖端技术发展的需要，美国首先发展了金刚石刀具的超精密切削技术，称为“SPDT技术”（Single Point Diamond Turning）或“微英寸技术”（1微英寸=0.025μm），并发展了相应的空气轴承主轴的超精密机床，用于加工激光核聚变反射镜、战术导弹及载人飞船用球面、非球面大型零件等。例如，美国LLNL实验室和Y—12工厂在美国能源部支持下，于1983年7月研制成功大型超精密金刚石车床DTM—3型。该机床可加工最大尺寸ϕ2100mm、质量4500kg的激光核聚变用的各种金属反射镜、红外装置用零件、大型天体望远镜（包括X光天体望远镜）等；该机床的加工精度可达到形状误差为28nm（半径），圆度和平面度为12.5nm，加工表面粗糙度为Ra4.2nm。该机床与LLNL实验室1984年研制的LODTM大型超精密车床仍是现在世界上公认的技术水平最高、精度最高的大型金刚石超精密车床。

在超精密加工技术领域，英国克兰菲尔德技术学院所属的克兰菲尔德精密工程研究所（简称CUPE）享有较高声誉，它是当今世界上精密工程的研究中心之一，是英国超精密加工技术水平的独特代表。例如，CUPE生产的Nanocentre（纳米加工中心）既可进行超精密车削，又带有磨头，可以进行超精密磨削，加工工件的形状精度可达0.1μm，表面粗糙度$Ra<10$nm。该研究所还研制成功了可加工X射线望远镜的金刚石切削机床。哈勃太空望远镜（图3-21）上的大型非球面反射镜超精密加工所用的OAGM2500六轴CNC超精密磨床也出自该研究所，OAGM2500六轴CNC超精密磨床主要用于光学玻璃等硬脆性材料的加工，其加工形状精度可达0.1μm。

日本对超精密加工技术的研究相对于美、英来说起步较晚，但却是当今世界上超精密加工技术发展最快的国家。日本的研究重点不同于美国，前者是以民品应用为主要对象，后者则是以发展国防尖端技术为主要目标。所以日本在用于声、光、图像，办公设备中的小型、超小型电子和光学零件的超精密加工技术方面，更加先进和具有优势，甚至超过了美国。

图3-21 哈勃太空望远镜

我国的超精密加工技术在20世纪80年代中期出现了具有世界水平的超精密机床和部件。北京机床研究所是国内进行超精密加工技术研究的主要单位之一，研制出了多种不同类型的超精密机床、部件和相关的高精度测试仪器等，成绩显著。但总的来说，我国在超精密加工的效率、精度可靠性，特别是规格（大尺寸）和技术配套性方面与国外比，与生产实际要求比，还有相当大的差距。

3. 面向21世纪的超精密加工技术

（1）不断探索新型超精密加工方法的机理　超精密加工机理涉及微观世界和物质内部结构，可利用的能源有机械能、光能、电能、声能、磁能、化学能、核能等，十分广泛。不仅可以采用分离加工、结合加工、变形加工，而且可以采用生长堆积加工；既可采取单独加工方法，更可采取复合加工法，如精密电解磨削、精密超声车削、精密超声研磨、机械化学抛光等。

（2）向高精度、高效率方向发展　随着科技的不断进步及社会发展的需求，对产品的加工精度、加工效率及加工质量的要求越来越高，超精密加工技术就是要向加工精度的极限冲刺，且这种极限是无限的，当前的目标是向纳米级加工精度攀登。

（3）研究开发加工、检测一体化技术　由于超精密加工的精度很高，为此急需研究开发加工精度在线测量技术，因为在线测量是加工测量一体化技术的重要组成部分，是保证产品质量和提高生产率的重要手段。

（4）提高在线测量与误差补偿的能力　由于超精密加工的精度很高，在加工过程中影响因素很多且复杂，而要继续提高加工设备本身的精度已十分困难，为此就须采用在线测量加计算机误差补偿的方法来提高精度，保证加工质量。

（5）向大型化、微型化方向发展　由于航天航空工业的发展，需要大型超精密加工设备来加工大型光电子器件，如大型天体望远镜上的反射镜等。而开发微型化超精密加工设备则主要是为了满足发展微型电子机械、集成电路的需要，如制造微型传感器、微型驱动元件等。

21世纪初的十年是超精密加工技术达到和完成纳米加工技术的关键十年。磁性记录装置、激光打印机、液晶显示器、CD、DVD等使超精密加工获得了很大的发展。激光打印机也向彩色化、高速化、高品位、低价格化方向发展，液晶显示器也致力于大型化、高辉度化，这些对超精密加工来讲，又提出了更高要求的技术课题。

超精密加工技术是衡量一个国家科学技术水平的重要标志之一。目前超精密加工技术正处于蓬勃发展的阶段，各国竞相发展。随着与其相应的金刚石刀具刃磨、测量及环境控制等技术水平的不断提高，达到纳米级尺寸的加工已不是可望而不可及的了。超精密加工技术对军事工业和民用工业已产生巨大的影响，它的发展和应用也必将给先进制造技术注入新的活力。

第四章　设计手段与计算机的完美结合

第一节　缩短新产品的开发周期——并行工程

怎样才能在现代产品设计中做到“运筹于帷幄之中，决胜与千里之外”？怎样才能在较少的时间内完成复杂的产品设计？怎样在竞争激烈的环境，赢得更大的市场？并行工程就是解决这些问题的重要钥匙。近几年来，并行工程在美国及许多西方国家十分盛行，是目前国际上机械工程领域中重要的研究方向之一，引起各国工程界和学术界的高度重视，发展极为迅速，相继推出了一些实验性的并行系统和并行环境，并取得了良好的效果。

一、并行工程的含义

并行工程（Concurrent Engineering，CE）也称并行设计或同步工程（Simultaneous Engineering），是针对传统的产品串行生产模式而提出的一个概念，一种哲理和方法，包括对制造过程、支持过程的设计。这种方法使产品设计具备高度的预见性和预防性，其目的是使产品开发人员从一开始就考虑到从概念形成到投放市场的整个产品生命周期中，质量、成本、开发时间和用户需求等所有组成因素，从而缩短产品开发周期，提高产品的质量，降低成本，增强企业的竞争能力。例如，日本 NEC 公司将某种产品原本历时 6 ~ 8 个月的开发过程，通过并行重组缩短为 3 ~ 5 个月。产品的并行生产模式如图 4-1 所示。

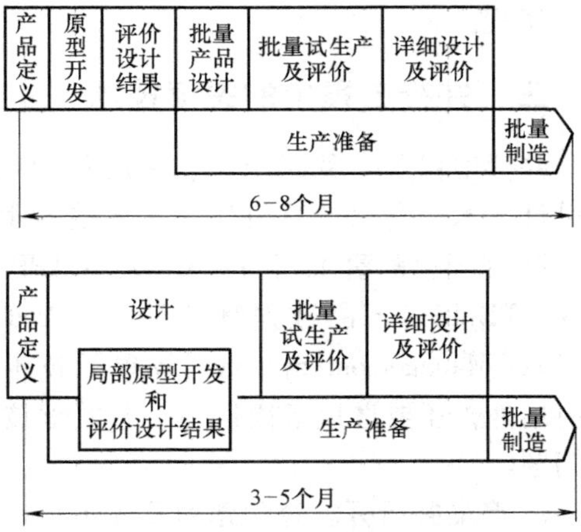

图 4-1　产品的并行生产模式

长期以来，产品开发过程一直采用顺序工程的方法，产品的顺序生产模式如图 4-2 所示，即首先由设计部门设计产品，产生工程文件，如工程图样；然后由生产部门读懂这些文件，再根据这些文件产生生产计划，如加工工艺、装配工艺等，并组织设备，安排生产，有时还需设计和制造专用夹具；质检部门依据有关技术要求安排检验。

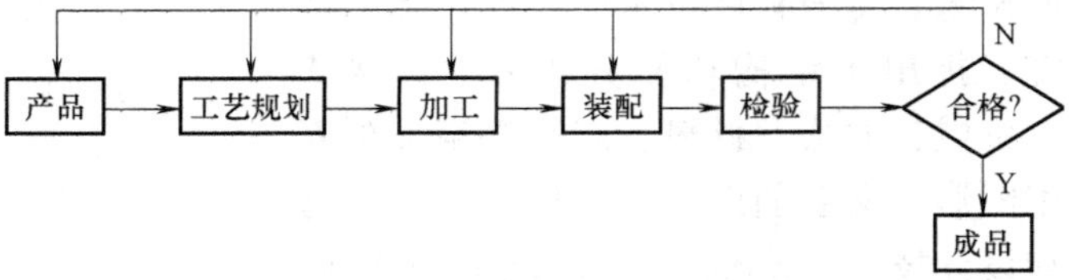

图 4-2　产品的顺序生产模式

顺序工程方法的缺陷在于：在设计过程中不能及早考虑制造过程及质量保证等问题，造成设计与制造脱节，使产品开发过程成为设计、加工、测试、修改设计大循环，产品设计通过重复这一过程趋于完善，最终满足用户要求。这种方法不仅造成设计改动量大、产品开发周期长，而且使产品成本高。在目前这种竞争激烈，产品更新换代快的市场环境下，这种方式的缺陷已经严重威胁着企业的发展。为解决上述问题，仅通过改进产品的生产过程所取得的效果甚微，只有改进产品的开发过程才是最佳方案。

二、并行工程的体系结构

并行工程的生产模式如图 4-3 所示，与传统的顺序工程生产模式的区别不在于做什么，而在于什么时候做，它也不同于传统的“反复做直到满意”的思想，而是强调“一次就达到目的”。

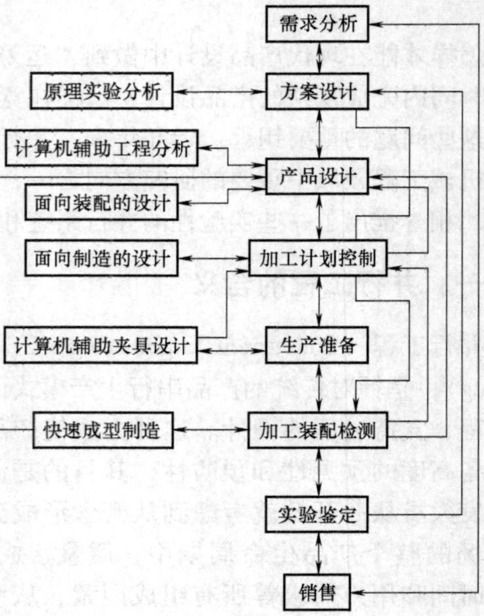

图 4-3　并行工程的生产模式

并行工程通常由过程管理、工程设计、质量管理、生产制造、支持环境五个分系统组成。并行工程的体系结构如图 4-4 所示。由图 4-4 可见各分系统中其主要工作也都逐层分解，分工明确，这样就可以使不同地区、工厂、车间生产通过人用计算机手段有机地联结起来，形成了“闭环”工程。

三、并行工程中的关键技术

并行工程是一种系统化、集成化的现代设计技术，它以计算机作为主要技术手段，除了通常意义下的 CAD、CAPP、CAM、PDMS（产品数据管理系统，Product Data Management System）等单元技术的应用外，还要着重解决以下一些关键技术问题。

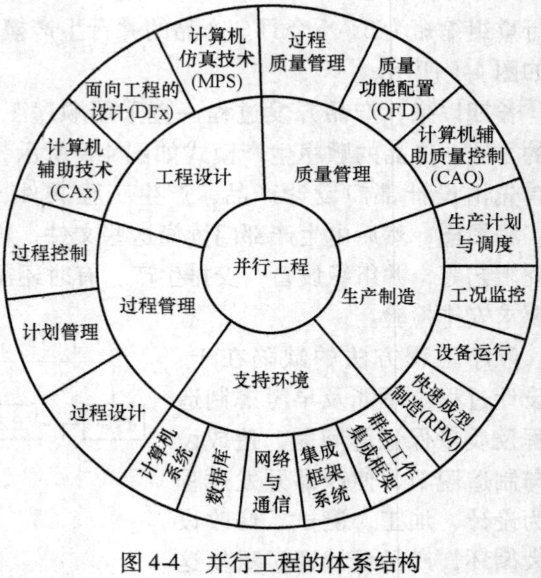

图 4-4　并行工程的体系结构

1. 产品并行开发过程建模及优化

对产品开发过程信息模型的研究始于 20 世纪 60 年代末 70 年代初，当时的术语是“结构分析”，用一套符号及一些规定方法表示出产品开发中的信息流动，提出数据流动图（Data Flow Diagram，DFD）建模技术。美国软件技术公司通过类似的研究，提出了结构功能分析方法，将人员、机械、方法、材料、产品等组成的系统用图形、文字加以表示，建立了结构分析和设计技术（Structural Analysis and Design Technology，SADT）系统，1978 年被美国空军选作支持集成计算机辅助制造（Integration Computer Aided Manufacturing，ICAM）系统的软件技术，以后又在SADT的基础上将其发展成为四类集成计算机辅助制造定义方法（ICAM Definition Technology，IDEF），分别用于含有计算机及软件工程的系统、信息分析、动态分析和过程建模，在工业界得到应用。

2. 支持并行设计的计算机信息系统

根据国外的调查资料，产品开发工程师的全部工作时间中有30%～40%用于信息交流，产品开发过程由串行转变为并行后，对信息交流的直接性、及时性、透明度提出了更高的要求。因此，计算机信息系统是支持并行设计的文体框架，国外文献中介绍的CSCW（Computer Supported Cooperation Work）就是这种信息系统的范例。

3. 模拟仿真技术

并行设计中是通过计算机模拟仿真（当然也可通过快速样模制作）来实现从设计到装配的过程的。例如，通过虚拟制造、虚拟装配、结构有限元计算、产品静动态性能仿真，直至应用虚拟现实技术，让用户“身临其境”地体验产品的各项性能。

4. 产品性能综合评价和决策系统

并行设计作为现代设计方法，其核心准则是“最优化”。在对产品各项性能进行模拟仿真的基础上，要进行产品各项性能，包括可加工性、可装配性、可检验性、易维护性，以及材料成本、加工成本、管理成本的综合评价，评价和决策系统是并行设计系统不可缺少的模块。

5. 并行设计中的管理技术

并行设计系统是一项复杂的人机工程，不仅涉及技术科学，而且还涉及管理科学。目前的企业组织机构是建立在产品开发的串行模式基础上的，并行设计的实施势必导致企业的机构设置、运行方式、管理手段发生较大的改变。

四、并行工程的应用和发展

20世纪90年代，并行工程应用于美国最大民用喷气飞机制造基地波音公司，在波音777大型民用客机的研制中，采用了并行工程；进行了以国际流行的CATIA三维实体造型系统为核心的同构CAD/CAM系统的信息集成，由八台IBM大型主机ES/900—720构成的CATIA集成系统对相距51英里11个地方的2000个IBM5080和5082图形终端设备进行图形处理工作。其研制特点：①全部进行产品数字定义，成为最高水平的空前“无图纸”研制的飞机；②在计算机中建立了电子样机、取消了原型样机；③采用并行工程的群体协同工作，实现了人才集成；④应用三维实体造型系统，使该机在设计时就能充分考虑工艺、制造、材料等下游的各种因素，保证了飞机质量，同时也缩短了近一半的生产时间，争取了市场。

并行工程作为现代制造技术的发展方向，近几年来正在迅速发展，其进一步的研究和发展主要在以下几方面：①并行工程的支持环境是建立在“集成”基础之上的产品生命周期的宏循环，目前正向着理想的方式微循环进军；②并行工程作为一种有生命的哲理越来越多地融合虚拟制造和拟实制造，通常认为并行工程以信息集成为基础，实现产品开发过程的集成与并行，这将为进一步实现企业间集成和企业经营过程重构等的敏捷制造打下基础；③产品数据管理（PDM）是实现并行工程的关键，有待进一步发展；④并行工程作为一种哲理现阶段已成功地用于机械、电子、化工等工程领域，其应用范围尚需进一步扩大，我国863/CIMS主题对此也作出了积极反应，已把并行工程作为重大关键技术攻关项目。事实表明，只有将并行工程、现代切削加工生产技术、先进制造技术等密切结合起来，才能够使得机械制造业达到世界先进水平。

第二节 降低新产品的开发成本——价值工程

花少量的钱就可以买到具有很多功能的产品，这是许多消费者在购买商品的时候经常想到的问题，同时，商家也在努力降低产品的成本，提高经济效益，赢得市场。如何才能达到目的，这些都得从价值工程谈起。

一、价值工程的起源

价值工程（Value Engineering，VE）又称为价值分析，是一门新兴的管理技术，是降低成本提高经济效益的有效方法。1947年，美国工程师麦尔斯创建了价值工程。著名的“石棉事件”就是一个典型的例子。第二次世界大战期间，在汽车装配厂必须采用一种防火、隔热的石棉板，但石棉板短缺而且价格成倍上涨，他分析了石棉板的使用功能是“铺在地上，在产品喷刷涂料时，避免玷污地板和引起火灾”，能否找到一种石棉板的代用品呢？他带着问题，在市场调查中找到了一种价格低、采购容易且不燃烧的纸，用它代替石棉板垫地，同样能起到防火的作用而且还能节约大量的开支。但这一做法却不符合当时美国的《消防法》规定，经过一番周折，终于使官方修改了《消防法》，这才允许使用代用品。麦尔斯通过分析得出：当某种原材料短缺时，只要能满足使用需要，就可以由其他材料代替。

在“石棉事件”的启发下，麦尔斯认为：在产品制造过程中也可以运用这种分析方法来发现问题和解决问题，使产品在相同功能的条件下，找出不必要的费用，然后设法消除这些费用，使成本明显下降，取得较好的经济效果。麦尔斯又把这种思想运用到产品设计中，他又发现：用户（当时美国通用电气公司也可以看成是用户）购买物品（如石棉板）时，不是购买物品本身，而是购买物品的功能，用来满足某种需要（如石棉板和不燃纸同样能满足防止地板玷污和防火的需要），并且用户在购买物品时，希望花钱最少。麦尔斯从研究材料代用开始，大胆创新，逐渐摸索出一套特殊的工作方法，把技术设计与经济分析结合起来考虑问题，用技术与经济价值统一对比的标准来衡量问题。由于他采用了代用材料或在不影响产品原来功能的前提下改变设计，并且可以使产品的成本大大降低，收到了技术上合理、经济上划算的效果，把“以最低的费用向用户提供必需的功能”作为产品设计的依据，这种创造性的工作，对整个公司来说意义颇大，因此公司指定他带领一部分人去进行专门研究。他从研究材料代用到研究产品改革，进而将研究成果在新产品设计中应用，随着范围逐渐扩大而发展成为一项提高功能、降低成本的系统方法。

1947年，麦尔斯初步总结了他多年来在工作实践中摸索和思考材料、设计、功能、费用之间相互关系所获得的经验，在《美国机械师》杂志上发表了《价值分析》的论文，所以学术界就以1947年作为“价值分析”的正式诞生年代。随着活动范围的扩展，价值分析在新产品的设计中也得到推广应用，形成了较为完善的价值工程理论。

二、价值工程的含义

不同的文献对 VE 的定义有不同的描述，但其思想和内涵都是相同的。国家标准《价值工程》（GB/T 8223.1—2009）中将 VE 定义为：VE 是通过项目领域的协作，对所研究对象的功能与费用进行系统分析，不断创新，旨在提高所研究对象价值的思想方法和管理技术。由此可以明确 VE 是一项技术与经济相结合的管理技术；同时它又是一个思想方法，一个不拘泥于形式的思想方法，这两点为价值工程的运用创造了无比广阔的空间。

通过定义可以看出 VE 的特点：

1）以提高价值为目的。简单消减成本并不是 VE 的目标，追求"物美价廉"，提升项目整体价值才是 VE 所追求的。

2）以功能分析为核心，找出并剔除不合理的功能和过剩功能，从而降低成本，提升价值。

3）着眼于寿命周期成本（LCC）。在重视项目建设成本的同时，考虑项目运行期的使用维护成本，通常这部分成本远远高于建设成本。

4）有系统、有组织的研究方法。

实际上，开展 VE 的过程是一个发现问题、分析问题和解决问题的过程。

目前，价值工程已发展成为一门比较完善的管理技术，在实践中已形成了一套科学的实施程序。通常是围绕以下七个合乎逻辑程序的问题展开的：①这是什么？②这是干什么用的？③它的成本多少？④它的价值多少？⑤有其他方法能实现这个功能吗？⑥新的方案成本多少？功能如何？⑦新的方案能满足要求吗？顺序回答和解决这七个问题的过程，就是价值工程的工作程序和步骤，即：选定对象，收集情报资料，进行功能分析，提出改进方案，分析和评价方案，实施方案，评价活动成果。

价值工程中的价值是某种产品（作业或服务）的功能与成本（或费用）的综合反映，是功能与成本的比值，它表明产品（作业或服务）中所含功能的数量（或可满足用户的程度）与支付费用之间的量值关系，用数学比例式表达就是：

$$价值 = 功能/成本$$

价值工程关于价值的概念为综合评价产品（作业或服务）的功能与成本提供了科学的标准。价值工程观点认为，按照用户的需要，能够以最低的成本，提供必要功能的产品（作业或服务），其价值最大。这与人们日常生活中应用的"价值"很相近，如某人做了一件事，别人认为这件事有"很大价值"或"毫无价值"，这些"价值"也就是类似价值工程中所研究的价值。因此，价值工程活动中的"价值"是以事物的效用和得到这种效用时投入资源的比值来评价事物的有益程度。

三、价值工程的应用

价值工程虽然起源于材料和代用品的研究，但这一原理很快就扩散到各个领域。由于国际市场的扩大和科学技术的发展，企业之间的竞争日益激烈，而价值工程的经济效果又十分明显，因而价值工程在企业界得到迅速发展。

20 世纪 50 年代，美国福特汽车公司竞争不过通用汽车公司，面临着破产倒闭的危险，麦克纳马拉组成一个班子，大力开展价值工程活动，使福特汽车公司很快就扭亏为盈，因而麦克纳马拉也就成为福特汽车公司第一个非福特家族成员的高层人士。在军工企业大力推广价值工程之时，民用产品也在自发地应用价值工程，例如，在美国内政部垦荒局系统、建筑施工系统、邮政科研工程系统、卫生系统等都得到广泛应用。

1955 年，日本派出一个成本管理考察团到美国，了解到价值工程十分有效就引进采用。1960 年，价值工程首先在日本的物资和采购部门得到应用，而后又发展到老产品更新、新产品设计、系统分析等方面。1965 年，日本成立了价值工程师协会（SJVE），价值工程得到了迅速推广。价值工程在传入日本后，又传到了西欧、东欧、原西德、前苏联等一些国家，他们有的还制定了关于价值工程的国家标准，成立了价值工程或价值分析的学会或协会。

价值工程自 1978 年引入我国后，很快就引起了科技教育界的重视。在政府技术经济部门和企业界推广应用价值工程，也都得到不同程度的发展并收到显著成效。

第三节　保护生态环境——绿色设计与制造

在人类跨入 21 世纪的今天，资源、环境、人口是人类社会面临的三大主要问题。在微电子技术、大规模集成电子技术和制造业相结合，使制造业蓬勃发展的同时，却产生了对能源和原材料的巨大需求及对生态环境的严重影响，使得全世界的技术人员和环保人士都在全力解决此类问题——最优化地利用资源和最低限度地产生废弃物。

20 世纪 90 年代初期，在围绕发展经济的同时，以如何节约资源、有效利用能源和保护环境为主题而提出了一种新的设计概念和方法——绿色设计与制造。制造业是制造人类财富的支柱产业，同时又是环境污染的主要源头之一，绿色设计与绿色制造就是为消除和避免制造业经济恶性发展的后果，寻求新的发展战略而提出的新概念。当今，绿色制造与绿色设计被认为是实现可持续发展的有效途径之一，已成为现代设计技术的研究热点和主要内容。

一、绿色设计与制造的概念

在传统的机械制造工业产品设计过程中，设计人员主要根据产品性能、质量和成本要求等指标进行设计，其设计指导原则是能经济、方便地制造满足使用要求的、市场需求的产品，设计过程对产品的维护性、拆卸性、回收性、淘汰废弃产品的处理以及对生态环境的影响考虑较少，或是将这些内容分别在产品整个寿命周期的不同阶段进行独立设计和考虑。这样生产制造出来的产品，在其使用寿命结束后，由于缺乏必要的拆卸和回收性能，回收利用率低，其中的有毒、有害物质会对生态环境造成严重污染，影响人类的生活质量和生态环境，并造成资源、能源的大量浪费，影响经济发展的持续性。

由于环境问题的日益严重，迫使人们对环境问题的研究越来越重视。1972 年在斯德哥尔摩召开的联合国人类环境会议和 1992 年在里约热内卢召开的联合国环境发展大会，是人类环境保护史上的两座里程碑。目前，环境问题已由少数专家关心的技术问题转变为全人类共同关注的经济社会问题，当今社会面临的重大挑战是如何使经济发展与环境保护有机地结合起来，从而能促进建立一个可持续发展的社会。

绿色设计（Green Design）是“可持续生产”设计，是实现清洁化生产和生产出绿色产品的设计手段。近年来，围绕生态环境问题，人们提出了“既满足当代人的需求，又不对子孙后代构成危害”的可持续发展战略。可持续发展战略将生态环境与经济发展联结为一个互为因果的有机整体，认为经济发展要考虑到自然生态环境的长期承载能力，使环境和资源既能满足经济发展的需要，又使其作为人类生存的要素之一而直接满足人类长远生存的需要，从而形成一种综合性的发展战略。

绿色制造（Green Manufacturing）是一个综合考虑环境影响和资源效率的现代制造模式，其目标是使产品在设计、制造、包装、运输、使用到报废处理的整个产品生命周期中，对环境的负面影响最小，资源使用效率最高，并使企业经济效益和社会效益协调优化。从产品的寿命循环周期整体角度出发，在产品概念设计中运用并行工程的原理，在保证产品功能、质量和成本等基本性能情况下，充分考虑产品寿命循环周期各个环节中的资源、能源的合理利用，环境保护和劳动保护等问题。

总之，绿色设计与制造是一个综合了面向对象技术、并行工程、寿命周期设计的一种发展中的系统设计方法，是集产品的质量、功能、寿命和环境于一体的设计系统。

二、绿色设计与制造的结构体系

绿色设计的结构如图 4-5 所示。

1. 绿色设计

在实施绿色制造过程中，绿色设计是关键，它决定了产品生命周期 80% ~90% 的消耗。在产品全生命周期内，绿色设计着重考虑产品的环境属性——可拆卸性、可回收性、可维护性、可重复利用性等，从而达到缩短新产品上市时间、提高产品质量、降低成本、改进服务、加强环境保护意识，并将其作为设计目标。因此绿色设计又称为面向环境的设计（Design For Environment，DFE）。

人们提出的绿色设计与绿色制造发展体系，其中关键是绿色产品设计评价体系的完善，对产品在设计、制造、包装、运输、使用、报废整个生命周期中每一个环节对环境影响作出评价，并且要在整个生命周期中、集成环境下建立绿色产品的评价体系。同时，要研究开发先进制造技术，以及与之相匹配的先进制造模式，大力开发低污染、低能耗、无公害的生产工艺与最终产品。

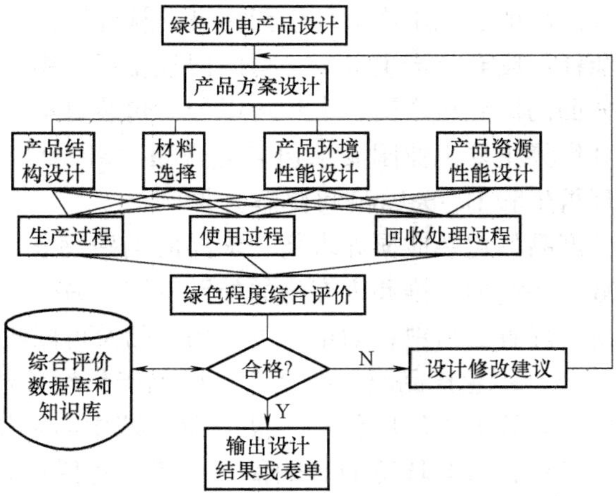

图 4-5 绿色设计的结构

绿色产品设计包括以下主要内容：

（1）绿色材料及其选择 绿色设计要求产品设计人员要改变现有设计中只注重技术性能和经济性能的材料选择思路，而要将环境因素融入到设计开发之中，必须了解材料对环境的影响。绿色材料是指在满足一般功能要求的前提下，具有良好的环境兼容性的材料。绿色材料在制备、使用以及用后处置等生命周期的各阶段，具有最大的资源利用率和最小的环境影响。

绿色材料选择的三个原则：①优先选用可再生材料，尽量选用回收材料；②尽量选用低能耗、少污染的材料；③尽量选择环境兼容性好的材料及零部件，避免选用有毒、有害和有辐射特性的材料；④所用材料应易于再利用、回收、再制造或易于降解。

(2) 产品可回收性设计(Design For Recycling, DFR) 减少环境污染和节省自然资源是绿色设计的根本目标，而合理的回收和再生利用无疑有利于这一目标的实现。绿色设计要求产品在初期设计时就考虑其零件回收及再生的可能性，即在其他新产品中，可以利用使用过的或废弃产品中的零部件及材料。针对零部件的再使用和材料的再使用提出了几种设计策略：①可回收材料及其标志；②可回收工艺与方法；③可回收经济评估；④可回收性结构设计。面向回收的设计思想，使产品设计师能考虑产品生命周期的全过程，既减少了对环境的影响，又使资源得到充分利用，同时还明显降低了产品成本。

(3) 产品的可拆卸性设计(Design For Disassembly, DFD) 它研究如何设计产品才能高效率、低成本地进行组件、零件的拆卸以及材料的分类拆卸，以便重新使用及回收，是绿色产品设计的主要内容之一，也是绿色产品设计中研究比较早而且比较系统的一种方法。它要求在产品设计的初级阶段就将可拆卸性作为结构设计的一个评价准则，使所设计的结构易于拆卸，从而维护方便。并可在产品报废后对可重用部分，充分有效地回收和重用，以达到节约资源和能源、保护环境的目的。可拆卸性设计的主要策略有：①减少拆卸的工作量；②可预测的产品构造；③易于拆卸；④易于分离；⑤减少零件的多样性。良好的可拆卸性是产品维护性好，零件材料可回收、可再生的重要保证，只有良好的拆卸性才能实现完全的材料回收和可能的零部件再利用，从而达到节省成本，减少污染，保护环境的目的。

(4) 绿色包装 为了减少产品在运输、销售过程中对环境造成的污染，应尽量采用“绿色包装”，绿色包装已成为产品整体绿色特性的一个重要内容。“绿色包装”是指从原材料到产品的加工生产对环境无污染，从环境保护的角度来说，应优化产品包装方案，使得资源消耗和废弃物产生最少，可以回收循环使用或者再生利用，可在大自然中自行降解。目前这方面的研究很广泛，大致可以分为包装材料、包装结构和包装废弃物回收处理三个方面。当今世界主要工业国要求包装应遵循“3R1D”(Reduce 减量化、Reuse 回收重用、Recycle 循环再生和 Degradable 可降解)原则。

产品的包装应摒弃求新、求异的消费理念，简化包装，这样既可减少资源的浪费，又可减少环境的污染和废弃物的处置费用。另外，产品包装应尽量选择无毒、无公害、可回收或易于降解的材料；如纸、可复用产品及可回收材料(如聚苯乙烯产品)等。

(5) 绿色产品设计数据库 绿色产品设计数据库对绿色产品的设计过程起着举足轻重的作用。该数据库应包括产品寿命周期中与环境、经济等有关的一切数据，例如，材料成分，各种材料对环境的影响值，材料自然降解周期、人工降解时间、费用，制造装配、销售、使用过程中所产生的附加物数量及对环境的影响值，环境评估准则所需的各种判断标准等。

2. 绿色制造

传统制造和绿色制造的最大区别，就是传统制造只是根据市场信息设计生产和销售产品，而其余就考虑得较少。产品在制造过程中会产生各种固体的、液体的或气体的排放物以及电磁辐射等污染，如何合理地处理这些环境影响因素，以减轻其环境污染性，应在设计阶段就要从工艺实现方法上予以考虑。对此，绿色制造通过绿色生产过程(绿色设计、绿色材料、绿色设备、绿色工艺、绿色包装、绿色管理)生产出绿色产品，产品使用完以后再通过绿色处理加以回收利用。采用绿色制造能最大限度地减少对环境的负面影响，同时原材料和能源的利用效率能达到最高。目前已经颁布的ISO9000系列国际质量标准和ISO14000国际环保标准更为绿色制造提供了广阔的应用空间，一场“绿色革命”已经来到，如何去迎接21世纪的制造业——绿色制造是每个机械行业技术人员所亟待解决的课题。应根据产品绿色设计目标重新设计生产系统，采用环保技术改造工艺设备，积极推进清洁生产技术，不断设计、开发新的绿色工艺方法。

产品的绿色制造主要包括：①提供宜人的工作环境，有利员工的身心健康，减少安全事故的发生；②建设绿色供应链，重点搞好绿色采购、绿色供应分承包方的选择、运输损耗控制、库存和包装材料循环再利用等；③以ERP为基础的现代物流管理，重点是物流业务重组，合理调配并优化资金流、物质流和信息流；④按设计确定的绿色工艺和设备进行加工，重点控制加工过程中的废水、废气、废渣、尘埃和固体废弃物的产生，治理噪声和防止辐射。在加工过程中的零件绿色工艺主要包括加工顺序工艺优化，加工参数、切削刀具、切削液、润滑剂的使用，加工质量、热处理、金属成形（铸造、熔炼）中的清洁工艺以及环境评估。

保护环境的义务、满足绿色消费者的需求和遵守法规的责任促使制造业加快了应用绿色设计及绿色制造技术的速度，绿色设计及制造已成为制造企业的唯一选择。

三、绿色设计与绿色制造的发展趋势

未来的绿色设计和绿色制造将趋于向全球化、社会化、集成化、并行化、智能化、产业化方向发展。

1. 社会支撑系统将逐步形成

绿色设计与绿色制造需要全社会的共同努力和参与。绿色设计与绿色制造的社会支撑系统首先是立法和行政规定问题。利用相关法律和行政规定对绿色制造形成有力的支持，对相反行为做出适度惩罚；其次，政府可制定经济政策，用市场机制引导绿色制造的实施。例如，制定有效的资源价格政策，利用经济手段对不可再生资源的消耗严加控制等。

2. 全球化特征和趋势日益明显

制造业对环境的影响往往是超越空间的，保护地球是人类的共同责任。随着世界经济的一体化，绿色产品的市场竞争将在全球范围展开。近年来，许多国家对进口产品要进行绿色认证，绿色制造将为企业提高产品的绿色水平提供技术手段，为企业进入国际市场提供有力的支撑。

3. 集成系统技术将有较大发展

要真正有效地实施绿色制造，必须从系统的角度和集成的角度来考虑和研究绿色制造中的有关问题。当前，产品和工艺设计与材料选择系统的集成、用户需求与产品使用的集成、绿色制造系统中的信息集成、绿色制造的过程集成等集成技术的研究已成为重要研究内容。

4. 绿色并行工程将成为绿色产品开发有效模式

绿色并行工程是现代绿色产品设计和开发的新模式。它以集成的、并行的方式设计产品及其生命周期全过程，力求使产品开发人员在设计开始就考虑到产品整个生命周期中从概念形成到产品报废处理的所有因素，如质量、成本、用户要求、环境影响、资源消耗状况等。

5. 人工智能支撑技术的应用

绿色制造决策目标体系的优化是难以用一般数学方法处理的十分复杂的多目标优化问题，需要用人工智能方法来支撑处理。另外，绿色产品评估指标体系及评估专家系统，均需要人工智能和智能制造技术。因此，基于知识系统、模糊系统和神经网络等人工智能技术将在绿色制造中起到重要作用。

第四节　提高产品的可信度——可靠性设计

在工业、军事和日常生活的许多方面，可靠的系统对在各种条件下完成任务来说都是极其重要的。可靠性问题和人身安全、经济效益密切相关。例如，导弹武器系统是由导弹和地面设备的若干个分系统组成的，每个分系统又由数台整机组成，每台整机又由几百或几千个元器件组成。如果一个元件失效，一根导线断掉，一个接头接点接触不良，都可能造成事故，引起严重后果。1986 年 1 月 28 日，美国“挑战者”号航天飞机在上升后 73 秒，突然发生爆炸，酿成了一场惨祸。这次太空事故为航天飞机继续飞行罩上了一层浓重的阴影。“挑战者”号爆炸情形如图 4-6 所示。对打捞收集的“挑战者”号残骸碎片经过调查分析，最后确定“挑战者”号爆炸是由于右侧固体火箭助推器连接处因设计上的缺陷和气温过低，O 形密封垫圈失效所致。后来科学家们对所有航天飞机进行了全面的检查，采取了改进措施，提高了航天飞机的可靠程度。两年后，美国航天飞机才开始恢复飞行。可见在当今复杂的系统里，可靠性变得格外重要。

图 4-6　“挑战者”号爆炸情形

一、可靠性的定义

可靠性（Reliability Design）是一门新兴的工程学科，是保证机械及其零部件满足给定的可靠性指标的一种机械设计方法。可靠性工程源于 20 世纪 40 年代末，并首先应用于通信和运输领域，近年来，世界各发达国家已把可靠性技术和全面质量管理紧密地结合起来，有力地提高了产品可靠性水平。

有关可靠性的定义的表述有多种，归纳起来应用较普遍且具有代表性的表述有：

1. 广义可靠性与狭义可靠性

系统、机器、零部件等一般随着使用时间的增长会发生故障或损坏。当发生故障时，一般有两种处置方式，即废弃或修复故障以恢复功能继续使用。针对废弃的不可修零部件而言，它们的可靠性称为狭义可靠性；而后一种可修系统、机器的可靠性称为广义可靠性，它除考虑狭义可靠性外还要考虑发生故障后修理的难易程度即维修性。狭义可靠性、维修性和广义可靠性三者之间存在下述关系，即：

狭义可靠性 + 维修性 = 广义可靠性

上述两种定义的表述中，我国与欧美等国家多采用第一种表述，而日本等国家则采用第二种表述。两种表述在文字上不同，但其实质性含义是一致的，在定义中包含了可靠性的对象、规定的功能、规定的条件、规定的时间四大要素。

2. 固有可靠性和使用可靠性

通过设计、制造形成的系统、零部件等的可靠性称为固有可靠性，而系统等在广义使用条件的作用下，保证固有可靠性的发挥程度称为使用可靠性，两者的关系为：

固有可靠性≥使用可靠性

在使用中，固有可靠性与使用可靠性的综合，则形成了系统的工作可靠性。

二、机械可靠性的设计方法

机械可靠性一般可分为结构可靠性和机构可靠性。结构可靠性主要考虑机械结构的强度以及由于载荷的影响使之疲劳、磨损、断裂等引起的失效；机构可靠性主要考虑的不是强度问题引起的失效，而是考虑机构在动作过程由于运动学问题而引起的故障。

机械可靠性设计可分为定性可靠性设计和定量可靠性设计。所谓定性可靠性设计就是在进行故障模式影响及危害性分析的基础上，有针对性地应用成功的设计经验使所设计的产品达到可靠的目的。所谓定量可靠性设计就是在充分掌握所设计零件的强度分布和应力分布以及各种设计参数的随机性基础上，通过建立隐式极限状态函数或显式极限状态函数的关系，设计出满足规定可靠性要求的产品。

机械可靠性设计是目前开展可靠性设计的一种最直接的有效方法，无论结构可靠性设计还是机构可靠性设计都是大量采用的可靠性设计的常用方法。可靠性定量设计虽然可以按照可靠性指标设计出满足要求的恰如其分的零件，但由于材料的强度分布和载荷分布的具体数据目前还很缺乏，加之其中要考虑的因素很多，从而限制其推广应用，一般只在关键或重要零部件的设计时采用。

机械可靠性设计由于产品的不同和构成的差异，可以采用的可靠性设计的主要方法有：

1. 预防故障设计

机械产品一般属于串联系统。由几个部分有机地组成的机械或部件等，均可看成一个系统。系统中任一部分失效，系统就失效者称为串联系统，例如，由联轴器，轴承、蜗杆蜗轮组成的传动系统，其中任一部分失效该系统就失效。设系统中各部分的可靠度分别为 R_1，R_2，…，R_n，则串联系统的可靠度为 $R_s = R_1 \cdot R_2 \cdots R_n$。

要提高整机可靠性，首先应从零部件的严格选择和控制做起。例如，优先选用标准件和通用件；选用经过使用分析验证的可靠的零部件；严格按标准选择及对外购件的控制；充分运用故障分析的成果，采用成熟的经验或经分析试验验证后的方案。

2. 降额设计和安全裕度设计

降额设计是使零部件的使用应力低于其额定应力的一种设计方法。降额设计可以通过降低零件承受的应力或提高零件的强度的方法来实现。工程经验证明，大多数机械零件在低于额定承载应力条件下工作时，其故障率较低，可靠性较高。为了找到最佳降额值，需做大量的试验研究。当机械零部件的载荷应力以及承受这些应力的具体零部件的强度在某一范围内呈不确定分布时，可以采用提高平均强度（如通过加大安全系数实现）、降低平均应力，减少应力变化（如通过对使用条件的限制实现）和减少强度变化（如合理选择工艺方法，严格控制整个加工过程，或通过检验或试验剔除不合格的零件）等方法来提高可靠性。对于涉及安全的重要零部件，还可以采用极限设计方法，以保证其在最恶劣的极限状态下也不会发生故障。

3. 健壮性设计

健壮性设计最有代表性的方法是日本田口玄一博士创立的田口方法，即所谓的一个产品的设计应由系统设计、参数设计和容差设计的三次设计来完成，这是一种在设计过程中充分考虑影响其可靠性的内外干扰而进行的一种优化设计。这种方法已被美国空军制定 RM2000 年中作为一种抗变异设计以及提高可靠性的有效方法。

4. 耐环境设计

耐环境设计是在设计时就考虑到产品在整个寿命周期内可能遇到的各种环境影响，例如，装配、运输时的冲击、振动影响，储存时的温度、湿度、霉菌等影响，使用时的气候、沙尘振动等影响。因此，必须慎重选择设计方案，采取必要的保护措施，减少或消除有害环境的影响。

5. 人机工程设计

人机工程设计的目的是为了减少使用中的人为差错，发挥人和机器各自的特点以提高机械产品的可靠性。当然，人为差错除了人自身的原因外，操纵台、控制及操纵环境等也与人的误操作有密切的关系。因此，人机工程设计是要保证系统向人传达的可靠性。例如，指示系统不仅显示器要可靠，而且显示的方式、显示器的配置等都应使人易于无误地接受；二是控制、操纵系统可靠，不仅仪器及机械有满意的精度，而且适于人的使用习惯，便于识别操作，不易出错，与安全有关的，更应有预防误操作设计；三是设计的操作环境尽量适合于人的工作需要，减少引起疲劳、干扰操作的因素，包括温度、湿度、气压、光线、色彩、噪声、振动、沙尘、空间等。

6. 模拟方法设计

随着计算机技术的发展，模拟方法日趋完善，它不但可用于机械零件的可靠性定量设计，也可用于系统的可靠性定量设计。

当然，机械可靠性设计的方法绝不能离开传统的机械设计和其他的一些优化设计方法，如机械计算机辅助设计、有限元分析等。

第五节　产品与环境的整体和谐——工业设计

从原始的器物造型到现代工业产品的造型，人们都是按照不同时期的技术条件、生活水平和审美观点创造各类不同的生产、生活用品的。在现代化工业社会里，随着社会物质生活和文化生活水平的不断提高，人们对这些产品的要求也越来越高。无论是结构性能所表现的实用性，还是外观形态所表现的艺术性，都是衡量产品价值的主要方面。

今天，工业产品已经深入到人们生活、工作、生产、劳动的每一个角落，从家庭日用品、家用电器、服装、家具到各类生产设备、仪器仪表、办公用品以及公共环境中的各类交通工具、公共设施等，都涉及工业产品造型设计。所以，工业产品造型设计具有非常广泛的社会性，它直接影响和决定人类生活、生产方式，是人类社会生活中不可缺少的重要组成部分。

一、工业设计的产生

工业设计（Industrial Design）是现代科学技术与人类文化艺术相结合、以现代化工业生产为基础的一门新兴实用学科。它作为一种现代设计方法，已成为关系到人们生活、工作、生产、劳动等多方面的重要设计活动之一。在国际上，工业设计这门学科从探索、酝酿到蓬勃发展，继而形成专门的社会分工，已经走过了一百多年的历程。

工业设计起源于欧洲，产生于18世纪末。在当时的欧洲，由于一系列纺织机具的发明与蒸汽机的广泛运用，使得自18世纪中叶以来发展起来的工业革命达到了高潮，传统手工艺生产方式的终结，机械化、批量化的大生产方式促进了社会化大分工，大机器生产逐步取代了手工业生产，使得原始的生产工具和生产方式都发生了根本的变革。随着劳动分工越来越明确、越来越专业化的加速，导致了许多产品的粗制滥造，工业产品失去了那种人工加工的痕迹，使人的生理、心理难以适应，加工工艺的简单及艺术与科学的分道扬镳加剧了这一时期工业制品的粗陋。在这种情况下，人们必须寻找新的途径解决人与机器、人与产品、技术与艺术之间的矛盾。英国诗人兼美术设计家、社会活动家，近代设计运动的开拓者——莫里斯领导了“艺术与手工艺运动”，旨在解决产品技术与艺术之间的矛盾。为此，工业设计便应运而生了，它历经了莫里斯与手工艺运动、新艺术与德国工业同盟以及德国的包豪斯运动近一个多世纪的历史进程，到今天已初步形成了一个较完整的设计体系。

1957年，总部设在比利时首都布鲁塞尔的国际工业设计学会联合会（ICSID），对“工业设计”这一概念做了定义，以后进行了多次修订。1980年ICSID在巴黎举行的第11次年会上公布了修订后的工业设计定义为：“就批量生产的工业产品而言，凭借训练、技术知识、经验及视觉感受而赋予材料、结构、构造、形态、色彩、表面加工以及装饰以新的品质和规格，称为工业设计。根据当时的具体情况，工业设计师应在上述工业产品的全部侧面或其中几个方面进行工作，而且，当需要工业设计师对包装、宣传、展示、市场开发等问题的解决付出自己的技术知识和经验以及视觉评价能力时，也属于工业设计的范畴。”根据这个定义，几乎一切机械化批量生产的工业产品以及为推广这些产品而进行的一切活动，都属于工业设计的范畴。工业设计的宗旨是“为人类创造更合理的生存方式”，即以人为本。

二、产品造型设计

产品造型设计是工业设计的核心内容。一般地讲，产品造型设计与产品的结构设计不同，它主要是研究、处理人与产品的关系。实现工业设计为人类创造更合理的生存方式这一根本目标，是通过具体的产品造型设计过程并由产品本身的综合质量来体现的。因此，产品造型设计是运用工业设计的新观念、新理论和新方法去设计和创造现代工业产品的具体实践过程。这里需要特别强调，“造型”的概念不是单纯的外形设计而是一种更广泛的设计与创造活动，它不仅包括产品形态的艺术性设计，而且包括与实现产品形态及实现产品规定功能有关的材料、结构、构造、工艺等方面的技术性设计。在整个设计过程中，产品形态、结构、材料、工艺与使用功能的统一，与人的心理、生理相协调，始终是研究和解决的主要内容。

产品造型设计是工程技术与美学艺术相结合的一种现代设计方法。它不同于传统的工程设计，因为它在充分考虑产品结构性能指标的同时，还须充分考虑产品与社会、产品与人的生理和心理相关的文化要素；它又不同于一般的艺术设计，因为它在强调产品形态艺术性的同时，还必须强调产品形态与功能，产品形态与材料、结构、工艺相统一而产生的实用价值。所以，产品造型设计是一门综合性学科，是现代工业、现代科技和现代文化发展到一定阶段的必然产物。

三、工业设计的特征与作用

工业设计概念狭义上是指工业产品的造型设计，但在广义上，它则包括三大方面的内容：工业设计 ID（Industrial Design）、视觉传达设计 VD（Visual Communication Design）、环境设计 ED（Environmental Design），这三大内容涉及的具体设计范围主要有：产品造型设计、广告招贴设计、字体版式设计、插图书装设计、商标标志设计、展示设计、公共环境艺术设计和室内外装饰设计等。工业设计是技术与艺术在一定时代里的完美融合，其特征展现为艺术的美感与功能的技术性的结合。从日常生活用品的形态中人们不难看出，所有物品除了其所包含的艺术特征外，它们明显的实用功能更是人们关注的内容。工业设计的范畴由“人—物—环境—社会”所构筑，工业设计是技术与艺术沟通的桥梁，旨在通过科学与艺术的综合作用创造出具有内在与外在美的产品，实现现代高质量生活的目标。

实用功能是工业设计的主要目的，造型设计要和实用功能及性能相结合，使产品的形态有利于其各项功能的发挥。不应脱离产品的功能单纯追求形式美而陷入形式主义，但也不应把“功能第一，形式第二”的功能主义推向极端，忽视产品的精神功能。

审美是人的一种心理需求，工业产品必须有美的外观。工业设计必须赋予产品具有新技术、新时代特征的整体艺术形象，而不是简单的装饰、点缀；和谐是基本的审美要求之一，必须注意产品和使用环境在形式上的协调。除形式外，产品的美感还要通过其功能、材质和结构加以体现，形成产品的功能美、材质美、结构美和形式美。

物质技术条件是工业设计的基础，工业产品的设计，必须符合当代先进的工业生产水平。通过合理选取材料及结构，采用先进的加工工艺，做到以最少的财力、物力、人力和时间，取得最大的社会、经济效益，这就要求造型设计必须有利于机械化、标准化的大批量生产，有利于自动化操作和管理，有利于降低材料和能源消耗，有利于产品的包装、运输、销售、使用、维修、储存等各个流通环节。

由此可见，工业设计应体现的原则是：实用、经济、美观，且三者要有机地结合起来，使其在设计、生产过程中协调一致。

由于工业设计与社会生产企业有着直接关系，所以它也将促进企业中的革新与创造，促进新科研成果与技术及时向产品和商品的转化，增强产品的市场竞争力，提高企业的经济效益。

随着计算机的出现，使得人类为自身的服务进入一个崭新的设计领域，新材料、新技术、新工艺的发明和产生，使产品造型设计的各种可能性得以实现。也正是对先进的科技成果的广泛应用，才使得许多基础科学很快产生了实用价值，加强了科学研究与生产实际之间的联系，因此工业产品造型设计的水平也是当代科技水平的具体体现。反过来讲，设计上脱颖而出的先进产品也促使新技术、新材料和新工艺的研究与开发。

社会文化的变迁、科学技术的进步与艺术风格的流行、变化是影响现代设计发展方向的最直接也是最根本的因素。当今，电子计算机、生物工程、材料科学与新的能源探索已成为世界范围内研究的热门，它们理所当然地引起了设计师们的足够兴趣，因为这些新技术的飞速发展，已经诱导了新生活方式的大量涌现，市场、时尚是它们的表征。对此抱有敏锐反应的设计师不仅是生活时尚的实施者，也是这类现实的促成者。他们追循着时代的脉搏，努力引导着生活的时尚向着健康、理性的方向迈进。

第五章　传统制造技术

机械加工技术通常是指切削和磨削加工技术。随着科学技术的发展与进步，尽管在过去的几十年里，不断出现了许多新的加工方法，如电物理加工、电化学加工、激光束和离子束加工、精密铸造和精密锻造成型加工方法等，并且得到了较广泛的应用和发展，但是切削和磨削加工迄今为止仍是机械制造中应用最多、最广、最为主要的加工方法。据专家估计，机械制造中约有30% ~40%工作量是切削和磨削加工，对于尺寸和形状的配合精度要求越高的零件（在微米内），就更必须经过切削和磨削加工来完成，至今还没有比这更好的加工方法。因此，重视切削和磨削加工技术的研究，不断提高切削和磨削加工技术水平，对提高一个国家的机械制造技术水平和机电产品的性能、质量及市场竞争力具有十分重要的意义，所以切削和磨削加工技术理所当然地受到了所有工业发达国家，如美、德、日、英等国的极大重视。

本章主要介绍切削加工技术以及切削加工所用的装备，从它们的历史、发展、功能等多方面进行简要说明。

第一节　切 削 加 工

作为机械加工的一种重要方法，金属切削加工具有相当悠久的历史，而且在可以预见的未来，这种用于金属的加工方法都是不可替代的。

一、切削加工的概念

切削加工是用切削工具，把坯料或工件上多余的材料层切去，使工件获得规定的几何形状、尺寸和表面质量的加工方法。

任何切削加工都必须具备三个基本条件：切削刀具、工件和切削运动。切削刀具应有刃口，其材质必须比工件坚硬；不同的刀具结构和切削运动形式构成不同的切削方法。用刃形和刃数都固定的刀具进行切削的方法有车削、钻削、镗削、铣削、刨削、拉削和锯切等；用刃形和刃数都不固定的磨具或磨料进行切削的方法有磨削、研磨、珩磨和抛光等。工件通常指被加工零件，它的形状通常由基本几何表面，如平面、圆柱面、圆锥面、螺旋面及各种成形面等组成。切削运动是指在金属切削机床上切削工件时，刀具与工件之间的相对运动。

切削加工是机械制造中最主要的加工方法。虽然毛坯制造精度不断提高，精铸、精锻、挤压、粉末冶金等少切削、无切削的加工工艺应用日益广泛，但由于切削加工的适应范围广，且能达到很高的精度和很低的表面粗糙度值，在机械制造工艺中仍占有重要地位。

二、切削加工的历史

切削加工的历史可追溯到原始人创造石劈、骨钻等劳动工具的旧石器时代。在中国早在商代中期（公元前13世纪），就已能用研磨的方法加工铜镜；商代晚期（公元前12世纪），曾用青铜钻头在卜骨上钻孔；西汉时期（公元前206年—公元23年），就已使用杆钻和管钻，用加砂研磨的方法在“金缕玉衣”的4000多块坚硬的玉片上，钻了18000多个直径1～2mm的孔。

17世纪中叶，中国开始利用畜力代替人力驱动刀具进行切削加工。例如，公元1668年，曾在畜力驱动的装置上，用多齿刀具铣削天文仪上直径达2丈（古丈）的大铜环，然后再用磨石进行精加工。畜力驱动铣削大铜环如图5-1所示。

18世纪后半叶，英国工业革命开始后，由于蒸汽机和近代机床的发明，切削加工开始用蒸汽机作为动力；到19世纪70年代，切削加工又开始使用电力。

对金属切削原理的研究始于19世纪50年代，对磨削原理的研究始于19世纪80年代，此后各种新的刀具材料相继出现。19世纪末出现的高速钢刀具，使刀具最大切削速度比碳素工具钢和合金工具钢刀具提高2倍以上，达到25m/min左右；1923年出现的硬质合金刀具，使切削速度比高速钢刀具又提高2倍左右；20世纪30年代以后出现的金属陶瓷和超硬材料（人造金刚石和立方氮化硼），进一步提高了切削速度和加工精度。

图5-1　畜力驱动铣削大铜环

1—刀具　2—工件（铜环）

随着机床和刀具的不断发展，切削加工的精度、效率和自动化程度不断提高，应用范围也日益扩大，从而大大促进了现代机械制造业的发展。

三、切削加工的分类

金属材料的切削加工有许多分类方法，常见的有：按工艺特征、按材料切除率和加工精度、按表面成型方法三种。

1. 按工艺特征分类

切削加工的工艺特征决定于切削工具的结构，以及切削工具与工件的相对运动形式。因此按工艺特征，切削加工一般可分为：车削、铣削、钻削、镗削、铰削、刨削、插削、拉削、锯切、磨削、研磨、珩磨、超精加工、抛光、齿轮加工、蜗轮加工、螺纹加工、超精密加工、人工刮削等。

2. 按材料切除率和加工精度分类

按材料切除率和加工精度，切削加工可分为粗加工、半精加工、精加工、精整加工、修饰加工、超精密加工等。

粗加工是用大的切削深度，经一次或少数几次进给，从工件上切去大部分或全部加工余量的加工方法，如粗车、粗刨、粗铣、钻削和锯切等。粗加工效率高但精度较低，一般用作预先加工。半精加工一般作为粗加工与精加工之间的中间工序；精加工是用精细切削的方式，使加工表面达到较高的精度和表面质量，如精车、精刨、精铰、精磨等，精加工一般是最终加工。

精整加工是在精加工后进行，其目的是为了获得更小的表面粗糙度值，并稍微提高精度，精整加工的加工余量小，如珩磨、研磨、超精磨削和超精加工等；修饰加工的目的是为了减小表面粗糙度值，以提高防蚀、防尘性能和改善外观，但并不要求提高精度，如抛光、砂光等；超精密加工主要用于航天、激光、电子、核能等某些特别精密零件的加工，其精度高达 IT4 以上，如镜面车削、镜面磨削、软磨粒机械化学抛光等。

3. 按表面成形方法分类

切削加工时，工件的已加工表面是依靠切削工具和工件作相对运动来获得的。按表面成形方法切削加工可分为刀尖轨迹法、成形刀具法、展成法三类。

刀尖轨迹法是依靠刀尖相对于工件表面的运动轨迹，来获得工件所要求的表面几何形状的加工方法，如车削外圆、刨削平面、磨削外圆、用靠模车削成形面等。刀尖的运动轨迹取决于机床所提供的切削工具与工件的相对运动。

成形刀具法简称成形法，是用与工件的最终表面轮廓相匹配的成形刀具，或成形砂轮等加工出成形面，如成形车削、成形铣削和成形磨削等，由于成形刀具的制造比较困难，因此一般只用于加工短的成形面。

展成法又称滚切法，是加工时切削工具与工件作相对展成运动的加工方法。刀具和工件的瞬心线相互作纯滚动，两者之间保持确定的速比关系，所获得加工表面就是刀刃在这种运动中的包络面。齿轮加工中的滚齿、插齿、剃齿、珩齿和磨齿等均属展成法加工。有些切削加工兼有刀尖轨迹法和成形刀具法的特点，如车削螺纹。

四、切削加工质量

切削加工质量主要是指工件的加工精度和表面质量，包括表面粗糙度、残留应力和表面硬化。

近 200 年来，随着产品性能的不断提高和技术的进步，切削加工的加工精度和表面质量也不断提高。

1770 年制成第一台蒸汽机气缸用的镗床，所能达到的制造精度仅为 1mm。以后陆续出现了汽油发动机，柴油发动机，高速齿轮，轴承；第二次世界大战后，喷汽发动机、导弹、卫星相继发展。零件制造精度迅速提高。目前，圆度仪上的标准球，其机床加工精度为 0.01μm，加工表面的粗糙度值也不断降低，高精度外圆磨床加工精度可达 0.1μm，工件表面粗糙度值达 Ra0.012μm。金属材料的发展与产品发展也密切相关，最初使用材料主要是低碳钢和铸铁。然而近代制造的燃气轮机，就必须使用耐热，耐磨、耐腐蚀的全新材料，于是出现了合金钢、复合材料和陶瓷；在发展航天飞机、人造卫星时，又出现了钛和钛合金材料、其他高强度钢等材料。极限抗拉强度几乎提高了十几倍。

18 世纪后期，切削加工精度仅以毫米计；20 世纪初，切削加工的精度最高已达 0.01mm；至 20 世纪 50 年代，切削加工精度已达微米级；20 世纪 70 年代，切削加工精度又提高到 0.1μm。

影响切削加工质量的主要因素有机床、刀具、夹具、工件毛坯、工艺方法和加工环境等。要提高切削加工质量，必须对上述各方面采取适当措施，如减小机床工作误差、正确选用切削工具、提高毛坯质量、合理安排工艺、改善环境条件等。

五、非金属材料的切削加工

对木材、塑料、橡胶、玻璃、大理石、花岗石等非金属材料的切削加工，虽与金属材料的切削类似，但所用刀具、设备和切削量等各有特点。

木材制品的切削加工主要在各种木工机床上进行，其方法主要有：锯切、刨削、车削、铣削、钻削和砂光等。

塑料的刚度比金属差，易弯曲变形，尤其是热塑性塑料导热性差，易升温软化。故切削塑料时，宜用高速钢或硬质合金刀具，选用小的进给量和高的切削速度，并用压缩空气冷却。若刀具锋利，角度合适，可产生带状切屑，易于带走热量。

玻璃和锗、硅等半导体材料的硬度高而脆性大。对玻璃的切削加工常用切割、钻孔、研磨和抛光等方法。对厚度在3mm以下的玻璃板，最简单的切割方法是用金刚石或其他坚硬物质，在玻璃表面手工刻划，利用刻痕处的应力集中，即可用手折断玻璃。

对大理石、花岗石和混凝土等坚硬材料的加工，主要用切割、车削、钻孔、刨削、研磨和抛光等方法。切割时可用圆锯片加磨料和水；外圆和端面可采用负前角的硬质合金车刀，以10～30m/min的切削速度车削；钻孔可用硬质合金钻头；大的石料平面可用硬质合金刨刀或滚切刨刀刨削；精密平滑的表面，可用三面互为基准对研的方法，或磨削和抛光的方法获得。

六、切削加工所用的机器——机床

机床是对金属（或其他材料）的坯料（或工件）进行加工（包括成形加工、切削加工或特种加工），使之获得所要求的几何形状、尺寸精度和表面质量的机器，是机械制造装备中的一个分支。机床能制造机器，也能制造机床本身，这是机床区别于其他机器的主要特点，故机床又称为工作母机或工具机。

1. 机床的起源与发展

早在6000多年前，人类就已经使用弓钻（图5-2）在石斧、陶器上钻孔。其构造是将磨尖的石块安装在竖立的木棒端部，然后在木棒上缠上弓弦，使弓左右运动，带动木棒转动以实现钻孔。公元前2000多年出现了树木车床如图5-3所示。工作时，脚踏绳索下端的套圈，利用树枝的弹力使工件由绳索带动旋转，手拿贝壳或石片等作为刀具，沿板条移动工具切削工件。

15世纪由于制造钟表和武器的需要，出现了钟表匠用的螺纹车床和齿轮加工机床，以及水力驱动的炮筒镗床。1501年左右，意大利人列奥纳多·达·芬奇曾绘制过车床、镗床、螺纹加工机床和内圆磨床的构想草图，其中已有曲柄、飞轮、顶尖和轴承等新机构。我国明朝出版的《天工开物》中也载有磨床的结构，用脚踏的方法使铁盘旋转，加上沙子和水来剖切玉石。

图5-2　弓钻

18世纪的工业革命推动了机床的发展。1774年，英国人威尔金森发明了较精密的炮筒镗床。次年，他用这台炮筒镗床镗出的气缸，满足了瓦特蒸汽机的要求。为了镗制更大的气缸，他又于1775年制造了一台水轮驱动的气缸镗床，促进了蒸汽机的发展。从此，机床开始用蒸汽机通过曲轴驱动。1797年，英国人莫兹利创制成的车床由丝杠传动刀架，能实现机动进给和车削螺纹，这是机床结构的一次重大变革，初步形成了现代机床的雏形，莫兹利也因此被称为“英国机床工业之父”。

图5-3 树木车床

至19世纪，随着机器制造工业的不断发展，更借着纺织、动力、交通运输机械和军火生产的推动，各种类型的机床相继出现。1817年，英国人罗伯茨创制龙门刨床；1818年美国人惠特尼制成卧式铣床；1876年，美国制成万能外圆磨床；1835和1897年又先后发明了滚齿机和插齿机。在此期间机床的结构也在不断改进，发展成了基本具有现代结构的形式。

20世纪初，相继创制出坐标镗床和螺纹磨床。同时，又研制出各种自动机床、仿形机床、组合机床和自动生产线。20世纪初至20世纪40年代，由于高速钢和硬质合金的相继出现，促使机床沿着加大转速、功率和提高结构刚度的方向发展。随着电动机的发明，机床开始先采用电动机集中驱动，后又广泛使用单独电动机驱动。同时，由于交流电动机、齿轮、滚动轴承、电气、液压等技术都有了很大的进步，使机床的传动、结构和控制等方面得到很大改进，机床的加工精度和生产率显著提高。此外，机床的品种有了进一步的发展。例如，各种高效率自动化机床、重型机床和精密机床相继制造成功。至此，机床已发展成为种类繁多、结构性能相当完善的现代化加工设备。

随着电子技术的发展，美国于1952年研制成第一台数字控制机床；1958年开发成功具有刀库、能自动更换刀具，可以一次装夹完成多个表面加工的加工中心，这逐渐成为数控机床中的主力。此后，随着电子技术和计算机技术的发展和应用，使机床在驱动方式、控制系统和结构功能等方面都发生了显著的变革。

20世纪60年代，为适应产品高生产率、低成本、高柔性的要求，又产生和发展了FMS技术。到20世纪80年代中期，在计算机技术、信息技术及自动化制造技术的基础上发展起来计算机集成制造系统（CIMS），是一个将工厂中的全部生产活动用计算机进行集成化管理的高柔性、高效益的自动化制造系统，是目前计算机控制的制造系统自动化技术的最高层次。

随着计算机集成制造（CIMS）技术的兴起和互联网的发展，信息化成为制造业变革的主要推动力之一。于是提出了网络化制造的概念。网络化制造的关键是协同，所以它将在一定程度上扩展机床的概念。

2. 机床的分类

金属切削机床可按不同的分类方法划分为多种类型。

按加工方式或加工对象可分为车床、钻床、镗床、磨床、齿轮加工机床、螺纹加工机床、铣床、刨插床、拉床、特种加工机床、锯床、其他机床等。每类中又按其结构或加工对象分为若干组，每组中又分为若干型。

按工件大小和机床质量可分为仪表机床、中小型机床、大型机床、重型机床和超重型机床；按加工精度可分为普通精度机床、精密机床和高精度机床；按自动化程度可分为手动操作机床、半自动机床和自动机床；按机床的自动控制方式，可分为仿形机床、程序控制机床、数字控制机床、适应控制机床、加工中心和柔性制造系统；按机床的使用范围，又可分为通用、专门化和专用机床。

专用机床中有一种以标准的通用部件为基础，配以少量按工件特定形状或加工工艺设计的、专用部件组成的自动或半自动机床，称为组合机床。

随着现代机床向数控化方向的不断发展，机床的分类也在不断发展，分类方法的变化主要表现在机床品种不是越分越细，而是趋向综合。

3. 机床的构造

自莫兹利制造出具有现代意义上的机床后，无论是从加工零件的精度、种类、材料还是机床本身的结构、控制，都发生了巨大的变化，但其主要的结构仍然沿用至今。机床结构须满足夹持刀具和工件的要求，并使之产生相对运动，还要能够控制切削速度、进给量和切削深度等。各类机床通常由下列基本部分组成：动力系统、传动系统、操纵控制系统、执行末端件、支撑部件，对于切削机床还包括刀具系统或储存刀具的部件、润滑系统、冷却系统、机床附属装置等。

动力系统主要通过传动系统向机床执行件提供动力，实现机床加工。主要包括各类电动机，例如，运行可靠，应用最广、价格低廉的交流异步电动机；功率因数好，转速与负载大小无关，只与电网频率有关，运行比较稳定的同步电动机等。机床传动系统通常包括主传动系统、进给传统系统两部分。主传动系统主要实现机床的主切削，通常包括安装机床主轴的主轴箱及其相关系统；进给系统主要实现机床的进给运动，与主传动系统紧密协调动作，共同完成各类零件表面的加工，通常包括导轨、滚珠丝杠等。一般而言，主传动系统和进给系统可能还需要变速机构，有时可能还需要共用同一变速机构。

操纵控制系统监控机床各工作部件运动的起动、停止、制动、变速、换向，控制各种辅助运动以及工作状态等。而机床加工功能的实现最终要由各末端件来协调配合实现，如主轴回转实现主切削运动，工作台的直线或回转进给运动，并且根据不同加工要求，末端件的运动之间可能还需要保持某种严格的比例关系，才能实现零件的加工等。

支撑部件用于安装和支撑其他固定的或运动的部件和工件，承受其质量和切削力，如床身和立柱等；刀具系统或储存刀具的部件对于现代的金属切削机床，是一个非常重要的组成部分，刀具系统的性能在一定程度上决定了一台机床的整体性能。机床某些工作部件之间有相对运动，有运动就会有摩擦，有摩擦就会有磨损，还会产生热量，这两种附产物都会让机床的精度受到严重影响，甚至完全丧失机床的设计功能。因此，润滑系统、冷却系统就显得十分重要了。

机床附属装置包括机床上、下料装置、机械手、工业机器人等，以及卡盘、吸盘、弹簧夹头、台虎钳、回转工作台和分度头等机床附件。

4. 机床技术水平的发展趋势

随着科技水平的提高，工艺、结构、功能部件、控制系统技术上的各个突破，在世界机床技术发展上会出现阶段性和波浪式起伏前进。由于对复杂零件、难加工零件加工工艺上的创新，主机布局、结构上的开发以及开放式数控系统的发展，新颖刀具技术上的革新，在确保加工精度的基础上，发展趋势是进一步提高效率。在高速化、精密化、复合化、环保化、网络化潮流中，突出的形式是世界机床技术的新潮流——复合化。

第二节　通用机床

通用机床是可以加工多种工件、完成多种工序、使用范围较广的机床。例如，卧式车床、卧式铣镗床和立式升降台铣床等。通用机床的加工范围较广，结构往往比较复杂，主要适用于单件、小批生产。机床现在已经发展成为一个类型繁多、规格齐全的庞杂体系，其中应用最为广泛，功能最为典型的通用机床仅是其中的一类。

一、车床

能对轴、盘、环等多种类型工件进行多种工序的加工，常用于加工工件的内外回转表面、端面和各种内外螺纹，采用相应的刀具和附件，还可进行钻孔、扩孔、攻螺纹和滚花等，是机械制造和修配工厂中使用最广的一类机床。图 5-4 所示为车床。

图 5-4　车床

1. 车床的产生与发展

1845 年，美国的菲奇发明转塔车床；1848 年，美国又出现回轮车床；1873 年，美国的斯潘塞制成一台单轴自动车床，不久他又制成三轴自动车床；20 世纪初出现了由单独电动机驱动的带有齿轮变速箱的车床。第一次世界大战后，由于军火、汽车和其他机械工业的需要，各种高效自动车床和专门化车床迅速发展。数控技术于 20 世纪 60 年代开始用于车床，20 世纪 70 年代后得到迅速发展。

2. 车床的分类

车床依用途和功能可分为多种类型。

1）普通车床。加工对象广，主轴转速和进给量的调整范围大，能加工工件的内外表面、端面和内外螺纹。这种车床主要由工人手工操作，生产效率低，适用于单件、小批生产和修配车间。

2）转塔车床和回轮车床。具有能装多把刀具的转塔刀架或回轮刀架，能在工件的一次装夹中由工人依次使用不同刀具完成多种工序，适用于成批生产。图 5-5 所示为转塔车床，图 5-6 所

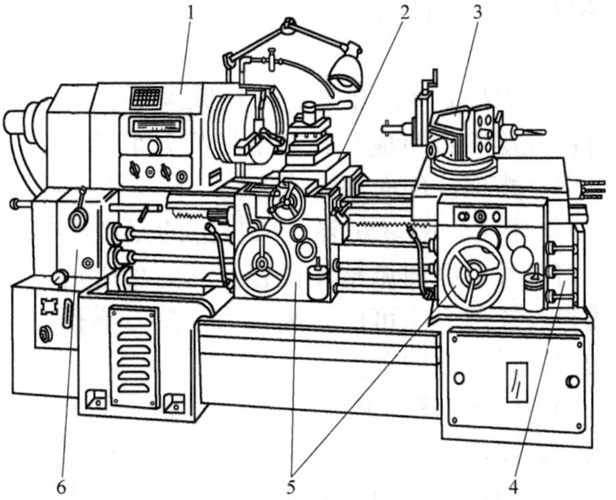

图 5-5　转塔车床

1—主轴箱　2—前刀架　3—转塔刀架

4—床身　5—溜板箱　6—进给箱

示为回轮车床。

3）多刀半自动车床。多刀半自动车床有单轴、多轴、卧式和立式之分。单轴、卧式多刀半自动车床的布局形式与普通车床相似，但两组刀架分别装在主轴的前、后或上、下，用于加工盘、环和轴类工件，其生产效率比普通车床提高3～5倍，如图5-7所示。

4）仿形车床能仿照样板或样件的形状尺寸，自动完成工件的加工循环，适用于形状较复杂的工件的小批和成批生产，生产效率比普通车床高10～15倍。有多刀架、多轴、卡盘式、立式等类型。

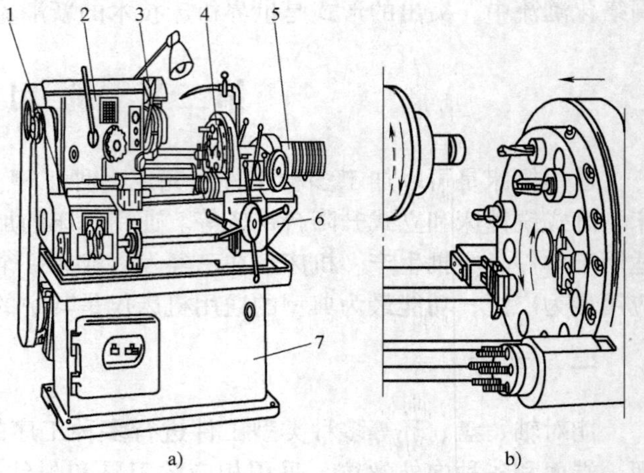

图5-6　回轮车床

1—进给箱　2—主轴箱　3—夹料夹头　4—回轮刀架　5—挡块轴　6—床身　7—底座

5）立式车床。立式车床的主轴垂直于水平面，工件装夹在水平的回转工作台上，刀架在横梁或立柱上移动。适用于加工较大、较重、难于在普通车床上加工的工件，一般分为单柱和双柱两大类。

3. 车床的总布局

车床的总布局就是车床各主要部件之间的相互位置关系，以及它们之间的相对运动关系。

1）主轴箱。主轴箱固定在床身上，内部装有主轴（有些车床可能有变速传动机构），工件通过卡盘等夹具装夹在主轴的前端。主轴箱的功用是支撑主轴，将动力（可能还要经过变速传动机构）传给主轴，使主轴带动工件按规定的转速旋转，以实现主运动。

2）刀架部件。刀架安装在床身上，刀架部件由几层刀架组成，其功用是装夹车刀，实现纵向、横向或斜向进给运动。

3）尾座。尾座安装在床身上的尾座导轨上，可沿导轨纵向调整其位置。它的功用是顶头支撑长工件，也可以安装钻头、铰刀等孔加工刀具，进行孔加工。

4）床身。固定在左、右床腿上。在床身上安装着车床的各个主要部件。床身的功用是支撑各主要部件，使它们在工作时保持准确的相对位置。

5）操纵控制系统。操纵控制车床各部件的运动、起停等。

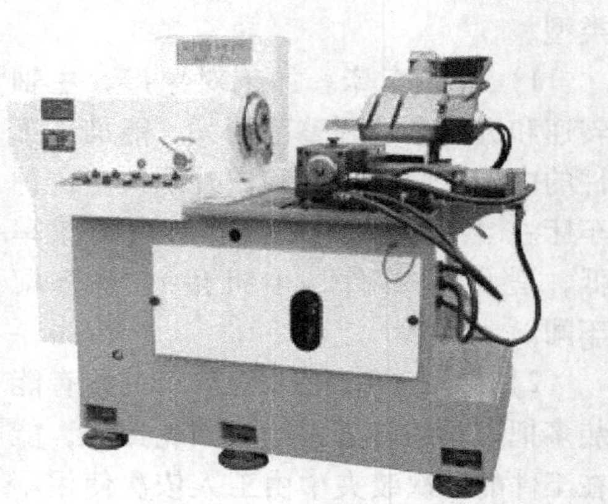

图5-7　多刀半自动车床

与其他机床一样，车床上应用着越来越多的新技术、新材料，向着自动化、智能化、复合化、高速、高精度以及柔性化方向发展。

二、铣床

铣床是用铣刀对工件进行铣削加工的机床。万能升降台铣床如图 5-8 所示。和车床正相反，铣床一般是刀具作回转运动，而工件不动或作进给运动。铣床除能铣削平面、沟槽、轮齿、螺纹和花键轴外，还能加工比较复杂的型面，效率较刨床高，在机械制造和修理部门得到广泛应用。

1. 铣床的发展历史

最早的铣床是美国人惠特尼于 1818 年创制的卧式铣床；为了铣削麻花钻头的螺旋槽，美国人布朗于 1862 年创制了第一台万能铣床，这是升降台铣床的雏形；1884 年前后又出现了龙门铣床；20 世纪 20 年代出现了半自动铣床，工作台利用挡块可完成“进给—快速”或“快速—进给”的自动转换。

图 5-8　万能升降台铣床

1950 年以后，铣床在控制系统方面发展很快，数字控制的应用大大提高了铣床的自动化程度。尤其是 20 世纪 70 年代以后，微处理器的数字控制系统和自动换刀系统在铣床上得到应用，扩大了铣床的加工范围，提高了加工精度与效率。

2. 铣床的分类

铣床种类很多，一般是按布局形式和使用范围加以区分，主要有升降台铣床、龙门铣床、单柱铣床和单臂铣床、仿形铣床、工具铣床等。

升降台铣床有万能式、卧式和立式多种，主要用于加工中小型零件，应用最广。

龙门铣床包括龙门铣镗床、龙门铣刨床和双柱铣床，均用于加工大型零件。

工具铣床主要用于模具和工具制造，配有立铣头、万能角度工作台和插头等多种附件，还可进行钻削、镗削和插削等加工。

三、刨床

刨床是用刨刀加工工件的机床，主要用于加工各种平面和沟槽。刨床的主运动和进给运动都是直线运动，由于工件的尺寸和质量不同，表面成型运动有不同的分配形式。常见刨床的种类主要有牛头刨床和龙门刨床两类。

1836 年，英国的纳思密发明了牛头刨床。牛头刨床适于加工尺寸和质量较小的工件，如图 5-9 所示。1920 年前后，英国的理查德 · 罗伯茨最早制造出了龙门刨床。龙门刨床使工件的往复运动成为主运动，适于加工较大、较长的工件，尤其适于加工长而窄的平面和沟槽，如图 5-10 所示。应用龙门刨床进行精密刨削，可得到较高的精度和表面质量。大型机床的导轨通常是用龙门刨床精刨完成的。

图 5-9　牛头刨床

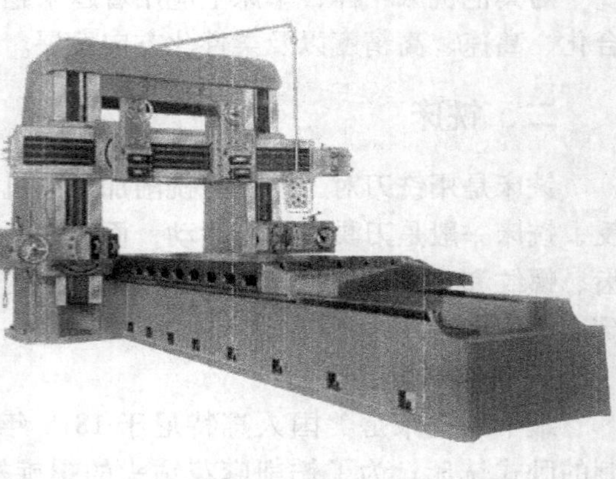

图 5-10　龙门刨床

四、钻床

钻床是一种孔加工机床。加工时，工件固定在工作台上不动，刀具在旋转主运动的同时，还沿其轴线移动，完成进给运动。在钻床上，可以进行钻孔、扩孔、铰孔、锪孔、攻螺纹和锪端面等加工。钻床的加工精度不高，只适合加工一些精度要求不太高的零件。钻床可分为立式钻床、台式钻床、摇臂钻床和其他专门化钻床

图 5-11 所示为立式钻床的外形图。它主要由变速箱、进给箱、主轴组件、工作台、立柱和底座等组成。图 5-11b 所示的是主轴箱和进给箱合二为一的立式钻床。由电动机经变速箱带动主轴旋转，再经进给箱使主轴随主轴套筒作轴向机动进给。当断开进给系统时，扳动手柄也可作手动进给。工作台和进给箱装在立柱的垂直导轨上，可上下调整位置，以适应不同尺寸的零件要求。立式钻床的特点是主轴垂直安装且轴心位置固定不动，加工时为使刀具旋转轴线与被加工孔的中心线重合，必须移动工件。因此，这种机床只适合于加工中小型零件上的孔。加工时，刀具作旋转主运动，同时沿轴线作进给运动。

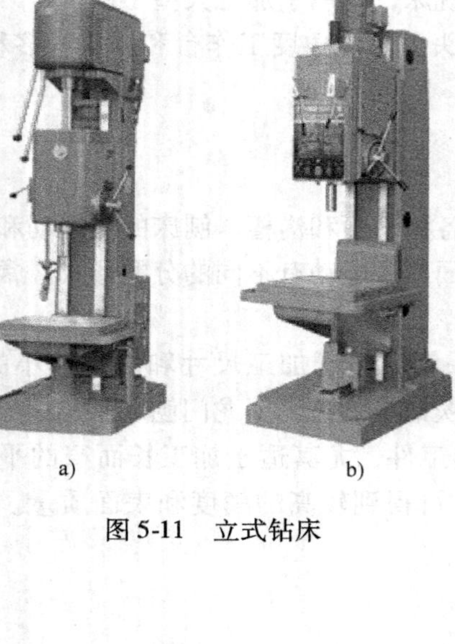

a)　　b)

图 5-11　立式钻床

图 5-12　摇臂钻床

摇臂钻床由底座、立柱、摇臂、主轴箱、工作台等部件组成，如图 5-12 所示。摇臂可绕立柱轴线转动，并可上下移动。装在摇臂水平导轨上的主轴箱可沿导轨水平直线移动。加工时，主轴作旋转主运动，并随主轴套筒一起作垂直方向的进给运动。由于能方便地调整刀具的位置，以对准所需加工孔的中心，因此，在摇臂钻床上加工不易移动的大中型零件比较方便。在立式钻床上，由于主轴轴线位置不能移动，每加工一个孔需将工件移动一次，使孔的中心线和主轴轴线对齐，对于小型零件还可以操作，但对于大而重的零件则极为不便，且不易保证加工精度。因此，大中型零件上的孔须采用摇臂钻床来加工。

第三节　专用机床

专用机床和通用机床不同，它指的是专门为了某一种零件的某一道特定工序专门设计的机床，工艺范围比较窄，只适用于大批量生产。例如，在汽车、齿轮、拖拉机的制造中使用专用机床就很普遍。缸体、缸孔及止口精加工专用机床如图 5-13 所示。在专用机床中比较典型的是组合机床，下面重点介绍一下组合机床。

一、组合机床的工艺范围和特点

为了提高生产效率，加工中必须尽可能缩短加工时间和辅助时间，并使辅助时间和加工时间重合，使每个工位安装多个工件，能同时进行多刀加工，实行工序高度集中，因而在批量生产中首先提出了组合机床的应用。

组合机床是根据零件的加工要求，以标准化的通用部件为基础，配以少量按工件特定形状和加工工艺设计的专用部件和夹具，组成的半自动或自动高效专用机床。

组合机床的工艺范围有：铣平面、车平面、锪平面、钻孔、扩孔、铰孔、镗孔、倒角、切槽、攻螺纹等。

组合机床最适于加工箱体零件，例如，气缸体、气缸盖、变速箱体、阀门与仪表的壳体等。另外，轴类、盘类、套类及叉架类零件，例如，曲轴、气缸套、连杆、飞轮、法兰盘、拨叉等也能在组合机床上完成部分或全部加工工序。随着自动化的发展，组合机床的工艺范围已扩展到车外圆、行星铣削等工序。组合机床与一般专用机床相比，有以下特点：

1）设计、制造周期短，而且也便于使用与维修，成本低。因为通用化、系列化、标准化程度高，通用零部件占 70% ~90%，而且通用零部件可组织批量生产。

2）加工效率高。组合机床可采用多刀、多轴、多工位和多件加工，因此，特别适用于汽车、拖拉机、电动机等行业定型产品的大量生产。

3）加工精度稳定。因为工序固定，可选用成熟的通用部件、精密夹具和自动工作循环来保证加工精度的一致性。

图 5-13　缸体、缸孔及止口精加工专用机床

4）自动化程度高，劳动强度低。

5）配置灵活。因为模块化、组合化，可按工件或工序要求，用大量通用部件和少量专用部件灵活组成各种类型的组合机床及自动线；并且当机床改装或加工对象改变时，通用零、部件可重复使用，组成新的组合机床，不致因产品的更新而造成设备的大量浪费。

二、组合机床的组成和配置形式

（1）组成　铣削组合机床如图 5-14 所示。一般由侧底座、立柱底座、立柱、动力箱、滑台及中间底座等通用部件及多轴箱、夹具等主要专用部件组成。

（2）配置形式　组合机床的形式很多，根据工件的不同加工要求，采用各种结构的通用部件和专用部件，就可以灵活地组合成各种不同配置形式的组合机床。按照工位数的不同，组合机床可以分为单工位组合机床和多工位组合机床两大类。

图 5-14　铣削组合机床

1）单工位组合机床。在这种机床上加工时，工件安装在机床的固定夹具里不动，由动力部件移动来完成各种加工。这类机床能保证较高的位置精度，适用于大、中型箱体类零件的加工。

2）多工位组合机床。多工位组合机床有两个或两个以上的加工工位。加工时，工件借助夹具（或手动）顺次地由一个工位输送到下一个工位，以便在各个工位上完成同一加工部位的多工步加工或不同部位的加工，从而完成一个或数个表面的较复杂的加工工序。多工位组合机床适用于大批大量生产中加工较复杂的中、小型零件。

多工位组合机床有固定夹具式、移动工作台式、回转工作台式以及中央立柱式等多种配置形式。

组合机床未来的发展将更多地采用调速电动机和滚珠丝杠等传动，以简化结构、缩短生产节拍；采用数字控制系统和主轴箱、夹具自动更换系统，以提高工艺可调性；以及纳入柔性制造系统等。

第四节　数 控 机 床

数控是数字控制（Numerical Control）的简称，其含义是用以数字和符号构成的加工信息控制机床的自动运转。数控机床也简称为 NC 机床。

一、数控机床的发展历史

1947 年，美国的 Parson 公司在生产直升机机翼检查样板时，为了提高精度和效率，提出了用穿孔卡片来控制机床的方案，这一方案迎合了美国空军为开发航天及导弹产品，需要加工复杂零部件的需求，于是得到了空军的经费支持，开始研究以脉冲方式控制机床各轴运动，进行复杂轮廓加工的装置。1949 年与 MIT（麻省理工学院）的伺服机构研究所开始共同研究，历时三年完成了能进行三轴控制的铣床样机，取名为“Numerical Control”，这就是数控机床的所谓“第一号”机，如图 5-15 所示。

当时的数控装置采用电子管元件，体积庞大，价格昂贵，只在航空工业等少数有特殊需要的部门用来加工复杂型面零件；1959 年，制成了晶体管元件和印刷电路板，使数控装置进入了第二代，体积缩小，成本有所下降；1960 年以后，较为简单和经济的点位控制数控钻床，以及直线控制数控铣床得到较快发展，使数控机床在机械制造业各部门逐步获得推广。现在，数控技术已经应用在各种加工机床上，例如，数控车床、数控铣床、数控钻床、数控齿轮加工机床、数控电火花、线切割、激光加工机床等。数控机床如图 5-16 所示。

图 5-15　1952 年麻省理工学院研制的第一台数控机床

当今的数控机床已发展到不但具有刀具自动交换装置，而且具有工件自动供给、装卸，刀具寿命检测，排屑等各种附加装置，可以进行长时间的无人运转加工。数控机床已经在机械加工部门占有非常重要的地位，是柔性制造系统（FMS）、计算机集成制造系统（CIMS）、自动化工厂（FA）的基本构成单元。

二、数控机床的特点与构成

和普通机床靠人工操作手柄使机床运转进行加工不同，数控机床的运动是由加工指令信息来进行自动控制的。对于用普通机床难以进行加工的复杂二维、三维形状，数控机床可利用 3 轴、4 轴甚至 5 轴以上同时控制，高精度地进行加工。数控机床不需要操作人员始终不离机床周围，可以在加工的同时进行装夹、调整、编程等工作，因而收到省时、省力的效果。对应于不同的零件，数控机床只需改变加工指令信息——程序，即可加工，使之与以往的自动机床相比具有“柔性”。因此数控机床特别适合于多品种、中小批量生产。

数控机床主要由机床主体、数控装置、伺服驱动装置和其他装置构成。

1. 机床主体

（1）床身　由于机床主体的静、动刚度特性对精度的影响是极大的，为了使数控机床长期保持高精度，采取各种措施来保证床身主体的刚度、主轴的回转精度、运动的直线性等精度要求是非常必要的。

（2）主轴　对数控机床的主轴的要求，主要是应能在较大的转速范围内实现无级变速，并能承受较大的力矩。

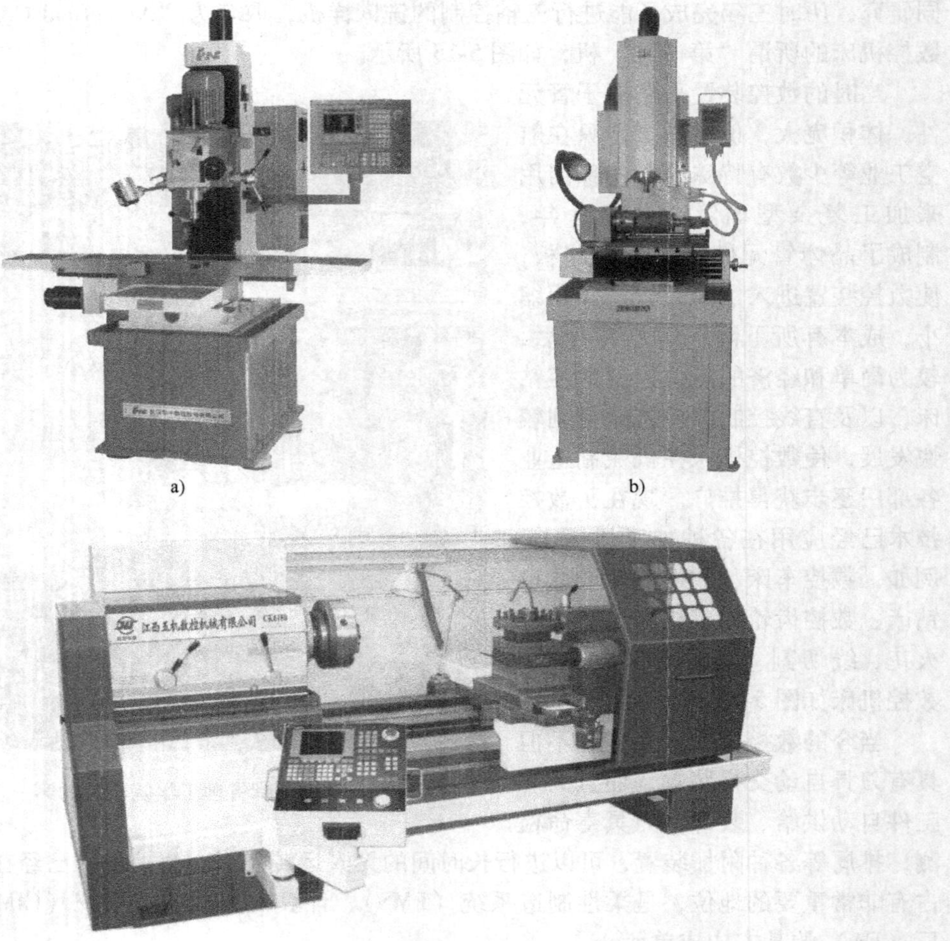
a)　b)　c)

图 5-16　数控机床

a）数控铣床　b）数控钻床　c）数控车床

（3）进给机构　现在数控机床的进给机构均采用了精密的滚珠丝杠，使丝杠的旋转运动变为床身的直线运动。滚珠丝杠的结构形式是滚动轴承的变形使用，精度很高。

机床导轨的滑动面一般都采用具有低摩擦、较高的振动衰减特性的氟化物树脂材料。

2. 控制装置

对于数控机床的控制是由数控（NC）和程控（PC）两组装置有机结合来实现的。数控装置是以数值信息对机床进行控制，即进行数值信息的读入、存储、运算处理，产生表示移动量和速度的脉冲，去控制伺服电动机。而程控装置则是按所规定的动作顺序，按照输入、输出的条件使各机构动作，例如，控制主轴正反转、切削液的开停及刀具交换等动作。

随着计算机技术和半导体技术的发展，现在的数控装置都已经是 CNC（Computer Numerical Control）形式，这种 CNC 装置一般使用多个微处理器，以程序化的逻辑电路完成数控功能，也就是以软件形式实现数控功能，被称为软件数控（Softwared NC），以区别于初期的靠各种电子元件及配线构成的电子电路来完成数控功能的所谓硬件数控（Hardwared NC）。

3. 附加装置

数控机床上还有许多附加装置，包括自动刀具交换装置、自动交换工作台及切屑处理装置等，它们都是为了提高生产效率、提高加工精度和进一步实现自动化而在机床上配备的。

三、数控加工的基本原理

在机床的实际加工中，被加工工件的轮廓形状千差万别，各式各样。严格说来，为了满足几何尺寸精度的要求，刀具中心轨迹应该准确地依照工件的轮廓形状来生成。然而，对于简单的曲线，数控装置易于实现，但对于较复杂的形状，若直接生成，势必会使算法变得很复杂，计算机的工作量也相应地大大增加。因此，在实际应用中，常常采用一小段直线或圆弧去进行逼近，有些场合也可以用抛物线、椭圆、双曲线和其他高次曲线去逼近（或称为拟合）。一般情况，用户程序给出轨迹的起点和终点，以及轨迹的类型（直线、圆弧、椭圆等），并规定其走向（如圆弧是顺时针还是逆时针），由数控系统在控制过程中计算出轨迹运动的各个中间点，这个计算过程称之为插补，即“插入”、“补上”轨迹运动的各个中间点。插补结果输出运动轨迹的中间点坐标值，机床伺服系统根据此坐标值控制各坐标轴协调运动，走出预定轨迹。

插补算法除了要保证插补计算的精度之外，还要求算法简单。这对于硬件数控来说，可以简化控制电路，采用较简单的运算器。而对于计算机数控系统来说，则能提高运算速度，使控制系统较快且均匀地输出进给脉冲。

经过多年的发展，插补原理不断成熟，类型众多。按基本原理可分为以区域判别为特征的逐点比较法插补，以比例乘法为特征的数字脉冲乘法器插补，以数字积分法进行运算的数字积分插补，以矢量运算为基础的矢量判别法插补，以及兼备逐点比较和数字积分特征的比较积分法插补等。

第五节　加工中心

一、加工中心的特点和分类

加工中心（Machining Center，MC）是数控机床的一种，一般是指具有自动换刀功能的数控铣床。自动交换刀具（ATC）系统包括刀库和机械手。

工件在加工中心上经一次装夹后，数字控制系统就能控制机床按不同工序，自动选择和更换刀具，自动改变机床主轴转速、进给量和刀具相对工件的运动轨迹及其他辅助机能，依次完成工件几个面上多工序的加工。

加工中心由于工序的集中和自动换刀，减少了工件的装夹、测量和机床调整等时间，使机床的切削时间达到机床开动时间的80%左右（普通机床仅为15%～20%）；同时也减少了工序之间的工件周转、搬运和存放时间，缩短了生产周期，使机床的切削利用率（切削时间和开动时间之比）高于普通机床3～4倍，达80%以上，具有明显的经济效益。加工中心适用于零件形状比较复杂、精度要求较高、产品更换频繁的中小批量生产。

第一台加工中心是 1958 年由美国卡尼—特雷克公司首先研制成功的。它在数控卧式镗铣床的基础上增加了自动换刀装置，可以根据穿孔带的指令自动选择刀具，并通过机械手将刀具装在主轴上，缩短了机床上零件的装卸时间和更换刀具的时间。从而实现了工件一次装夹后即可进行铣削、钻削、镗削、铰削和攻螺纹等多种工序的集中加工。

加工中心按主轴的布置方式分为立式和卧式两类。

1）卧式加工中心一般具有分度转台或数控转台，可加工工件的各个侧面；也可作多个坐标的联合运动，以便加工复杂的空间曲面。

2）立式加工中心一般不带转台，仅做顶面加工。立式铣削加工中心如图 5-17 所示。

图 5-17　立式铣削加工中心

此外，有些加工中心还带有交换工作台，工件在一个工作台上加工的同时，另一工作台可进行装、卸工件操作，使装卸工件时间与加工时间重合。有些加工中心还带有多个可以自动更换的、装有多把刀具的多轴主轴箱，这样即可对工件同时进行多孔加工。还有些带立、卧两个主轴的复合式加工中心，和主轴能调整成卧轴或立轴的立卧可调式加工中心，它们能对工件进行五个面的加工。

可见，加工中心通过机床功能复合，工序高度集中，缩短了辅助时间，达到了高柔性、高精度、高自动化和高效率的统一，赢得了制造业的推崇。世界上一些发达国家的加工中心拥有量和产量在数控机床中占 50% 左右。

加工中心的概念还扩展到其他数控机床中，例如，带有刀库和 C 轴控制的车削中心，自动交换砂轮的磨削中心，自动交换模具的板材加工中心等。

二、车削中心

车削中心（Turning Center，TC）是在数控车床基础上发展起来的复合加工机床，如图 5-18 所示。为了使车削中心能够自动更换刀具实现对回转体零件进行多工序加工，一般装有用齿盘分度的转塔式多工位刀架（相当于刀库），有的甚至装有更多工位的链式回转刀库，根据加工工件的需要，配置相应的动力或非动力刀具。车削中心的另一重要特征是除具有一般两轴联动的数控车削功能外，为了进行端面和圆周面上任意部位的钻削、铣削、攻螺纹加工，以及实现各种曲面（包括圆周面上的螺旋槽）的铣削加工，而增加了 C 轴控制，C 轴由伺服电动机驱动主轴回转进给。转塔刀架内有电动机，经传动机构转动铣刀、钻头等实现主运动。

图 5-18　车削中心

三、钻削中心

由于加工中心的发展，绝大多数数控钻床已被加工中心取代，但有些以钻削加工为主要工序的零件仍需应用数控钻床来加工。如加工印刷电路板等，故数控钻床还有一定的需要量，图 5-19 所示是能自动进行钻孔的钻削中心。

大多数钻床用点位控制，同时沿两轴或三个轴移动以减少定位时间。有时也采用直线控制，为的是进行平行于机床轴线的钻削加工。

钻削中心是一种可以进行钻孔、扩孔、铰孔、攻螺纹及连续轮廓控制铣削的数控机床。主要用于航天航空、汽车机车、仪器仪表、轻工纺织、电子电器和机械制造等行业的中小型箱体、盖、板壳、盘等零件的加工。

图 5-19 钻削中心

第六节 柔性制造系统

一、柔性制造系统的基本概念

柔性制造系统（FMS）是 20 世纪 60 年代末诞生的新技术。促成 FMS 技术产生和发展的原因是：适应现代产品频繁更新换代的要求，满足人们对产品的不同需求，降低成本，缩短制造周期。传统的多品种小批量生产方式，如采用普通机床、数控机床等进行加工，虽然具有较好的生产柔性（适应性），但生产效率低，成本高；而传统的少品种大批量生产方式，如采用专用设备的流水线进行加工，虽然能提高生产效率和降低生产成本，但却缺乏柔性。FMS 正是综合了上述两种生产方式的优点，兼顾了生产效率和柔性，是适用于多品种、中小批量生产的自动化制造系统。

FMS 是近年兴起的新的制造技术，至今并无确切的定义，通常所说的 FMS 是指以数控机床、加工中心及辅助设备为基础，用柔性的自动化运输、存储系统有机地结合起来，由计算机对系统的软、硬件资源实施集中管理和控制而形成的一个物料流和信息流密切结合的、没有固定的加工顺序和工作节拍的、主要适用于多品种、中小批量生产的高效自动化制造系统。

二、FMS 的发展历史

1967 年，英国莫林斯公司首次根据威廉森提出的 FMS 基本概念，研制了“系统 24”。其主要设备是六台模块化结构的多工序数控机床，目标是在无人看管条件下，实现昼夜 24 小时连续加工，但最终由于经济和技术上的困难而未全部建成。

同年，美国的怀特·森斯特兰公司建成 OmnilineI 系统，它由八台加工中心和两台多轴钻床组成，工件被装在托盘上的夹具中，按固定顺序以一定节拍在各机床间传送和进行加工。这种柔性自动化设备适于少品种、大批量生产使用，在形式上与传统的自动生产线相似，所以也称为柔性自动线。日本、前苏联、原西德等国也都在20世纪60年代末至70年代初，先后开展了FMS的研制工作。

1976年，日本发那科公司展出了由加工中心和工业机器人组成的柔性制造单元（简称FMC），为发展FMS提供了重要的设备形式。柔性制造单元（FMC）一般由1~2台数控机床与物料传送装置组成，有独立的工件储存站和单元控制系统，能在机床上自动装卸工件，甚至自动检测工件，可实现有限工序的连续生产，适于多品种、小批量生产应用。图5-20所示为大连机床厂生产的FMC多工位柔性制造单元。

图5-20　FMC多工位柔性制造单元

20世纪70年代末期，FMS在技术上和数量上都有了较大发展，并已进入实用阶段，其中以由3~5台设备组成的FMS为最多，但也有规模更庞大的系统投入使用。

三、FMS应具备的功能

一般来说，要提高生产效率就要降低柔性，反之亦然。而FMS则是从系统的整体角度出发，将系统中的物料流和信息流有机地结合起来，同时均衡系统的自动化程度和柔性，这就要求FMS应具备如下功能：

（1）自动加工功能　在成组技术的基础上，FMS应能根据不同的生产需要，在不停机的情况下，自动地变更各加工设备上的工作程序，自动更换刀具，自动装卸工件，自动地调整冷却切削液的供给状态及自动处理切屑等，这是制造系统实现自动化的基础。

（2）自动搬运和储料功能　为实现柔性加工，FMS应能按照不同的加工顺序，以不同的运输路线，按不同的生产节拍对不同的产品零件进行同时加工。同时，为提高物料运送的准确性和及时性，系统中还应具有自动化储料仓库、中间仓库、零件仓库、夹具仓库、刀具库等。自动地运输和储料功能是系统提高设备利用率，实现柔性加工的重要条件。

（3）自动监控和诊断功能　FMS应能通过各种传感测量的反馈控制技术，及时地监控和诊断加工过程，并作出相应的处理。这是保证系统正常工作的基础。

（4）信息处理功能　这是将以上三者综合起来的综合软件功能。应包括生产计划和管理程序的制定，自动加工和送料、储料及故障处理程序的制定，生产信息的论证及系统数据库的建立等。

四、FMS 的组成及技术特点

FMS 柔性加工制造系统如图 5-21 所示，一般由下列几部分组成：

1）标准的数控机床或制造单元。通常将具有自动上、下料功能的多工位、加工型（或装配型）数控机床称为“制造单元”，它是 FMS 中的基本组成模块。

2）一个在机床和装夹工位之间运送零件和刀具的传送系统。

3）一个发布指令，协调机床、工件和刀具传送装置的总监控系统。

4）中央刀具库及其管理系统。

5）自动化仓库及其管理系统。

由上述可见，FMS 并不等于几台 CNC 机床或 FMC 的简单叠加，而是增加了计算机统一管理（甚至作业调度）、物料传输与存储、监控等重要功能。

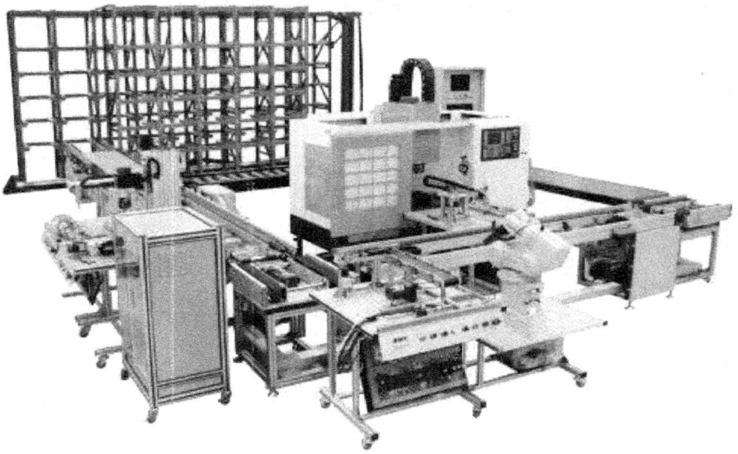

图 5-21　FMS 柔性加工制造系统

目前在切削加工领域有回转零件的 FMS，有加工箱体（含壳体）零件的 FMS 及混合型的 FMS。以加工箱体零件的为最多，约占 FMS 的 70%。另外在钣金加工中 FMS 发展也十分迅速。

采用 FMS 的主要技术经济效果是：能按装配作业配套需要，及时安排所需零件的加工，实现及时生产，从而减少毛坯和在制品的库存量，及相应的流动资金占用量，缩短生产周期；提高设备的利用率，减少设备数量和厂房面积；减少直接劳动力，在少人看管条件下可实现昼夜 24h 的连续“无人化生产”；提高产品质量的一致性。

典型的柔性制造系统由两台或两台以上的数控机床或加工中心及自动物料系统和自动监控系统等组成。数控机床用于加工箱体类和板类零件，加工中心则用于加工轴类和盘类零件。中、大批量少品种生产中所用的 FMS，常采用可更换主轴箱的加工中心，以获得更高的生产效率，也可以是多个柔性制造单元（FMC）组成的制造系统。

柔性制造系统未来将是发展各种工艺内容的柔性制造单元和小型 FMS；完善 FMS 的自

动化功能；扩大 FMS 完成的作业内容，并与计算机辅助设计和辅助制造技术（CAD/CAM）相结合，向全盘自动化工厂方向发展。

五、FMS 的经济效益

FMS 是一项工程，而不同于一般的单机自动化产品，因此其造价极高，目前世界上应用不是很广泛，但其所取得的经济效益是惊人的。与传统的机群式自动化单机相比，目前国外较为成功的 FMS 所获得的经济效益大致为：操作人员减少 50%，成本降低 60%，产品的在制时间减少 50%，机床台数减少 50%，机床的利用率可达 60% ~80%。例如，美国福特汽车公司的科隆工厂对铝压铸模和锻模的生产需求量每年多达 12 万件，且品种繁多，仅发动机和变速器箱的型号就有 500 种之多。过去采用 26 台数控机床单机生产模具，仅能满足总需求量的 15%，而采用一套包含电火花加工中心在内的 FMS 进行模具生产后，可满足总需求量的 70%，缩短模具制造周期 55%。可见 FMS 的经济效益是显著的，而且随着科学技术的发展，FMS 的造价将不断下降。毫无疑问，在未来的机器制造业中，与当代高新技术紧密结合和相互渗透的柔性制造技术必将占有极其重要的地位。

第六章　先进制造技术

从20世纪中期开始，微电子技术、信息技术、材料科学等科学技术所取得的丰硕成果及其工程化进度的加快，推动了制造业和制造技术的快速发展，到20世纪末，制造业和制造技术取得了显著的进步，并为全球经济的发展作出了重大的贡献，被誉为全球经济的发动机。

作为制造技术基础工艺的金属切削技术也得到了迅速的发展，进入了以发展高速切削、开发新的切削工艺和加工方法、提供成套加工技术为特征的发展新阶段。这是在制造技术全面进步和创新的基础上，包括数控技术、微纳制造、特种加工、刀具材料等技术取得突破所产生的综合效果，推动了切削加工技术的全面进步，使总体水平达到了一个新的高度。

第一节　电火花加工

电火花加工（Electro-Discharge Machining）又称放电加工或电蚀加工，英文简称EDM。它是利用浸在工作液中的两极间脉冲放电时产生的电蚀作用蚀除导电材料的特种加工方法。因放电过程可以见到火花，故称为电火花加工。

真正的电火花加工开始于1943年，以前苏联莫斯科大学的教授拉扎连科夫妇发现的电火花放电原理为标志。当时正值第二次世界大战时期，前苏联政府要求拉扎连科夫妇领导的科研小组研究如何减小钨开关触点因通电时产生火花而导致的电腐蚀，以延长钨开关的使用寿命。该问题在当时的机动车辆，尤其是坦克上尤为突出，并大大影响了坦克的使用可靠性及寿命。在试验中他们把触点浸入油中，希望可以减少火花导致的电蚀现象，但试验并未成功，不过，他们却发现浸入油中的触点产生的火花电蚀凹坑尺寸比空气中的更加一致并且大小可控，于是就想到利用这种现象采用火花放电的方法进行材料的放电腐蚀，从而发明了世界上第一台电火花加工机床。1946年，拉扎连科夫妇因此获得斯大林奖章。

一、电火花加工的原理

电火花加工的原理示意图如图6-1所示。工件与工具电极分别连接到脉冲电源的两个不同极性的电极上。当两电极间加上脉冲电压，工件和电极间保持适当的间隙时，就会把工件与工具电极之间的工作液介质击穿，形成放电通道。放电通道中产生瞬时高温，使工件表面材料熔化甚至汽化，同时也使工作液介质汽化，在放电间隙处迅速热膨胀并产生爆炸，工件表面一小部分材料被蚀除抛出，形成微小的电蚀坑。脉冲放电结束后，经过一段时间间

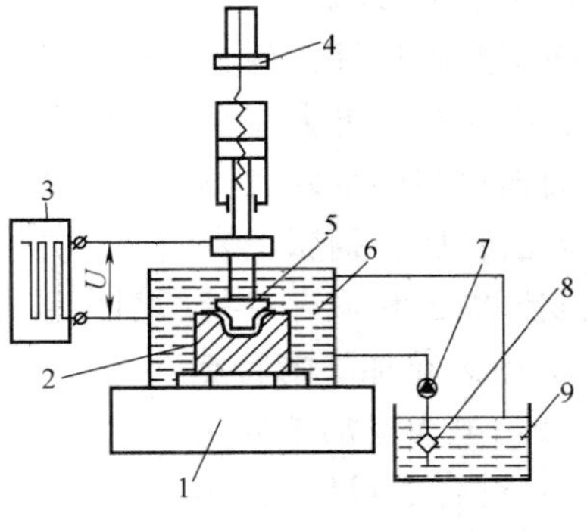

图6-1　电火花加工的原理示意图
1—工作台　2—工件　3—脉冲电源　4—伺服系统
5—工具电极　6—工作液　7—泵　8—过滤器
9—工作液箱

隔，使工作液恢复绝缘。脉冲电压反复作用在工件和工具电极上，上述过程不断重复进行，工件材料就逐渐被蚀除掉。伺服系统不断地调整工具电极与工件的相对位置，自动进给，保证脉冲放电正常进行，直到加工出所需要的零件。

二、电火花加工机床

我国标准规定，电火花成形机床的型号用 D71 加上机床工作台面宽度的 1/10 表示。例如，D7132，D 表示电加工成形机床（若该机床为数控电加工机床，则在 D 后加 K，即 DK），32 表示机床工作台的宽度为 320mm。

在我国有些省市及国外一些国家，电火花加工机床的型号没有采用统一标准，由各个生产企业自行确定。例如，日本沙迪克（Sodick）公司生产的 A3R、A10R，瑞士夏米尔（Charmilles）技术公司生产的 ROBOFOIu Ⅵ 20/30/35,我国台湾乔懋机电工业股份有限公司生产的 JM322/430，北京阿奇工业电子有限公司生产的 SF100 等。

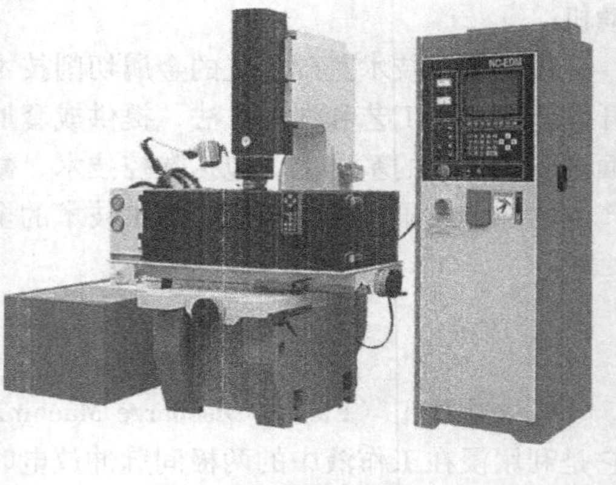

图 6-2 电火花成形机床

电火花加工机床按其大小可分为小型（D7125 以下）、中型（D7125 ~ D7163）和大型（D7163 以上）；按数控程度分为非数控、单轴数控和三轴数控。随着科学技术的进步，国外已经大批生产三坐标数控电火花机床，以及带有工具电极库、能按程序自动更换电极的电火花加工中心，我国的大部分电加工机床厂现在也正开始研制生产三坐标数控电火花加工机床。

电火花加工机床主要由机床本体、脉冲电源、自动进给调节系统、工作液过滤和循环系统、数控系统等部分组成。图 6-2 所示为电火花成形机床外形。

三、电火花加工的分类和特点

1. 电火花加工的分类

按工具电极和工件相对运动的方式和用途的不同，大致可分为：电火花穿孔成形加工、电火花线切割、电火花磨削和镗磨、电火花同步共轭回转加工、电火花高速小孔加工、电火花表面强化与刻字六大类。前五类属电火花成型、尺寸加工，是用于改变零件形状或尺寸的加工方法；后者则属于表面加工方法，用于改善或改变零件表面性质。以上方法中以电火花穿孔成形加工和电火花线切割应用最为广泛。

2. 电火花加工的特点

（1）电火花加工的主要优点

1）适合于难加工导电材料的加工。由于电火花加工是靠放电时产生的热，使工件材料熔化、汽化而去除材料的，所以加工只跟材料的热力学性能有关，如熔点、沸点、比热容、热导率、电阻率等，而与材料的力学性能无关。这样就可以突破传统切削加工刀具必须比工件硬度高的限制，从而实现了以软克硬。目前采用的工具电极材料一般为石墨或纯铜。

2）可以加工特殊及复杂形状的零件。由于工具和工件是非接触式的，没有机械加工的切削力，因此适合加工低刚度零件和进行细微加工；由于可以简单地将工具电极的形状复制到工件上，因此特别适用于复杂型面的工件加工。

3）易于实现加工过程自动化。由于是直接利用电能加工，而电能、电参数较机械量易于实现数字控制、适应控制、智能化控制和无人化操作等。

（2）电火花加工的局限性

1）只能加工导电材料。如果加工非导电材料和半导体，则需要经过相应的处理。

2）加工速度慢。但最近的一些研究表明，用特殊水基不燃工作液进行电火花加工，生产效率极高，甚至大于切削加工。所以一般情况下，工艺安排时都会将大部分加工余量在切削加工中完成，然后再进行电火花加工，以提高总体加工效率。

3）存在电极的损耗。由于电火花加工靠电、热来蚀除金属，电极也会产生损耗，特别是在尖角和底面的电极损耗更大，从而影响加工精度。但是近年来粗加工的电极相对损耗率可以控制在0.1%以内。

由于电火花加工有许多传统切削加工无法比拟的优点，其应用领域日益扩大，目前已广泛应用于机械（特别是模具制造）、航空航天、电子电器、仪器仪表、汽车、摩托车、轻工业等领域。

四、电火花加工的应用

电火花加工用以加工各种难加工材料，复杂形状零件和有特殊要求的零件的制造，成为常规切削、磨削加工的重要补充和发展。模具制造是电火花成形加工应用最多的领域，而且非常典型。

1. 电火花成形加工

电火花成形加工在模具制造中主要应用在高硬度零件加工、型腔尖角部位加工、模具上的筋加工、深腔部位的加工、小孔加工、表面处理等方面。图6-3所示为用电火花成形加工出的零件。

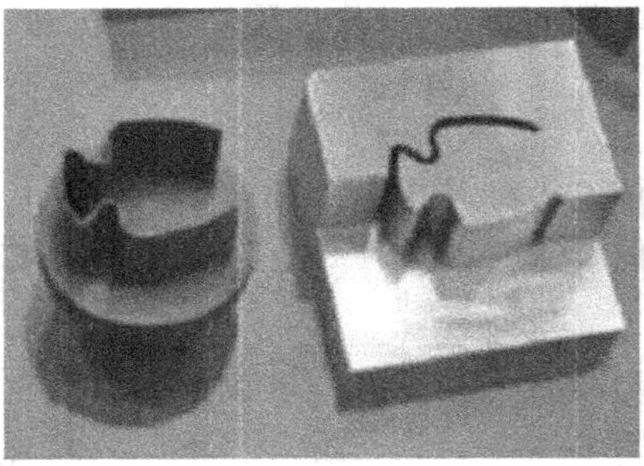

a)

b)

图6-3　电火花成形加工出的零件

a）窄缝深槽加工　b）电火花穿孔加工的异形孔型

2. 电火花线切割加工

电火花线切割加工是利用连续移动的细金属丝（称为电极）作电极，对工件进行脉冲火花放电蚀除金属，切割成形，这也是电火花线切割加工与电火花成形加工不同之处。电火花线切割加工可以用来制造模具、加工精密细小零件以及一些特殊材料的加工。

(1) 加工模具零件　电火花线切割加工主要应用于冲模、塑料模、型腔模的加工等，由于电火花线切割加工速度和精度的迅速提高，目前已达到可与坐标磨床相竞争的程度。

(2) 加工特殊材料　切割某些高硬度，高熔点的金属时，使用机加工的方法几乎是不可能的，而采用线切割加工既经济又能保证精度。

(3) 加工细小和复杂形状的零件　电火花线切割利用细小的电极丝作为电火花放电加工工具，又配有数控系统，所以可以轻易地加工出具有细小、复杂形状的零件，电火花线切割加工出的复杂形状零件如图 6-4 所示。

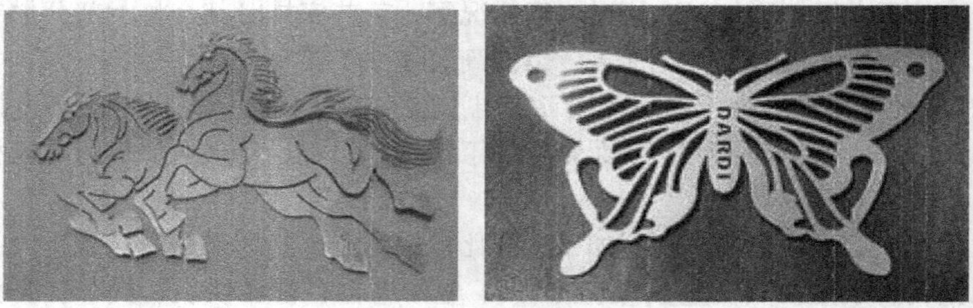

a)　　b)

图 6-4　电火花线切割加工出的复杂形状零件

第二节　水喷射加工

成语“滴水石穿”已流传几千年了，它体现了在人们眼中秉性柔弱的水本身具有的潜在威力，能够以柔克刚。然而，作为一项独立而完整的加工技术，高压水喷射加工的产生却才是最近 30 年的事。利用高压水为人们的生产服务始于 19 世纪 70 年代左右，用来开采金矿，剥落树皮。直到 20 世纪 50 年代，高压喷射切割才在前苏联出现，但第一项切割技术专利却在美国产生，即 1968 年由美国密苏里大学教授诺曼 · 弗兰兹博士获得。在最近十多年里，水喷射切割技术和设备有了长足进步，并逐步应用到工业生产中。

一、基本原理

水喷射加工原理图如图 6-5 所示。是利用从喷嘴中高速喷出的水流的冲击力破碎和去除工件材料的特种加工方法。

水喷射加工于 20 世纪 50 年代末开始应用，它利用压力为 200 ~ 400MPa（最高可达 1500MPa）的高压水，从孔径为 0.05 ~ 0.4mm 的蓝宝石或金刚石喷嘴孔中以每秒数百米至一千米以上的高速喷出，形成一股高能量密度（流速的功率密度达 $10^6 W/mm^2$）的射流冲击工件，代替金属刀具进行精密加工或切割，使材料破碎而去除，“切屑”进入液流排出，人们把它称为“水刀”。

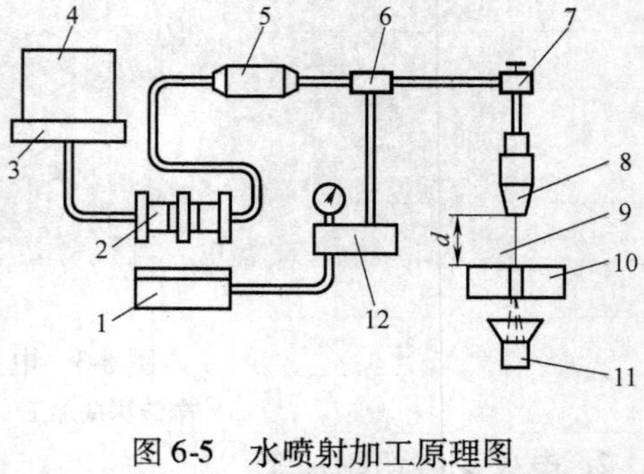

图 6-5　水喷射加工原理图

1—增压器　2—泵　3—过滤器　4—供水器
5—蓄能器　6—控制器　7—阀　8—喷嘴
9—射流　10—工件　11—排水器
12—液压装置

水喷射加工主要用于切割各种非金属材料，如塑料、橡胶、石棉、石墨、木材、胶合板、石膏、水泥、皮革和纸板等。切割厚度为几毫米至几十毫米，取决于使用的喷射压力和材料的性质。

二、水喷射加工的形式和特点

1. 水喷射加工的形式

根据不同需要，高压水喷射加工有以下三种形式：

1）纯水射流。只用水做介质，可切割软材料，如纸张、橡胶、塑料、毛毯、玻璃钢、石棉板、木材和纤维制品等，但切割力较小。

2）磨料水射流。向水中加入固体磨料颗粒，常用60~100目㊀的石榴石、石英砂和氧化铝等，可成倍提高切割力，几乎可切割所有的硬质材料，如金属、非金属、金属基及陶瓷基复合材料等，是应用最广的射流切割方法。

3）聚合物水射流。向水中加入少量高分子长链聚合物，如聚乙烯酰胺等，可提高射流密集度及射程，能切割较软或稍硬材料。

2. 水喷射切割的特点

1）切缝小，一般为0.08~0.4mm。

2）切割速度高，如切割厚度为6.4mm胶合板的切割速度达1.7mm/s。

3）切屑被液体带走，不致粉尘飞扬，因而能避免环境污染。液体喷射还可用于穿孔、切割薄金属材料、金属零件去毛刺和表面清理等。

4）加工时对材料无热影响，工件不会产生热变形和热损伤，对加工热敏感材料尤为有利。

5）可由计算机控制，实现CAD/CAM一体化。

三、材料去除速度和加工精度

切割速度主要由工件材料决定，并与所用的功率大小成正比，和材料的厚度成反比。不同材料水射流加工的切割速度见表6-1。

表6-1　不同材料水射流加工的切割速度

材料	厚度/mm	喷嘴直径/mm	压力/MPa	切削速度/$m \cdot s^{-1}$
吸声板	19	0.25	310	1.25
玻璃钢板	3.55	0.25	412	0.0025
环氧树脂石墨	6.9	0.35	412	0.0275
皮革	4.45	0.05	303	0.0091
胶质（化学）玻璃	10	0.38	412	0.07
聚碳酸酯	5	0.38	412	0.10
聚乙烯	3	0.05	286	0.0092
苯乙烯	3	0.075	248	0.0064

㊀ 目数，就是孔数，指每平方英寸上孔的数目，目数越大孔径越小。一般来说，目数×孔径（以微米为单位）=15000。

切割精度主要受喷嘴轨迹精度的影响，切缝比所用喷嘴孔径大 0.025mm。加工复合材料时，采用的射流速度要高，喷嘴直径要小，并具有小的前角，压射距离小。喷嘴越小，加工精度越高，但材料去除速度降低。切边质量受材料性质的影响很大，塑性好的材料可以切割出高质量的切边。液压过低会降低切边质量，尤其对复合材料，容易引起工件表面起鳞。进给速度低可以改善切割质量。

水中加入添加剂（丙三醇、聚乙烯、长链形聚合物）能改善切割性能和减小切割宽度。另外，压射距离对切口斜度的影响很大，压射距离越小，切口斜度也越小。高能量密度的射流束将引起温度的升高，进给速度低时有可能使某些塑料熔化，但温度不会高到影响纸质材料的切割。

四、加工设备

水喷射加工设备和元件要能够承受 400 ~ 800MPa 的系统压力。液压系统通过小的柱塞泵使液体增压到 1500 ~ 4000MPa，增压后的水，通过内外径之比达 5 ~ 10 的不锈钢管道和特殊的管道配件，再经过针形阀通过喷嘴进行加工。直径为 0.05 ~ 0.4mm 的喷嘴，喷射时会产生一股长达 30 ~ 40mm 的聚合射流。

把高压液体转变成高速射流的喷嘴，对设计者提出了苛刻的要求。为了使侵蚀最小，喷嘴材料应是耐腐蚀的，同时为了有光滑的轮廓结构，材料还应具有一定的韧性和易于机械加工。常常利用粘结的金刚石或蓝宝石作为喷嘴，并把它们放进钢套里作为镶嵌件使用，以满足强度和韧性的综合需要。此外，碳化钨和特种钢也已经成功地用于制造优质的喷嘴。

五、实际应用

水喷射加工的液体流束直径为 0.05 ~ 0.38mm，可以加工很薄、很软的金属和非金属材料，例如，铜、铝、铅、塑料、木材、橡胶、纸等七八十种材料和纸品。水喷射加工可以代替硬质合金的切槽刀具，而且切边的质量很好。所加工材料的厚度少则几毫米，多则几百毫米。例如，切割 19mm 厚的吸声天花板，采用的水压为 310MPa，切割速度为 76m/min；玻璃绝缘材料可加工到 125mm 厚。由于加工的切缝较窄，可节约材料和降低加工成本。

图 6-6　水喷射加工过程

由于加工温度较低，因而可以加工木板和纸品，还能在一些化学加工的零件保护层表面上划线。图 6-6 所示为水喷射加工过程。

第三节　超声波加工

玻璃、陶瓷脆弱得一击就碎，宝石、金刚石强硬得很难加工。可是有一种机器却能在玻璃上打出大小不同的孔来，能将金刚石制成各种形状的零件，这种机器就是超声加工机。

早在1927年，美国物理学家伍德和卢米斯就做了超声加工试验，利用强烈的超声振动对玻璃板进行雕刻和快速钻孔，但当时并未应用在工业上。1951年，美国的科恩制成第一台实用的超声加工机。

超声加工有时也称超声波加工。电火花和电化学加工都只能加工金属导电材料。然而，超声波加工不仅能加工硬质合金、淬火钢等脆硬金属材料，而且更适合于加工玻璃、陶瓷、半导体锗、硅片等不导电的非金属脆硬材料，同时还可以应用于清洗、焊接、探伤、测量、冶金等其他方面。

一、超声波加工的基本原理

人听到声音的音调高低，是由声音的频率决定的。频率越高，音调也越高，当频率高到16kHz以上时，人就听不到了，通常把人耳听不到的高频声波称为超声。“超声波”这个术语是描述高于人耳听觉频率上限的一种振动波，它通常是指频率高于16kHz以上的所有频率。超声波的上限频率范围主要取决于发生器，实际应用的最高频率的界限在5000MHz的范围以内。在不同介质中的波长范围非常广阔，例如，在固体介质中传播时，频率为25kHz的波长约为200mm，而频率为500MHz时的波长约为0.008mm。

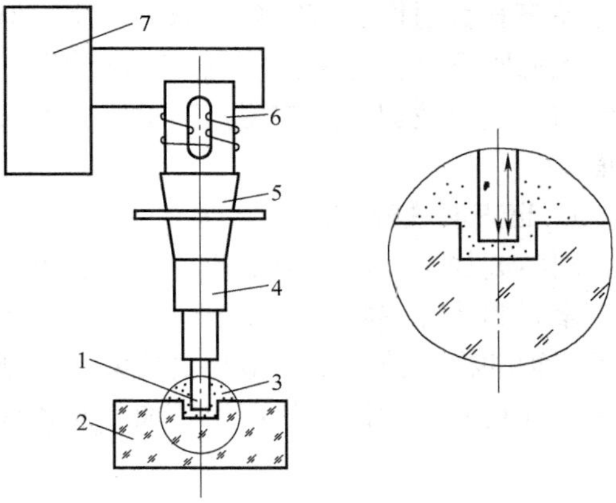

图6-7　超声波加工原理

1—工具　2—工件　3—磨料悬浮液

4、5—变幅杆　6—换能器　7—超声波发生器

超声波加工是利用工具端面作超声振动，工具将超声波的能量传递给磨料，使磨料对被加工工件进行不断的磨削来实现的。超声波加工原理如图6-7所示。加工时，工具轻轻压在工件上，在工具和工件之间加入磨料和水或煤油等液体的悬浮液，当超声换能器产生频率为16000MHz以上的超声频轴向振动时，通过变幅杆将振幅放大到0.05～0.1mm，驱动工具端面作轴向超声振动，由于超声波振动的次数多、能量大，磨粒又细，就像用细小的锉刀以很高的速度进行精雕细琢一样，因此，加工硬而脆的零件既精确又非常光洁。

二、超声波加工设备

超声波加工设备又称超声波加工装置，其组成一般包括三部分：

1. 超声发生器

将50Hz的交流电转换为有一定功率的超声频率振荡（超声电能）输出，通常为16～25kHz，以供给工具端面超声振动和去除被加工材料的能量。

2. 超声换能振动装置（超声换能器）

把超声波发生器输出的超声频电振荡转换并放大成具有一定振幅的机械振动。超声振动系统由换能器和变幅杆组成，变幅杆起着放大振幅和聚能的作用。

3. 机床本体

一般有立式和卧式两种类型，超声振动系统则相应地垂直放置和水平放置。

普通超声波加工机床一般比较简单，包括支撑声学部件的机架及工作台，使工具以一定压力作用在工件上的进给机构，以及床体等部分。图 6-8 所示是国产 CSJ—2 型超声加工机床简图。超声波振动系统安装在能上下移动的导轨上。导轨由上下两组滚动导轮定位，使导轨能灵活精密地上下移动。工具的向下进给以及对工件施加压力均靠超声波振动系统的自重，为了能调节压力大小，在机床后部可加平衡重锤，也可采用弹簧进行平衡。

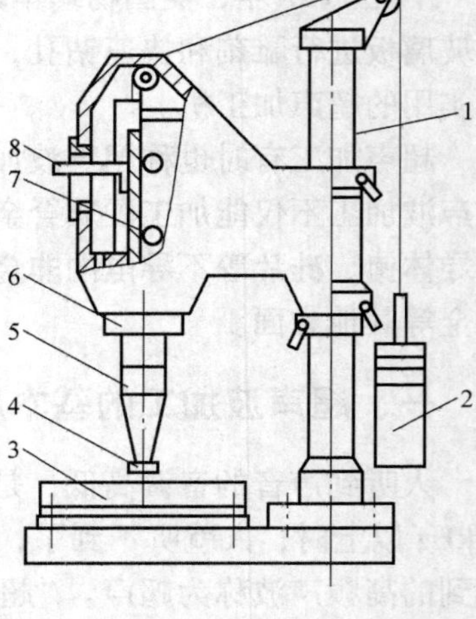

图 6-8　CSJ—2 型超声加工机床

1—支架　2—平衡重锤　3—工作台　4—工具　5—振幅扩大棒　6—换能器　7—导轨　8—标尺

三、超声波加工的应用

超声和普通声音有很多相似的性质，但由于频率非常高，人们听不到，它更像一位无声的功臣，广泛服务于各个领域。超声波加工的应用范围很广，可归纳为以下几个方面。

1. 超声波成形加工

超声波加工可用来加工各种导体、半导体、非导体材料，金属和非金属材料，如玻璃、石英、宝石、锗、硅、淬火钢、硬质合金、陶瓷等，也可进行各种冲模、拉丝模、塑料模的型孔、型腔加工，如图 6-9 所示，超声抛光光整加工，半导体材料切割加工以及超声旋转加工圆孔等。

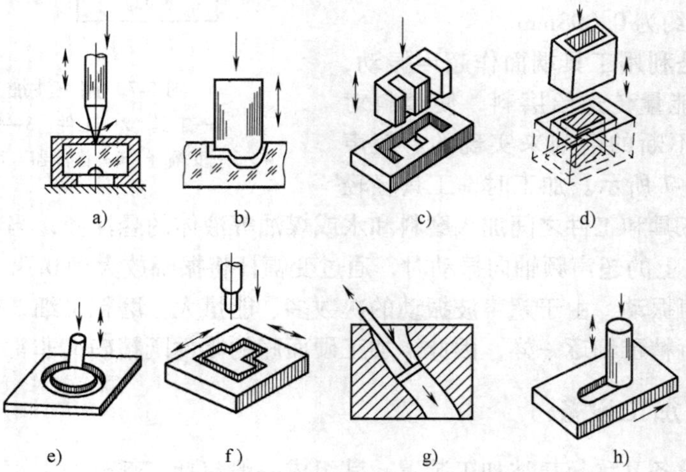

图 6-9　型孔、型腔加工

a）加工微细孔　b）加工型腔　c）加工异形孔　d）套料　e）切圆　f）复杂沟槽　g）弯曲孔　h）刻槽

2. 超声旋转加工

超声旋转加工时，工具作高速旋转运动，工具多用聚晶金刚石或电镀金刚石制成。由于有了工具旋转，增加了磨料的旋转刻划作用和表面裂纹而易于加工，提高了加工速度和加工精度，加大了加工深度，便于加工深小孔或细长的套料。超声旋转加工可进行车削、铣削和磨削加工，扩大了加工范围。

3. 超声清洗

超声振动会在液体中产生交变冲击波和空化作用。当超声波在液体中传播时，液体分子的往复高频振动会产生正负交变的冲击波，声强达到一定值时，液体中急剧增长因空化而产生的微小气泡，并瞬时强烈闭合，产生的微冲击波使被清洗零件表面的污物从被清洗表面脱离。由于空化的微小气泡数量极多，能钻到各个角落，因此能将窄缝、细小深孔、弯孔、槽等处污物清洗干净，有很好的清洗效果和很高的清洗效率。

常用的清洗液有水、汽油、煤油、酒精、丙酮等，视被清洗物而定。超声清洗常用来清洗喷丝板、手表整体机芯、喷油嘴、微型齿轮、微型轴承、印制电路板、集成电路芯片、微电子器件等。图 6-10 所示为超声清洗机。

图 6-10　超声波清洗机

4. 超声焊接

超声焊接的原理是利用超声振动去除工件表面的氧化膜，露出本体，在表面分子高速振动撞击下，摩擦发热，使两个被焊工件表面产生亲和作用而粘结在一起。

超声焊接可焊接某些金属，特别是表面易生成氧化膜的铝材，包括相同金属和不相同的成对金属，如铝—铜、铁—铜、铁—钼等，还可焊接尼龙、塑料等。并可在非金属表面上挂接一些金属，涂敷熔化金属薄层，如在陶瓷表面上挂锡、银等。

超声焊接有以下优点：

1）焊接时无需加热，对工件本身的理化性质影响很小。

2）焊接时无电弧、火焰产生，无需焊剂，故不会产生飞溅、污染、渗透等现象，使工件表面净洁美观，保持其纯洁度。

3）焊接时不通电流，不会发生熔化而烧毁工件。

4）焊接速度快，生产效率高。

5. 超声的其他应用

1）超声探伤。利用超声振动可探测零件内部的裂纹等缺陷。

2）超声测距。利用超声波的定向发射、反射特性测量零件内腔的深度和厚度。

3）超声体检。利用超声波进行人体脏器检查。

第四节　高能束加工

高能密度束流加工方法主要包括激光加工、电子束加工、离子束加工等。高能密度束流加工的共同特点：

1）加工速度快，热输入少，对工件热影响极少，工件变形小。

2）束流能够聚焦且有极高的能量密度，激光加工、电子束加工可使任何坚硬、难熔的材料在瞬间熔融汽化，而离子束加工是以极大能量撞击零件表面，使材料变形、分离破坏。

3）工具与工件不接触，无工具变形及损耗问题。

4）束流控制方便，易实现加工过程自动化。

一、激光加工

1. 激光加工的原理

激光技术是20世纪60年代出现的一门学科，它的诞生标志着人类在科学技术上的又一重大突破。激光束加工是利用能量密度很高的激光束照射工件的被加工部位，使工件材料瞬间熔化、蒸发和汽化，在汽化冲击波的作用下，将熔融的物质喷射出去，从而对工件材料进行去除加工的方法，英文简称LBM。

利用激光束可以对钢板等金属材料以及塑料和其他各种材料进行穿孔、切割和焊接等形式的加工。

从激光器输出的高强度激光经过透镜聚焦到工件上，其焦点处的功率密度高达10^7～10^{12}W/cm^2，温度高达10000℃以上，任何材料都会瞬时熔化、汽化。通常用于加工的激光器主要是固体激光器和气体激光器。使用二氧化碳气体激光器切割时，一般在光束出口处装有喷嘴，用于喷吹氧、氮等辅助气体，以提高切割速度和切口质量。

图6-11所示是一种激光加工装置，主要由CO_2激光发生器、反射镜、聚焦透镜和程序控制的*XY*轴工作台构成。

早期的激光加工由于功率较小，大多用于打小孔和微型焊接。到20世纪70年代，随着大功率二氧化碳激光器、高重复频率钇铝石榴石激光器的出现，以及对激光加工机理和工艺的深入研究，激光加工技术有了很大进展，使用范围随之扩大。数千瓦的激光加工机已用于各种材料的高速切割、深熔焊接和材料热处理等方面。各种专用的激光加工设备竞相出现，并与光电跟踪、计算机数字控制、工业机器人等技术相结合，大大提高了激光加工机的自动化水平和使用功能。

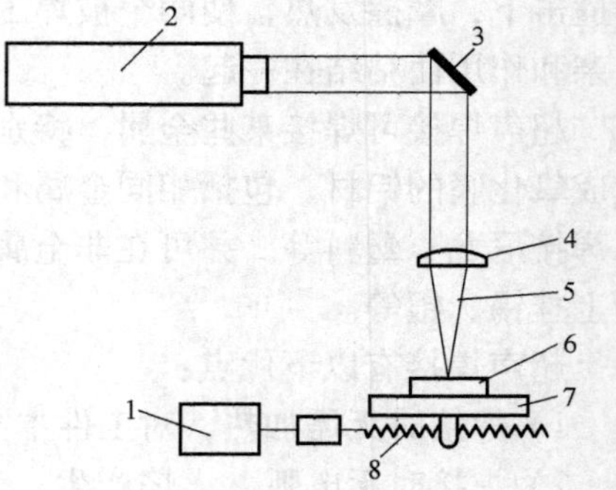

图6-11　激光加工装置

1—NC装置　2—CO_2激光发生器　3—反射镜　4—聚焦透镜　5—激光束　6—工件　7—*XY*轴工作台　8—*XY*轴伺服电动机

2. 激光加工的特点和应用

激光加工的特点是：

1）激光束能聚焦成极小的光点（达微米数量级），适合于微细加工，如微孔和小孔等。

2）激光加工的功率密度高，可高达10^8～10^{10}W/cm^2，可加工坚硬高熔点材料，如钨、钼、钛、淬火钢、硬质合金、耐热合金、宝石、金刚石、玻璃和陶瓷等。

3）激光加工所用工具是激光束，为非接触加工，无明显的机械力和工具损耗。

4）加工速度极快，对工件材料的热影响小，易于实现加工过程的自动化。

5）可在空气、惰性气体和真空中进行加工，并可通过光学透明介质进行加工。

6）生产效率高，例如，打孔速度可达每秒10个孔以上，对于几毫米厚的金属板材切割速度可达每分钟几米。

7）加工过程中产生的金属气体及火星等飞溅物必须及时抽走，操作者应戴防护眼镜。

激光加工主要用于穿孔、切割、划片、焊接、微调和动平衡校正等方面。激光打孔机如图6-12所示，激光焊接金刚石如图6-13所示。穿孔加工主要是加工小孔，孔径范围一般为0.01~1mm，最小孔径可达0.001mm，可用于加工钟表宝石轴承孔、金刚石拉丝模孔、发动机喷嘴小孔等。切割的应用也很广，不仅用于多种难加工金属材料的切割或板材的成形切割，而且大量用于非金属材料的切割，如塑料、橡胶、皮革、有机玻璃、石棉、木材、胶合板、玻璃钢、布料、人造纤维和纸板等。激光切割的优点是速度快，切缝窄（0.1~0.5mm），切口平整，无噪声。划片的应用主要是在集成电路制造中分割制成的晶片。此外，激光快速微量去除材料的这一特点，还可用于薄膜和厚膜电阻微调、乐器簧片调谐、旋转体，如透平叶轮、陀螺仪、微电动机和钟表摆轮等的动平衡校正等。激光加工还用于划线、刻标记、材料表面热处理和材料沉积等。图6-14所示是曲轴激光熔覆。

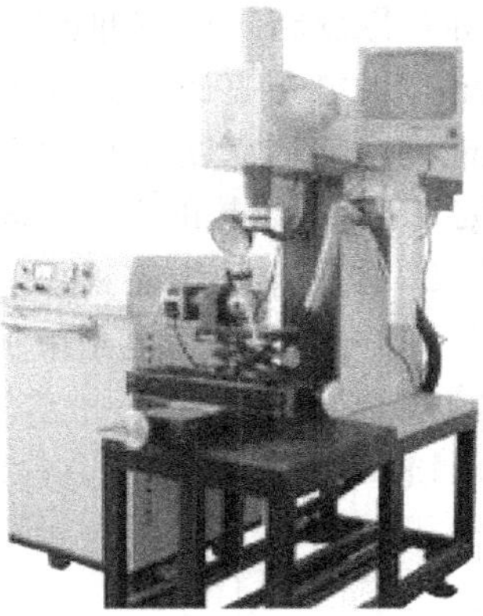

图6-12　激光打孔机

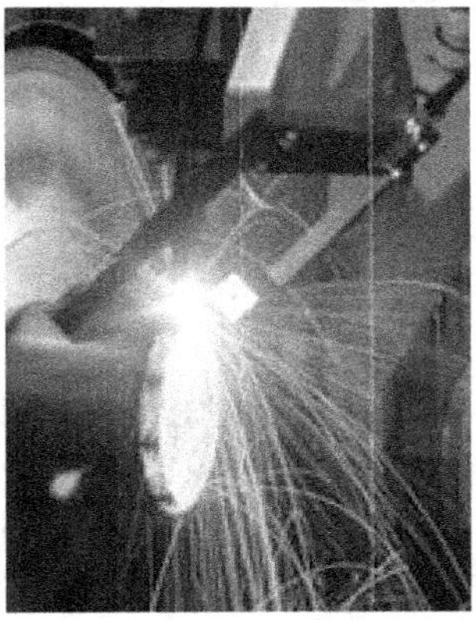

图6-13　激光焊接金刚石

图6-14　曲轴激光熔覆

二、电子束加工

利用能量密度很高的高速电子流，在一定真空度的加工舱中使工件材料熔化、蒸发和汽化而被去除的加工方法称为电子束加工。

1. 电子束的热效应及其加工原理

电子束加工原理如图6-15所示。电子束加工是利用电子束的高能量密度进行打孔、切槽、光刻、焊接、淬火等工作。

电子是一个非常小的粒子（半径为2.8×10^{-12}mm），质量很小（9×10^{-29}g），但其能量很高，可达几千电子伏（eV）。电子束可以聚焦到直径为1~2μm，因此有很高的能量密度，可达10^9W/cm^2。高速高能量密度的电子束冲击到工件材料上时，在几分之一微秒的瞬时，入射电子与原子相互作用（碰撞），在发生能量变换的同时，有些电子向材料内部深入，有些电子发生弹性碰撞被反射出去，成为反射电子，占用了一部分能量，但可以认为几乎所有的能量都变成了热能。由于电子束的能量密度高、作用时间短，所产生的热能来不及传导扩散就将工件被冲击部分局部熔化、汽化、蒸发成为雾状粒子而飞散，这就是电子束的热效应。电子束加工就是靠电子束的热效应现象对工件进行切割。高能电子束具有很强的穿透能力，穿透深度为几微米甚至几十微米，如工作电压为50kV时，加工铝的穿透深度为10μm，而且以热的形式传输到相当大的区域。

2. 电子束加工装置

图6-16所示为电子束加工装置示意图，主要由电子枪、真空系统、控制系统和电源等组成。

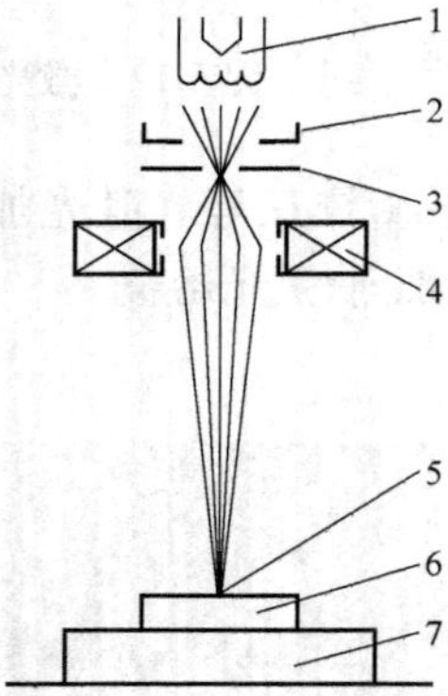

图6-15　电子束加工原理图

1—旁热阴极　2—控制栅极
3—加速阳极　4—聚焦系统
5—电子束斑点　6—工件
7—工作台

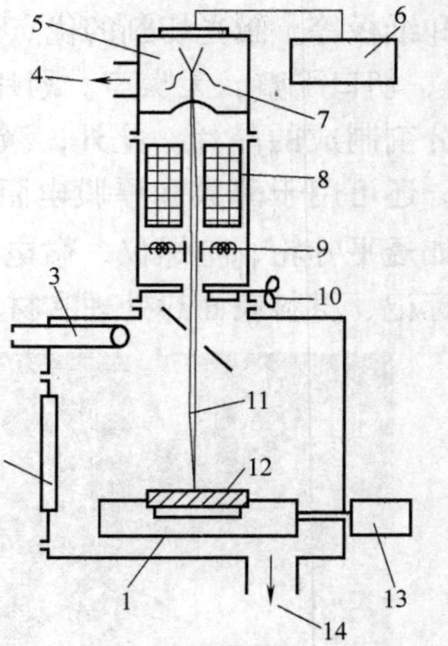

图6-16　电子束加工装置示意图

1—移动工作台　2—真空室门窗　3—观察筒
4、14—抽气　5—电子枪　6—加速电压控制
7—束流强度控制板　8—束流聚集控制
9—束流位置控制　10—更换工作用截止阀
11—电子束　12—工件　13—驱动电动机

（1）电子枪　电子枪是获得电子束的装置，包括电子发射阴极、控制栅极和加速阳极等。阴极经电流加热发射电子，带负电荷的电子在高速飞向高电位阳极的过程中，经过加速极加速，又通过电磁透镜把电子束聚焦成很小的束斑。

发射阴极一般用钨或钽作成块状阴极。控制栅极为中间有孔的圆筒形，其上加以较阴极为负的偏压，既能控制电子束的强弱，又有初步的聚焦作用。加速阳极通常接地，而阴极带有很高的负电压，所以能驱使电子加速。

（2）真空系统　真空系统的作用是保证在电子束加工时维持1.33×10^{-2}Pa～1.33×10^{-4}Pa的真空度。因为只有在高真空度中，电子才能高速运动。此外，加工时的金属蒸气会影响电子发射，产生不稳定现象，因此，也需要不断地把加工中产生的金属蒸气抽出去。

（3）控制系统和电源　电子束加工装置的控制系统包括束流聚焦控制、位置控制、强度控制及工作位移控制等。

电子束加工装置对电源的稳定性要求较高，常用稳压设备，这是因为电子束聚焦及阴极的发射强度均与电压波动有密切关系。

3. 电子束加工的特点及应用

1）束径小，能量密度高。电子束能够达到极其微细的聚焦，束径可达 0.01～100μm。同时，最小束径的电子束长度可达其束径的几十倍，故适于深孔加工。

2）被加工对象范围广。电子束加工是靠热效应和化学效应，热影响范围可以很小，又是在真空中进行，加工处化学纯度高，故适于加工各种硬、脆、韧性金属和非金属材料，热敏材料、易氧化金属及合金、高纯度半导体材料等。

3）加工速度快、效率高。

4）控制性能好，易于实现自动化。可通过磁场或电场对电子束的强度、束径、位置进行迅速准确的控制，且自动化程度高。

电子束加工的应用范围很广，可用来加工各种孔（圆孔、异形孔、盲孔、锥孔、弯孔）及狭缝等，还可进行切槽、焊接、光刻、表面改性等，它既是一种精密加工方法，也是一种重要的微细加工方法。电子束加工曲面与弯孔如图 6-17 所示，电子束加工的喷丝如图 6-18 所示。近年来，出现了多脉冲电子束照射等技术，使电子束加工有了更进一步的发展。

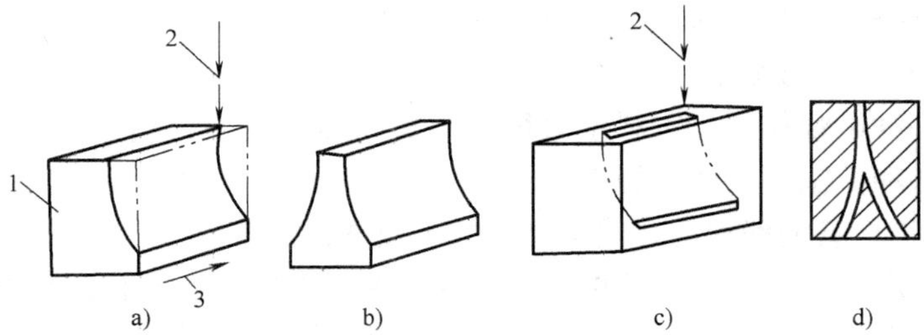

图 6-17　电子束加工曲面与弯孔
1—工件　2—电子束　3—工件运动方向

三、离子束加工

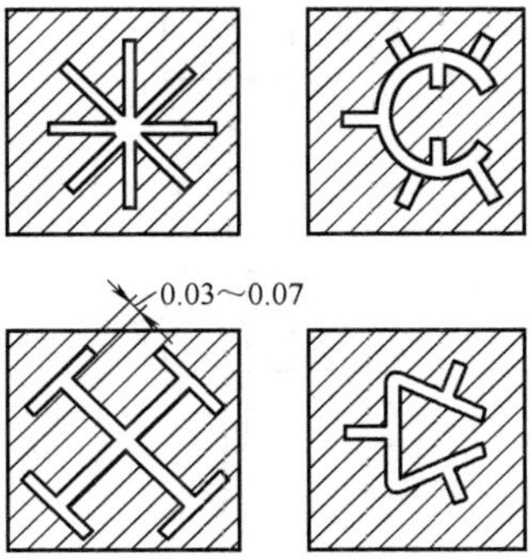

图 6-18　电子束加工的喷丝

离子束加工是利用离子束对材料进行成形和改进的加工方法。

1. 离子束加工原理和物理基础

离子束加工的原理与电子束加工原理基本类似，即在真空条件下，将离子源（离子枪）产生的离子经加速聚焦形成高能的离子束流投射到工件表面，使材料变形、破坏、分离以达到加工的目的。

离子束加工的物理基础是离子束射到材料表面时所产生的撞击效应、溅射效应和注入效应。具有一定动能的离子斜射到工件表面时，可以将表面的原子撞击出来，这就是离子的撞击效应和溅射效应。

如果将工件直接作为离子轰击的靶材，工件表面就会受到离子刻蚀，也称离子铣削；如果将工件放置在靶材附近，靶材原子就会溅射到工件表面而被溅射沉积吸附，使工件表面镀上一层靶材原子薄膜；如果离子能量足够大并垂直于工件表面撞击时，离子就会钻进工件表面，这就是离子的注入效应。

2. 离子束加工装置

离子束加工装置与电子束加工装置类似，包括离子源、真空系统、控制系统和电源等，不同部分是离子源。

离子源又称离子枪，其作用是产生离子束流。基本工作原理是，将要电离的气态原子注入电离室，然后使该气体原子经过高频放电、电弧放电、等离子体放电或电子轰击被电离为等离子体，然后在电场作用下，将正离子从离子源出口孔"引出"而形成离子束。

根据离子产生的方式和用途的不同，离子源有很多种形式，常用的有考夫曼型离子源和双等离子管型离子源两种。

3. 离子束加工的特点和应用

离子束加工有以下特点：

1）易于精确控制。可以聚焦到毫微米级的加工精度，离子镀可以控制在亚微米级精度，离子注入也可以精确地控制。可以这样说，离子束加工是所有特种加工方法中最精密、最精细的加工方法，是当代毫微米级加工（纳米加工）技术的基础。

2）加工时产生的污染小。由于离子束加工是在真空中进行的，所以污染少。特别适合易氧化的金属、合金材料和高纯度的半导体材料的加工。

3）加工应力小、变形极小，对材料适应性强。离子束加工是靠离子轰击材料表面的原子来实现的，是一种微观作用，宏观压力很小，所以加工应力，热变形极小，加工质量高，适合于对各种材料和低刚度零件的加工。

4）离子束加工设备的费用高，成本高，加工效率低。

离子束加工的应用范围正在日益扩大，主要的离子束加工方式有：离子刻蚀加工、离子镀膜加工、离子溅射沉积及离子注入加工等。图6-19所示为各类离子束加工。

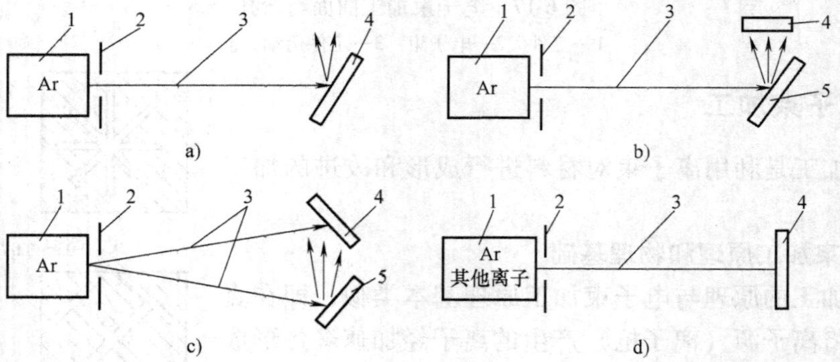

图6-19　各类离子束加工

a）离子刻蚀　b）溅射沉积　c）离子镀　d）离子注入

1—离子源　2—吸极（吸收电子，引出电子）　3—离子束　4—工件　5—靶材

第五节　快速成形技术

快速成形（Rapid Prototyping，RP）技术是由CAD模型直接驱动，快速制造任意复杂形状三维物理实体的技术。快速成形集成了机械、电子、计算机、光学、新材料等领域中的技术，与传统的去除材料加工方法相比，它是通过逐层增加材料来制造零件的。利用快速成形

技术可快速地将产品设计转化为三维实体模型或直接制造出零部件。成形材料可以是光敏树脂、塑料、纸、特种蜡、聚合物包金属粉末，以及陶瓷材料、复合材料和金属材料等。目前快速成形技术已经在航空航天、汽车、机械、电子、电器、医学、建筑、玩具、工艺品、文物保护等许多领域得到了非常广泛的应用。

一、快速成型技术流程

快速成形技术原理如图6-20所示。具体而言，快速成形的工艺流程包括如下几个步骤：

1）三维模型的构建。三维模型可以利用计算机辅助设计软件，如Pro/E，I-DEAS，Solid Works，UG等直接构建，也可以将已有产品的二维图样进行转换而形成三维模型，或对产品实体进行激光扫描、CT断层扫描，得到点云数据，然后利用反求工程的方法来构造。

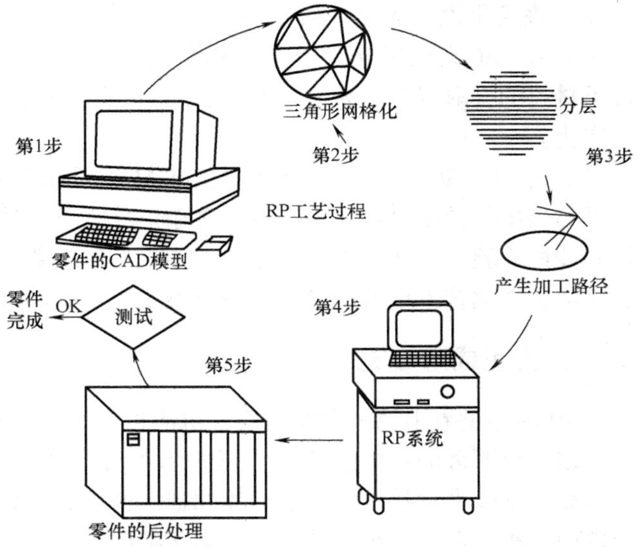

图6-20 快速成形技术原理

2）三维模型的近似处理。由于产品往往有一些不规则的自由曲面，加工前要对模型进行三角形网格化近似处理，以方便后续的数据处理工作。通过近似处理获得的三维模型文件称为STL格式文件，它由一系列相连空间三角形组成。STL格式文件格式简单、实用，目前已经成为快速成形领域的准标准接口文件。典型的CAD软件都带有转换和输出STL格式文件的功能。

3）三维模型的分层处理。根据被加工模型的特征选择合适的加工方向，并在成形高度方向上用一系列一定间隔的平面将模型切割，提取断面的轮廓信息。间隔范围一般取0.05~0.5mm。间隔越小，成形精度越高，但成形时间也越长，效率也越低。

4）成形加工。根据切片处理的断面轮廓，在计算机控制下，相应的成形头（激光头或喷头）按各断面轮廓信息作扫描运动，在工作台上一层一层地堆积材料，每层互相粘结，最终得到原型产品。

5）成形零件的后处理。从成形系统里取出成形件，进行打磨、抛光、涂挂，或放在高温炉中进行后烧结，进一步提高其强度。

二、快速成形的特点

快速成形技术的出现，开辟了不用刀具、模具制作原型和各类零部件的新途径，也改变了传统的机械加工去除式的加工方式，带来了制造方式的变革。从理论上讲，添加成形方式可以制造任意复杂形状的零部件，材料利用率可达100%。和传统制造技术相比，快速成形技术具有如下特点：

（1）简易性　由于采用离散/堆积成形的原理，将一个十分复杂的三维制造过程简化为二维过程的叠加，可实现对任意复杂形状零件的加工。越是复杂的零件越能显示出 RP 技术的优越性。RP 技术特别适合于复杂型腔、复杂型面等传统方法难以制造甚至无法制造的零件。

（2）快速性　由 CAD 模型直接驱动产品制造，在很短的时间内就可制造出零件实体，避免了传统方法中的毛坯制造、工艺规划、工装夹具设计、机械加工等一系列过程。互联网技术使得快速成形方法便于实现远程制造。

（3）高度柔性　无需任何专用夹具或工具即可完成复杂的制造过程。

（4）技术的高度集成性　快速成形是计算机、数控、激光、新材料等技术的高度集成，实现了材料的提取（气、液、固相）过程与制造过程一体化，设计（CAD）与制造（CAM）的一体化。

（5）应用领域广泛　与三维测量、CAD、反求工程等技术相结合，可实现产品快速开发。可实现单件及小批量零件制造、复杂形状零件制造、模具设计与制造、产品设计的外观评估和装配检验、快速反求与复制等。不仅在制造业具有广泛的应用，而且在材料科学与工程、医学、文化艺术以及建筑工程等领域也有广阔的应用前景。

三、快速成形工艺

从 1988 年世界上第一台快速成形机问世以来，快速成形制造技术的工艺方法已有十余种。根据成形原理的不同，快速成形技术可分为两类：一是基于激光及其他光源的成形技术，例如，立体光刻技术、分层实体制造、选区激光烧结等；二是基于喷射的成形技术，例如，熔融沉积成形、三维立体印刷、多相喷射沉积等。这两类方法的共同点为，均采用分层累积成形，并根据三维 CAD 模型切片后得到的断面轮廓数据，完成每一层的加工。

1. 分层实体制造工艺

分层实体制造（Laminated Object Manufacturing，LOM）又称叠层实体制造或薄形材料选择性切割，由美国 Helisys 公司 Michael Feygin 于 1986 年研制成功，并推出商品化的机器 LOM—1050 和 LOM—2030 等。

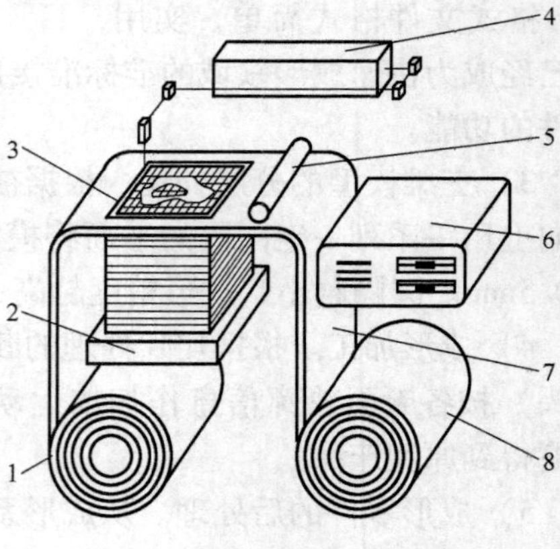

图 6-21　LOM 工艺原理图
1—收料轴　2—升降台　3—加工平面　4—CO_2 激光器　5—热压辊　6—控制计算机　7—料带　8—供料轴

（1）工艺原理与过程　分层实体制造工艺采用的是薄片材料，如纸、塑料薄膜等。片材表面事先涂覆上一层热熔胶。图 6-21 所示为 LOM 工艺原理图。加工时，热压辊热压材料，使之与下面已成形的工件粘结。用 CO_2 激光器在刚粘结的新层上切割出零件断面轮廓和工件外框，并在断面轮廓与外框之间多余的区域内切割出上下对齐的网格；激光切割完成后，升降台带动已成形的工件下降，与带状片材（料带）分离；供料机构转动收料轴和供料轴，带动料带移动，使新层移到加工区域；升降台上升到加工平面；热压辊热压，工件的层数增加一层，高度增加一个料厚；再在新层上切割断面轮廓。如此反复直至零件的所有断面切割、粘结完，最后将不需要的材料剥离，得到三维实体零件。图 6-22 所示为 LOM 工艺的基本过程。

将废料剥离后，需将原型件抛光、涂漆，以防零件吸潮变形，同时也得到了一个美观的外表。LOM 工艺多余材料的剥落是一项较为复杂而细致的工作。

（2）分层实体制造工艺的特点及应用　与其他快速成形工艺方法相比，分层实体成形方法具有以下特点：

1）制件精度高（误差 <0.15 mm）。这是因为在薄形材料选择性切割成形时，在原材料中，只有极薄的一层胶发生状态变化，即由固态变为熔融态，而主要的基底材料仍保持固态不变，因此翘曲变形较小，无内应力。

2）分层实体制造中激光束只需按照分层信息提供的断面轮廓线切割而无需对整个断面进行扫描，且无需设计和制作支撑，所以制作效率高、成本低。结构制件能承受高达 200℃ 的温度，有较高的硬度和较好的力学性能，可进行各种切削加工。

3）由于材料质地原因，加工的原型件抗拉性能和弹性不高；易吸湿膨胀，需进行表面防潮处理；薄壁件、细柱状件的废料剥离比较困难；工件表面有台阶纹，需进行打磨处理。

LOM 成形件主要用于：

1）直接制作纸质功能制件，用作新产品开发中工业造型的外观评价、结构设计验证。

2）利用材料的黏结性能，可制作尺寸较大的制件，也可制作复杂薄壁件。

3）通过真空注塑机制造硅橡胶模具，试制少量新产品。

4）快速制模。

由于作为 LOM 工艺主要材料的纸，性能一直没有提高，以至该工艺逐渐走入没落，大部分厂家已经或准备放弃该工艺。目前，以金属薄板为基体材料的金属零件的 LOM 工艺正在研究和完善之中。

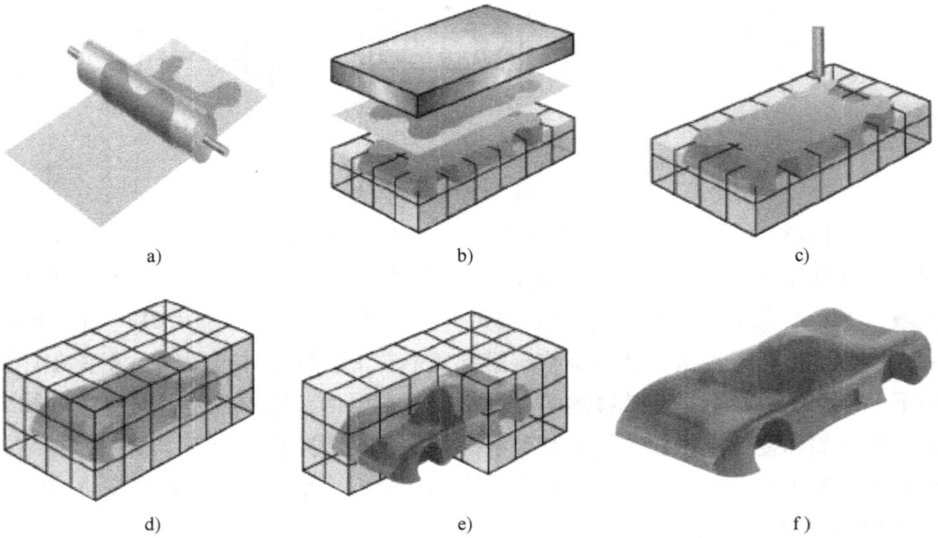

图 6-22　LOM 工艺的基本过程

a）铺纸　b）压紧黏合　c）切割轮廓线　d）切割完成

e）剥离　f）最终原型件

2. 三维打印

三维打印（Three Dimension Printing，3DP）技术由美国麻省理工学院开发和研制，并由美国 Z Corporation 公司申请获得专利。目前，该公司推出了系列的 3DP 快速原型设备。

（1）3DP 快速成形原理　3DP 技术也被称为三维印刷或喷涂黏结，是一种高速多彩的快速成形技术。3DP 技术采用粉末材料成形，如陶瓷粉末、金属粉末等，通过喷头喷出的黏结剂（如硅胶）将零件的轮廓断面“印刷”在材料粉末上面并黏结成形。用黏结剂黏结的零件强度较低，还需后处理。先烧掉黏结剂，然后在高温下渗入金属，使零件致密化，提高强度。

三维打印快速成形机的成形源为喷头，喷头可以作 *X*-*Y* 平面运动，工作台沿 *Z* 方向进行垂直运动。喷头吐出的材料不是油墨，而是熔化的热塑性材料、蜡或黏结剂等。三维打印快速成形机主要有三维喷涂黏结（也称粉末材料选择性黏结）和喷墨式三维打印两类。

三维喷涂粘结采用的原材料包括陶瓷、金属、塑料的粉末，也可以直接逐层喷陶瓷粉浆，技术关键是配制合乎要求的黏结剂。图 6-23 所示为 3DP 工艺原理。

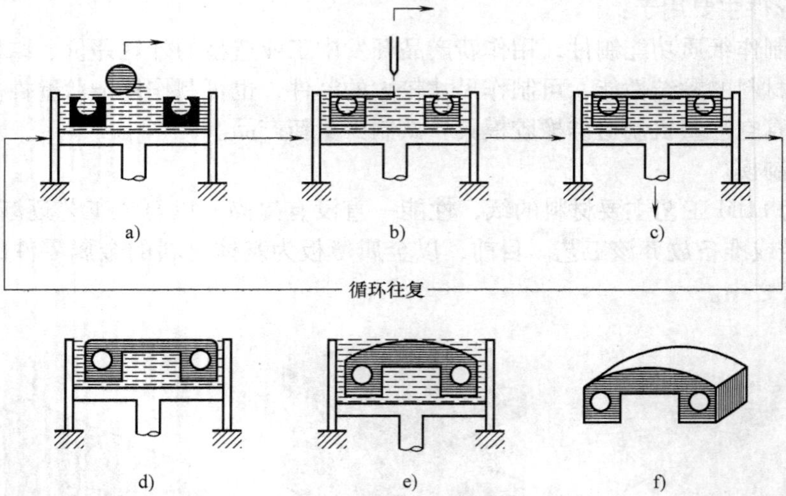

图 6-23　3DP 工艺原理

a）铺撒粉末　b）单层印刷　c）活塞下降　d）中间阶段　e）印刷最后一层　f）零件成品

首先铺粉或薄层基底（如纸张），利用喷嘴将液态黏结剂喷在预先铺好粉层或薄层基底上的特定区域，上一层黏结完毕后，成形缸下降一个距离（等于层厚：0.013～0.1 mm），供粉缸上升一高度，推出若干粉末，并被铺粉辊推到成形缸上，铺平并被压实。喷头在计算机控制下，按照下一断面的成形数据有选择地喷射黏结剂建造层面。铺粉辊铺粉时多余的粉末被集粉装置收集。如此周而复始地送粉、铺粉和喷射黏结剂，最终完成一个三维粉体的黏结。未被喷射黏结剂的地方为干粉，在成形过程中起支撑作用，且成形结束后，比较容易去除。

（2）3DP 快速成形技术的优缺点

1）3DP 快速成形技术的优点：

①　易于操作，工艺过程较为清洁。

②　可使用多种粉末材料，也可采用各种色彩的黏结剂，可以制作彩色原型，这是该工

艺最具竞争力的特点之一。

③ 不需支撑，成形过程不需要单独设计与制作支撑，多余粉末的支撑去除方便，因此尤其适合于内腔复杂的原型制作。

④ 成形速度快。

⑤ 不需要激光器，设备价格比较低廉。

2）3DP 快速成形技术的缺点：

① 精度和表面粗糙度不太理想，可用于制作概念模型，不适合构建结构复杂和细节较多的薄型制件。

② 由于黏结剂从喷嘴中喷出，黏结剂的黏结能力有限，原型的强度较低。

③ 原材料价格昂贵。

（3）3DP 快速成形技术的应用 图 6-24 所示为 3DP 快速成形技术制作的产品。

图 6-24 3DP 快速成形技术制作的产品

第六节 机械制造的未来

20 世纪是科学技术空前辉煌的世纪，人类创造了历史上最为巨大的科学成就和物质财富。这些成就深刻地改变了人类生产和生活的方式及质量，同时也深刻地改变了人类的思维观念和对世界的认识，并将继续改变世界的面貌，不断地推动社会的发展。

生产的意义在于创造生活。人制造了机器，机器改变了人类生活，从这个意义上来说，人类的生活是制造出来的。制造成为现代生活的源泉，或者说生活源于制造。

过去的一个世纪人类有很多值得回忆的东西，其中许多伟大的科技发明和创新使人们的生活发生了翻天覆地的变化，思想者的预言常常成为现实。美国科学家富兰克林曾经讲过："将来人类的知识将会大大增长，今天我们想不到的新发明将会屡屡出现，我有时候几乎后悔我自己出生过早，以致不能知道将要出现的新事物"。他的话说得不错。近 100 年来，人类的科技只能用突飞猛进这样的词汇来形容，如果让一个 1900 年的发明家来看今天的世界，他会认得汽车、电话、飞机，他也能想象出宇宙飞船、深海潜艇，但他绝对会对计算机、互联网、基因工程、核能一无所知。现在，知识爆炸给了人类前所未有的自信和乐观，有位作家这样写："我真诚地相信，我们生活在人类历史上最伟大的知识时代，没有任何事物我们不了解"，"只要是人能想到的事，总有人能做到"。20 世纪科技的发展使这句话越来越像真理。科技进步彻底改变了人类的生存方式，也使人类思考的方向有所变化。

进入 21 世纪，制造业将向数字化、网络化、虚拟化、全球化的方向发展，未来制造技术发展的总趋势则是向精密化、柔性化、智能化、集成化、网络化方向发展。特别是以微电子技术为代表的高技术正在更新制造技术和改造制造业，导致了制造业逐步向智能、精密、微细、多学科交叉、系统化、自动化的先进技术和先进制造生产模式的方向发展，使制造业经历着一场深刻的技术革命。今日的制造技术已发展成为一个涵盖整个机械工程，横跨多个学科、且高度复杂的集成技术，它使制造业逐步从单纯的制造技艺发展成为一个左右人类制造活动的综合的应用科学——制造科学。

而未来的 10 ~ 20 年，科学技术会在许多领域出现爆炸性突破和扩展，这已经毋庸置疑。也许有朝一日人脑与电脑能结为一体；也许人们能在火星上定居；也许每个人都能克隆备用的器官；也许……。

让我们一起来展望未来机械制造技术发展趋势，跨入知识经济的新时代。

一、纳米制造

自古以来，人们就对微小世界充满好奇。由于微小世界中物体的体积极小，它们所能包容的空间又极其狭小，人们难以直接进入其内部去了解它们，有些物体甚至用肉眼还观察不到。因此，对于人类来说，微小世界与天体、宇宙等宏大世界一样，是那么神秘莫测，那么充满诱惑！

1. 微制造

1997 年 1 月 7 日美国《基督教科学箴言报》报道，一位科学家使用军事技术，找到了一种将价值 4 万美元的高级雷达系统缩小为售价 10 美元、体积不大于一摞纸牌的微型雷达的办法。这种微型雷达带来了某些连发明者本人、劳伦斯-利弗莫尔国立实验所电子工程师汤姆 · 麦克尤恩也始料不及的结果。事实上，先后有 200 多家公司与他接洽，提出了利用这种微型雷达制造玩具、自动开门器、地雷探测器、高尔夫球自动拾捡装置和汽车雷达的种种设想，一些项目已开始实施。微型雷达的例子向人们展示了机器小型化的意义：机器的便携化，使过去庞大的机器能够走进人们的生活。实际上，小型化极限制造技术的发展将把人们带入一个微型机器的世界，微机器的发展正在成为信息时代的必然趋势。

微机器一直存在于自然界、细胞和微小的生物体中。例如，一个细菌能在大约 20min 之内自行复制出来；在细胞内，细胞器像机器一样制造蛋白质；DNA 就是一台自行复制的原子机器，而这类天然机器有规律地制造植物、动物和人。今天的遗传工程师已经能改编细胞程序，使之制造新蛋白质。他们在分子水平上进行工作，用数以千计的原子创造了较大的老鼠和产奶多的母牛。1987 年，国际商用机器公司的三名科学家，用扫描隧道显微镜拍摄了一张实际的单个分子照片。由于此举，理想就有了实现的可能。最终的设计极限是要一次操作一个原子，并制造出甚至更小的发动机、原动机、传感器和工具。当然，这些机器是架设在科技和经济之间的桥梁的最远桥段，人类涉足其上还需时日，其技术支撑是“纳米技术”。一纳米是十亿分之一米或千分之一微米。例如，一个典型的原子是 0.2nm，而句子结尾的句号的尺度大约是 70 万纳米。如果假设的纳米机器真正达到这个设计极限，那它们将可以逐个把原子组装起来。纳米技术是一门用单个原子和分子建造物体的科学，这项技术希望实现的最终目标是进一步促进微型化机器的发展。

几十年来，科学技术一直进行着“自上而下”的微型化。人们设计了由越来越小的微型芯片驱动的越来越小的机器，里面装满了越来越小的晶体管。与此相反，纳米技术专家们相信一种“自下而上”的方法。他们说，以原子和分子为例，一般可以把它们制成大一些的物体，例如，超强度材料、设计师们使用的原料，甚至还有微型机器人。纳米技术专家们的想象哪怕实现一部分，人类的未来就会变得非常富有戏剧性。

2. 纳米加工

近年来，随着半导体制造技术和超精密测量技术的迅速发展，加工制造精度越来越高，加工尺寸越来越小，机械结构越来越细。纳米加工技术已成为现代科技研究的前沿，成为世界各先进工业国家科技发展竞争的科技高峰之一。所谓纳米加工技术是加工精度为1nm，即10^{-9}m的制造技术的总称。众所周知，固体物质的原子晶格的大小为0.3nm数量级，因此，纳米数量级尺寸的加工精度已接近加工精度的极限，也可称为原子技术或终极技术。

纳米加工技术是纳米技术的核心之一。利物浦大学在纳米光刻和纳米加工技术方面取得了重大突破。该大学的电子束纳米蚀刻法可在纳米级规模上刻划栅线、钻孔、切削和构造表面形貌。利用电子束蚀刻技术可将大英百科全书的所有目录写在一个大头针针尖般大小的物体上；在脆性材料（如玻璃、工业陶瓷等）加工方面，克兰菲尔德精密工程研究所研制了一台高刚度、超精密的七坐标CNC金刚石磨床，用于脆性材料的纳米磨削。

超精密测量技术与纳米加工技术是密切相关、互相促进的。在超精密测量方面，英国的很多进展是令人瞩目的。例如，英国国家物理实验室研制了一种用于超光滑表面粗糙度测量的干涉偏振系统，其垂直灵敏度为0.1μm，横向分辨率为1μm，垂直方向的重复性为0.1μm。剑桥大学研制的扫描隧道式显微镜（STM）和原子力显微镜（AFM）都是在原子级分辨水平上定量研究表面结构的技术。

纳米加工技术的核心是超精密加工，特别是半导体制造和近年发展起来的微型机械及机电系统，其主要技术关键是微细尺寸加工。例如，高集成度的超大规模集成电路线宽达到亚微米级时，则要求采用<10nm的加工精度的加工技术。又如，CD密纹磁盘、VCD影碟等机电产品，塑料圆盘上的微细记录线宽0.7μm、深0.1μm，这种要求极高的存储音像信息的高密度、高微细尺寸的沟纹，要求用加工精细的模具来压印成形。电视录像机主轴晃动误差要求10～100nm，其带轮锥度形状误差要求50～100nm。陀螺仪轴承要求晃动误差<10nm。加工制作在毫米以下的稍微复杂一点的结构，用机械加工的方法是不可能实现的，特别是制造复合结构。当今比较成熟的是硅纳米加工技术，用改进的半导体工艺像集成电路那样制造机械零部件，还可将电路、电子器件、光路、光学器件集成制造在同一硅片上，制造微型机械、传感器、执行器和机电系统，实现光机电一体化。近年来发展十分迅速，且正面临新突破的微型机械，将开创一个机电一体化的新纪元，促进机电光计算机一体化的新发展。

美国《科学》杂志报道说，美国西北大学化学系教授英金等人研制成了纳米光刻机，其刻笔笔尖可以“浸”入有机分子池中，刻画出15nm线宽的图形。这项发明被认为是纳米技术研究的重大突破。

目前制造半导体芯片的光刻法正面临新的挑战，最先进的光刻设备，仅能达到130nm线宽。但英金发明的光刻机，可以产生比传统的光刻法小几个数量级的微电路。该研究小组利用这种纳米光刻机刻绘出拥有15nm线宽的八个相同图形。英金认为，最终将有可能刻画出1nm线宽的图形，这相当于DNA链直径的一半。英金认为，尽管纳米光刻机将不会很快取代现有的光刻方法，但未来几年，如能扩大使用几百个或几千个这种光刻机，则可在很多领域中得到应用。利用原子力显微镜可操作这些纳米光刻机，也为在很小尺寸材料上，特别是生物材料上刻绘图形提供了廉价的方法。该项研究工作更重要的意义在于，光刻机能成功地用于化学和生物实验的其他分子。斯坦福大学纳米技术专家奎特说，如果将纳米光刻机应用的规模扩大，并使运行速度加快，那将开辟新的前沿技术。科学家们能快速测试化学反应，鉴别出引发疾病的各种病毒，试验它们对药物的灵敏性，这会导致出现新的疗法或诊断工具。英金认为，如果最终能将图形的线宽刻绘到5～10nm大小，这种方法可从遗传学角度精确地标出身体的异常部位，设计和实验合成抗体。

3. 微机电系统（MEMS）

早在1959年就有科学家提出微型机械的设想，1962年第一个硅微型压力传感器问世。其后开发出尺寸为50～500μm的齿轮、齿轮泵、气动涡轮及联接件等微型机构。1987年美国加州大学伯克利分校研制出转子直径为60～120μm的硅微型静电电动机，1993年ADI公司生产制造出微型加速度计，并大批量用于汽车防撞气囊。2000年，质量仅200多克的微卫星上天，2001年用于人体肠道检查的胶囊式微型摄像—无线通信系统问世。这些都充分显示出利用微加工工艺制作微小可动机构并与集成电路兼容、制造微小系统的潜力。因此，微系统技术受到了世界各国，特别是工业先进国家广泛的关注。美国率先推出了以集成电路加工技术为基础的硅基微加工技术，美国国家自然基金会（NSF）优先支持微纳米技术的发展；德国提出了LIGA（基于X射线光刻技术的加工技术）技术；日本通过其“微机械十年计划”（1991年起投资2.5亿美元）大力发展精密机械技术。在我国微系统技术虽然起步较晚，但所取得的初步成果不少，如微传感器、生物芯片、微操作系统技术等均得到了相当的发展。当然，与先进工业国家相比我国的差距仍然不小，特别是在微制造技术、装备和系统封装、测试、MS/CAD等方面。

微机电系统（MEMS）是目前工业发达国家所高度关注的一项前沿科技，甚至可以说是制造业前沿科技产品发展的一个焦点。例如，在信息领域中的分子存储器、芯片加工设备；生命领域中的克隆技术、基因操作系统；军事武器中的精确制导、精确打击技术，窃听技术。美国MIT人工智能实验室正在研制一种“蚊子机器人”用于收集情报和窃听。航空航天领域中的微型飞机、微型卫星、“纳米”卫星（质量在0.1kg以内）；微型机器人领域中的脑外科手术。日本制定了采用“机器人外科医生”的计划，并正在开发能在人体血管中穿行、用于发现并杀死癌细胞的超微型机器人，进入人体内发现并杀死癌细胞等。MEMS可以完成特种动作并实现特种功能，可以沟通微观世界与宏观世界，其深远意义难以估量。

2002年，美国伯克利大学不仅制造了直径为300μm的镜头，并配以微米级探针的微米级显微镜，可深入植物细胞内观察，而且正在开发镜头直径为500nm的纳米级显微镜。2002年美国康纳尔大学还宣布研制出原子级纳米“晶体管”，可以说，由单个原子输送电流的“晶体管”这还是首次，被评为2002年世界十大科技新闻之一。

微机电系统技术的重要特征有：

（1）产品微型化　产品微型化是微系统的最显著的特征，但是它不是传统机电系统的体积的简单缩小。它在力、运动原理，材料特性、加工工艺等方面都发生了明显的变化。例如，黏性力、弹性力、表面张力、静电力这些在宏观领域内作用微小的力在微系统中可能起到重要作用，而惯性力、电磁力这些在宏观领域内影响较大的力的作用则明显变小。

（2）材料微小化　在微系统中，材料性能发生了变化。传统的材料理论和研究方法已不完全适合微材料特性研究，加工方法也不一样。

（3）制造微细化　产品的微型化必定导致制造的微细化，传统加工工艺手段已不再适应，取而代之的是微细加工、微测试、微组装与微封装、微制造平台及环境支撑技术等全新的加工工艺和手段。

（4）学科综合化　微系统是建立在多学科交叉、综合的基础之上的，它综合体现了各相关学科领域发展的前缘。

(5) 应用广泛化 微系统的应用非常广泛，涉及生物医学领域、信息通信领域、航空航天领域、流体控制领域、微型机器人等。

二、虚拟制造

虚拟与现实两词具有相互矛盾的含义，把这两个词放在一起，似乎没有意义，但是科学技术的发展却赋予了它新的含义。虚拟现实的明确定义不太好说，按最早提出虚拟现实概念的学者 J·Laniar 的说法，虚拟现实，又称假想现实，意味着“用电子计算机合成的人工世界”。由此可以清楚地看到，这个领域与计算机有着不可分离的密切关系，信息科学是合成虚拟现实的基本前提。

1. 虚拟现实（Virtual Reality）

虚拟现实技术是使用感官组织仿真设备和真实或虚幻环境的动态模型生成或创造出人能够感知的环境或现实，使人能够凭借直觉作用于计算机产生的三维仿真模型的虚拟环境。基于虚拟现实技术的虚拟制造技术是在一个统一模型之下对设计和制造等过程进行集成，它将与产品制造相关的各种过程与技术集成在三维的、动态的仿真真实过程的实体数字模型之上。其目的是在产品设计阶段，借助建模与仿真技术及时地、并行地、模拟出产品未来制造过程乃至产品全生命周期的各种活动对产品设计的影响，预测、检测、评价产品性能和产品的可制造性等，从而更加有效地、经济地、柔性地组织生产，增强决策与控制水平，有力地降低由于前期设计给后期制造带来的回溯更改，达到产品的开发周期和成本最小化、产品设计质量的最优化、生产效率的最大化。

生成虚拟现实需要解决以下三个主要问题：

1）以假乱真的存在技术。即怎样合成对观察者的感官器官来说是与实际存在相一致的输入信息，也就是如何可以产生与现实环境一样的视觉，触觉，嗅觉等。

2）相互作用。观察者怎样积极和能动地操作虚拟现实，以实现不同的视点景象和更高层次的感觉信息。实际上也就是怎么可以看得更像，听得更真等。

3）自律性现实。感觉者如何在不意识到自己动作、行为的条件下得到栩栩如生的现实感。

今天，虚拟现实已经发展成为一门涉及计算机图形学、精密传感机构、人机接口及实时图像处理等领域的综合性学科。虚拟现实技术分虚拟实景（境）技术，如虚拟游览故宫博物院，与虚拟虚景（境）技术，如虚拟现实环境生成、虚拟设计的波音 777 飞机等两大类。虚拟现实技术的应用领域和交叉领域非常广泛，几乎到了无所不包、无孔不入的地步，在虚拟现实战场环境，虚拟现实作战指挥模拟，飞机、船舶、车辆虚拟现实驾驶训练，飞机、导弹、轮船与轿车的虚拟制造（含系统的虚拟设计），虚拟现实建筑物的展示与参观，虚拟现实手术培训，虚拟现实游戏，虚拟现实影视艺术等方面的应用和产业的形成都有强烈的市场需求和技术驱动。

2. 虚拟制造的定义

虚拟制造（Virtual Manufacturing，VM）技术是制造技术与仿真技术相结合的产物。尽管虚拟制造的出现只有短短的几年时间，但它对制造业的革命性的影响却很快地显示出来。典型的例子是波音 777 客机，其整机设计、部件测试、整机装配以及各种环境下的试飞均是在计算机上完成的，使其开发周期从过去 8 年时间缩短到 5 年。

因此，近几年，工业发达国家均着力于虚拟制造的研究与应用。在美国，NIST（National Institute of Standards and Technology）正在建立虚拟制造环境，称之为国家先进制造测试床（National Advanced Manufacturing Testbed，NAMT），波音公司与麦道公司联手建立了MDA（Mechanical Design Automation）；在德国，Darmstatt技术大学Fraunhofer计算机图形研究所也成立了研究机构，开展虚拟制造技术的研究。

佛罗里达大学Gloria J · Wiens对虚拟制造的定义是：虚拟制造是这样一个概念，即与实际一样在计算机上执行制造过程，其中虚拟模型是在实际制造之前用于对产品的功能及可制造性的潜在问题进行预测。该定义强调VM“与实际一样”，“虚拟模型”和“预测”，实际上是着眼于结果。

虚拟制造是实际制造过程在计算机上的本质实现，即采用计算机仿真与虚拟现实技术，在计算机上群组协同工作，实现产品的设计、工艺规划、加工制造、性能分析、质量检验，以及企业各级过程的管理与控制等产品制造的本质过程，以增强制造过程各级的决策与控制能力。

可以看到，“虚拟制造”虽然不是实际的制造，但却实现了实际制造的本质过程，是一种通过计算机虚拟模型来模拟和预估产品功能、性能及可加工性等各方面可能存在的问题，提高人们的预测和决策水平，使得制造技术走出主要依赖于经验的狭小天地，发展到了全方位预报的新阶段。

3. 虚拟制造的特点

产品与制造环境是虚拟模型，在计算机上对虚拟模型进行产品设计、制造、测试，甚至设计人员或用户可“进入”虚拟的制造环境检验其设计、加工、装配和操作，而不依赖于传统的原型样机的反复修改；还可将已开发的产品（或部件）存放在计算机里，不但大大节省仓储费用，更能根据用户需求或市场变化快速改变设计，快速投入批量生产，从而能大幅度压缩新产品的开发时间，提高质量、降低成本；可使分布在不同地点、不同部门的不同专业人员在同一个产品模型上同时工作，相互交流，信息共享，减少了大量的文档生成及其传递的时间和误差，从而使产品开发以快捷、优质、低耗响应市场变化。

4. 虚拟制造的内涵

按照与生产各个阶段的关系，可以将虚拟制造分成三类，即以设计为核心的虚拟制造（Design Centered VM）、以生产为核心的虚拟制造（Production Centered VM）和以控制为中心的虚拟制造（Control Centered VM）。

以设计为核心的虚拟制造把制造信息引入到整个的设计过程，通过增加制造信息到集成产品开发过程中并在计算机中仿真多种制造方案，为设计者提供了一个设计产品和评估产品可制造性的环境。以生产为中心的虚拟制造是通过增加仿真能力到生产过程模型，达到方便和快捷地评价多种加工过程的目的。它为工艺计划和生产计划的生成、工艺资源的要求以及对这些计划的评价提供了一个环境。以控制为中心的虚拟制造是通过增加仿真到控制模型和实际的生产过程，模拟实际的车间生产，评估车间生产活动，达到优化制造过程的目的。

虚拟制造从根本上讲就是要利用计算机生产出虚拟产品。不难看出，虚拟制造技术是一个跨学科的综合性技术，它涉及到仿真、可视化、虚拟现实、数据继承、优化等领域。

5. 虚拟制造的体系结构

从产品生产的全过程来看，虚拟制造应包括产品的可制造性、可生产性和可合作性。

“可制造性”系指所设计的产品（包括零件、部件和整机）的可加工性（铸造、冲压、焊接、切削等）和可装配性；而“可生产性”系指在企业已有资源（广义资源，如设备、人力、原材料等）的约束条件下，优化生产计划和调度，以满足市场或顾客的要求。虚拟制造还可给被誉为21世纪的制造模式——敏捷制造提供支持，即为企业动态联盟（Virtual Enterprise，VE）的可合作性提供支持。

6. 虚拟制造的发展

虚拟制造技术的应用将会对未来制造业的发展产生深远影响，它的重大作用主要表现为：

1）运用软件对制造系统中的五大要素（人、组织管理、物流、信息流、能量流）进行全面仿真，使之达到了前所未有的高度集成，为先进制造技术的进一步发展提供了更广大的空间，同时也推动了相关技术的不断发展和进步。

2）可加深人们对生产过程和制造系统的认识和理解，有利于对其进行理论升华，更好地指导实际生产，即对生产过程、制造系统整体进行优化配置。

3）在虚拟制造与现实制造的相互影响和作用过程中，可以全面改进企业的组织管理工作，而且对正确作出决策有不可估量的影响。例如，可以对生产计划、交货期、生产产量等作出预测，及时发现问题并改进现实制造过程。

4）虚拟制造技术的应用将加快企业人才的培养速度。人们都知道模拟驾驶室对驾驶员、飞行员的培养起到了良好作用，虚拟制造也会产生类似的作用。例如，可以对生产人员进行操作训练、异常工艺的应急处理等。

虚拟制造是虚拟现实技术和计算机仿真技术在制造领域的综合发展及应用，是敏捷制造的核心技术。虚拟制造技术的广泛应用将从根本上改变现行的制造模式，对相关行业也将产生巨大影响，可以说虚拟制造技术决定着企业的未来，也决定着制造业在竞争中能否立于不败之地。

三、制造的明天

1. 从传统加工到复合加工

随着机械使用寿命和材料强度的提高，使难切削材料越来越多；产品集成化使零件越来越复杂，产品小型化又提出了微细加工的需要，以及加工过程要求易于自动化等，使传统加工很难满足社会对机械制造业日益提高的要求。从20世纪30年代到今天，随着制造技术和电子技术的结合，在机械制造业中应用了一系列与传统加工完全不同的电物理和电化学加工方法——电加工及其复合加工。

复合加工是应用多种形式能量的综合作用来实现材料的去除。一些常见的以不同形式能量去除材料的加工方法如图6-25所示。

由图6-25可知，根据加工材料的特性，精度及效率的要求可以组合出为数众多的各具特点的新的复合加工方法。

（1）机械化学加工和化学机械加工　它主要用于进行脆性材料的更精密加工和表层及亚表层无损伤的加工。

（2）磁场辅助加工　主要用于解决精密加工的高效性问题。

（3）激光辅助车削　主要用于改善难切削材料的切削加工。

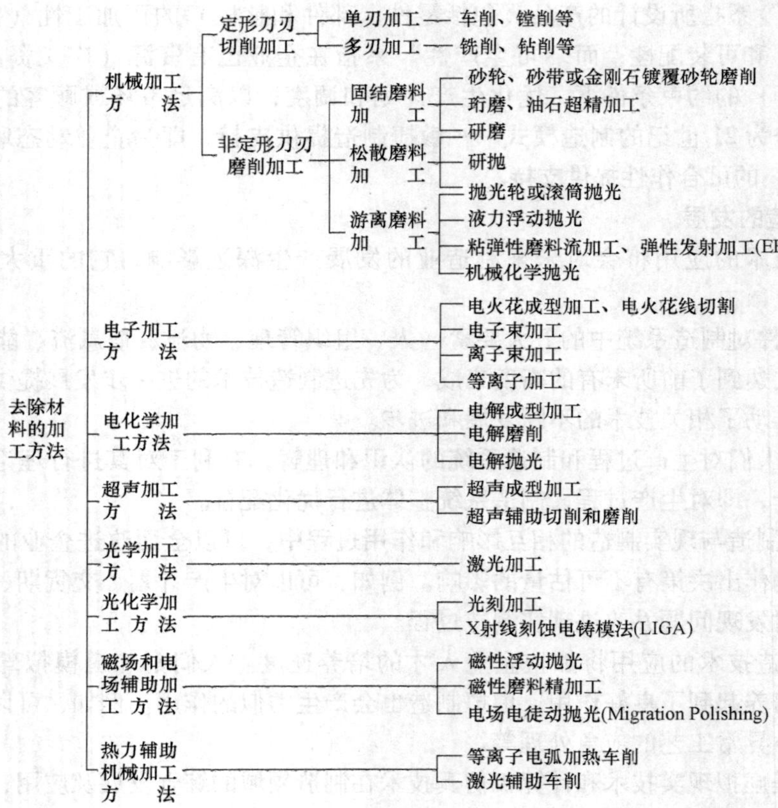

图 6-25　去除材料的加工方法

2. 从狭义加工到广义加工

加工技术不断发展，无论是传统加工还是特种加工、复合加工，都从狭义走向广义。广义加工包括：变形加工、接合加工、减材加工和改性加工等。

变形加工（简称成形）　是由一定体积的材料使其变形成为所需几何形状、尺寸要求和力学性能的毛坯、半成品或零件的工艺方法。在传统加工中变形加工有冷固态（塑性）变形，主要靠超过材料屈服强度的机械力作用成形，例如，冷锻、冷压、冷拔、冷轧和冷挤等；也有热固态变形，主要靠热能和机械力的作用成形，例如，热锻、热压、热拔、热轧和热挤等；此外还有液态变形或半液态变形，主要靠热能，有时还加机械力的作用成形，例如，铸造、压铸和注射成形等。在特种加工中变形加工有放电成形、电磁成形和激光三维成形等。

第七章　自动化技术及应用

自动化技术是一门综合性技术，它和控制论、信息论、系统工程、计算机技术、电子学、液压气压技术、自动控制等都有着十分密切的关系，而其中又以控制理论和计算机技术对自动化技术的影响最大。自动化技术的进步推动了工业生产的飞速发展，尤其是在石油、化工、冶金、轻工业等行业，由于采用自动化仪表和集中控制装置，促进了连续生产过程自动化的发展，大大提高了劳动生产率。

第一节　机电一体化系统概述

机电一体化（mechatronics）一词，最早起源于日本，它是由机械学“mechanics”与电子学“electronics”两个词拼合而成的，字面意思为机械电子学，在我国则称之为机电一体化。机电一体化是机械技术与电子技术相结合的产物，是一种具有自身体系的新型学科。

现在，机电一体化技术已广泛应用于人们日常生产、生活中的各个领域。在机械制造领域中广泛使用的各种数控机床、工业机器人、三坐标测量仪等，都是典型的机电一体化产品；日常生活中使用的全自动洗衣机、全自动照相机等也都是机电一体化产品。

一、机电一体化技术的内涵

当今世界电子技术迅速发展，微处理器、微型计算机在各工程领域得到了广泛应用，对各领域技术的发展起到了极大的推动作用，机电一体化技术正是在这个时代背景下涌现的一门新兴的交叉科学。机电一体化技术是多种技术融合的产物。它是在信息论、控制论和系统论的基础上，在计算机、传感器和软件技术三者的支撑下发展起来的。实际上，机电一体化技术已经不仅仅局限于机械与电子技术的有机结合，而是融合检测传感技术、信息处理技术、自动控制技术、伺服驱动技术、精密机械技术、计算机技术和系统总体技术等多种技术于一体的交叉学科与综合技术，机电一体化技术的组成如图 7-1 所示。其中，信息处理技术是机电一体化技术中必不可少的部分，以微电子技术和计算机技术为龙头的信息处理技术是使机电一体化产品具有自动化、数字化和智能化的关键所在。

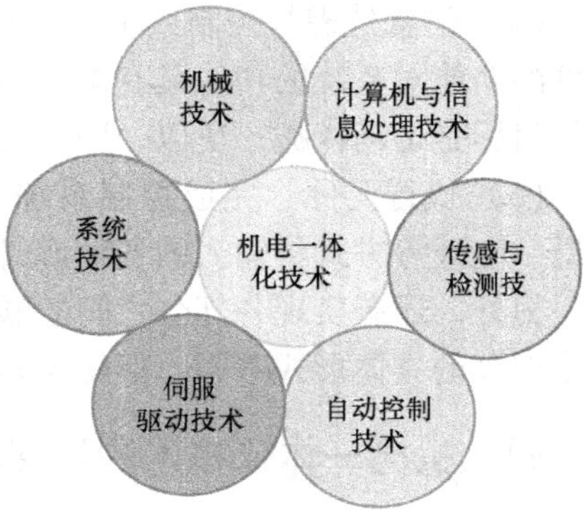

图 7-1　机电一体化技术的组成

机电一体化系统代表着现代机械系统，是对传统机械系统的升级。但这种升级更多的是在维持传统机械系统原有功能的基础上，对其物理组成进行了改变。它采用非机械手段实现并强化了机械系统的控制功能，大大简化了机械系统的传动和控制机构，从根本上改变了传统机械的面貌。例如，典型的机电一体化产品——数控车床就用简单的、速度可调控的电动机部分取代了传统车床中的繁琐而复杂的变速箱。

机电一体化系统中，常常是以微型计算机取代常规的控制系统作为其大脑；机械结构作为其主体和躯干；而各种仪器、仪表、传感器是其感官，它们可以感受各种参数的变化，并反馈到大脑（微型计算机）中；它的手足则是各种执行机构，用以完成各种必需的功能。

二、机电一体化系统的特点

（1）体积小、质量轻　电子技术的发展使得控制装置和检测装置迅速向轻型化和小型化发展。同时，伴随控制技术的发展，机械系统中的传动和控制机构被简化。

（2）可靠性高　电磁和激光应用技术的发展促使非接触式传感与检测装置被广泛使用，避免了原来机械接触式存在的磨损、断裂等问题，使可靠性得到提高。

（3）柔性好　在不改变硬件的前提下，通过计算机软件可以调整系统执行机构的运动，能适应多样化的新用途。

三、机电一体化系统的构成

一个较为完善的机电一体化系统包含机械本体、动力与驱动部分、执行机构、传感测试部分、控制及信息处理部分等几个基本要素。

（1）机械本体　起支撑和连接作用，使机电一体化系统的各子系统、零部件按一定的空间和时间关系安置在一定位置上，形成有机的整体。主要包括机架、传动装置等，是机电一体化系统必要的组成部分。

（2）动力系统　为机电一体化系统提供能量和动力，以驱动执行机构工作。动力系统包括电、液、气等多种动力源。

（3）传感检测系统　检测运动机构或其他需要监测的物理量，并将信息送回信息处理与控制部分，作为发送控制信息的依据。

（4）信息处理与控制系统　进行信息处理与控制的核心，犹如人的大脑。其中软件和硬件的功能对系统的功能具有重要影响。由于在机电一体化系统中计算机进行信息处理与控制的目标是运动机械，所以，国外也称其为运动控制计算机。

（5）执行元件　完成控制系统所要求的动作。执行元件是运动部件，一般采用机械、电磁、电液等方式将输入的各种形式的能量转换为机械能。

另外，还有实现各部分之间的顺畅连接和通信的接口与连线。不同的机电一体化产品其组成部分的具体形式不同，但绝大多数都包括以上几个部分。

四、机电一体化技术的发展历程及趋势

1. 机电一体化技术的发展历程

回顾历史，机电一体化技术的发展主要经历了以下三个重要阶段。

第一阶段是萌芽阶段，指20世纪50年代到20世纪60年代末。在这一时期，尽管机电一体化的概念没有提出来，但人们在机械产品的设计与制造过程中，已将电子技术的初步成果用来改善机械产品的性能。特别是数控机床的问世，掀开了机电一体化历史的第一页。

20世纪70年代到20世纪80年代是其第二阶段，也是蓬勃发展的阶段。在这一阶段，控制技术、计算机、信息技术迅速发展，为机电一体化的快速发展奠定了技术基础。性能更

加优越的微处理器开始用于高级的机电一体化产品。数控机床、汽车的电子控制系统、工业机器人等都得到充分发展。智能控制技术、数据库技术在机电一体化产品中的应用，使机电一体化技术更上一层楼。同时，光学也进入机电一体化技术，并形成了“光机电一体化”这一新型领域。

第三阶段从 20 世纪 90 年代开始，称之为“智能化阶段”。在这一阶段，机电一体化技术向智能化方向迈进，其主要标志是将模糊逻辑、人工神经网络和光纤通信等领域的研究成果应用到机电一体化技术中。同时，面对机电一体化系统的建模设计、分析与集成方法，使机电一体化的学科体系得到了深入研究。

2. 机电一体化技术的发展趋势

（1）光机电一体化　一般的机电一体化系统是由传感系统、动力系统、信息处理系统、机械结构等部件组成的。而光机电一体化技术，是当今装备制造业不可缺少的综合性先进技术，它将光电子技术、先进的生产工程技术、微电子技术、自动化、计算机和信息管理技术融为一体，渗透到机械工业中去，使原有的机械产品结构更加紧凑和简化，功能更完善，性能更稳定，控制也更灵活自如，运行速度可以大大加快，而制造周期却可以缩短。因此，引进光学技术，利用其优点能有效地改进机电一体化系统的传感系统、能源（动力）系统和信息处理系统等，这已成为机电一体化产品发展的重要趋势。

（2）柔性化　未来的机电一体化产品的控制和执行系统一定要有足够的“冗余度”，有较强的“柔性”，能较好地应付突发事件，这被设计成“自律分配系统”。在自律分配系统中，各个子系统是相互独立工作的，子系统为总系统服务，同时具有本身的“自律性”，可根据不同的环境条件做出不同反应。其特点是子系统可产生本身的信息并附加所给信息，在总的前提下，具体“行动”是可以改变的。这样，既明显地增加了系统的适应能力（柔性），又不因某一子系统的故障而影响整个系统。

（3）智能化　今后的机电一体化产品智能化水平越来越高。这主要受益于模糊技术、信息技术，尤其是软件及芯片技术的发展。除此之外，其系统的层次结构，也由简单的“从上到下”的形式而变为复杂的、有较多冗余度的双向联系。

（4）仿生化　今后的机电一体化装置对信息的依赖性很大，并且往往在结构上是处于“静态”时不稳定，但在动态（工作）时却是稳定的。这有点类似于活的生物：当控制系统（大脑）停止工作时，生物便“死亡”，而当控制系统（大脑）工作时，生物就很有活力。仿生学研究领域中已发现的一些生物体优良的机构可为机电一体化产品提供新型机体，但如何使这些新型机体具有活的“生命”还有待于深入研究。这一研究领域称为“生物—软件”或“生物系统”，而生物的特点是硬件（肌体）、软件（大脑）一体，不可分割。看来，机电一体化产品虽然有向生物系统化发展趋势，但还有一段漫长的道路要走。

（5）微型化　目前，利用半导体器件制造过程中的蚀刻技术，在实验室中已制造出亚微米级的机械元件。当将这一成果用于实际产品时，就没有必要区分机械部分和控制器了。届时机械和电子完全可以“融合”，机体、执行机构、传感器、CPU 等可集成在一起，体积很小，并组成一种自律元件。这种微型机械学是机电一体化的重要发展方向。

（6）网络化　20 世纪 90 年代，计算机技术的突出成就就是网络技术。各种网络将全球经济、生产连成一片，企业间的竞争也全球化。由于网络的普及，各种基于网络的远程控制和监视技术方兴未艾，而远程控制的终端设备就是机电一体化产品。因此，机电一体化产品无疑应朝网络化方向发展。

五、机电一体化产品的分类

机电一体化技术一般包括五大类产品：①先进制造技术设备；②机电一体化机械设备；③机电基础件；④仪器仪表；⑤监控设备及控制系统。机电一体化产品分系统（整机）和基础元、部件两大类。

典型的机电一体化系统有：数控机床、机器人、汽车电子化产品、智能化仪器仪表、电子排版印刷系统、CAD/CAM 系统、部分家电产品等。典型的机电一体化元、部件有：电力电子器件及装置、可编程序控制器、模糊控制器、微型电动机、传感器、专用集成电路、伺服机构等。

机电一体化产品和机电一体化生产系统是制造业进步的必然趋势，也是现代高新技术支持下的综合技术发展的结果。

六、机电一体化的相关技术

机电一体化是在传统技术的基础上由多种技术学科相互交叉、渗透而形成的一门综合性的交叉学科。所涉及的技术领域也非常广泛。概括来说，与机电一体化相关的关键技术主要有：机械技术、传感与检测技术、计算机与信息处理技术、自动控制技术、伺服驱动技术和系统总体技术。

（1）机械技术　机械技术是机电一体化的基础。随着高新技术引入机械行业，机械技术面临着挑战和变革。在机电一体化产品中，它不再是单一地完成系统间的连接，而在系统的结构、质量、体积、刚度与耐用性等方面对机电一体化系统也有着重要的影响。机械技术的着眼点在于如何与机电一体化的技术相适应，并利用其他高新技术来更新概念，实现结构上、材料上、性能上的变更，满足减少质量、缩小体积、提高精度和刚度、改善性能的要求。

（2）计算机与信息处理技术　信息处理技术是机电一体化的关键技术，其发展状况对机电一体化技术的发展具有深刻的影响。信息处理技术主要包括信息的输入、输出、变换、存储、运算和决策分析等技术。在机电一体化系统中，信息处理及控制系统接收传感与检测系统反馈的信息，并对其进行相应的处理、运算和决策，以便对产品的运行施以相应的控制。在信息处理的过程中，信号的分析与处理是否准确、可靠，直接影响到机电一体化系统的性能。实现信息处理的硬件主要是计算机，因而信息处理技术与计算机技术是密切相关的。

（3）自动控制技术　自动控制是指在没有人直接参与的情况下，利用控制器对被控对象进行合理的控制，使其按照预定的规律运行。自动控制所依据的理论是自动控制原理，包括经典控制理论和现代控制理论，自动控制技术就是在此理论的指导下对具体控制装置或控制系统进行设计，之后进行系统仿真、现场调试，最后使研制的系统可靠地投入运行。由于控制对象种类繁多，所以自动控制技术的内容也极其丰富。机电一体化系统中的自动控制技术主要包括位置控制、速度控制、最优控制、自适应控制、模糊控制、神经网络控制等。随着计算机技术的高速发展和广泛应用，自动控制技术越来越多地与计算机技术联系在一起，成为机电一体化中十分重要的关键技术。

（4）系统总体技术　机电一体化技术不是几种技术的简单叠加，而是通过系统总体的设计使它们成为一个有机整体。如果整个系统不能很好地协调，则它仍然不可能正常、可靠地运行。系统总体技术就是用来解决多种技术的融合问题的，它是一种从全局的角度出发，用系统的观点和方法，将总体分解成若干个功能单元，并找出能完成各个功能的技术方案，然后再将各个功能与技术方案组合成系统的方案组，并进行分析、评价、优选的综合应用技术。

总体技术的内容涉及许多方面，如接口技术、接口转换、软件开发、微型计算机应用技术、控制系统的成套性和成套设备自动技术等。很显然，即使各个部分的性能、可靠性都很好，但是各个部分衔接不好，不能很好协调，系统仍然不能很好工作。由此可看出系统总体技术的重要性。系统总体技术也是最能体现机电一体化技术特点的技术，其原理和方法还在不断地发展和完善。

（5）传感与检测技术　传感与检测装置是系统的感受器官，是实现自动控制，自动调节的关键部件，它的功能越强，系统的自动化程度就越高。

（6）伺服驱动技术　伺服传动包括电动、气动、液压等各种类型的传动装置，由微型计算机通过接口与这些传动装置相连接，控制它们的运动，带动工作机械作回转、直线以及其他各种复杂的运动。

第二节　伺服驱动系统

伺服驱动技术是机电一体化技术的一个重要组成部分，是一种实现从控制信号到机械动作的控制转换技术。其功能就是在控制指令的指挥下，控制驱动元件，使机械的运动部件按照指令要求运动，并具有良好的动态性能。它对机电一体化系统的动态特性、控制质量和功能具有决定性的影响。

1.“伺服”的起源

“伺服”一词源于希腊语“奴隶”的意思。所谓“伺服”，顾名思义就是“伺候、服侍”的意思，人们想把“伺服机构”当个得心应手的驯服工具，服从控制信号的要求而动作。在信号来到之前，转子静止不动；信号来到之后，转子立即转动；当信号消失，转子又能及时自行停转。正是由于它的“伺服”性能，所以得此名——伺服系统。

2. 伺服系统的定义

伺服系统是使物体的位置、角度、状态等输出被控量能够跟随输入目标值（或给定值）任意变化的自动控制系统，又称随动系统或伺服机构。

3. 伺服系统的基本性能要求

伺服系统的驱动与所使用的执行元件有关，常见的执行元件有：直流伺服电动机、交流伺服电动机、步进电动机、液压缸、液压马达、气缸、气压阀等。由于执行元件是直接的被控对象，为了能按照控制命令的要求准确、迅速、精确、可靠地实现对控制对象的调整与控制，对伺服系统提出如下要求：

（1）高可靠性　执行元件直接面对被控对象，一般所处的环境恶劣，其工作的可靠性关系到机电一体化产品及装置的工作性能，可靠性是执行元件的首要指标。

（2）良好的动态性　执行元件在接受控制命令后要有快速的反应，要在很短的时间内动作。例如，漏电保护开关的执行机构必须在几十毫秒内切断电源。

（3）动作的准确性　从控制角度来看，机电一体化产品的工作精度除了要有良好的控制校正技术外，还依赖于执行元件动作的准确性。

（4）高效率　执行元件必须具有高效率。在伺服系统的执行元件当中，广泛使用的是伺服电动机，其作用是把电信号转换为机械运动。伺服电动机技术性能直接影响着伺服系统的动态特性、运动精度、调速性能等。

4. 伺服系统的基本结构形式

伺服系统的结构类型很多，组成和工作情况也各不相同，但其结构形式一般采取闭环控制，主要由控制器、功率放大器、执行机构和检测装置四个部分组成，伺服系统的基本组成如图 7-2 所示。控制器根据输入信号和反馈信号比较的结果，决定控制的方式。常用的控制方法有 PID 控制和最优控制等。

功率放大器将控制器输出的微弱信号放大后，驱动执行机构动作。而执行机构直接与被控对象打交道，最终执行控制器的指令，完成某种特定的动作。执行机构主要由各种执行元件和机械传动装置等组成。为了提高工作精度和抗干扰能力，伺服系统一般采用检测装置将执行机构的输出信号反馈到伺服系统输入端，以实现反馈控制。反馈信号一般为位置反馈信号、速度反馈信号和电流反馈信号等，要经多种传感元件进行检测。

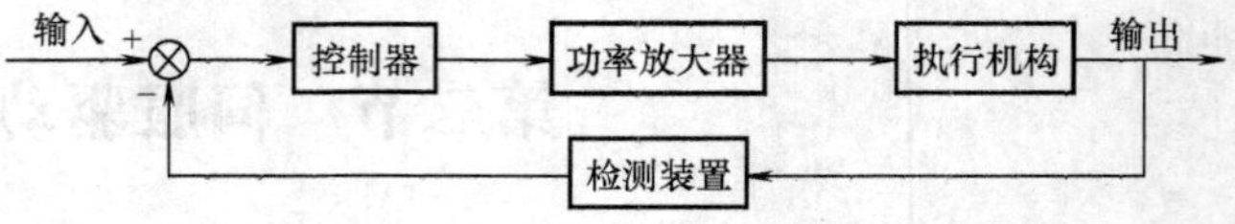

图 7-2　伺服系统的基本组成

按照系统执行元件的性质不同，伺服系统可分为电气伺服系统、液压伺服系统和气动伺服系统。其中电气伺服系统又可分为直流伺服系统、交流伺服系统和步进伺服系统。按照系统的控制方式，可分为开环伺服系统和闭环伺服系统。开环伺服系统无检测反馈环节，结构简单，调试、维护方便，成本低，但精度低，抗干扰能力差，一般用于精度、速度要求不高的机电一体化系统。闭环伺服系统由于采用了反馈控制原理，它具有精度高、调速范围宽、动态性能好等优点，但系统结构复杂、成本高，用于高精度、高速度的机电一体化系统。

5. 伺服系统的执行元件

各种机电一体化产品和装置都是为完成某一任务或达到某种特定目的而制造的，直接参与调节以及完成动作指令的是执行元件，因此，要求执行元件能够按控制器的指令准确、迅速、精确、可靠地实现对被控对象的调整和控制。执行元件的种类繁多，通常按驱动执行元件工作的能源形式分为三种：电动式、液压式和气动式。

（1）电动执行元件　电动执行元件以电能作为动力，并把电能转变成位移或转角形式的机械能，以实现对被控对象的调整和控制。电动执行元件主要以电动机为主，具有高精度、高速度、高可靠性、易于控制等特点。常见的有直流伺服电动机、交流伺服电动机、步进电动机等。一般来说，电动机虽然能把电能转换为机械能，但电动机本身缺少控制能力，需要电力变换控制装置的支持。随着电子技术的快速发展，电动执行元件的性能有了显著提高，从而使电动执行元件有着非常广泛的应用。

（2）液压执行元件　液压执行元件是将高压液体的能量转换为机械能，拖动负载实现直线或回转运动。作功介质可以用水，但大多用液压油。常见的执行元件有液压缸、液压马达等。液压执行元件具有工作平稳、冲击振动小、无级调速范围大、输出力或转矩大、过载能力强、结构简单等优点。但液压执行元件存在下述缺点：需要精心维护管理，噪声大，远距离操作受到限制，由于漏油可能污染环境，性能随油温的变化而变化等。

(3) 气动执行元件　气动执行元件是把压缩气体的能量转换成机械能，拖动负载完成对被控对象的控制。作功介质可以是空气，也可以用惰性气体。气动执行元件结构简单、工作可靠、维护方便、成本低。但由于是用气体作介质，所以可压缩性大、精度较差、传输速度低。气动执行元件在机电一体化技术中一般与电动调节仪表、电动单元组合仪表相配合，用于电站、化工、轻工、纺织等领域。

第三节　可编程控制器

可编程控制器（Programmable Logic Controller，PLC）是在继电—接触器控制系统基础上开发出来的一种新型工业控制器，因为它具有编程简单、使用方便、可靠性高、维护方便等优点，在目前的控制领域中应用的相当广泛。

1. 可编程控制器的产生和发展

1969 年，美国数字设备公司（DEC）根据对生产过程进行控制的需要，研制出了第一台可编程控制器，并在美国通用汽车公司（GM）的汽车自动装配线上试用成功。尽管当时的可编程控制器功能有限、体积庞大，但它标志着这门新技术的产生和迅速发展的开始。

早期的可编程控制器虽然采用了计算机技术的优点和设计思想，并注重了面向用户、用于控制和适合工业现场的特点，但限于当时的技术发展水平，其功能很有限，器件多、线路复杂且体积大，名称也不统一。

可编程控制器从其产生到发展，尽管只有几十年的时间，但由于其编程简单、可靠性高、通用性强的一系列优点，使其得到了飞速发展。可编程控制器的应用领域非常广泛，涉及冶金、化工、机械、纺织、建筑、运输、电力等部门，已逐渐成为自动化领域的重要支柱之一。

2. 可编程控制器的定义

1987 年国际电工委员会（International Electrical Committee）颁布的 PLC 标准草案中对 PLC 做了如下定义：PLC 是一种专门为在工业环境下应用而设计的数字运算操作的电子装置。它采用可以编制程序的存储器，用来在其内部存储执行逻辑运算、顺序运算、计时、计数和算术运算等操作的指令，并能通过数字式或模拟式的输入和输出，控制各种类型的机械或生产过程。PLC 及其有关的外围设备都应该按易于与工业控制系统形成一个整体，易于扩展其功能的原则而设计。

3. 可编程控制器的分类

PLC 的类型多，型号各异，各生产厂家的规格也各不相同，PLC 一般可从其 I/O 点数、结构形式和功能三方面进行分类。

(1) 按容量（I/O 点数）分类　根据 PLC 的 I/O 点数的这种分类方法，分类界限不是固定不变的，它随 PLC 的发展而变化。目前可按照这种分类方法把 PLC 分为小型、中型和大型三类。

1）小型 PLC。I/O 点数为 256 点以下的为小型 PLC，其中 I/O 点数小于 64 点的为超小型或微型 PLC。

2）中型 PLC。I/O 点数为 256 点以上、2048 点以下的为中型 PLC。

3）大型 PLC。I/O 点数为 2048 以上的为大型 PLC，其中 I/O 点数超过 8192 点的为超大型 PLC。

（2）按结构形式分类　根据 PLC 的结构形式，可将 PLC 分为整体式、模块式和叠装式。

1）整体式 PLC。将电源、CPU、I/O 接口等部件都集中装在一个机箱内，具有结构紧凑、体积小、价格低的特点。小型 PLC 一般采用这种整体式结构。

2）模块式 PLC。将 PLC 各组成部分分别作成若干个单独的模块，如 CPU 模块、I/O 模块、电源模块（有的含在 CPU 模块中）以及各种功能模块。模块式 PLC 由框架或基板和各种模块组成。模块装在框架或基板的插座上。这种模块式 PLC 的特点是配置灵活，可根据需要选配不同模块组成一个系统，而且装配方便，便于扩展和维修。大、中型 PLC 一般采用模块式结构。

3）叠装式 PLC。叠装式 PLC 其 CPU、电源、I/O 接口等也是各自独立的模块，但它们之间是靠电缆进行连接，并且各模块可以一层层地叠装。这样，不但系统可以灵活配置，还可作得体积小巧。

还有一些 PLC 将整体式和模块式的特点结合起来。

（3）按功能分类

根据 PLC 的功能，可将 PLC 分为低、中、高三档。

1）低档 PLC。具有逻辑运算、定时、计数、移位以及自诊断、监控等基本功能，还可有少量模拟量输入/输出、算术运算、数据传送和比较、通信等功能，主要用于逻辑控制、顺序控制或少量模拟量控制的单机系统。

2）中档 PLC。除具有低档 PLC 功能外，还有较强的模拟量输入/输出、算术运算、数据传送和比较、数制转换、远程 I/O、子程序、通信联网等功能。有些还增设了中断、PID 控制等功能。

3）高档 PLC。除具有中档 PLC 功能外，增加了带符号算术运算、矩阵运算、位逻辑运算、平方根运算及其他特殊功能函数运算，制表及表格传送等功能。高档 PLC 机具有更强的通信联网功能，可用于大规模过程控制或构成分布式网络控制系统，实现工厂自动化。

4. 可编程控制器的特点及应用

（1）PLC 的特点　现代工业生产是复杂多样的，它们对控制的要求也各不相同。可编程控制器由于具有以下特点而深受工厂工程技术人员和工人的欢迎。

1）可靠性高，抗干扰能力强。这往往是用户选择控制装置的首要条件。可编程控制器生产厂家在硬件方面和软件方面采取了一系列抗干扰措施，使可编程控制器可以直接安装于工业现场而稳定可靠地工作。目前各生产厂家生产的可编程控制器，其平均无故障时间都大大地超过了 IEC 规定的 10 万小时（折合为4166 天，约 11 年）。而且为了适应特殊场合的需要，有的可编程控制器生产商还采用了冗余设计和差异设计（如德国 Pilz 公司的可编程控制器），进一步提高了其可靠性。

2）适应性强，应用灵活。由于可编程控制器产品已成系列化生产，品种齐全，多数采用模块式的硬件结构，组合和扩展方便，用户可根据自己需要灵活选用，以满足系统大小不同及功能繁简各异的控制系统要求。

3）编程方便，易于使用。可编程控制器的编程可采用与继电器电路极为相似的梯形图语言，直观易懂，深受现场电气技术人员的欢迎。近年来又发展了面向对象的顺控流程图语言（Sequential Function Chart，SFC），也称功能图，使编程更加简单方便。

4）控制系统设计、安装、调试方便。可编程控制器中含有大量的相当于中间继电器、时间继电器、计数器等的“软元件”，又用程序（软接线）代替硬接线，安装接线工作量少。设计人员只要有可编程控制器就可以进行控制系统设计，并可在实验室进行模拟调试。

5）维修方便，维修工作量小。可编程控制器有完善的自诊断，履历情报存储及监视功能。可编程控制器对于其内部工作状态、通信状态、异常状态和I/O点的状态均有显示。工作人员通过它可以查出故障原因，便于迅速处理。

6）功能完善。除基本的逻辑控制、定时、计数、算术运算等功能外，配合特殊功能模块还可以实现点位控制、PID运算、过程控制、数字控制等功能，既方便工厂管理又可与上位机通信，通过远程模块还可以控制远方设备。

由于具有上述特点，使得可编程控制器的应用范围极为广泛，可以说只要有工厂，有控制要求，就会有PLC的应用。

（2）PLC的应用　目前，PLC在国内外已广泛应用于冶金、石油、化工、建材、机械制造、电力、汽车、轻工、环保及文化娱乐等各行各业，随着PLC性能价格比的不断提高，其应用领域不断扩大。PLC的应用范围已从传统的产业设备和机械的自动控制，扩展到以下应用领域：中小型过程控制系统、远程维护服务系统、节能监视控制系统，以及与生活相关的机器、与环境相关的机器，而且有急速的上升趋势。PLC应用类型大致可归纳为以下几个方面。

1）开关量逻辑控制是PLC最基本、也是最广泛的应用领域，它取代了传统的继电器顺序控制，从单机控制、多机群控到自动生产线的控制，都可以看见它的身影，如专用机床、电梯、装配生产线等。

2）过程控制。PLC通过模拟量模块、PID指令、甚至模糊控制模块，易于实现温度、压力、流量等模拟量的闭环控制，从而达到过程控制的要求。

3）运动控制。PLC通过定位模块，可实现单轴或多轴的位置控制功能，从而实现定位、插补等简易CNC的功能，达到运动控制的要求。

4）数据处理。目前已经出现了将支持顺序控制的PLC和计算机数字控制的CNC组合在一起的趋势，从CNC内置PLC和PLC内置CNC两个方面相互融合。另外，应用组态技术也易于组成以PLC为主体的控制和管理系统。

5）通信联网（构成DCS、FCS系统）。PLC的通信包括PLC之间、PLC与上位IPC及其他智能控制设备，如VVVF、CNC等之间的通信。为了适应工厂自动化（FA）系统、柔性制造系统（FMS）等的发展需要，各PLC制造厂商都在致力于提高PLC的通信联网能力，纷纷推出各具特色的PLC现场总线系统（FCS系统），如西门子公司的PROFIBUS、三菱公司的CC-LINK系列等，从而用网络联络构成“集中管理、分散控制”的分布式控制系统（DCS）。

5. 可编程控制器的发展趋势

随着PLC的推广与应用，用户对PLC的期望也越来越高，这为其发展指明了方向，PLC发展趋势主要体现在如下几个方面：

(1) 向高速度、大容量方向发展　为了提高 PLC 的处理能力，要求 PLC 具有更好的响应速度和更大的存储容量。目前，有的 PLC 的扫描速度可达 0.1 ms/千步左右。PLC 的扫描速度已成为很重要的一个性能指标。

在存储容量方面，有的 PLC 最高可达几十兆字节。为了扩大存储容量，有的公司已使用了磁泡存储器或硬盘。

(2) 向超大型、超小型两个方向发展　当前，中、小型 PLC 比较多，为了适应市场的多种需要，今后 PLC 要向多品种方向发展，特别是向超大型和超小型两个方向发展。

现已有 I/O 点数达 14336 点的超大型 PLC，其使用 32 位微处理器，多 CPU 并行工作和大容量存储器，具有很强的功能。

小型 PLC 由整体结构向小型模块化结构发展，使配置更加灵活。为了市场需要已开发了各种简易、经济的超小型、微型 PLC，最小配置的 I/O 点数为 8 ~ 16 点，以适应单机及小型自动控制的需要，如西门子公司的 LOGO 系列 PLC 等。

(3) 大力开发智能模块，加强联网与通信能力　为满足各种控制系统的要求，不断开发出许多功能模块，如高速数模块、温度控制模块、远程 I/O 模块、通信和人机接口模块等。这些带 CPU 和存储器的智能 I/O 模块，既扩展了 PLC 功能，又使用灵活方便，扩大了 PLC 的应用范围。

(4) 增强外部故障的检测与处理能力　根据统计资料表明：在 PLC 控制系统的故障中，CPU 占 5%，I/O 接口占 15%，输入设备占 45%，输出设备占 30%，线路占 5%。

前两项共 20% 的故障属于 PLC 的内部故障，它可通过 PLC 本身的软、硬件实现检测、处理；而其余 80% 的故障属于 PLC 的外部故障。PLC 生产厂家都致力于研制、发展用于检测外部故障的专用智能模块，进一步提高系统的可靠性。

(5) 编程语言多样化　在 PLC 系统结构不断发展的同时，PLC 的编程语言也越来越丰富，功能也不断提高。除了大多数 PLC 使用的梯形图语言外，为了适应各种控制要求，还出现了面向顺序控制的步进编程语言、面向过程控制的流程图语言、与计算机兼容的高级语言（VB、VC 语言等）等。多种编程语言的并存、互补与发展是 PLC 进步的一种趋势，并向着标准化方向发展。

随着 PLC 和 PC 控制的相互融合，PLC 还出现了软件化、PC 化等趋势，如德国倍福公司的软 PLC，以及与触摸屏、组态技术组合的图形化控制器等。

PLC 集三电（电控、电仪、电传）为一体，是一种具备计算机功能的通用工业控制装置，具有性能价格比高、可靠性高等特点，是自动化工程的核心设备之一，其使用量高居首位。并已成为现代工业自动化的三大技术支柱（PLC、机器人、CAD/CAM）之一。

第四节　传感与检测技术

传感与检测系统的基本任务是从测量对象中获取反映其变化规律的动态信息，并将这些信息传递给机电一体化系统的大脑——信息处理与控制系统，信息处理与控制系统将接收的信息进行处理后，指导机电一体化系统做出相应的反应。传感与检测是实现自动控制、自动调节的关键环节，其检测精度的高低直接影响机电一体化系统的好坏。

1. 传感器的地位和作用

人类的日常生活、生产活动和科学实验等都离不开测量。人们为了从外界获取信息，必须借助于感觉器官，在机电一体化系统中，传感器的作用就相当于人的感官。机电一体化系统通过传感器来检测有关外界环境及自身状态的各种物理量（如力、位移、速度、位置等）及其变化，并将这些信号转换成电信号，反馈给控制装置或输送给显示的装置。

在当今技术发展的信息时代，获取准确、可靠的信息显得尤为重要，传感器是获取自然和生产领域中信息的主要途径与手段。它是机电一体化系统中必不可少的重要环节，若没有传感器对原始的各种参数进行精确而可靠的自动检测，那么信号转换、信息处理、正确显示、控制器的最佳控制等，都是无法进行和实现的。

2. 传感器的定义

GB/T7665—2005 对传感器（Transducer/Sensor）的定义是："能够感受规定的被测量并按照一定规律转换成可用输出信号的器件或装置"。它是一种以一定精确度把被测量（包含被测对象信息）转换为与之有确定对应关系的、便于应用的某种物理量的测量装置或器件。

3. 传感器的分类

（1）按工作原理分类

1）物理型传感器。物理型传感器是利用某些敏感元件的物理性质或某些功能材料的特殊物理性能制成的传感器。例如，利用金属材料在被测量作用下引起的电阻值变化的应变效应制成的应变式传感器；利用半导体材料在被测量作用下引起的电阻值变化的压阻效应制成的压阻式传感器；利用电容器在被测量作用下引起的电容值变化制成的电容式传感器；利用磁阻被测量变化制成的简单电感式、差动变压器式传感器；利用压电材料在被测力作用下产生的压电效应制成的压电式传感器等。

2）化学传感器。化学传感器一般是利用电化学反应原理，把无机或有机化学物质成分、含量转换为电信号的传感器。最常用的是离子敏传感器，即利用离子选择性电极，测量溶液的 pH 值或某些离子的活度，如 K^+、Na^+、Ca^{2+} 等。其测量原理基本相同，主要是利用电极界面（固相）和被测溶液（液相）之间的电化学反应，即利用电极对溶液中离子的选择性响应而产生的电位差。

3）生物传感器。生物传感器是近年来发展很快的一类传感器。它是利用生物活性物质选择性来识别和测定生物化学物质的传感器。生物活性物质对某种物质具有选择性亲和力，也称其为功能识别能力，利用这种单一的识别能力来判定某种物质是否存在，其含量是多少，进而利用电化学的方法进行电信号的转换。生物传感器最大的特点是能在分子水平上识别被测物质。按标准 CMOS 工艺实现的阵列式细胞电生理信号传感芯片，不仅在化学工业的检测上，而且在医学诊断、环保监测等方面都有着广泛的应用背景。

（2）按被测量分类　按传感器的输入信号——被测的物理量来分类，能够很方便地表示传感器的功能，也便于用户使用。按这种分类方法，可把传感器分为位移、力、力矩、转速、加速度、温度、压力、流量、流速、振动等传感器。生产厂家和用户都习惯于这种分类方法。

（3）其他分类　按传感器输出信号的性质可分为开关型、模拟型和数字型三种。

按可变电信参量进行分类，电子工程师们更喜欢用这种分类方法。如按阻抗形式分类就有电阻型、电感型或电容型传感器；如按产生变化量分类有电压型、电荷型或电流型传感器。这种分类方法能减少传感器的类别数，并能直接研究设计相关的信号转换调节器。

按传感器的能量来源分类，可分为能量控制型传感器和能量转换型传感器。能量控制型传感器携带信息量的变化信号，其能量需要外加电源供给，如电阻、电感、电容等电参量传感器都属于此类传感器；基于应变电阻效应、磁阻效应、热阻效应、霍尔效应等的传感器也属于此类传感器，如热敏电阻。能量转换型传感器主要由能量变换元件构成，它不需要外电源，基于压电效应、热电效应、光电动势效应等的传感器都属于此类传感器，如热电偶。

按传感器技术发展分类，传感器从诞生到现在，经历了聋哑传感器、智能传感器、网络传感器三类传感器。传统传感器把被测信息变换成模拟电压或电流信号，它的输出幅值小，灵敏度低，而且功能单一，因而被称为“聋哑传感器”。随着时代的进步，在高新技术的渗透下，使微处理器和传感器得以结合，产生了智能传感器，它具有一定的数据处理能力，并具有自检、自校、自补偿等功能。随着网络通信技术的发展，当网络接口芯片与智能传感器集成起来并嵌入通信协议，就产生了网络传感器，它继承了智能传感器的所有功能，并可以以计算机网络进行通信，因而在现场总线控制系统（FCS）中，成为其中现场级数字化传感器。

4. 传感器的发展动向

（1）开发新型传感器　新型传感器，大致应包括：①采用新原理；②填补传感器空白；③仿生传感器等，它们是相互联系的。

（2）开发新材料　传感器材料是传感器技术的重要基础。无论何种传感器，都要选择恰当的材料来制作。近年来对传感器材料的开发研究有较大进展，用复合材料来制造性能更加良好的传感器是今后的发展方向之一。

（3）微型传感器加工工艺　在发展新型传感器中，离不开新的加工工艺。新的加工工艺的范围很广，这里主要指的是与微型传感器联系紧密的微细加工技术。

（4）传感器多功能集成化　传感器的集成化包含两个方面的含义：一是同一功能的多元件并列化，即将同一类型的单个传感元件用集成工艺在同一平面上排列起来，电荷耦合元件，可以称为 CCD 图像传感器就属于这种情况；另一含义是多功能一体化，即将传感器与放大、运算以及温度补偿等环节一体化，组装成一个器件。

（5）传感器的智能化和网络化　近年来，随着信息技术和网络通信技术的发展以及在军事领域、生态环境检测、交通管理等迫切需求刺激下，传感器的智能化和网络化已经成为一种必然趋势。

第五节　微型机械的兴起和应用

微型机械，即微机电系统（micro electronmechanical system，MEMS），是 20 世纪末兴起的、21 世纪初快速发展的高科技前沿领域，是当前一个十分活跃的工程科学。它涉及多学科的交叉：如物理学、现代光学、现代力学、化学、生物学等基础学科，以及材料、机械、电子、信息等各工程技术学科。

微机电系统有着广泛的应用前景，在全球范围内，市场呈指数上升的趋势。在我国也将成为国民经济的新的增长点。它在航天航空（图 7-3）、汽车工业（图 7-4）、生物医学工程、精密仪器、移动通信、国防科技等方面都有极大的发展潜力。

图7-3　微型双桨直升机与花生

图7-4　微型汽车与火柴

微机电系统的研究也将带动新的学科和新技术的发展，如微流体、微传热、微摩擦、微光学以及微型机械的设计原理和方法、微型机械的制作工艺、微型机械材料及其特性研究、微细测试技术和相应设备的研制等，已成为科技工作者关注的热点。

一、微型机械发展的起源

微型科技发展的源头可追溯到50多年前，早在1959年12月的美国物理学会议上，1965年诺贝尔奖获得者、著名物理学家理查德·P·费曼博士（Richard P. Feynman）曾作过一次极富远见且具有开拓性的重要报告。他报告的题目是“There is Plenty of Room at the Bottom”，即《实际上大有余地》。在报告中，他描述了微型机械制造技术，可用大型机器来制造比自己体积小的机器，而这较小的机器又可制造更小的机器，这是一条从Top到Down的从宏观到微观的发展途径。同时，他还论述了人们还可以按照希望的方式排列原子，即人们可以以原子、分子为模块，在纳米尺度上来构筑各种物质。这是一条不同于Top—Down的发展途径，而是一条由小到大的即Bottom—Up的新思路。也许，现在用他设想的方法制造微型机械还有许多具体的困难，但这掩盖不了他报告中闪光的论断——天才地预见了微型机械和纳米技术的出现。图7-5所示为微型齿轮与螨虫。

图7-5　微型齿轮与螨虫

异曲同工的是，中国科学技术大学设有钱学森院士倡议的“材料设计专业”，其专业的主导思想也是希望人们可以按照人类的要求去设计各种材料，构筑各种物质。钱先生的思想闪烁着同样的智慧光芒。

为了实现科学家们所表达的人类理想，科技工作者积极地探索了50多年。因为在这50多年里，他们不仅要寻找适合的微型机械的加工技术，还要等待材料学、设计学、检测方法、控制理论、计算机技术和信息处理方法都达到相应的水平。可以预见到，随着时代的发展，科技的进步，在不久的未来，微型机械将深入到生活的方方面面。

进入21世纪，微型机械有了长足的发展，国外发达国家在许多方面取得了令人瞩目的成果。不同于用纳米技术制造的像分子或原子那样大小的机械，微型机械是一种微米级装置或部件。美国能源部所属的桑迪亚国家实验室研制出了微型发动机。该发动机的主要活动部件是一个只有花粉颗粒大小的齿轮，人们只能借助显微镜观察它的位置，其速度为 35 万 r/min。

二、微型机械的实际应用

微型机械技术在许多技术领域大有可为。微型开关能大大提高现代光纤通信系统的性能，把信号传输到电脑和电话里；微型陀螺仪可以帮助汽车防止打滑和在森林里自由穿行而不至迷失方向；在野外行军或作战的士兵，如果佩戴了采用微型机械制作的像手表那样大的无线电对讲机，就能始终与部队保持联系；微型传感器可用于监测心脏病患者发病时的血压和调节汽车发动机里汽油和空气的比例。

图 7-6　微型机械飞行虫

据报道，美国加州大学的科学家们花费了四年时间研发了一种名为“微型机械飞行虫”的小机器人，如图 7-6 所示。科学家们希望它能够像苍蝇那样不停地拍打翅膀，并发出嗡嗡叫声，更希望它能够像苍蝇一样飞行。这一项目只是加州大学诸多微型研究项目中的一个，这些研究的目的只有一个，即让这些飞行器可以在薄翼“翅膀”的帮助下，不断升高、快速飞行，还可以根据需要进行盘旋。这些飞行器“翅膀”的拍打节奏和频率精度可与自然界的昆虫一致。研究人员希望这种飞行器越小越好，以便能更为轻松地完成各种间谍监察任务。

美国国防先进计划研究局认为这种飞行器侦察情报和监视的潜力非常大，因此为这种小型飞行器的研究提供了大部分的研究经费，并且同加州大学签署了一份 250 万美元的五年合同。他们希望科学家尽快拿出发明成品，投入军事用途。

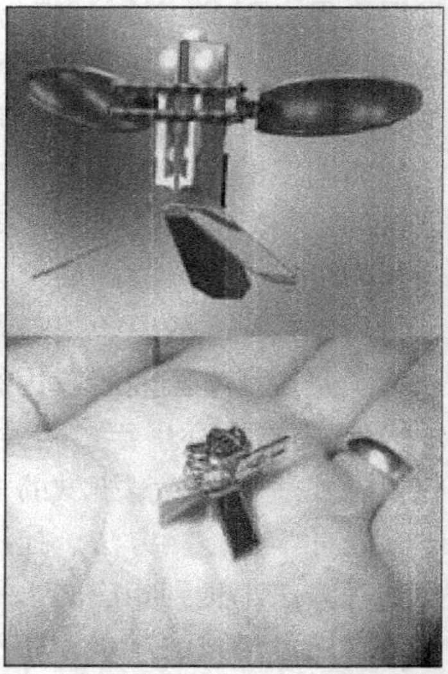

图 7-7　微型机械昆虫

近几年，美国科学家在研究生物飞行原理方面取得了重大进展。他们目前面临的挑战是如何运用这些知识，设计一种模拟苍蝇飞行动力学原理的飞行器。加州大学的科学家已经在这个方面作出了有益尝试，这种微型苍蝇飞行器所耗费的原材料只相当于一枚 1 角硬币大小，包括只能在显微镜下才能进行折叠操作的用不锈钢制成的机体；每一个上面都安装有机翼。苍蝇的“翅膀”在 1s 内能够拍打 200 次，依靠三套不同的复杂机械装置来进行拍打翅膀、旋转操作。一只果蝇在空中作一次 U 形旋转要花费 40ms，拍打八次翅膀，而这种机器苍蝇在同样时间内只需拍打五次翅膀就能够实现同样的操作。

加州大学伯克利分校的学者花了三年时间，研究自然界昆虫的特别飞行方式，并根据这种非稳定速度模式的气动学原理，制造了从一翼端至另一翼端只有 25mm 宽的微型机械昆虫，如图 7-7 所示。该机械昆虫有类似同类生物的灵活胸腔结构，并在其中置有压电振动器，可完成有力及高频率的振翅动作，只要装上锂电池或太阳能充电电池，便能像自然界中的昆虫一样自动不停地飞翔。

三、小机械，大机会

《小机械，大机会》（Small Machines，Large Opportunities）是1988年美国出版的一本小册子的题目。这个标题提醒人们，微型机械可能会为科技发展带来很大机会。

1. 国外技术现状

微型机械在国外已受到政府部门、企业界、高等学校与研究机构的高度重视，MEMS已成为科技发展的三大重点。美国宇航局投资1亿美元着手研制“发现号微型卫星”，美国国家科学基金会把MEMS作为一个新崛起的研究领域，并制定了资助微型电子机械系统的研究计划。从1988年开始，资助MIT、加州大学等八所大学和贝尔实验室从事这一领域的研究与开发，年资助额从100万、200万增加到1993年的500万美元。1994年发布的《美国国防部技术计划》报告，把MEMS列为关键技术项目。美国国防部高级研究计划局积极领导和支持MEMS的研究和其军事应用，现已建成一条MEMS标准工艺线以促进新型元件/装置的研究与开发。美国工业界主要致力于压力传感器、位移传感器、应变仪和加速度表等与传感器有关领域的研究。很多机构参加了微型机械系统的研究，如康奈尔大学、斯坦福大学、加州大学伯克利分校、密执安大学、威斯康星大学、劳伦兹得莫尔国家研究院等。加州大学伯克利传感器和执行器中心（BSAC）得到国防部和十几家公司资助的1500万美元后，建立了1115m^2研究开发MEMS的超净实验室。

日本通产省1991年开始启动一项为期10年、耗资250亿日元的微型机械大型研究计划，研制了两台样机。一台用于医疗，进入人体进行诊断和微型手术；另一台用于工业，对飞机发动机和原子能设备的微小裂纹实施维修。该计划有筑波大学、东京工业大学、东北大学、早稻田大学和富士通研究所等几十家单位参加。

欧洲工业发达国家也相继对微型系统的研究开发进行了重点投资。原西德自1988年就开始了微加工十年计划项目，其科技部于1990—1993年拨款4万马克支持“微系统技术”研究，并把微系统列为本世纪初科技发展的重点。德国首创的LIGA（光刻电铸）工艺，为MEMS的发展提供了新的技术手段，并已成为三维结构制作的优选工艺。法国1993年启动了7000万法郎的“微系统与技术”项目。欧共体组成了“多功能微系统研究网络NEXUS”，联合协调46个研究所的研究。瑞士在其传统的钟表制造业和小型精密机械工业的基础上也投入了MEMS的开发工作，1992年投资为1000万美元。英国政府也制定了纳米科学计划，在机械、光学、电子学等领域列出八个项目进行研究与开发。为了加强欧洲开发MEMS的力量，一些欧洲公司已组成MENS开发集团。

目前已有大量的微型机械或微型系统被研究出来，例如，尖端直径为5μm的微型镊子可以夹起一个红血球，尺寸为7mm×7mm×2mm的微型泵流量可达250μL/min，能开动的3mm大小的汽车，在磁场中飞行的机器蝴蝶，以及集微型速度计、微型陀螺和信号处理系统为一体的微型惯性组合（MIMU）。德国创造了LIGA工艺，制成了悬壁梁、执行机构以及微型泵、微型喷嘴，湿度、流量传感器以及多种光学器件。美国加州理工学院在飞机翼面粘上相当数量的1 mm的微梁，控制其弯曲角度以影响飞机的空气动力学特性。美国大批量生产的硅加速度计把微型传感器（机械部分）和集成电路（电信号源、放大器、信号处理等）一起集成在硅片上3mm×3mm的范围内。日本研制的数厘米见方的微型车床可加工精度达1.5μm的微细轴。

2. 国内技术现状

我国在科技部、国家自然科学基金委、教育部和总装备部的资助下，一直在跟踪国外的微型机械研究，积极开展 MEMS 的研究。现有的微电子设备和同步加速器为微系统提供了基本条件，微型驱动器和微型机器人的开发早已列入国家 863 高技术计划及攀登计划 B 中。已有近 40 个研究小组，取得了一些研究成果。广东工业大学与日本筑波大学合作，开展了生物和医用微型机器人的研究，已研制出一维、二维联动压电陶瓷驱动器，其位移范围为 10μm×10μm；位移分辨率为 0.01μm，精度为 0.1μm，正在研制六自由度微型机器人；长春光学精密机器研究所研制出直径为 3mm 的压电电动机、电磁电动机、微测试仪器和微操作系统。上海冶金研究所研制出了微电动机、多晶硅梁结构、微泵与阀。上海交通大学研制出 φ2mm 的电磁电动机，南开大学开展了微型机器人控制技术的研究等。

我国有很多机构对多种微型机械加工的方法开展了相应的研究，已奠定了一定的加工基础，能进行硅平面加工和体硅加工、LIGA 加工、微细电火花加工及立体光刻造型法加工等。

微型机械加工技术的发展刚刚经历了十几年，在加工技术不断发展的同时发展了一批微小器件和系统，显示了巨大生命力。作为大批量生产的微型机械产品，将以其价格低廉和优良性能赢得市场，其在生物工程、化工、微分析、光学、国防、航天、工业控制、医疗、通信及信息处理、农业和家庭服务等领域有着潜在的巨大应用前景。作为大批量生产的微型机械产品，如微型压力传感器、微型加速度计和喷墨打印头已经占领了巨大市场。目前市场上以流体调节与控制的微机电系统为主，其次为压力传感器和惯性传感器。1995 年全球微型机械的销售额为 15 亿美元，到 2002 年，相关产品产值已达到 400 亿美元。显然微型机械及其加工技术有着巨大的市场和经济效益。

四、微机电系统

传统的机械通常是由三大部分组成的：原动部分，提供动力源；传动部分，负责把动力传给工作部分；工作部分，完成预期动作或预期轨迹。而近代机械除了上面三个部分以外还有控制部分：如数控机床的控制电路。

1. 什么是微机电系统

理想的微机电系统理论上应包含如图 7-8 所示的几个部分，正所谓是麻雀虽小，五脏俱全。

实际上目前世界上对微机电系统还没有统一的确切定义。美国、日本、欧洲由于各自发展微机电系统的途径和技术条件不一样，所以各自的定义各不相同。美国称之为微机电系统，即 Microelectromechanical system，缩写为 MEMS。美国专家对微机电系统的定义是：它是由电子和机械元件组成的集成微器件、微系统，采用与集成电路兼容的工艺制造，可批量生产，它能将计算、传感与

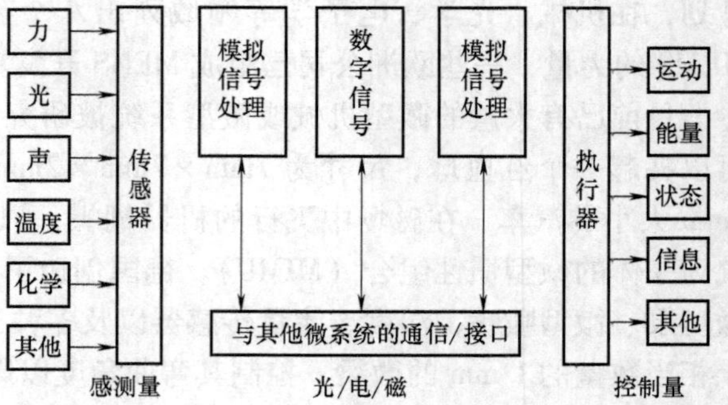

图 7-8　微机电系统的模型

执行融合为一体，从而可改变人们感知和控制自然世界的方式，尺度在微米到毫米之间。日本称之为微型机械，日本的微型机械中心的定义是：微型机械由只有几毫米大小的功能元件组成，它能够执行复杂、细微的工作。欧洲（NEXUS）称之为微系统，它的定义是：微结构产品具有微米级结构并具有由微结构形状提供的技术功能。我国专家一般称之为微机电系统，也有称之为微型机械的。我国专家认为，微机电系统的基本特征是超小型化、多样性和微电子技术。有专家认为，微机电系统是一种由微机械和微电子组成的装置，其中微机械被微电子所控制，在大多数情况下控制系统中包含微型传感器，用来为微电子系统提供信号，这种装置由微加工技术和 IC 工艺制作，可进行批量生产。这种装置是集成化的，除了封装工序以外，不需要分别组装零件。

2. 微机电系统的两个基本特征

微机电系统具有两个基本特征，即微小尺度与系统集成。

微小尺度是微机电系统的重要特征，但并不是定量的特征。通常所说的微机电系统的尺寸到底是多大呢？在日常生活中，人们往往是把眼睛看不清的东西称之为微小物体，也可以说是指大小在 0.1 ~ 100μm 左右的物体。

实际上，不同学者对微机电系统的尺寸范围看法也不尽一致。有些学者把大小在 1mm 以上到 10 mm 量级的机械称为超小型机械。把 1mm 以下量级的机械称为微型机械。比较公认的范围是将数量级从 0.01μm ~ 1mm 的机械称为微型机械。有些学者把近来十分热门的纳米技术也列入微型机械的范围内。

事实上，现代的传统机械有的也已达到微米甚至纳米的特征尺寸，例如，当今精密轴承和齿轮传动的油膜厚度已经达到亚微米或纳米量级。对于微小尺度的理解应当作为一种技术特征，即微型化不仅是解决微观技术问题的有效途径，而且通过微型化能够创造出具有新功能的装置。换句话说，微型化的程度决定于在实现低成本的前提下有可能创造出来的具有新功能器件的特征尺寸。大体上说，微机电系统是微米量级的特征尺寸，毫米量级的器件尺寸。

微机电系统另一个基本特征是系统集成。在微系统的发展过程中，微电子技术比微机械技术发展时间较早，因而也比较成熟。1987 年人们利用微制造技术首次制造出可运动的微机械构件，第二年制造出静电微电动机和微执行器。由于微制造技术与微电子技术之间高度兼容，将微机械与微电子集成就诞生了微机电系统。所以，单独的微机械器件或单独的微传感器都不是完整的微机电系统。

还可以看出，微机电系统集成涉及现代两门技术：电方面的微电子技术；机械方面的微制造技术。一般来说，系统集成表现为微机电系统是由微机械器件与微电子器件统一组成的装置。由微电子控制微机械动作，而在控制系统中设有微传感器提供信息。通常整个装置集成于一体，除封装外，主要部分无需装配。

3. 微型机械与普通机械的不同

微型机械与普通机械有哪些不同呢？

（1）两者的设计和制作方法不同　多年来，人们一直致力于使机械产品变得更小巧，更智能化，努力实现机电一体化（Mechatronic）。机电一体化产品是把传感器、微电脑组装在机械产品中，如复印机、录像机、摄像机等。为了使机电一体化产品向小型化发展，人们尽量用微型计算机控制代替原来的连杆、凸轮等硬件控制，使得台式复印机变成手提式复印机，肩扛式摄像机变成掌上摄像机等。能否进一步使“掌上机”变成“指尖机”（毫米或毫米以下）呢？这需要在产品设计制作上作一个大的改革。一般机械设计，需根据产品要求，提出设计方案和装配图，然后分解，逐一设计每一个零件，并按照产品要求确定每个零件的使用材料、加工工艺和零件精度，制作好的零件要按装配工艺组装调试直到整机完成。而对于“指尖”式微型机械，就不能沿用上述设计和工艺方法。原因是：首先机械零件微小，加工装配都很困难；其次，把那么微小的零件一件件加工出来再组装成机械，可想而知，成本会特别高，不利于批量生产，难于商品化；还有，提供能源和信息交换需要引线，常用的最细的引线也在零点几毫米范围，可与微型机械本身大小相比拟，因此对于微型机械，引线也是一大问题。所以微型机械的设计思想、加工工艺和装配都必须与普通机械不同。

（2）控制方法和工作方式不同　一般的机电一体化产品，都需要人直接参与操作，如由人直接按动摄像机的开关，摄取经人选取的景物。而微型机械的特点是能在人或人手指达不到的地方工作，如在核反应堆中，在肠胃里，在航天器上，人往往不能直接操纵它，只能用遥控的方式或使微型机械智能化进行自律。另外，普通机械通过机械运动与外界联系，可输出一定功率。对微型机械，由于本身很小，所以输出功率也极小，而且强度也不够。所以一般需避免与外部世界直接进行耦合，而往往是通过电、磁、光、声等信号与外界联系。

（3）与环境的关系不同　一方面微型机械易受外界环境的影响，而普通机械有相当的体积，对外界环境的变化，如温度、湿度、灰尘等远不如微型机械敏感。试想直径为100μm的齿轮转动时，一粒大小为10μm的灰尘就会将其卡死，而这在普通机械中则是不可想象的。另一方面，微型机械对外界空间要求极小。普通机械由于有一定的体积和行程，工作时必须为它们留出相当的空间；而微型机械由于体积微小，以至几乎不需事先为它准备活动空间。

（4）不可忽视的尺度效应　微型机械由于尺度的微小，会引起力的尺度效应。因为，当机械微小化到1μm以上、1mm以下这一尺度范围时，对于微型机构和系统，虽然仍能用宏观领域的物理知识进行分析，但是，尺寸微小化对材料的力学性能和系统的物理特性，都会产生很大影响，这就需要通过尺度效应的分析，去解释在微型机械上所表现出的与宏观机械不同的现象。

假设物体的尺寸按比例缩小到1/10时，物体所受与表面积有关的力，如黏性阻力将缩小到1/100，与物体体积有关的重力或惯性力将缩小到原来的1/1000，从而使得与表面积相关的力变得更为突出，表面效应就十分明显。而微型机械一般比普通机械的尺寸要小两个、甚至4～5个数量级，这将导致微型机械与形状相似的普通机械的受力有很大的不同。例如，医学用微型潜艇，由于尺度微小，其在血管中运动时受到的黏性阻力变得相当突出，螺旋桨产生的动力往往不足以克服阻力而推动其运动。因此一般在微管道中运动的微小机械，往往不用螺旋桨而用类似生物体的鞭毛回转作动力。

另外，由于尺度变小，材料的力学性质，如强度、刚度、弹性等也会发生变化。一个鲜明的例子是，加州大学布克莱分校用多晶硅制成的20μm的螺旋弹簧的弹性比普通硅片要好很多，甚至比金属弹簧还好，这是由于材料尺寸微小时，晶界、微裂纹等缺陷的影响也减小的缘故。

综上所述，可以知道微型机械不是简单按比例缩小的普通机械的副本，这两者是有本质上的区别的。

五、微型机械中的IC工艺

1. 微型机械制造方法的概述

传统的机械加工方法多种多样，例如，铸、锻、焊、注塑、粉末烧结等成型工艺；车、铣、刨、磨等切削加工工艺；各种热处理、表面处理等改性工艺以及电火花加工、电解加工、激光加工等特种工艺。人们按设计出的机械图样，根据其形状、尺寸、精度和技术要求，选择适当的加工方法，制定最佳工艺流程，以便以最低成本、最快速度生产出质量最好的零件来，再按照设计要求，完成整机装配、调试，制造出合格的产品。

由于加工件的尺度微小，微型机械不能简单套用上述的成熟技术。而需要采用一套新的加工方法。

2. 微型机械加工的特点

（1）微型机械加工精度　曾经有这样设想，如果能像复印机缩小文件一样，将宏观机械进行复制，用大机械加工小机械，由小机械加工更小的机械，逐级缩小，例如，1m长的机件复制为100mm，100mm复制成10mm，然后再是10mm复制成1mm……，这样下去，就可以得到微型机件了。但实际上这种复制方法难以奏效。这是因为，每次复制后的相对精度必然不能高于原机件相对精度，一般还会差一些，这样即使能作出微米量级的机件，其偏差大小也可能会与微型机件本身的尺寸相比拟。而为了保证微型机件的相对精度，必须满足微型机件有很高的绝对精度的要求，由此可见靠逐级缩小的办法是行不通的。

（2）如何装配微型机械　如果像修理钟表的师傅装配钟表一样，把微型零件装配在一起，那需要十分的仔细。但即便如此，当零件小到一定程度，如100μm、10μm，由于质量极小，受到的黏性阻力大于重力，使得夹持与放开这些微小零件都十分困难。此外，装配的位置精度，如孔与轴的对中、垂直度、平行度等也很难得到保证。所以对微型机械的装配和调试，也必须寻找新的途径。

（3）微型机械的价格问题　由于微型机械尺寸小、精度高，如果是单件加工，产品价格必然昂贵，难于商品化，进而影响它的实用性。因此，必须引入新技术，使之能批量生产，以降低成本，推动微型机械的市场发展。

（4）系统的微型化　为了对微型机械进行控制，需要有相应的信息交换电路、各种传感器，作为微系统，这些部分也需要微型化。在考虑加工方法时，这一点也需要综合考虑进去。

3. 常用的微型机械加工方法的分类

常用的微细加工的方法很多，大致分为三类。

（1）第一类　使用传统的超精加工方法加工微型机件，如车、铣、刨、磨、钻。这种技术一般是由加工工具本身的形状（如钻头）或加工工具的运动轨迹（如线切割）来决定微型工件的形状。

使用工具进行微细加工，必须考虑加工单位。所谓加工单位，是指加工工件时，每次加工时被去除材料的尺寸。例如，在切削直径为10±0.1mm和直径为0.1±0.01mm的软钢时，由于尺寸不同精度要求也不同，两者使用的车床、车刀和夹具也不同。但是，从工件加工的角度来看，两者最大的差别是切屑的大小（宽度和厚度）不同，而这是由于两者所用的吃刀量不同引起的。即在切削10mm工件时，在误差允许的范围内，可以采用能形成

0.1mm 切屑的吃刀量；而对于直径为 0.1mm 的工件，就只允许能产生 0.01mm 切屑的吃刀量。之所以这样选择吃刀量，是因为在加工直径为 0.1mm 这样小的零件时，无论强度和刚度，都难以承受更大的吃刀量。

从另一角度看，这也是由构成软钢的晶粒大小所决定的。假定晶粒大小为 5μm，那么，对直径为 0.1mm 的工件来说，整个直径上只能排列 20 个晶粒。也就是说，用较大的吃刀量切削直径 10mm 的工件时，一般可忽视晶粒的大小；而当吃刀量小于晶粒直径时，切削将在晶粒内进行。这说明对尺寸不同的工件加工，其微观机理也是截然不同的。

传统的超精密加工方法有其不可代替的优点，因为用它可以加工各种材料的工件，包括可加工三维立体的微型器件和形状复杂的、有较高加工精度的零件。但传统的超精密加工有其局限性，无论在加工精度、装配方法、批量生产，还是与电子元件和电路加工的兼容性，均存在需要改进之处。

另外，作为超精密加工方法，还可以利用特种加工工艺进行加工，如电子束、离子束加工等。这类加工方法，有加工精度高、可加工的深宽比大等优点。

（2）第二类　利用成熟的 IC（集成电路）加工工艺。例如，利用集成电路技术，它借助光刻法加工，一次可制造出成百上千个微型器件。批量生产，既降低了成本，易于商品化，又可通过控制蚀刻速率，使加工单位足够小。另外，采用适当的技术，如牺牲层技术可实现“预装配”，避免了“后装配”的困难；进而，还可以将传感器和信息处理线路集成在微机构上，成为微系统。因此，这类方法成为微型机械制造工艺中非常重要的核心技术。这类方法具有微电子技术的优点：精度高，易加工，成本低等。但也不可避免地带有微电子表面加工的深宽比不够大及加工材料的局限性等不足。除此之外，还存在微机械结构和集成电路的兼容性的问题。

（3）第三类　一些有应用前景的技术。如 LIGA 工艺（光刻电铸成型工艺），它具有很大深宽比，可加工多种材料，可以批量制作；又如光成型技术，所用加工设备较简单，可较迅速地制成复杂的立体形状；还有 STM（扫描隧道显微技术），可进行原子搬运、排列等。不过，这类技术各有各的特点，或加工设备昂贵（如电子同步加速器），或与半导体工艺兼容性差，或目前精度尚不够高等原因，尚难普及。当前正处在活跃的研究阶段，今后发展前途十分看好。

4. IC（Integrated Circuit，集成电路）**工艺的主要步骤**

IC 工艺是微型机械制造的主要工艺之一，IC 工艺的主要流程如图 7-9 所示。主要步骤包括：半导体晶体生长、晶片制备、薄膜成型、曝光、印刷、掺杂工艺、蚀刻工艺、切割、封装等。

（1）晶体生长和晶片制备　为了制造半导体器件所用的材料——高纯度硅，需要对工业纯硅（97%）进行提纯。可以用化学方法，即通过化学方法将原始材料制成中间化合物，对中间化合物提纯，再通过还原或热分解得到纯度为 99.9999% 的硅；也可以用物理方法也称区域法提纯，其原理是当熔化的半导体材料的其中一部分凝固而另一部分仍为液体时，凝固部分杂质浓度低于液态部分杂质浓度。因此当反复多次沿着同一方向，一个区域接一个区域地把杂质“赶到”材料一端时，可纯化材料的其余部分；接下来，再在提纯后的多晶材料上生长一层单晶体，这一工艺过程称为晶体生长。具体作法是用一个籽晶与熔融（多晶）材料液面接触，然后缓慢提拉籽晶，在籽晶下面就会生长出新的单晶体来。为了使单晶材料

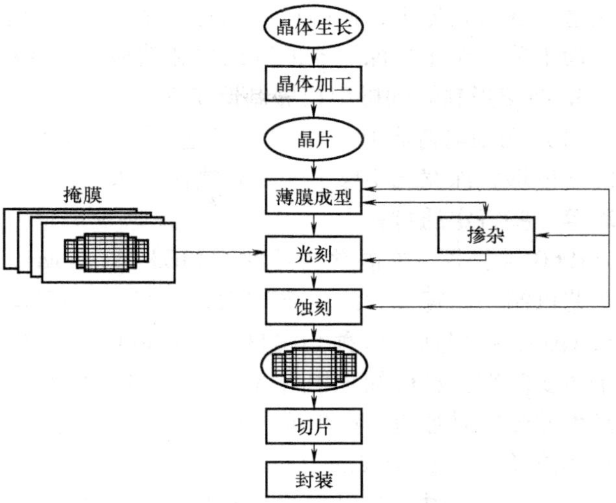

图 7-9　IC 工艺的主要流程

的导电类型、电阻率和力学性质满足制作半导体器件的要求，有时还可能向晶体内掺入适当的杂质。

将拉制好的单晶按晶体取向切成薄片，经磨削、抛光处理，制备成晶片。晶片处理需十分小心，应在超净车间进行以避免污染。作为薄膜的载体，往往将晶片作为衬底（也称基片），也有用玻璃、陶瓷、金属和塑料作衬底的。对于微型结构，常用的衬底是玻璃和硅。为了使薄膜比较牢固地附着在衬底上，应选择两者相互浸润好的材料；另外，衬底的表面状态对在其上生长的薄膜结构及其物理性质影响很大，许多情况下对衬底表面的活化处理可增加膜的附着力。衬底表面处理方法很多，如水洗法、溶剂清洗法、超声清洗法、离子轰击法、射线辐照法等，用以达到除掉表面物理和化学污染的目的。用研磨和蚀刻可改变表面粗糙度。蚀刻法加工单位是分子、原子量级的，几乎不产生变质层，没有加工的残留应力；对一些晶体，沿着解理面解理，也可得到超清洁的固体表面。

（2）薄膜成形　薄膜成形技术多种多样。常用的成形技术有：氧化膜制作法，如自然氧化法、干氧氧化法、水蒸气氧化法、湿氧氧化法；金属膜制作法，如真空蒸镀法、溅射法、电镀法、气相淀积法；淀积薄膜制作方法，如气相淀积法、低压气相淀积法、离子增强型气相淀积、有机金属淀积；各种外延膜制作方法，如外延法、液相外延、卤素气相外延、分子束外延。

（3）掺杂工艺　所谓掺杂是人为地将某种或几种杂质，通过基片上方的掩膜，有控制地将一定量的原子导入被选择区域。掺杂的方法可用来制作 p-n 结，也可用来作自停止腐蚀层，常用在制作硅的微型机械装置中。掺杂的方式很多。一般多用扩散和离子注入工艺。

（4）光刻　在半导体细微加工工艺中，除了上述薄膜成形的方法（即在基片上增加材料的“加法”）外，还有光刻方法（即除去多余材料的“减法”）。灵活地应用“加法”和“减法”，可制作出各种各样的微结构来。

光刻技术就是将掩膜上的图形经过曝光和印刷转移到薄膜或基片表面，通过选择性蚀刻，获得所需微结构的方法。

综上所述，IC 工艺是利用物理层蚀刻工艺，在硅片上通过淀积、光刻与蚀刻的巧妙结合来制作可动结构，如微型齿轮、马达等。其中，光刻技术是指在基质材料上涂覆光致抗蚀剂（光刻胶），然后利用极限分辨率极高的能量束通过掩膜来对光致蚀层进行曝光（光刻）。显影后，在抗蚀剂层上获得与掩膜图形相同的极微细的几何图形，最后再利用其他手段来切割制作各种微型机械结构。

尽管如此，在有些场合，所要加工的微结构很复杂，单靠这些工艺还远远不够。由于刻蚀深度浅，微结构陡直性不理想，仅适用于二维结构和小深宽比的三维结构。此外，IC 工艺仅适于硅材料加工，而硅材料又有结晶方向的限制，故这种常规微结构制作仅限于平面，是平面工艺，对于高深宽比的微结构和其他类型的材料制作便无能为力了。

5. 有应用前景的微型机械制造工艺

（1）光刻电铸成形（LIGA）工艺　上面提到，IC 加工技术有其局限性，主要是它所制作的立体形状深宽比不够大，一般槽深不大于 10 μm；而且它所加工的材料也多局限在硅、玻璃等一些特定的材料上。

1960 年前后，德国学者开发了 LIGA（Lithography Galvanoformung Abformung）工艺，此种工艺可制备高宽比大的三维结构，深度可 >1000μm，而加工宽度可 <1μm，加工精度可达 0.1μm；可以加工多种金属材料，也可以加工陶瓷、塑料等非金属材料。这种工艺包括三个主要步骤：深层同步辐射 X 射线光刻、电铸成形以及注塑成形。同步辐射 X 射线的光源是由同步辐射加速器产生的，它是一种连续光谱的光，用于 LIGA 工艺光刻的同步辐射 X 射线的波长为 0.1 ~0.2nm。

（2）三维光成形工艺　作为微型加工工艺的方法之一，光成形方法（Photoforming Technique）起源于 20 世纪 80 年代后期，并越来越被人们所关注。

所谓光成形方法，一般是指用聚焦了的紫外光去照射液态光敏固化树脂，使其固化，形成机械零件的方法。用光成形方法可十分方便地制作复杂的立体形状，例如，可根据 CT 扫描的数据制作人体头部骨骼的模型，也可按计算机设计出的汽车模型作出汽车的树脂造型等。

工作时，首先借助于计算机辅助设计，在计算机中建立零件的三维立体模型，然后对模型进行数据处理，分切成一层层的薄片，以便三维光刻机按薄片形状去照射、固化树脂。光成形加工时照射的工艺过程，像是将一片片薄片沿等高线叠加起来而形成立体的过程。具体的作法是：用紫外光（一般用 He-Cd 连续激光器，它可发出波长 325nm 的紫外光，也可以用氙灯）照射树脂（也称紫外硬化树脂），使其一层树脂固化；然后，用紫外光照射第二层，固化第二层。这样多层被固化的树脂重叠起来，就可以拟合出复杂的立体形状来。树脂槽可安装在一个由计算机控制的平台上。

为了制作微型机械，需要减小光成形法的加工单位，提高加工的分辨率。可从两方面着眼：一是尽量减薄各层树脂的厚度，二是充分聚焦激光光点。

（3）扫描隧道显微技术　当隧道显微镜（STM）工作时，其上的作为电极的探针与另一极——样品间将产生高度空间限制的电子束。这个电子束和一般聚焦的电子束一样，可对样品表面进行微细加工。由于探针尖与样品距离只有纳米量级，它对样品产生作用的区域也是纳米量级。探针尖可以在样品表面直接刻写，也可以对涂有抗蚀剂的表面进行光刻，可以用它产生的电子束在液体和气体的氛围下诱导淀积，还可以将吸附在样品表面的颗粒和原子进行搬运等。

所谓直接刻写，是指样品表面不涂覆抗蚀剂，也不是在某种气体和液体氛围中，通过改变控制 Z 向运动的压电元件的电压，或利用调节偏置电压大小，用反馈法移动探针尖，突然缩小探针尖与样品间距，探针尖下样品将出现纳米级的微结构变化（出现微坑或微凸起）。但对弹性大的材料，只改变探针尖与样品的间距可能不产生作用，这时可在探针尖与样品上加上一脉冲电压，就能使表面上产生微结构的变化。

STM 产生的电子束，也可以在涂覆了足够薄的（几十纳米）均匀抗蚀膜表面上进行电子束光刻，但衬底须为导电材料。

STM 产生的电子束在特定的气体或液体氛围下可诱导淀积。STM 产生的电子束能提供能量分解化合物，分解的成分包含金属成分就淀积在表面上，包含腐蚀成分就可在表面局部进行蚀刻。

用隧道显微镜的微细加工工艺，是一个刚刚兴起目前还不够完善的工艺，但它具有很广泛的潜在功能：它有望将 LSI（大规模集成电路）线宽从微米降至纳米；它还可以一边检测表面形貌，一边利用诱导淀积和蚀刻法修补表面结构缺陷；可对原子、原子团进行操作，使其在表面上生长、迁延，达到材料设计的目的。总之其发展潜力是很大的，应用的前景是诱人的。

六、微型机械的设计

微型机械是一个新型的、多学科交叉的高科技领域，面临许多课题，涉及许多关键技术。当一个系统的特征尺寸达到微米级和纳米级时，将会产生很多新的科学问题。例如，随着尺寸的减少，表面积与体积之比增加，表面力学、表面物理效应将起主导作用，传统的设计和分析方法将不再适用。微摩擦学、微力学等问题在微系统中将至关重要。

在微系统的研究工作方面，一些国内外研究机构已在微小型化的尺寸效应，微细加工工艺、微型机械材料和微型构件、微型传感器、微型执行器、微型机构测量技术、微量流体控制和微系统集成控制以及应用等方面取得不同程度的阶段性成果。微型机械加工技术是微型机械发展的关键基础技术，其中包括微型机械设计微细加工技术、微型机械组装和封装技术、微系统的表征和测量技术及微系统集成技术。

微型机械不是传统机械直接微型化，它远超出了传统机械的概念和范畴。微型机械在尺度效应、结构、材料、制造方法和工作原理等方面，都与传统机械截然不同。微系统的尺度效应、物理特性研究、设计、制造和测试等研究是微系统领域的重要研究内容。

1. 微型机械加工技术领域的前沿关键技术

（1）微型系统设计技术　其主要是微结构设计数据库、有限元和边界分析、CAD/CAM、仿真和拟实技术、微系统建模等，微小型化的尺寸效应和微小型理论基础研究也是设计研究不可缺少的课题，例如，力的尺寸效应、微结构表面效应、微观摩擦机理、热传导、误差效应和微构件材料性能等。

（2）微细加工技术　主要指高深宽比的多层微结构的硅表面加工和体加工技术，利用 X 射线光刻、电铸的 LIGA 和利用紫外光刻的准 LIGA 加工技术；微结构特种精密加工技术包括微火花加工、能束加工、立体光刻成形加工；特殊材料特别是功能材料微结构的加工技术；多种加工方法的结合；微系统的集成技术；微细加工新工艺探索等。

（3）微型机械组装和封装技术　主要指黏结材料的黏结、硅玻璃静电封接、硅—硅键合技术和自对准组装技术，具有三维可动部件的封装技术，真空封装技术等新封装技术。

（4）微系统的表征和测试技术　主要有微结构材料特性测试技术，微小力学、电学等物理量的测量技术，微型器件和微型系统性能的表征和测试技术，微型系统动态特性测试技术，微结构、微型器件和微型系统可靠性的测量与评价技术。

2. 微型机械设计时应注意的几个要点

（1）微型机械中起主导作用的力是表面力　任何物体的体积力（如重力、电磁力）与特征尺寸的高次方（L^3）成比例，而表面力与特征尺寸的较低的幂次成比例，如摩擦力（L^2）、表面张力（L^1）、静电力（L^o）等。微型机械体积小，质量轻，表面力与体积力之比相对增大，表面力与体积力相比成为起主导作用的力。故随着尺寸的缩小，静电力与重力相比是主导作用力（机械的微小型化的尺寸效应），所以MEMS中常用静电力致动。同样，与重力相比摩擦力的影响比普通机械为大。因此，包括滑动的可动部分，例如，齿轮、旋转的轴承等部分都不太适宜作为微型机械的器件。由此还可推断，就微小机械的三维移动而言，跳跃和飞行比步行或轮子好。

由于在微型机械中摩擦变得十分重要，所以设计有接触的机构时，不仅要考虑为实现运动所需的一定的附着或牵引（即足够的摩擦），而且还要注意防止在需要有相对滑动的接触部位出现灾难性的附着和冷焊。此时，要适当改变接触表面成分或使用润滑剂。

（2）微型机械不是传统机械的模拟缩小　传统机械各部件的复杂程度不均，用几何方式模拟缩小这样的结构，其复杂部分的微小化十分困难，高智能自动机械尤其不易实现，也许是因为高智能不适合微小机械。例如，人的神经细胞为10^{10}个，而昆虫的神经细胞为10^5个，人们可以用小生物不具有很多的神经细胞这一点来理解微型机械的低智能。所以设计微型机电系统时不必追求复杂的机械结构，而是着眼于用多个简单的机械元件完成复杂的工作，包括带有简单的传感器和低的人工智能的器件。

微型机械器件一般是作成一次性的、短时间使用的，不必追求较长的使用寿命。

（3）能源供给　对于具有移动和转动的微型机械系统，电缆成为运动的障碍。所以一般不采用电缆供电。目前微型机械系统一般采用静电力供能，只需注意微型电池（或太阳能电池）能否输出足够的电压即可。此外，常用振动直接激励供能（压电、电磁及形状记忆合金致动）。

（4）微型机械设计仍应遵循力学原理　能量守恒原理是万物变化必须遵守的规律，所以微型机械系统设计时同样要遵守。此外，当微型机械的尺寸小到分子尺寸数量级时，宏观力学定理——动力学基本定理（动量定理、动量矩定理和功能定理）仍然适用。

微型机械是一门交叉科学，和它相关的每一技术的发展都会促使微型机械的发展。随着微电子学、材料学、信息学等的不断发展，微型机械具备了更好的发展基础。由于其巨大的应用前景和经济效益以及政府、企业的重视，微型机械发展必将有更大的飞跃。新原理、新功能、新结构体系的微传感器、微执行器和系统将不断出现，并可嵌入大的机械设备，提高自动化和智能化水平。

微型机械的发展正方兴未艾。新理论、新工艺、新应用领域在不断地涌现，至今尚难形成完整的、系统的理论体系。也正因为如此，它给了人们很大的发展空间，它所蕴藏的巨大发展潜能和巨大的市场前景，吸引着人们为之求索，为之奋斗。据预测，21世纪发展的三个主要方面是：信息和通信领域，医药卫生领域以及生物科技领域。微型机械作为一门新兴的交叉学科，在这三个方面都大有用武之地，这就注定了微型机械在21世纪将成为最重要、最活跃的研究领域之一。

第六节　“钢领工人”——工业机器人

据联合国劳工协会的一份研究报告称，自20世纪60年代开始率先在冶金、焊接等工业领域中应用机器人以来，现全世界已有近200万台种类繁多的机器人在各个领域工作，人们对机器人的普遍看好，使制造机器人的产业成为高科技的朝阳产业。

机器人在众多国家的劳工市场上走红有三个重要原因：一是能提高劳动生产率；二是降低劳动成本；三是最主要的，即现代产业结构调整所需。这些因素可以从日本的机器人应用所产生的社会效果方面得到很好的佐证：20世纪70~80年代，日本依靠在机器人方面的绝对优势将家用电器、汽车等产品以数量多和成本低的优势打入全球市场，使日本的经济得以起飞。进入20世纪90年代，机器人不再局限于在汽车、机械行业的应用，同时机器人也由庞大转为小巧灵活，头脑（电脑）更加发达，进入了电子、信息、航空、生物技术等高科技前沿领域。特别是电子信息产品的数量之多和普及速度之快，离开了机器人装配线上的工作是根本无法完成的。据日本的统计：1998年全日本每个劳动者的全年平均劳动工时比1960年缩短了44.5%，而社会劳动量的总工时数却增长了300多倍，这些增加的工时量主要是依靠机器人来完成的。目前，日本每万名劳工中拥有机器人229台，德国是91台，美国是88台，法国是61台，英国是51台。但日本的失业率在20世纪70年代、80年代及90年代中期均保持在2.4%~2.8%，远低于其他国家。这说明，人们原来曾担心会像第一次工业革命那样，机器人抢走工人饭碗的问题不仅不会发生，而且工人还从机器人身上分享到了由机器人创造的剩余价值和共享了社会产品成果，真是两全其美而皆大欢喜。

据目前趋势预测：21世纪对机器人的应用将沿着两大方向发展：一类是电子、信息、医药、生物、航空航天等高科技和精密工程领域；另一类是劳动强度大、劳动环境恶劣的生产或服务领域，如环境整治、清污排污、矿山井下、高空建筑等领域和行业。前者是一般劳工很难做到或很难做好的；而后者又是一般劳工不愿做的。所以这两大类领域的岗位也正是机器人大显神通的领域。机器人在工业上的应用是最早也是最广泛的。

一、工业机器人概述

1. 工业机器人及其发展

1960年，美国报纸《美国金属市场》中使用了工业机器人一词。工业机器人的定义为“具有自动控制的操作功能和移动功能，能够按照程序实施各种作业的用于工业的机械”。该定义有如下内涵：①所谓“自动控制的操作功能”是指在计算机或控制器控制下完成操作的功能；②“移动功能”可以是步行、无轨道、有轨道等各种形态；③所谓“能够按照程序实施”是指操作能够程序化，如果变更程序则可以进行其他种类的操作。

据此，工业机器人是指在工业中应用的一种能进行自动控制的、可重复编程的、多功能的、多自由度的、多用途的操作机，能搬运材料、工件或操持工具，用以完成各种作业。且这种操作机可以固定在一个地方，也可以安装在往复运动的小车上。

工业机器人具有钢手铁臂，工业上一般用来从事体力劳动，国际劳工组织给它起名为“钢领工人”。“钢领工人”在世界上早已形成了一支浩浩荡荡的产业大军。示教再现型工业机器人是机器人的第一代，如图7-10所示，它一般是“瞎子”、“聋子”和“哑巴”，对外界没有感觉识别能力，它只是通用性很强的自动化机器而已。例如，“尤尼梅特”和“沃尔萨特兰”这两种最早的工业机器人是示教再现型机器人的典型代表。它由人操纵机械手臂做一遍应当完成的动作，或通过“示教控制盒”发出指令让机械手臂动作，在动作过程中机器人会自动将这一过程存入记忆装置。当机器人工作时，能再现人教给它的动作，并能自动重复执行。这类机器人不具有外界信息的反馈能力，很难适应变化的环境。

20 世纪 70 年代，第二代机器人——适应型机器人有了较大发展，它对外界环境变化有感知能力，电脑对感觉器官获得的信号进行加工，作出判断，产生控制作用，操纵机器人的手和脚，在适应外界条件变化情况下完成各种工作任务。例如，有触觉的机械手可轻松自如地抓取鸡蛋，具有嗅觉的机器人能分辨出不同饮料和酒类。第二代机器人如图 7-11 所示。

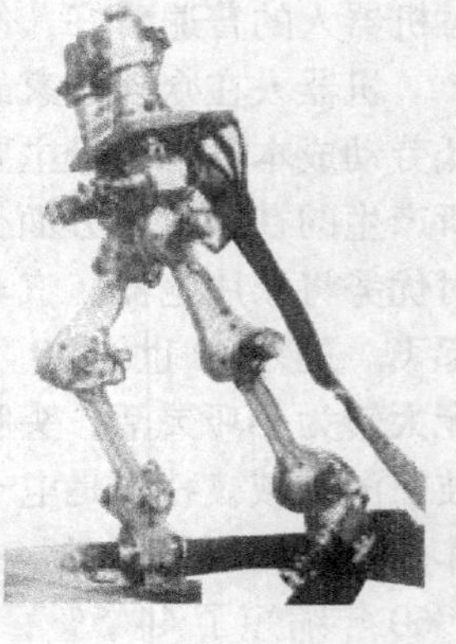

图 7-10　第一代机器人

第三代机器人是智能机器人，如图 7-12 所示。它具有人工智能，能听、能看、能说、能判断环境状况，并且有记忆、推理和决策的能力。因而能够完成更加复杂的动作。中央电脑控制手臂和行走装置，使机器人的手完成作业，脚完成移动，机器人能够用自然语言与人对话。智能机器人的“智能”特征就在于它具有与外部世界——对象、环境和人，相适应、相协调的工作机能。从控制方式看，智能机器人不同于工业机器人的“示教、再现”，不同于遥控机器人的“主—从操纵”，而是以一种“认知—适应”的方式自律地进行操作。

图 7-11　第二代机器人

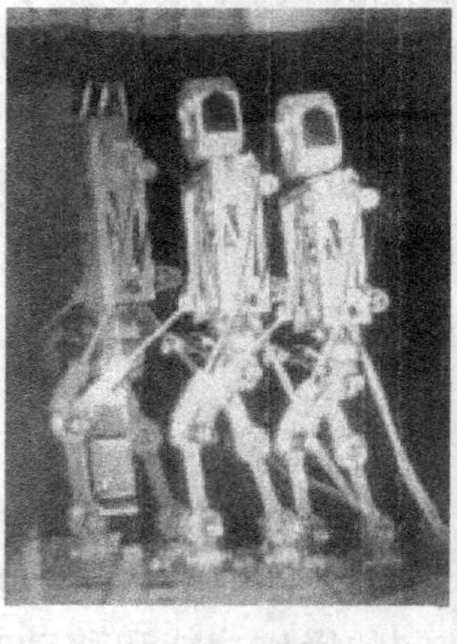

图 7-12　第三代机器人

智能机器人在发生故障时，通过自我诊断装置能判断出故障部位，并能自我修复。今天，智能机器人的应用范围大大地扩展了，除工农业生产外，机器人应用到了各行各业，已具备了人类的特点。机器人向着智能化、拟人化方向发展的道路是没有止境的。现在已有很多智能机器人得到了实际应用。

随着科技进步与时代发展，20 世纪 90 年代的工业机器人能抓几百千克的东西，手臂每秒移动一两米，定位精度达到零点几个毫米，已经算不上是很高级的了。

2. 工业机器人在生产中的优势

采用机器人究竟有哪些好处呢？首先，机器人具有人类不能达到的耐力和精确性能。例如，加拿大一家公司的显像管生产线，有一种样子像龙门吊的机器人，用橡胶吸盘把加工好的显像管从机床上吸起来，再放到悬吊架子上。12 秒可以搬一只，15 个月搬运 50 万只没出一次差错。不论环境如何恶劣，机器人的“精力和情绪”都不会受到影响，它不会偷懒，不会违反规章制度和操作规程，所以很少出差错，而且产品质量很高。

机器人的另一个长处是不怕酷暑严寒，不怕高温剧毒、不怕辐射和污染，不怕危险，不怕“死”，干活快，缩短生产周期，减少生产成本。例如，在美国纽约的一家灯泡厂里，机器人负责清除温度计水银柱中的气泡。水银有毒，过去工人操作都要十分小心，可机器人毫不在乎，只要7.5min就能完成这个共有394个步骤的电脑程序，处理24箱温度计，过去要13个工人干1h，而现在只要一个机器人还绰绰有余。

另外，由机器人、电脑、数控机床可以组成柔性生产线。这是相对于以前的刚性生产线而言的，过去的流水生产线、自动生产线，生产的产品是固定的，若想改变生产线生产的产品品种，必须重新改建（改造）生产线。柔性生产线则有灵活性，只要把电脑中生产程序、工艺过程改变一下，它就可以生产出不同品种的产品来。柔性生产线有很多优点，它最适合于完成多品种、小批量产品的生产，可以缩短产品制造时间，提高设备利用率，可把劳动力、机床数量、占地面积、生产成本减少二分之一左右。

采用工业机器人可以组成无人工厂。在这种工厂里，除白天有少数人做巡视检查，处理一些问题，增加或修改一些指令，参加某些劳动外，全天的全部生产产品过程都是自动进行的。从原料入厂，到零件加工、装配成产品进行检验，直到成品入库，都是由工业机器人、自动化机床、无人搬运小车、计算机辅助设计与制造系统和电脑控制中心来完成的。自动化生产工厂也就是无人化工厂，是工业生产的一种发展方向。在这种工厂里，工业机器人成了企业的主宰。

3. 我国在工业机器人方面所取得的成绩

我国的工业机器人从20世纪80年代开始起步，在国家的支持下，通过“七五”、“八五”科技攻关，目前已基本掌握了机器人操作机的设计制造技术、控制系统硬件和软件设计技术、运动学和轨迹规划技术等，生产了部分机器人关键元器件，开发出涂装、弧焊、点焊、装配、搬运等机器人；其中有130多台套涂装机器人在二十余家企业的近30条自动涂装生产线（站）上获得规模应用，弧焊机器人已应用在汽车制造厂的焊装线上。但总的来看，我国的工业机器人技术及其工程应用的水平和国外比还有一定的距离，例如，可靠性低于国外产品；机器人应用工程起步较晚，应用领域窄，生产线系统技术与国外比有差距；在应用规模上，我国已安装的国产工业机器人约200台，约占全球已安装台数的万分之四。以上原因主要是没有形成机器人产业。当前我国的机器人生产都是应用户的要求，“一个客户，一次重新设计”，品种规格多、批量小，零部件通用化程度低，供货周期长，成本也不低，而且质量、可靠性不稳定。因此迫切需要解决产业化前期的关键技术，对产品进行全面规划，搞好系列化、通用化、模块化设计，积极推进产业化进程。

我国的智能机器人和特种机器人在“863”计划的支持下，也取得了不少成果。其中最为突出的是水下机器人，如图7-13所示。6000米水下无缆机器人的成果居世界领先水平，在2001年的云南抚仙湖考古首次采用CR-02型6000米水下机器人，为人们展示了奇异的水下世界。我国还开发出直接遥控机器人、双臂协调控制机器人、爬壁机器人、管道机器人等机种；在机器人视觉、力觉、触觉、声觉等基础技

图7-13　水下机器人

术的开发应用上开展了不少工作，有了一定的发展基础。但是在多传感器信息融合控制技术、遥控加局部自主系统遥控机器人、智能装配机器人、机器人化机械等的开发应用方面则刚刚起步，与国外先进水平差距较大。

二、工业机器人的构造

机器人技术是综合了计算机、控制论、机构学、信息和传感技术、人工智能、仿生学等多学科而形成的高新技术，是当代研究十分活跃，应用日益广泛的领域。

工业机器人并不是在简单意义上代替人工的劳动，而是综合了人的特长和机器特长的一种拟人的电子机械装置，既有人对环境状态的快速反应和分析判断能力，又有机器可长时间持续工作、精确度高、抗恶劣环境的能力。从某种意义上说它也是机器的进化过程产物，是工业以及非产业界的重要生产和服务性设备，也是先进制造技术领域不可缺少的自动化设备，特别适合于多品种、变批量的柔性生产。它对稳定、提高产品质量，提高生产效率，改善劳动条件和产品的快速更新换代起着十分重要的作用。因此，工业机器人在构造和控制上有着自身的特点。

1. 工业机器人的机械结构

目前使用的工业机器人从机械结构上看可分为以下四种类型：

（1）直角坐标系机器人　其机械构成如图 7-14 所示。这种机器人具有相互正交的两根或三根直线移动轴结构。其优点是结构简单、精度高；缺点是在同样的动作范围内机器人的占地面积大，设备的空间因数较差。主要用于印刷电路基板的元件插入，紧固螺钉等。

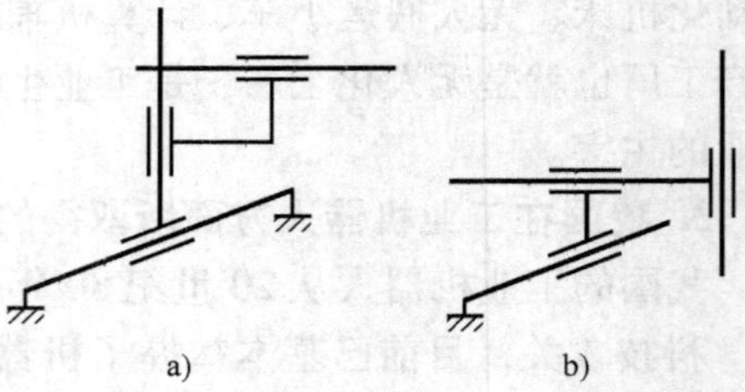

图 7-14　直角坐标系机器人的机械构成

（2）圆柱坐标系机器人　其机械构成如图 7-15 所示。从结构上来说配置有在某一平面上旋转的旋转轴、在旋转平面垂直方向上的直线轴和前后方向直线轴。其优点是结构简单、刚度好，缺点是在机器人动作范围内，必须有前后方向轴线的后退空间，因此空间利用较差。主要用于重物的装卸等。

（3）水平多关节机器人　其机械构成如图 7-16 所示。该机器人在结构上具有串联配置的两个能够在水平面内旋转的手臂。其优点是在垂直方向上的刚度好，是一种用来代替专用装配机械的常用自动化机械，可以根据用途选择 2 ~ 3 个自由度，常用于 VTR（磁带录像机）、盒式录音机等的装配流水线上。

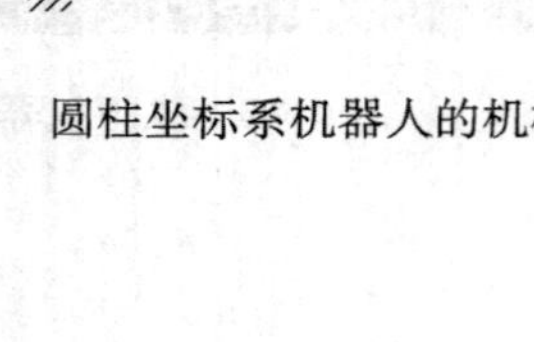

图 7-15　圆柱坐标系机器人的机械构成

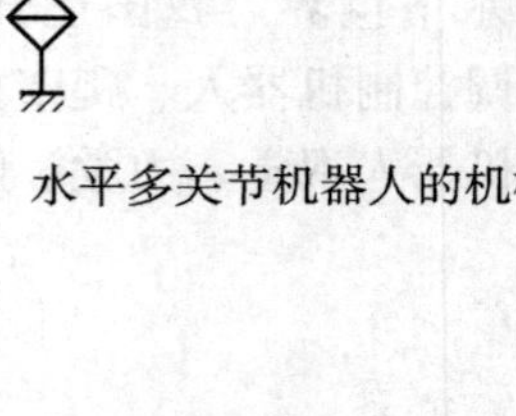

图 7-16　水平多关节机器人的机械构成

（4）垂直多关节机器人 其机械构成如图 7-17 所示。该机器人模拟了人类的手臂功能，由垂直于地面的腰部旋转轴（相当于大臂旋转的肩部旋转轴）带动小臂旋转的肘部旋转轴以及小臂前端的手腕等构成。手腕通常由 2 ~ 3 个自由度构成。其优点是可以自由地实现三维空间的各种姿势，可以生成各种复杂形状的轨迹，相对机器人的安装面积，其动作范围很宽。其缺点是结构刚度较低，动作的绝对位置精度较低。它广泛应用于代替人完成装配作业、货物搬运、电弧焊接、喷涂、点焊等场合。

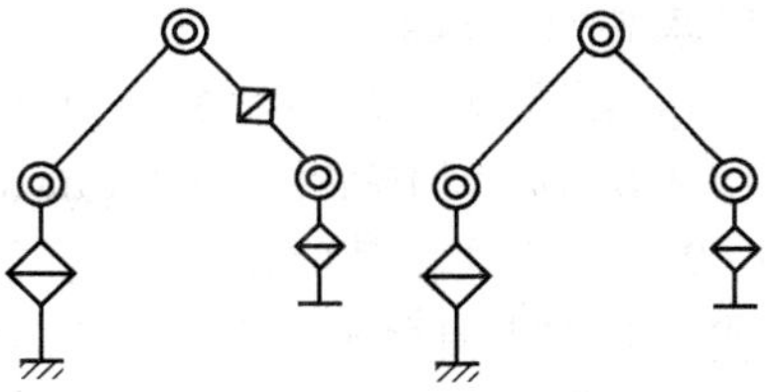

图 7-17 垂直多关节机器人的机械构成

2. 工业机器人的组成

按组成系统分类，工业机器人由执行系统（机械本体）、控制系统、伺服驱动系统和人工智能系统构成，如图 7-18 所示。是一种仿人操作、自动控制、可重复编程、能在三维空间完成各种作业的机电一体化自动化生产设备。

目前，除少数智能机器人外，应用于生产实际的多数是那些具有执行系统、驱动系统和控制系统的工业机器人。

（1）执行系统 执行系统是工业机器人完成握取工件（或工具）、实现所需的各种运动的机械部件，包括以下几个部分：

1）手部。是工业机器人直接与工件或工具接触用来完成握持工件（或工具）的部件。有些工业机器人直接将工具（如焊枪、喷枪、容器）装在手部位置，而不再设置手部。

2）腕部。是工业机器人中连接手部与臂部，主要用来确定手部工作位置并扩大臂部动作范围的部件。有一些专用机器人没有手腕部件，而是直接将手部安装在手臂部件的端部。

3）臂部。是工业机器人用来支撑腕部和手部实现较大运动范围的部件。

4）机身。是工业机器人用来支撑手臂部件，并安装驱动装置及其他装置的部件。专用机械手一般将臂部装在主机上，成为主机的附属装置。

5）行走机构。是工业机器人用来扩大活动范围的机构，有的是专门的行走装置，有的是轨道、滚轮机构。

（2）驱动系统 驱动系统是向执行系统各部件提供动力的装置。采用的动力源下同，驱动系统的传动方式也不同。驱动系统的传动方式有四种：液压式、气压式、

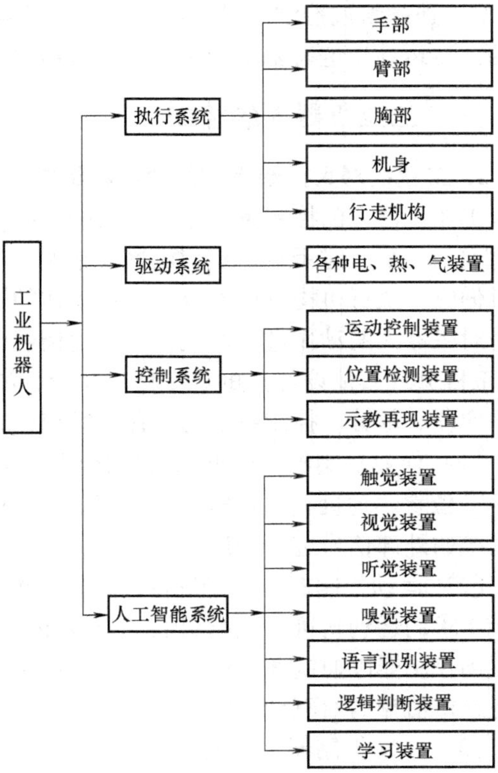

图 7-18 工业机器人的组成

电气式和机械式。

1）液压式。其驱动系统由液压缸、电磁阀、液压泵和油箱等组成。其特点是操作力大、体积小、动作平稳、耐冲击、耐振动。但漏油对系统的工作性能影响较大，成本较高。

2）气压式。其驱动系统由气缸、气阀、空气压缩机（或由气压站直接供给）和气罐等组成。其特点是气源方便、维修简单，易于获得高速度、成本低，防火防爆，漏气对环境无影响。但操作力小、体积大。又由于空气的压缩性大，速度不易控制、响应慢、动作不平稳、有冲击，臂力一般不超过300N。

3）电气式。其驱动系统一般由电动机驱动。优点是电源方便，信号传递运算容易、响应快、驱动力较大，适用于中小型工业机器人。但是必须使用减速机构，如齿轮减速器、谐波齿轮减速器等，所需要的电动机有步进电动机、DC伺服电动机和AC伺服电动机等。

4）机械式。其驱动系统由电动机、凸轮、齿轮、齿条、连杆等机械装置组成，传动可靠。适用于专一简单的机械手。这种方式结构比较庞大。

（3）控制系统　控制系统是工业机器人或机械手的指挥系统，它控制驱动系统，让执行机构按照规定的要求进行工作，并检测其正确与否。一般常见的控制系统为电气与电子回路控制。随着计算机技术和信息技术的发展，计算机控制系统也不断增多。以控制的运动轨迹来分，原则上分为两种：

1）点位控制。主要控制空间两点或有限多个点的空间位置，而对其运动路径没有要求。专用机械手和绝大多数工业机器人均采用这种点位控制方式。

2）连续轨迹控制。是用连续的信息对运动轨迹的任意位置进行控制，其运动路径是连续的。对运动轨迹有要求的工业机器人需要连续轨迹控制，如电弧焊、切割等。

三、工业机器人的控制

1. 工业机器人控制系统的功能和组成

工业机器人的控制系统相当于人的大脑，它指挥机器人的动作，并协调机器人与生产系统之间的关系。对示教再现型机器人来说，包括示教、存储、再现、操作等环节。按控制信号对伺服、执行机构发出指令，包括动作的顺序、应到达的位置与路径，动作的时间等。必要时对机器人的动作进行监视，当发生错误或故障时发出报警信号。控制系统还对生产系统（加工机械或其他设备）的状况作出反应，产生相应的动作。控制系统是反映机器人功能和水平的核心部分。控制系统为一种分级结构，包括三级控制器。

（1）作业控制器　根据示教操作记忆每步动作的顺序、程序步进的条件、每步程序的内容（位置、速度、轨迹等）；依次发出相应的作业指示。同时随着作业的进行，对来自生产系统的外部信号进行处理。

（2）运动控制器　用于进行连续轨迹控制（CP），接受来自作业控制器的程序命令，对应所要求的运动轨迹产生给定值（将程序步的作业指令变换为各运动轴的动作指令），输送给驱动控制器以控制各轴运动。在点位控制（PTP）中，没有这部分，而是由作业控制器直接将给定值输送给驱动系统。

（3）驱动控制器　在伺服机构的控制回路中，每一部件的每个运动轴由一个驱动控制器控制。

在采用微型计算机控制的机器人中，微型计算机可承担上述作业控制和运动控制功能，包括程序示教、程序编辑、轨迹插补运算以及坐标变换等；而由驱动控制器承担的位置，速度控制及各种补偿、修正等，可通过伺服接口来实现。许多运动控制和伺服功能可由软件来实现。

2. 工业机器人控制方式

工业机器人的控制机能由示教机能和动作机能组成。前者是先把操作过程示教给机器人，后者是指程序和运动控制。工业机器人的控制方式如图7-19所示。

3. 程序控制方式

工业机器人是按照预先确定的程序进行顺序动作的自动机械。在重复型操作机器人的工作过程中，如一个工作过程是由若干个步骤所构成，则每个步骤称为一个“程序步”。

机器人控制中有三种信息：

1）顺序信息。即各程序步中单元动作的配合及步进顺序。

2）位置信息。即到达各点的坐标值。

3）时间信息。即各程序步所用的时间，这也可表示为完成各动作的速度。

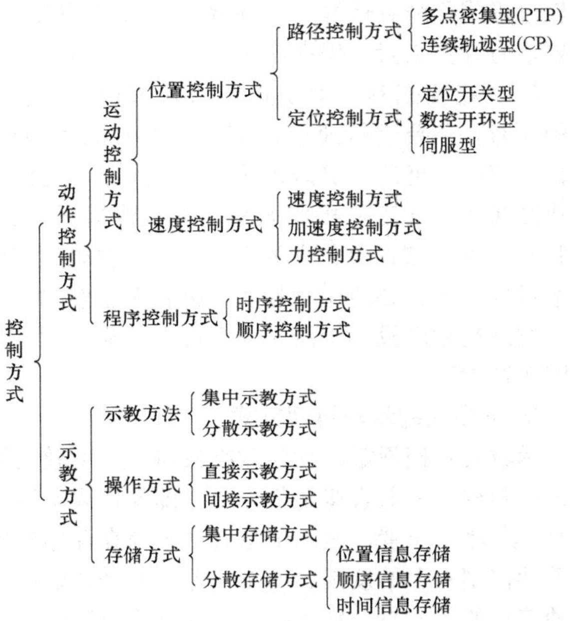

图7-19　工业机器人控制方式

机器人各步的动作是按规定时限，或者根据前一步完成的证实信号（到达位置）、按规定顺序进行的，就是说，程序的步进是按照时间原则或者位置原则进行的。前者是利用控制器内的时间继电器或计数定时器进行计时，到规定时间后，发出步进控制信号，称“时序控制”。后者是以外部发出的机器手臂运动的位置反馈信号为条件进行控制而产生步进的，称“顺序控制”。因此程序控制分时序和顺序两种方式。

要使机器人工作，须先示教给定动作程序，用存储器记忆，然后以此进行操作。

4. 运动控制方式

（1）位置控制　机器人位置控制分为点位控制（PTP）和连续轨迹控制（CP）两种，点位控制和连续轨迹控制的区别如图7-20示。

1）点位控制方式。这种方式只控制机器人运动部件所应到达空间点的定位。而对两个定位点间的运动轨迹不加控制。这种控制方式可达到较高的重复精度（±0.5mm），适用于上、下料、点焊及搬运等作业。

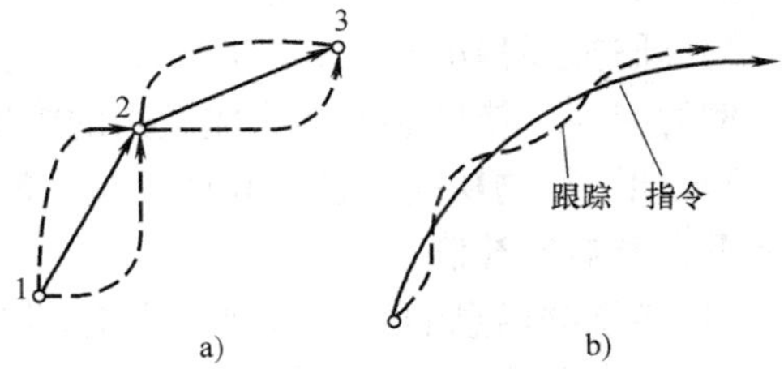

图7-20　点位控制和连续轨迹控制的区别

a）PTP方式　b）CP方式

点位控制又分为两点控制和多点控制两种。定位点为两点的点位控制，采用开关型控制机构就可以实现。多点定位控制，要采用带反馈环节（行程检测元件）的闭环伺服机构或者数控开环机构。

2）连续轨迹控制方式不仅要控制行程中所有中间点的位置，而且对运动轨迹形式有一定精度范围的要求。例如，机器人进行涂装、连续电弧焊作业就是这种情况。连续轨迹控制一般采用闭环伺服机构。这种控制方式要求示教的各位置点必须是连续的，因而比较麻烦，示教效率低，要求容量大的存储装置。目前大多数工业机器人实际上都采用 PTP 示教（对于直线轨迹为两点指定，对于圆弧或圆，则为三点或四点指定）。两点间的轨迹由微处理器按轨迹形式作插补运算（直线插补或圆弧插补），求出其间各点的坐标值以形成连续轨迹，这要求有计算装置，但存储容量小。

（2）速度控制　对工业机器人来说，在位置控制的同时，还要进行速度控制。为了保证运动快速、平稳、定位精度高，机器人的行程要遵循一定的速度变化曲线。由于工业机器人是一种工作情况（行程、负载）多变、惯性负载大的运动机械，要处理好快速与平稳的矛盾，必须注意起动加速和停止前的减速这两个过渡运动区段。机器人一个行程的速度时间曲线如图 7-21 所示。

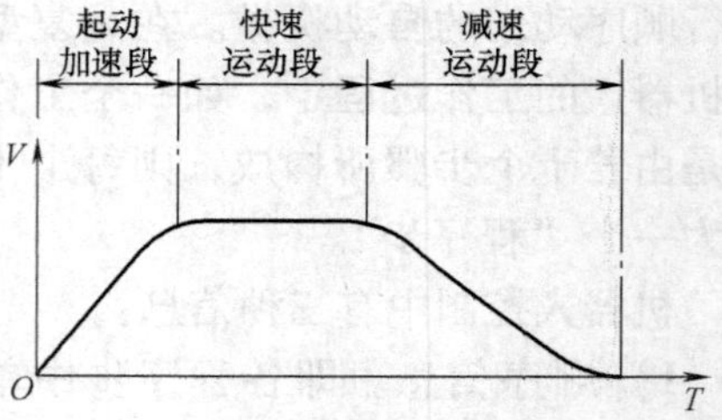

图 7-21　机器人一个行程的速度时间曲线

5. 机器人的示教再现方式

示教就是把规定的动作教给机器人。示教的简繁标志着机器人自动化水平的高低。示教方式有两种，一是直接示教方式，即操作人员直接带动机器人的手臂依次通过预定的轨迹。这时，顺序、位置、时间信息自动记录在存储器中。另一种是间接示教方式，即操作人员通过手动控制盒上的按键，编制机器人的动作顺序，确定位置、设定速度或时限。这种方式中三种信息的示教是分别进行的。计算机控制时用特定的语言编制示教程序，实际上是一种间接示教方式，称离线编程。

存储是将示教的各种信息保存在存储器中。存储信息的形式、存储容量的大小决定机器人能进行操作的复杂程度。机器人用的存储装置，最初是磁鼓，后来是磁芯等，现在采用高集成度的半导体存储器。

机器人在工作时再现所示教的动作，使手端沿目标轨迹运动。轨迹记忆再现的方式同样有点位控制（PTP）和连续轨迹控制（CP）两种。

6. 机器人计算机控制

（1）计算机在机器人中的功能

1）人—机器人接口功能。人可脱机，先用程序语言编程，然后再输入机器人。

2）轨迹运算功能。可实现由直角坐标到关节坐标的互换，完成示教点的插补运算及时间比例的变换，使机器人能完成复杂的轨迹动作。

3）伺服控制功能。进行软件伺服，简化硬件设备。机器人采用 PID 控制方式，或者再加上重力影响的补偿。

4）传感器信息的处理与判断功能。以适应外部状态变化。

5）故障监视、诊断功能。提高工作可靠性、减少维修检查时间。

（2）采用计算机控制的优点　计算机具有存储能力和计算能力，而且可脱机编程，加之微型计算机价格便宜等，目前机器人大都采用微型计算机控制，主要优点是：

1）便于编制程序，简化示教操作，提高示教的自动化程序。

2）可使机器人平滑地跟踪复杂的运动轨迹，能适应外界环境的变化，提高机器人的通用性和灵活性。第二代适应型控制机器人和第三代智能型控制机器人均采用计算机控制。

3）计算机易实现人和机器人的对话，且具有故障自动检测和诊断功能，使机器人的可靠性和安全性得到改进。

4）采用计算机，不仅可方便地实现机器人单机控制，还可进而发展机器人群控系统，可以使多个机器人在同一时间进行同一工作，也可进行不同的工作，这时计算机以分时方式进行控制。

（3）工业机器人计算机控制类型与方式　机器人计算机控制通常有三种类型：①管理型；②记忆型；③运算型。目前大多数工业机器人属于第三种类型，其控制方式分集中控制和分散控制两种。

四、工业机器人的应用

在制造业中，机器人可以用于焊接、表面涂覆、装配、毛坯制造（冲压、压铸、锻造等）、机械加工、热处理及仓库堆垛等作业中。

1. 焊接机器人

焊接是制造业中一项繁重的、对工人健康影响较大的作业之一，是工业机器人应用最多的行业。利用焊接机器人可以有效提高产品质量，降低能耗，改善工人劳动条件。焊接机器人有点焊和弧焊两种，可以单机焊接，也可构成焊接机器人生产线。我国天津自行车二厂就是用焊接机器人焊接自行车三角架的。利用焊接机器人生产线对汽车驾驶室的自动焊接已在世界多家汽车制造厂得到应用，取得了显著效益。

（1）点焊机器人　点焊机器人如图7-22所示，被广泛用来焊接薄板材料，点焊作业占汽车制造厂的车体组装工程的大半。点焊机器人手臂上所握焊枪包括电极、电缆、气管、冷却水管及焊接变压器；焊枪相对较重，要求手臂的负重能力较强。现在采用直流或交流伺服电动机驱动方式已能满足要求，其重复定位精度可达到±0.30～±1mm，质量保证一致，因此在工业机器人中仍占有较大的比例。

（2）弧焊机器人　弧焊机器人如图7-23所示，被用于焊接金属连续接合的缝焊工艺，绝大多数可完成自动送丝、熔化电极和气体保护等焊接工作。弧焊电极既要沿着焊接接头连续运动，又要与焊缝保持一定的间距，实施上较困难；并要保证电弧电压、电弧电流、送丝速度、焊枪运行速度四种参数相匹配，还需根据被焊金属的厚度和对接头强度的不同要求进

图7-22　点焊机器人

图7-23　弧焊机器人

行调整。同时，每一个被焊接头在位置上存在着细微的差别，编程路径不可能很好地适合每个接头，这就需要传感装置来寻找实际焊道和探测焊道与电极间的距离，以构成可靠的机器人弧焊系统。

2. 涂装机器人

机器人涂装作业在汽车、家用电器和仪表壳体制造中已发挥了重要作用，而且有向其他行业扩展的趋势，如陶瓷制品、建筑工业、船舶保护等。机器人作业既可单机涂装，也可多机涂装，还可组成生产线自动涂装，自动化程度越来越高。如汽车制造厂多品种汽车混流机器人系统涂装线，可实现面涂装作业全面自动化。汽车车身涂装机器人如图 7-24 所示。

在涂装行业，为了避免人在有毒、易燃、易爆的恶劣环境下工作，减少涂装废品，提高涂装质量，提高劳动生产率，迫切要求实现涂装自动化。

图 7-24　汽车车身涂装机器人

大多数涂装机器人采用液压多关节式，主要是为保证涂装环境下的工作安全，严禁采用易产生电火花的电器设备。并且为保障涂装操作在时间上和空间上的连续性，大多采用手把手示教、连续轨迹控制，既方便操作，又可发挥熟练工人的技术，简化了控制系统，降低了制造成本，并可保证涂装作业的质量。

3. 装配机器人

在电子产品装配中，由于电子元件多、体积小、结构复杂，人工装配生产效率低，质量不易保证，而使用装配机器人可以极大地改变这种状况。日本日立公司的一条电子电路板（PCB）自动装配线就装备了 56 台各种机器人，使 PCB 电子元件的自动插装率达到 85%。IBM 公司用机器人装配自动线装配打印机键盘和计算机硬盘也是极好的例证。

利用工业机器人进行机械装配作业是近十几年才发展起来的一项新技术，用于比较复杂的机构零部件装配及不易实现自动化、劳动生产效率比较低的场合，可以在一个地方完成几种操作，实现提高生产效率和降低产品成本的目的。

4. 毛坯制造机器人

冲压机器人可用于汽车、电动机、家用电器等工业中，与冲压设备构成单机自动冲压机和多机冲压自动线，如美国克莱斯勒公司汽车车门的加工就是利用由 10 台 Danly 上、下料机器人和五台压力机组成的自动线完成的。压铸机器人可用于汽车零件的生产，一个工人可以管理多台压铸机，节省劳动力达 6 倍以上。

5. 机械加工机器人

机床加工工件的装卸，特别是自动化机床工件的装卸是工业机器人的重要应用领域之一。在法国卡特比拉工厂，用一台机器人可对两台车床的工件进行同步装卸，这种机器人的抓手只有两指，操作灵活自如，整套生产设备只需一人管理就可以了。

6. 热处理机器人

热处理也是一种高温、危险的重体力劳动，而且热处理炉散发热量、废气，氰化炉还有毒，淬火介质蒸发出的水气及油烟污染环境。因而，许多工厂用机器人代替人工操作，实现了加料及各种热处理作业自动化。由于机器人动作灵活，速度快，可将锻压机与热处理设备连成柔性自动生产线。

7. 储运机器人

工厂里许多材料、工件的搬运和贮放工作，往往要耗费大量的人力，特别是那些笨重、高温物件，对人工作业还具有很大的危险性。如果由机器人去承担，操作起来就变得很容易了。例如，机床用上、下料机器人，铸造和锻造用的高温装卸机器人，取卸注塑机上塑料电视机壳的机器人，用于堆料码垛的机器人等。利用机器人进行搬运和贮放工作，可有效减轻工人劳动强度，保障生产安全，降低劳动成本，提高生产效率。

随着工业机器人向更深、更广方向发展以及机器人智能化水平的提高，机器人的应用范围还在不断地扩大，已从汽车制造业推广到其他制造业，进而推广到非制造业，如采矿机器人、建筑业机器人以及水电系统用于维护、维修的机器人等。在国防军事、医疗卫生、生活服务等领域机器人的应用也越来越多，如无人侦察机（飞行器）、警备机器人、医疗机器人、家政服务机器人等均有应用实例。机器人正在为提高人类的生活质量发挥着重要的作用。

五、工业机器人的未来

1. 国外机器人最新进展

从机器人诞生到20世纪80年代初，机器人技术经历了一个长期缓慢的发展过程。到了20世纪90年代，随着计算机技术、微电子技术、网络技术等的快速发展，机器人技术也得到了飞速发展，工业机器人水平不断提高，近几年有如下几方面的最新进展。

1）工业机器人性能不断提高（高速度、高精度、高可靠性、便于操作和维修），而单机价格不断下降。

2）机械结构向模块化、可重构化发展。例如，关节模块中的伺服电动机、减速机、检测系统三位一体化；由关节模块、连杆模块用重组方式构造机器人整机；国外已有模块化装配机器人产品问世。

3）工业机器人控制系统进一步提高，已由过去控制标准的六轴机器人发展到现在能够控制21轴甚至27轴，并且实现了软件伺服和全数字控制。人机界面更加友好，基于图形操作的界面也已问世。编程方式仍以示教编程为主，但在某些领域的离线编程已实现实用化。向基于PC机的开放型控制器方向发展，便于标准化、网络化；器件集成度提高，且采用模块化结构，大大提高了系统的可靠性、易操作性和可维修性。

4）机器人中的传感器作用日益重要，除采用传统的位置、速度、加速度等传感器外，激光传感器、视觉传感器和力传感器在机器人系统中已得到成功应用，并实现了焊缝自动跟踪、自动化生产线上物体的自动定位以及精密装配作业等，大大提高了机器人的作业性能和对环境的适应性。日本KAWASAKI、YASKAWA、FANUC和瑞典ABB、德国KUKA、REIS等公司都推出了此类产品。遥控机器人则采用视觉、听觉、触觉等多传感器的融合技术来进行环境建模及决策控制；多传感器融合配置技术在产品化系列中已有成熟应用。

5）机器人操作机的优化。通过有限元分析、模态分析及仿真设计等现代设计方法的运用，机器人操作机已实现了优化设计。以德国KUKA公司为代表的机器人公司，已将机器人并联平行四边形结构改为开链结构，拓展了机器人的工作范围，加之轻质铝合金材料的应用，大大提高了机器人的性能。此外采用先进的RV减速器及交流伺服电动机，使机器人操作机几乎成为免维护系统。

6）并联机器人的应用。采用并联机构，利用机器人技术，实现高精度测量及加工，这是机器人技术向数控技术的拓展，为将来实现机器人和数控技术一体化奠定了基础。意大利COMAU公司，日本FANUC等公司已开发出了此类产品。

7）网络通信功能的加强。日本YASKAWA和德国KUKA公司的最新机器人控制器已实现了与Canbus、Profibus总线及一些网络的连接，使机器人由过去的独立应用向网络化应用迈进了一大步，也使机器人由过去的专用设备向标准化设备发展。

8）高可靠性。由于微电子技术的快速发展和大规模集成电路的应用，过去机器人系统的可靠性一般为几千小时，而现在已达到5万h。

9）虚拟现实技术在机器人中的作用已从仿真、预演发展到用于过程控制，例如，使遥控机器人的操作者用置身于远端作业环境中的感觉来操纵机器人。

10）当代遥控机器人系统的发展特点不是追求全自治系统，而是致力于操作者与机器人的人机交互控制，即遥控加局部自主系统构成完整的监控遥控操作系统，使智能机器人走出实验室进入实用化阶段。美国发射到火星上的“索杰纳”机器人就是这种系统成功应用的最著名实例。

11）机器人化机械开始兴起。所谓的机器人化机械是指在传统机械中引入机器人技术，使其具有机器人的功能。从1994年美国开发出“虚拟轴机床”以来，这种新型装置已成为国际研究的热点之一，纷纷探索开拓其实际应用的领域。

2. 国外目前研究热点及发展趋势

目前国际机器人界都在加大科研力度，进行机器人共性技术的研究，并朝着智能化和多样化方向发展。主要研究内容集中在以下10个方面：

1）工业机器人操作机结构的优化设计技术。探索新的高强度轻质材料，进一步提高负载/自重比，同时机构向着模块化、可重构方向发展。

2）机器人控制技术。重点研究开放式，模块化控制系统。编程技术除进一步提高在线编程的可操作性之外，离线编程的实用化将成为研究重点。

3）多传感系统。为进一步提高机器人的智能和适应性，多种传感器的使用是其问题解决的关键。其研究热点是有效可行的多传感器融合算法，特别是在非线性及非平稳、非正态分布的情形下的多传感器融合算法。另一问题就是传感系统的实用化。

4）机器人的结构灵巧，控制系统越来越小，两者正朝着一体化方向发展。

5）机器人遥控及监控技术。机器人半自主和自主技术，多机器人和操作者之间的协调控制，通过网络建立大范围内的机器人遥控系统，在有延时的情况下，建立预先显示进行遥控等。

6）虚拟机器人技术。基于多传感器、多媒体和虚拟现实以及临场感技术，实现机器人的虚拟遥控操作和人机交互。

7）多智能体（multi-agent）控制技术。这是目前机器人研究的一个崭新领域。主要对多智能体的群体体系结构、相互间的通信与磋商机理，感知与学习方法，建模和规划、群体行为控制等方面进行研究。

8）微型和微小机器人技术（micro/miniature robotics）。微小型机器人技术的研究主要集中在系统结构、运动方式、控制方法、传感技术、通信技术以及行走技术等方面，该领域研究的进展将会引起机器人技术的一场革命。

9）软机器人技术（soft robotics）。主要用于医疗、护理、休闲和娱乐场合。传统机器人设计未考虑与人紧密共处，因此其结构材料多为金属或硬性材料；软机器人技术要求其结构、控制方式和所用传感系统在机器人意外地与环境或人碰撞时是安全的，机器人对人是友好的。

10）仿人和仿生技术。这是机器人技术发展的最高境界，目前仅在某些方面进行了一些基础研究。

3. 国内机器人发展趋势

根据国内外机器人发展的经验、现状及近几年的动态，结合当前国内经济发展的具体情况，机器人技术未来的发展趋势是开展智能机器人、机器人化机械及其相关技术的开发及应用；开展以机器人为基础的重组装配系统及其相关技术的开发研究，加强多传感器融合及决策、控制一体化技术及应用的研究。重点解决我国已研制应用多年的示教再现型工业机器人的产业化前期关键技术，大力推进其产业化进程，力争在“十五”末期实现喷涂、焊接、装配等机器人的产业化。

第三篇　能 源 技 术

在漫长的社会发展进程中，随着对生产和生活资料的需求不断提高，人类逐渐意识到只依靠人力和畜力已不能完全满足社会发展的需要。据记载人类从 13 世纪起就已经利用自然界的各种能源来进行提水、灌溉、纺织、磨粉、采矿等生产活动。自然界的能源主要包括风力、水力和热空气。在社会经济还不发达的时代，这些能源可谓取之不尽，用之不竭。动力机械尤其蒸汽机和内燃机的发明和发展在工业文明的进程中是一个里程碑，它将人类带入了机械时代。而核能的开发利用，又将人类的认识产生了翻天覆地的变化，同时也对人类历史的进步和社会经济的发展留下了浓墨重彩的一笔。

第八章　自 然 能 源

第一节　风 力 机 械

风力机械有风帆、风车（风力机）、风磨，广义地说，是一种以太阳为热源，以大气为工作介质的热能利用发动机。许多世纪以来，风力机械同水力机械一样，作为动力源替代人力、畜力，对生产力的发展发挥过重要作用。据估计，地球上蕴有风能约达 10000GW（1GW = 100 万 kW），已经利用的不及百分之一，故风能大有开发的前景。

1. 风力机械的发展历史

人类利用风能的历史可以追溯到公元前，我国是世界上最早利用风能的国家之一。公元前数世纪我国人民就利用风力提水、灌溉、磨面和利用风帆推动船舶前进。东汉刘熙在《释书》一书中曾写“帆泛也，随风张幔曰帆”，表明我国 1800 年前已开始利用风帆驾船。宋朝是我国应用风车的全盛时代，当时流行的垂直轴风车一直沿用至今。

在国外，公元前 2 世纪，古波斯人就利用垂直轴风车碾米。10 世纪伊斯兰人用风车提水，11 世纪风车在中东已获得广泛的应用。13 世纪风车传至欧洲，15 世纪在欧洲已得到广泛应用。荷兰、比利时等国为排水建造了功率达 66kW 以上的风车。18 世纪末期以来，随着工业技术的发展，风车的结构和性能都有了很大提高，已能采用手控和机械式自控机构通过改变叶片桨距来调节风轮转速。

风力机用于发电的设想始于 1890 年丹麦的一项风力发电计划。到 1918 年，丹麦已拥有风力发电机 120 台，额定功率为 5 ~ 25kW 不等。第一次世界大战后，制造飞机螺旋桨的先进技术和近代气体动力学理论为风轮叶片的设计创造了条件。1931 年，苏联采用螺旋桨式叶片建造了一台大型风力发电机，风速为 13.5m/s 时，输出功率达 100kW，风能利用系数提高到 0.32。在第二次世界大战前后，由于能源需求量大，欧洲一些国家和美国相继建造了一批大型风力发电机。1941 年，美国建造了一台双叶片、风轮直径达 53.3m 的风力发电机，当风速为 13.4m/s 时输出功率达 1250kW。图 8-1 所示为风力发电机群图片。

图 8-1　风力发电机群

我国利用风车的历史至少不晚于 13 世纪中叶，曾建造了各种形式的简易风车碾米、磨面、提水灌溉和制盐。直到 20 世纪 50 年代仍可见到“走马灯”式风车。

2. 风力机械的构成和分类

风力机械的主要部件是风能接收装置。一般说来，凡在气流中产生不对称力的物理构件都能成为风能接收装置，它以旋转、平移或摆动运动而产生机械功。

风力机械大都按风能接收装置的结构形式和空间布置来分类，一般分为水平轴结构和垂直轴结构两类。水平轴结构如图 8-2 所示，水平轴发电机原理图如图 8-3 所示。垂直轴结构如图 8-4 所示，垂直轴发电机原理图如图 8-5 所示。以风轮作为风能接收装置的常规风力机械，按风轮转轴相对于气流方向的布置分为水平轴风轮式（转轴平行于气流方向）、侧风水平轴风轮式（转轴平行于地面、垂直于气流方向）和垂直轴风轮式（转轴同时垂直于地面和气流方向）。广义风力机械还包括那些利用风力产生平移运动的装置，如风帆船和我国古代的加帆手推车等。人们还提出了许多新的设想，如旋涡集能式风力机械，据估计，这种系统的单机功率将 100～1000 倍于常规风力机械。无论何种类型的风力机械，都是由风能接收装置、控制机构、传动和支撑部件等组成的。近代风力机械还包括发电、蓄能等配套系统。

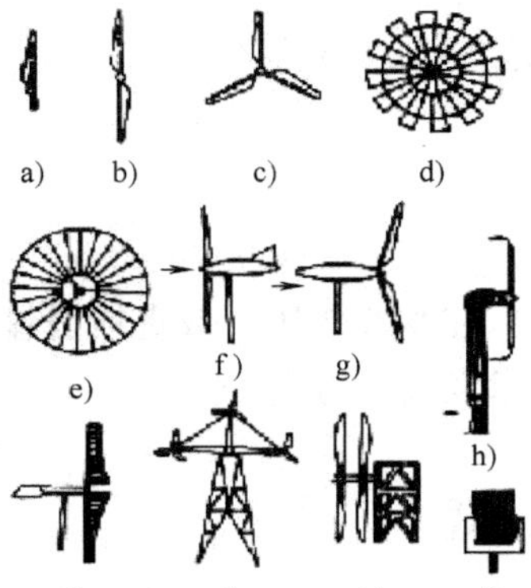

图 8-2　水平轴结构

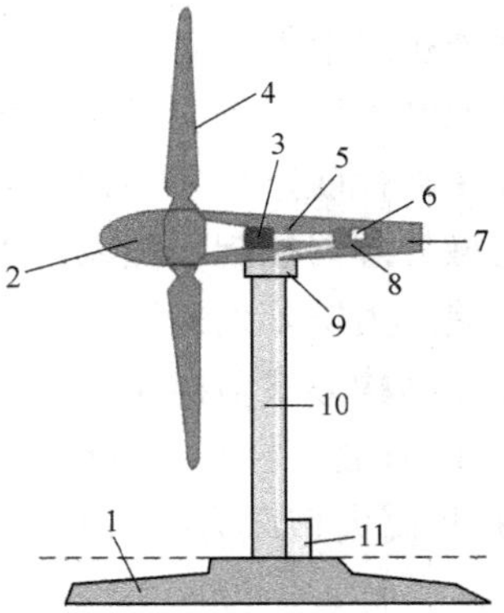

图 8-3　水平轴发电机原理图
1—基座　2—旋转毂和叶片校正装置
3—齿轮箱　4—旋转叶片　5—制动闸
6—配电装置和管理系统　7—机箱
8—发电机　9—风力风向传感系统
10—塔　11—电力供应系统

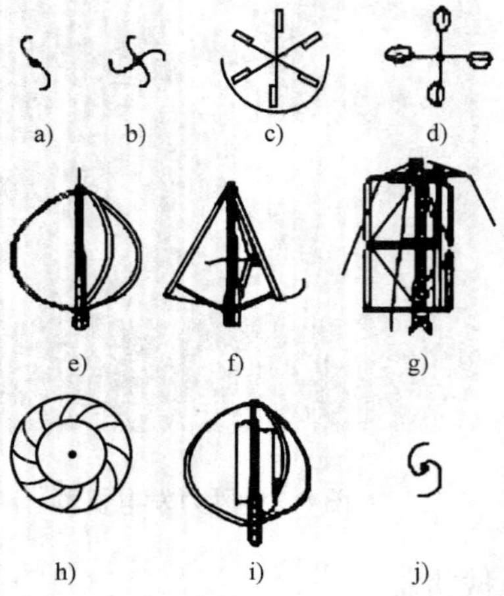

图 8-4　垂直轴结构

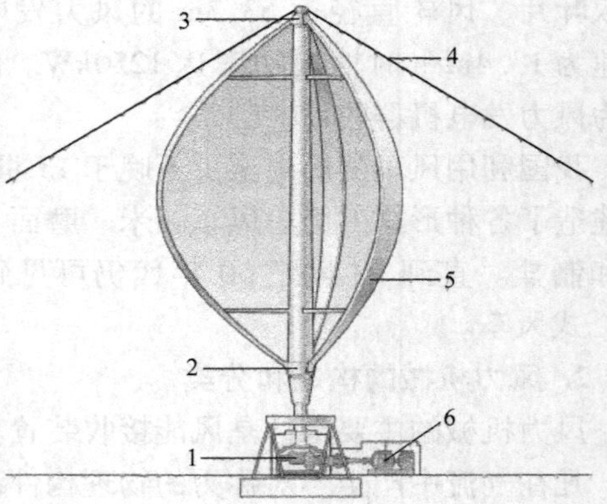

图 8-5　垂直轴发电机原理图
1—变速箱　2—底部转子中心　3—顶部转子中心
4—拉索　5—转子叶片　6—发电机

3. 风力机械的发展应用情况

近代机电动力的广泛应用以及 20 世纪 50 年代中东油田的发现，使风力机械的发展缓慢下来。20 世纪 70 年代初期，由于石油危机，出现了能源紧张的问题，人们认识到常规矿物能源供应的不稳定性和有限性，于是寻求清洁的可再生能源遂成为现代世界的一个重要课题。作为可再生的、无污染的自然能源，风能又重新引起了人们的重视。新一代高速风力机械的特点：

1）增强抗风暴能力。

2）风轮叶片广泛采用轻质材料，如玻璃纤维复合材料等。

3）运用近代航空气体动力学成就使风能利用系数提高到 0.45 左右。

4）用微处理器控制，使风力机保持在最佳运行状态。

5）发展风力机阵列系统。

6）风轮结构形式多样化。

世界上已有数万台风力机械在运行，作为辅助能源正在发挥作用。改进能量输出的稳定性，特别是提高大型风力机械的利用率，是风力机械技术发展的方向。

第二节　水力机械

1. 水力机械的发展历史

人类开发利用水能的历史很悠久，早在 2000 多年前，在埃及、中国和印度已出现水车、水磨等利用水能的方式。我国水车灌溉使用甚早。水车又称孔明车，相传为汉灵帝时华岚造出雏形，经三国时孔明改造完善后在蜀国推广使用，隋唐时广泛用于农业灌溉，至今已有 1700 余年历史。《宋史 · 河渠志五》：“地高则用水车汲引，灌溉甚便”。

早期的水车、水磨的使用仅将水能转化为机械能，如图 8-6 所示的水车。新型水力站是

18 世纪 30 年代随着工业发展开始出现的，到 18 世纪末，这种水力站发展成为大型工业的动力，用于面粉厂、棉纺厂和矿石开采。直到 19 世纪末，远距离高压输电技术发展、水力交流发电机的发明，水力站发展到水电站，水能才被大规模开发利用。

图 8-6　水车

水能资源最显著的特点是可再生、无污染。开发水能对江河的综合治理和综合利用具有积极作用，对促进国民经济的发展，改善能源消费结构，缓解由于消耗煤炭、石油资源所带来的环境污染有重要意义。因此，世界各国都把开发水能放在能源发展的优先地位。

2. 水轮机

现代的水力机械主要是指利用水力发电的水轮机。水轮机是把水流的能量转换为机械能，然后再将机械能通过发电机转换为电能，这一过程都是在水电站中完成的。

水电站主要由水库、引水道和电厂组成，水电站工作原理如图 8-7 所示。水库具有储存和调节河水流量，获得最大发电效率的功能。拦河筑坝形成水库以提高水位，集中河道落差是水电站发电的必备条件。水库工程除拦河筑坝外，还有溢洪道、泄水孔等安全设施。引水道主要功能是传输水量至电厂，推动水轮机发电。电厂则主要由水轮机发电机组及相应的控制设备和保护装置、输配电装置组成。

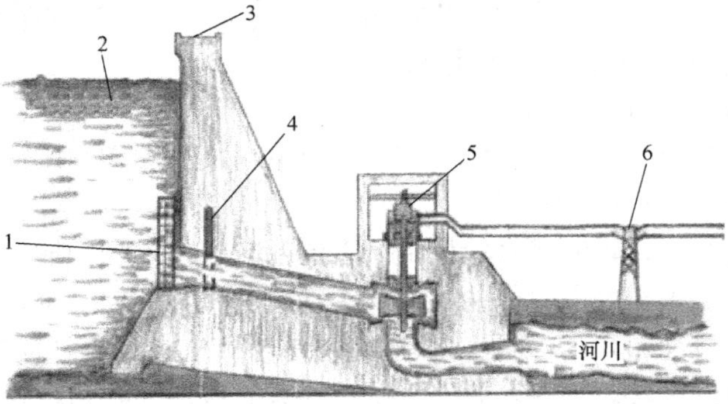

图 8-7　水电站工作原理

1—拦污栅　2—水坝水位　3—坝顶道　4—进水闸门　5—发电机　6—输电塔

水力发电的原理是利用河流、湖泊等位于高处具有位能的水流至低处，将其中所含位能转换成水轮机的动能，再以水轮机为原动力，推动发电机产生电能。水力发电原理：

（1）水轮机的工作原理　现代水轮机大多数安装在水电站内，用来驱动发电机发电。在水电站中，上游水库中的水经引水管引向水轮机，推动水轮机转轮旋转，带动发电机发电。作完功的水则通过尾水管道排向下游。水头越高、流量越大，水轮机的输出功率也就越大。

（2）水轮机的分类　水轮机按工作原理可分为冲击式水轮机和反击式水轮机两大类。

1）冲击式水轮机的转轮受到水流的冲击而旋转，工作过程中水流的压力不变，主要是动能的转换。冲击式水轮机按水流的流向可分为切击式（又称水斗式）和斜击式两类。

① 切击式（水斗式）水轮机如图 8-8 所示。早期的冲击式水轮机水流在冲击叶片时，动能损失很大，效率不高。1889 年，美国工程师 L·A·佩尔顿发明了水斗式水轮机。它有流线型的收缩喷嘴，能把水流能量高效率地转变为高速射流的动能。它的转轮周围装有双 U 形断面的水斗。双 U 形水斗的中央设有分水刃，使进入水斗的射流能量损失减到最小限度。这些改进使水轮机的效率大大提高，因此，水斗式水轮机得到了迅速推广。20 世纪 80 年代初，世界上单机功率最大的水斗式水轮机装于挪威的悉·西马电站，于 1980 年投入运行。水头最高的水斗式水轮机装于奥地利的赖瑟克山电站，1959 年投入运行。

图 8-8　切击式水轮机

② 斜击式水轮机。斜击式水轮机如图 8-9 所示。其结构与水斗式水轮机基本相同，只是射流方向有一个倾角，只用于小型机组。

图 8-9　斜击式水轮机

2）反击式水轮机的转轮在水中受到水流的反作用力而旋转，工作过程中水流的压力能和动能均有改变，但主要是压力能的转换。反击式水轮机可分为混流式、轴流式、斜流式和贯流式四种。

① 混流式水轮机。在混流式水轮机中，水流径向进入导水机构，轴向流出转轮。混流式水轮机是世界上使用最广泛的一种水轮机。结构较简单，最高效率也比轴流式水轮机高，这类水轮机的最高效率有的已超过 95%。

② 轴流式水轮机。在轴流式水轮机中，水流径向进入导叶，轴向进入和流出转轮。轴流式水轮机适用于较低水头的电站。在相同水头下，其比转数较混流式水轮机高。

③ 斜流式水轮机如图 8-10 所示。在斜流式水轮机中，水流径向进入导叶而以倾斜于主轴某一角度的方向流进转轮，或以倾斜于主轴的方向流进导叶和转轮。斜流式水轮机是瑞士工程师德里亚于 1956 年发明的，故又称德里亚水轮机。它的最高效率稍低于混流式水轮机，但平均效率大大高于混流式水轮机。

④ 贯流式水轮机如图 8-11 所示。在贯流式水轮机中，水流沿轴向流进导叶和转轮。贯流式水轮机的导叶和转轮间的水流基本上无变向流动，加上采用直锥形尾水管，排流不必在尾水管中转弯，所以效率高，过流能力大，比转数高。

各种类型的反击式水轮机都设有进水装置，大、中型立轴反击式水轮机的进水装置一般由蜗壳、固定导叶和活动导叶组成。图 8-12 所示为水轮机的蜗壳。蜗壳的作用是把水流均匀分布到转轮周围。当水头在 40m 以下时，水轮机的蜗壳常用钢筋混凝土在现场浇注而成；水头高于 40m 时，则常采用拼焊或整铸的金属蜗壳。

在反击式水轮机中，水流充满整个转轮流道，全部叶片同时受到水流的作用，所以在同样的水头下，转轮直径小于冲击式水轮机，它们的最高效率高于冲击式水轮机。图 8-13 所示是安装在我国三峡左岸电站 5 号机组的水轮发电机转轮。三峡水电站是目前世界上最大规模的水电站，总装机容量达 1820 万 kW，年发电量 846 亿 kW · h。三峡水轮机转轮是混流式转轮，质量近 500t，最大外径 10m 左右，高度 5m 左右，其叶片厚度达 300mm，居世界首位。

图 8-10 斜流式水轮机

图 8-11 贯流式水轮机

图 8-12 水轮机的蜗壳

图 8-13 三峡电站水轮发电机转轮

20 世纪以来，利用水轮机发电的水电站日益增多，因为水电站具有运行费用低、无污染、取用不竭等优点。我国水能蕴藏量约为 680 兆瓦，居世界之首，很有开发和利用的余地。

第三节 太 阳 能

太阳能是地球上各种能源的直接来源，尽管太阳辐射到地球大气层的能量仅为其总辐射能量的 22 亿分之一，但已高达 174 000TW，也就是说太阳每秒钟照射到地球上的能量就相当于 500 万 t 煤。地球上的风能、水能、海洋温差能、波浪能和生物能以及部分潮汐能都是来源于太阳；即使是地球上的化石燃料如煤、石油等，从根本上说也是远古时代储存下来的太阳能，所以广义的太阳能所包括的范围非常大。狭义的太阳能则限于太阳辐射能的光热、光电和光化学的直接转换。

1. 太阳辐射

太阳每秒钟向外发射的能量约为 3.74×10^{26}J，相当于每秒钟燃烧 1.28×10^{16}t 标准煤所放出的能量。尽管太阳所辐射出来的总能量中只有 22 亿分之一到达地球大气层上界，但其能量可不小，约为 1.73×10^{17} W，相当于 1.73 亿个百万千瓦级电厂发出的总功率。

太阳辐射的能量如图 8-14 所示，主要集中在波长 0.15 ~ 4μm 之间。在这段波长范围内，又可分为三个主要区域，即波长较短的紫外光区、波长较长的红外光区和介于两者之间的可见光区。太阳辐射的能量主要分布在可见光区和红外光区，前者占太阳辐射总量的 50%，后者占 43%。紫外光区只占能量的 7%。在波长 0.475μm 的地方，太阳辐射的能量达到最高值。由于地球以椭圆形轨道绕太阳运行，因此太阳与地球之间的距离不是一个常数，然而，由于日地间距离太大（平均距离为 1.5×10^{8} km），所以地球大气层外的太阳辐射强度几乎是一个常数。因此人们就采用所谓“太阳常数”来描述地球大气层上方的太阳辐射强度。它是指平均日地距离时，在地球大气层上界垂直于太阳辐射的单位表面积上所接收的太阳辐射能。经过测定，国际学术界一致将“太阳常数”取为 1357W/m²。

太阳辐射进入地球大气层后，经过云层、空气和水汽等的反射、散射和吸收后强度显著减弱，辐射到地球的太阳热量中的一部分热量反射回太空，热量被大气层吸收，通过大气层到达地面。也就是说，大概只剩下 4 亿分之一的太阳热量到达地面。但还是比目前人类每年所用的各种类型的能源总和大许多倍。

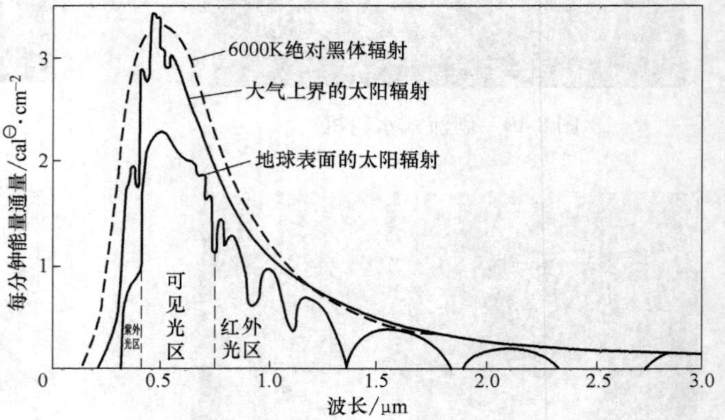

图 8-14　太阳辐射能量

2. 太阳能的利用

（1）光热利用原理　用太阳能集热器将太阳辐射能收集起来，通过与物质的相互作用转换成热能加以利用。

1）低中温利用。

①　太阳能热水器如图 8-15 所示，是目前使用最普遍的太阳能产品，工作原理是利用太阳辐射将水加热，提供生活用水。按集热器类型不同分为平板式太阳能热水器和真空管式太阳能热水器。

②　太阳房如图 8-16 所示。太阳房就是利用太阳能采暖和降温的房子，分为被动式太阳房和主动式太阳房。被动式太阳房不需要安装复杂的太阳能集热器，更不用循环动力设备，完全依靠建筑结构造成的吸热、隔热、保温、通风等特性来达到冬暖夏凉的目的。主动式太阳房一般由集热器、传热流体、蓄热器、控制系统及适当的辅助能源系统构成。

③　太阳能海水淡化。工作原理：利用集热器收集太阳能对海水进行蒸馏，以达到分离盐分的目的。

④　太阳能空调。工作原理：利用太阳能集热器收集的热能驱动制冷机达到制冷的目的。

⑤　太阳能游泳池。工作原理：利用太阳能吸热板来收集阳光，吸热板吸收的阳光使吸

㊀　1cal = 4.186 8J。

热器中流动的水受热，再经过循环流入游泳池中，如此循环就会使游泳池中的水变热，达到使人舒服的温度。

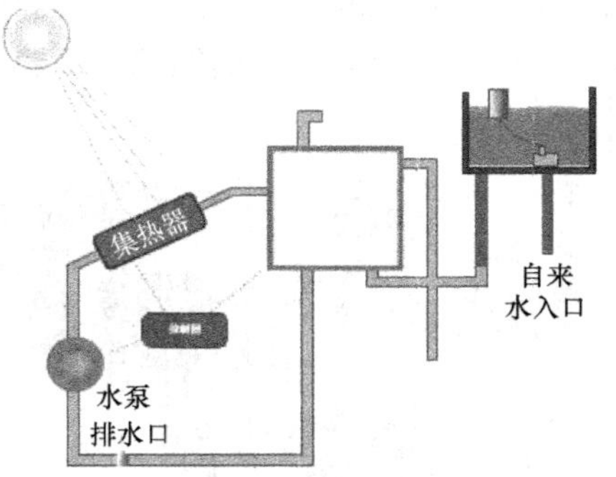

图 8-15　太阳能热水器原理

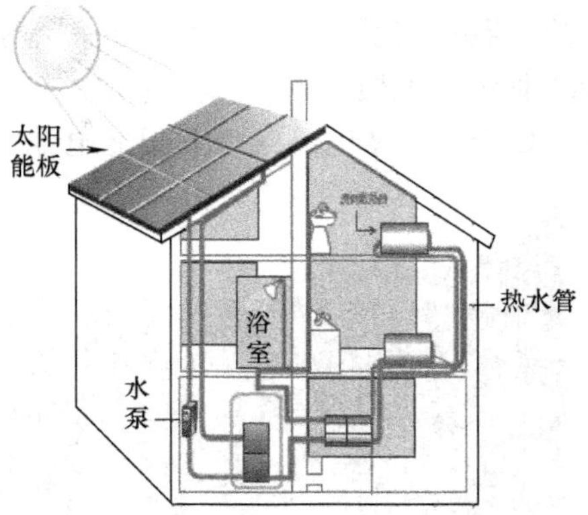

图 8-16　太阳房原理

⑥　太阳能干燥：热空气从待干物品中抽取并带走水分。加热空气可用直接或间接两种方法。直接加热是在放置待干物品的干燥室（箱）内进行的。间接加热需要利用太阳能空气加热器，以提高空气的温度并降低其相对湿度。

2）高温利用。

①　太阳能灶：因收集太阳辐射的方式不同分为聚光式太阳灶和闷晒式太阳灶两大类。聚光式太阳灶的工作原理：聚光式太阳灶的表面形状为旋转抛物面凹面，上面为反光材料，太阳光经其反射都通过其焦点，在这里形成太阳光线的高密集区，达到加热炊具的目的。闷晒式太阳灶的工作原理是太阳光透过透光率很高的平板玻璃后进入保温箱体，然后被太阳辐射吸收层吸收转变为热能，箱内温度随之上升达到加热目的。

②　光热发电系统：太阳能发电即利用太阳辐射产生的热能发电。一般是用太阳能集热器将所吸收的热能转换为工质的蒸汽，然后由蒸汽驱动汽轮机带动发电机发电。一般分为：太阳能槽式发电系统、太阳能塔式发电系统和太阳能蝶式发电系统。

A. 太阳能槽式发电系统工作原理：采用线性抛物面反射聚焦太阳光到集热管上，经过传热加热工质驱动汽轮机带动发电机发电，镜面采用自动跟踪系统跟踪太阳光。

B. 太阳能塔式发电系统工作原理：采用安装了自动跟踪系统的反射器阵列反射太阳光到塔上的接收器，驱动机器运转带动发电机发电。

C. 太阳能蝶式发电系统的工作原理：采用蝶式反射镜面反射太阳光聚焦到聚焦面上产生高温，热量通过吸热器传递给发动机，发动机带动发电机发电。

（2）光伏利用　太阳能光伏发电的基本原理：利用光生伏打效应将太阳辐射能直接转换为电能，即当光线照射太阳电池表面时，一部分光子被太阳能材料吸收，光子激发电子跃迁至导带成为自由电子，于是不均匀半导体或半导体与金属结合的不同部位之间产生了电位差。有了电压，就像筑高了大坝，如果两者之间连通，就会形成电流。太阳能光伏发电过程其实就是由光子（光波）转化为电子、光能量转化为电能量的过程。

光伏电池分类：晶体硅电池和薄膜电池。

1）晶体硅太阳能电池包括单晶硅太阳能电池，多晶硅太阳能电池和非晶硅太阳能电池，其中，单晶硅太阳能电池转换效率最高，技术也最为成熟。单晶硅太阳能板如图 8-17 所示。

2）薄膜电池顾名思义就是将一层薄膜制备成太阳能电池，如图 8-18 所示。目前已经能进行产业化大规模生产的薄膜电池主要有三种：硅基薄膜太阳能电池、铜铟镓硒薄膜太阳能电池（CIGS）、碲化镉薄膜太阳能电池（CdTe）。

图 8-17　单晶硅太阳能板

图 8-18　薄膜电池

第九章　“人造”的能量

热力发动机是将常规燃烧或核燃料反应产生的热能、地热能和太阳能等转换为机械功的动力机械，简称热机。它是人类所利用的主要动力机械。

热力发动机包括蒸汽机、汽轮机、内燃机（汽油机、柴油机、煤气机等）、热气机、燃气轮机、喷气发动机等。

蒸汽机是将蒸汽的能量转换为机械功的往复式动力机械。18 世纪末蒸汽机的问世，开拓了化学能的利用，大大地提高了劳动生产率，它的出现曾引起了 18 世纪的工业革命。直到 20 世纪初，它仍然是世界上最重要的原动机，后来才逐渐让位于内燃机和汽轮机等。

同时，在 20 世纪初，原子能的发现，更是一场惊心动魄的能源变革，如今，核能的开发与应用已经崭露头角，并逐步占据了人类能源利用的一角，其利用的未来，以及对人类社会的影响，已万众关注。

第一节　蒸　汽　机

1. 蒸汽机的产生与演变

16 世纪末到 17 世纪后期，英国的采矿业，特别是煤矿，已发展到相当的规模，单靠人力、畜力已难以满足排除矿井地下水的要求，而现场又有丰富而廉价的煤作为燃料。现实的需要促使许多人，如英国的帕潘、萨弗里、纽科门等致力于“以火力提水”的探索和试验。

萨弗里制成的世界上第一台实用的蒸汽提水机，在 1698 年取得标名为“矿工之友”的英国专利。他将一个蛋形容器先充满蒸汽，然后关闭进汽阀，在容器外喷淋冷水使容器内蒸汽冷凝而形成真空。打开进水阀，矿井底的水受到大气压力作用经进水管吸入容器中；关闭进水阀，重开进汽阀，靠蒸汽压力将容器中的水经排水阀压出。待容器中的水被排空而充满蒸汽时，关闭进气阀和排水阀，重新喷水使蒸汽冷凝。如此反复循环，用两个蛋形容器交替工作，可连续排水。

萨弗里的提水机依靠真空的吸力汲水，汲水深度不能超过 6m。为了从几十米深的矿井汲水，须将提水机装在矿井深处，用较高的蒸汽压力才能将水压到地面上，这在当时无疑是困难而又危险的。

纽科门及其助手卡利在 1705 年发明了大气式蒸汽机，用以驱动独立的提水泵，被称为纽科门大气式蒸汽机。这种蒸汽机先在英国，后来在欧洲大陆得到迅速推广，它的改型产品直到 19 世纪初还在制造。纽科门大气式蒸汽机的热效率很低，这主要是由于蒸汽进入气缸时，在刚被水冷却过的气缸壁上会冷凝而损失掉大量热量，只在煤价低廉的产煤区才得到推广。

1764 年，英国的仪器修理工瓦特为格拉斯哥大学修理纽科门蒸汽机模型时，注意到了这一缺点，并于 1765 年发明了设有与气缸壁分开的凝汽器的蒸汽机，并于 1769 年取得了英国的专利。初期的瓦特蒸汽机仍用平衡杠杆和拉杆机构来驱动提水泵，为了从凝汽器中抽除凝结水和空气，瓦特装设了抽气泵。他还在气缸外壁加装夹层，用蒸汽加热气缸壁，以减少冷凝损失。

1782 年前后，瓦特将机器进一步改进，完成了两项重要发明：在活塞工作行程的中途，关闭进汽阀，使蒸汽膨胀作功以提高热效率；使蒸汽在活塞两面都作功（双作用式），以提高输出功率。这时的活塞既要向下拉动杠杆又要向上推动杠杆，扇形平衡杠杆和拉链已不再适用，瓦特便发明了平行四边形机构。瓦特还于 18 世纪末将曲柄连杆机构用在蒸汽机上。

瓦特的创造性工作使蒸汽机迅速地发展，他使原来只能提水的机械，成为了可以普遍应用的蒸汽机，并使蒸汽机的热效率成倍提高，煤耗大大下降。因此瓦特是蒸汽机最主要的发明人。

自 18 世纪晚期起，蒸汽机不仅在采矿业中得到广泛应用，在冶炼、纺织、机器制造等行业中也都获得迅速推广。它使英国的纺织品产量在 20 多年内（从 1766 年到 1789 年）增长了 5 倍，为市场提供了大量消费商品，加速了资金的积累，并对运输业提出了迫切要求。

在船舶上采用蒸汽机作为推进动力的实验始于 1776 年。经过不断改进，至 1807 年，美国的富尔顿制成了第一艘实用的明轮推进的蒸汽机船“克莱蒙脱”号。此后，蒸汽机在船舶上作为推进动力历百余年之久。

1801 年，英国的特里维西克提出了可移动的蒸汽机的概念，1803 年，这种利用轨道的可移动蒸汽机首先在煤矿区出现，这就是机车的雏形。英国的斯蒂芬森将机车不断改进，于 1829 年创造了“火箭”号蒸汽机车，该机车拖带一节载有 30 位乘客的车厢，时速达 46km/h，引起了各国的重视，开创了铁路时代。图 9-1 所示是蒸汽机车的结构示意图。

图 9-1 蒸汽机车的结构示意图

19 世纪末，随着电力应用的兴起，蒸汽机曾一度作为电站中的主要动力机械。1900 年，美国纽约曾有单机功率达 5MW 的蒸汽机电站。

蒸汽机的发展在 20 世纪初达到了顶峰。它具有恒转矩、可变速、可逆转、运行可靠、制造和维修方便等优点，因此曾被广泛用于电站、工厂、机车和船舶等各个领域中，特别在军舰上成了当时唯一的原动机。图 9-2 所示是当时利用蒸汽机制造的蒸汽汽车。

图 9-2 1769 年的蒸汽汽车

2. 蒸汽机的工作原理

蒸汽机按蒸汽在活塞一侧或两侧工作，可分为单作用和双作用式；按气缸布置方式，可分为立式和卧式；按蒸汽是在一个气缸中膨胀或依次连续在多个气缸中膨胀，可分为单胀式和多胀式；按蒸汽在气缸中的流向，可分为回流式和单流式；按排汽方式和排汽压力可分为凝汽式、大气式和背压式。

简单蒸汽机如图 9-3 所示，主要由气缸、底座、活塞、曲柄连杆机构、滑阀配汽机构、调速机构和飞轮等部分组成，气缸和底座是静止部分。从锅炉来的新蒸汽，经主汽阀和节流阀进入滑阀室，受滑阀控制交替地进入气缸的左侧或右侧，推动活塞运动。

3. 蒸汽机技术的发展

蒸汽机的发展首先体现在功率和效率的提高上，而这又主要取决于蒸汽参数的提高。蒸汽机的蒸汽压力和蒸汽温度在几十年的发展中都有了很大提高。

至于效率，瓦特初期连续运转的蒸汽机，按燃料热值计总效率不超过3%；到1840年，最好的凝汽式蒸汽机总效率可达8%；到20世纪，蒸汽机最高效率可达到20%以上。

在转速方面，18世纪末瓦特蒸汽机仅为40～50r/min；20世纪初转速达到100～300r/min，个别蒸汽机曾达到2500r/min。

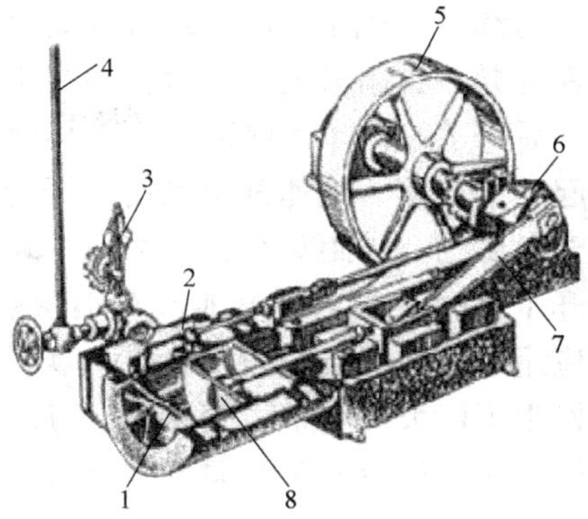

图9-3 简单蒸汽机
1—气缸 2—滑阀配汽机构 3—调速机构 4—进汽管 5—飞轮 6—曲轴 7—连杆 8—活塞

随着蒸汽参数和功率的提高，蒸汽已不可能在一个气缸中继续膨胀，而必须在相连接的气缸中继续膨胀，于是出现了多级膨胀的蒸汽机。蒸汽机因受到润滑油闪点的限制，所用蒸汽的最高温度一般都不超过400℃，机车、船用等移动式蒸汽机还略低一些，多数不高于350℃。考虑到膨胀的可能性和结构的经济性，常用压力在2.5MPa以下。蒸汽参数受到限制，从而也限制了蒸汽机功率的进一步提高。

蒸汽机的出现和改进促进了社会经济的发展，但同时经济的发展反过来又向蒸汽机提出了更高的要求，如要求蒸汽机功率大、效率高、质量轻、尺寸小等。尽管人们对蒸汽机作过许多改进，不断扩大它的使用范围和改善它的性能，但是随着汽轮机和内燃机的发展，蒸汽机因存在不可克服的弱点而逐渐衰落。

蒸汽机的弱点是：离不开锅炉，整个装置既笨重又庞大；新蒸汽的压力和温度不能过高，排气压力不能过低，热效率难以提高；它是一种往复式机器，惯性力限制了转速的提高；工作过程是不连续的，蒸汽的流量受到限制，也就限制了功率的提高。

因此，抛弃了笨重锅炉的内燃机，最终以其质量轻，体积小、热效率高和操作灵活等优点，在船舶和机车上逐渐取代了蒸汽机。汽轮机则以其热效率高、单机功率大、转速高、单位功率质量轻和运行平稳等优点，将蒸汽机排挤出了电站。接着电动机又以其使用方便，代替了蒸汽机在工业设备中的应用。然而因为小功率蒸汽机热效率比汽轮机高，所以在产煤区或只有劣质燃料的地区或某些特殊场合，蒸汽机仍有发挥作用的余地。

蒸汽机有很大的历史作用，它曾推动了机械工业甚至社会的发展。随着它的发展而建立的热力学和机构学为汽轮机和内燃机的发展奠定了基础；汽轮机继承了蒸汽机以蒸汽为工作介质的特点，并采用凝汽器以降低排汽压力的优点，摒弃了往复运动和间断进汽的缺点；内燃机继承了蒸汽机的基本结构和传动形式，采用了将燃油直接输入气缸内燃烧的方式，形成了热效率高得多的热力循环；同时，蒸汽机所采用的气缸、活塞、飞轮、飞锤调速器，阀门和密封件等，均是构成多种现代机械的基本元件。

第二节 内 燃 机

众所周知，汽车是使用最广泛的交通运输工具之一。每天都可以看到马路上奔忙着各种类型的汽车，汽车已成为现代社会生产、生活中不可或缺的一部分。现代汽车的发展可以说日新月异，在高科技的舞台上始终不甘落后。早期的汽车主要包括蒸汽汽车、蓄电池电力汽车。后来蒸汽汽车因噪声大、破坏路面，而且不安全，逐渐淡出了历史舞台。蓄电池电力汽车起动、加速、减速都很简便，振动小，噪声低，曾经很受欢迎。但蓄电池汽车速度低，一次充电后的行驶距离短，需要经常充电。到19世纪末，内燃机的发明和应用为汽车的发展打开了新的前景，蓄电池汽车很快被取代。内燃机的应用还导致飞机的发明，使人类交通运输业的面貌发生了巨大的变革，更促进了机械制造业的巨大发展。所以说汽车能发展到今天的程度，和内燃机是息息相关的。图9-4所示是1886年德国的C·本茨制造的三轮汽车，这辆汽车为单缸发动机，0.7kW，最高时速达到15km/h。1886年1月29日，它为本茨取得了世界上第一辆汽车的专利。

图9-4　1886年德国C·本茨制造的三轮汽车

内燃机不仅应用于汽车制造业，在工业、农业、采矿、军工等领域，船舶、机车、物料搬运机械、土方机械、坦克、排灌机械、小型发电装置等无不以内燃机为动力。

内燃机是一种通过使燃料在机器内部燃烧，并将其放出的热能直接转换为动力的热力发动机。

广义上的内燃机不仅包括往复活塞式内燃机、旋转活塞式发动机和自由活塞式发动机，也包括旋转叶轮式的燃气轮机、喷气式发动机等，但通常所说的内燃机是指活塞式内燃机。

活塞式内燃机以往复活塞式最为普遍。活塞式内燃机将燃料和空气混合，在其气缸内燃烧，释放出的热能使气缸内产生高温高压的燃气。燃气膨胀推动活塞作功，再通过曲柄连杆机构或其他机构将机械功输出，驱动从动机械工作。

1. 内燃机的发展历史

内燃机自19世纪60年代问世以来，经过不断改进和发展，已是比较完善的机械。它热效率高、功率和转速范围宽、配套方便、机动性好，所以获得了广泛的应用。全世界各种类型的汽车、拖拉机、农业机械、工程机械、小型移动电站和战车等都以内燃机为动力。海上商船、内河船舶和常规舰艇，以及某些小型飞机也都由内燃机来推进。世界上内燃机的保有量在动力机械中居首位，它在人类活动中占有非常重要的地位。

活塞式内燃机起源于用火药爆炸获取动力，但因火药燃烧难以控制而未获成功。1794年，英国人斯特里特提出从燃料的燃烧中获取动力，并且第一次提出了燃料与空气混合的概念。1833年，英国人赖特提出了直接利用燃烧压力推动活塞作功的设计。之后人们又提出过各种各样的内燃机方案，但在19世纪中叶以前均未付诸实用。直到1860年，法国的勒努瓦模仿蒸汽机的结构，设计制造出第一台实用的煤气机。这是一种无压缩、电点火、使用照明煤气的内燃机。这台煤气机的热效率为4%左右。

英国的巴尼特曾提倡将可燃混合气在点火之前进行压缩，并且指出压缩可以大大提高勒努瓦内燃机的效率。1862年，法国科学家罗沙对内燃机热力过程进行理论分析之后，提出提高内燃机效率的原理，这就是最早的四冲程工作循环。

1876 年，德国发明家奥托运用罗沙的原理，创制成功第一台往复活塞式、单缸、卧式、3.2kW 的四冲程内燃机，仍以煤气为燃料，采用火焰点火，转速为 156.7r/min，压缩比为 2.66，热效率达到 14%，运转平稳。在当时，无论是功率还是热效率，它都是最高的。

奥托内燃机获得推广，性能也在提高。由于单机功率和压缩比的提高，热效率也随之增高，1886 年热效率为 15.5%，1897 年已高达 20% ~26%。1881 年，英国工程师克拉克研制成功第一台二冲程的煤气机，并在巴黎博览会上展出。

随着石油的开发，比煤气易于运输携带的汽油和柴油引起了人们的注意，首先获得试用的是易于挥发的汽油。1883 年，德国的戴姆勒创制成功第一台立式汽油机，它的特点是轻型和高速。当时其他内燃机的转速不超过 200r/min，它却达到了 800r/min，特别适合交通运输机械的要求。1885 ~1886 年，汽油机作为汽车动力运行成功，大大推动了汽车的发展。同时，汽车的发展又促进了汽油机的改进和提高。不久汽油机又用作了小型船舶的动力。

1892 年，德国工程师狄塞尔受面粉厂粉尘爆炸的启发，设想将吸入气缸的空气高度压缩，使其温度超过燃料的自燃温度，再用高压空气将燃料吹入气缸，使之着火燃烧。他首创的压缩点火式内燃机（柴油机）于 1897 年研制成功，为内燃机的发展开拓了新途径。压缩点火式内燃机的问世，引起了世界机械业的极大兴趣，压缩点火式内燃机也以发明者的名字命名为狄塞尔引擎。

柴油机以柴油为燃料，利用压缩热自燃，转速一般在百余转至五六千转每分钟，功率由几千瓦至数万千瓦，广泛用作汽车、拖拉机、坦克、船舶、军舰、机车、发电机组、物料搬运机械、土方机械等的动力。1898 年，柴油机首先用于固定式发电机组，1903 年用作商船动力，1904 年装于舰艇，1913 年第一台以柴油机为动力的内燃机车制成，1920 年左右开始用于汽车和农业机械。20 世纪 60 年代以来，由于世界性的石油危机，以及柴油机具有较高的热效率，因此应用范围也日益扩大。一些过去采用汽油机的领域，如小轿车、轻型卡车等采用柴油机作为动力的日渐增多。图 9-5 所示是轮船机舱中的柴油机。

图 9-5 轮船机舱中的柴油机

动力机械深刻地影响着人类生产力的发展，19 世纪末至 20 世纪初，随着汽轮机、燃气轮机、喷气式发动机、火箭发动机的发明，交通工具的速度大大提高，人们的交往更加方便，人类活动的领域更加开阔，航天事业得以开拓，从而进一步带动和促进了其他科学和工业行业的发展。

2. 内燃机的工作循环

内燃机的工作循环由进气、压缩、燃烧和膨胀、排气等过程组成。这些过程中只有膨胀过程是对外作功的过程，其他过程都是为更好地实现作功过程而需要的过程。按实现一个工作循环的行程数，内燃机可分为四冲程和二冲程两类如图 9-6 所示。

（1）四冲程工作循环　四冲程工作循环在进气、压缩、膨胀和排气四个行程内，即在曲轴旋转两圈内完成一个工作循环。

1）进气行程：活塞由上止点下行到下止点。此时进气门开启，排气门关闭。流过空气滤清器的空气，或经化油器与汽油混合形成的可燃混合气，经进气管道、进气门进入气缸。

2）压缩行程：活塞由下止点上行至上止点，此时进、排气门均关闭，气缸内气体受到

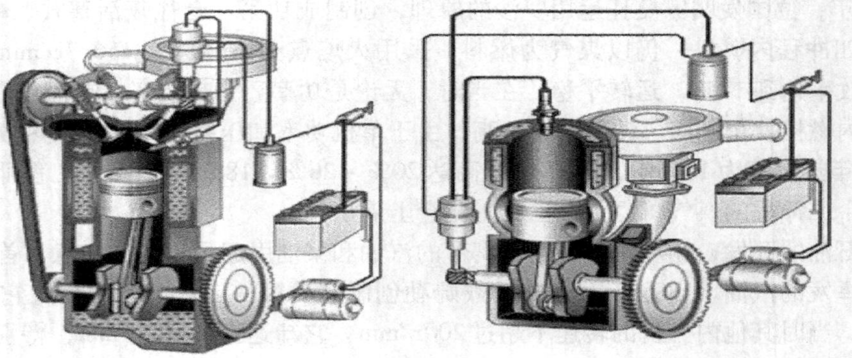

a)　　b)

图 9-6　四冲程与二冲程内燃机

a）四冲程内燃机　b）二冲程内燃机

压缩，压力增高，温度上升。

3）膨胀行程：在压缩上止点前即喷油或点火，使混合气燃烧，产生高温、高压的燃气推动活塞下行并作功，此时活塞由上止点下行至下止点。

4）排气行程：在活塞从下止点向上止点运动时推挤气缸内废气经排气门排出。此后再由进气行程开始，进行下一个工作循环。

（2）二冲程工作循环　二冲程工作循环在两个行程，即曲轴旋转一圈内完成一个工作循环。当活塞在下止点时，进、排气口都开启，新鲜空气由进气口充入气缸，并扫除气缸内的废气，使之从排气口排出。活塞上行，将进、排气口均关闭，气缸内充量开始受到压缩，直至活塞接近上止点时点火或喷油，使气缸内可燃混合气燃烧。气缸内燃气膨胀，推动活塞下行作功。当活塞下行使排气口开启时，废气即由此排出，进气口再开启时新鲜充量充入气缸并清除废气，活塞继续下行至下止点时即完成一个工作循环。当活塞返回上行时即开始下一个工作循环。

3. 内燃机的组成

往复活塞式内燃机的组成部分主要有曲柄连杆机构、机体和气缸盖、配气机构、供油系统、润滑系统、冷却系统、起动装置等。图 9-7 所示为内燃机结构图。

（1）曲柄连杆机构　由活塞组、连杆组、曲轴和飞轮组成的曲柄连杆机构是内燃机传递动力的主要部分。

活塞组由活塞、活塞环、活塞销等组成。活塞呈圆柱形，上面装有活塞环，借以在活塞往复运动时密闭气缸。活塞上面的几道环称为气环，用来封闭气缸，防止气缸内的气体泄漏，下面的活塞环称为油环，用来将气缸壁上的多余的润滑油刮下，防止润滑油窜入气缸。活塞销呈圆筒形，它穿入活塞上的销孔和连杆小头中，将活塞和连杆连接起来。连杆大头端分成两半，由连杆螺钉联接起来，连杆与曲轴的曲柄销相连。连杆工作时，连杆小头端随活塞作往复运动，连杆大头端随曲柄销绕曲轴轴线作旋转运动，连杆大小头间的杆身作复杂的摇摆运动。

曲轴的作用是将活塞的往复运动转换为旋转运动，并将膨胀行程所作的功，通过安装在曲轴后端上的飞轮传递出去。飞轮能储存能量，使活塞的其他行程能正常工作，并使曲轴旋

a)

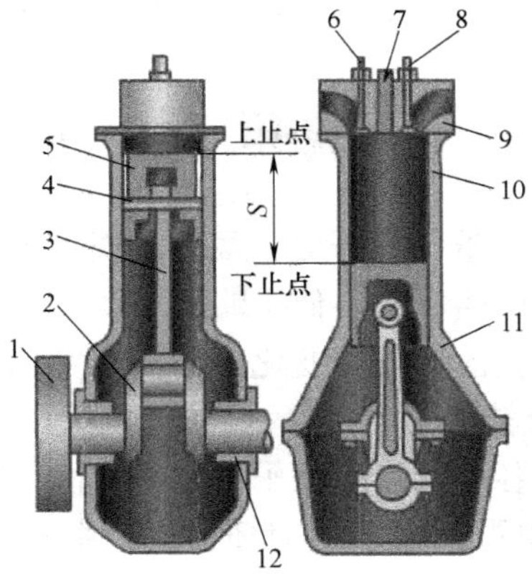

b)

图 9-7 内燃机结构图

1—飞轮 2—曲轴 3—连杆 4—活塞销 5—活塞 6—进气门 7—喷油器 8—排气门 9—气缸盖 10—气缸 11—曲轴箱 12—主轴承

转均匀。为了平衡惯性力和减轻内燃机的振动，在曲轴的曲柄上还适当装置平衡质量。

(2) 配气机构 气缸盖中有进气道和排气道，内装进、排气门。新鲜充量（即空气或空气与燃料的可燃混合气）经空气滤清器、进气管、进气道和进气门充入气缸。膨胀后的燃气经排气门、排气道和排气管，最后经排气消声器排入大气。进、排气门的开启和关闭是由凸轮轴上的进、排气凸轮，通过挺柱、推杆、摇臂和气门弹簧等传动件分别加以控制的，这一套机件称为内燃机配气机构。通常由空气滤清器、进气管、排气管和排气消声器组成进、排气系统。

(3) 供油系统 为了向气缸内供入燃料，内燃机均设有供油系统。汽油机通过安装在进气管入口端的化油器将空气与汽油按一定比例（空燃比）混合，然后经进气管供入气缸，由汽油机点火系统控制的电火花定时点燃。柴油机的燃油则通过柴油机喷油系统喷入燃烧室，在高温高压下自行着火燃烧。

(4) 冷却系统 气缸内的燃料燃烧使活塞、气缸套、气缸盖和气门等零件受热，温度升高。为了保证内燃机正常运转，上述零件必须在许可的温度下工作，不致因过热而损坏，所以必须备有冷却系统。

(5) 起动装置 内燃机不能从停车状态自行转入运转状态，必须由外力转动曲轴，使之起动。这种产生外力的装置称为起动装置。常用的起动装置有电起动、压缩空气起动、汽油机起动和人力起动等方式。

内燃机性能主要包括动力性能和经济性能。动力性能是指内燃机发出的功率（转矩），表示内燃机在能量转换中量的大小，标志动力性能的参数有转矩和功率等。经济性能是指发出一定功率时燃料消耗的多少，表示能量转换中质量的优劣，标志经济性能的参数有热效率和燃料消耗率。

内燃机未来的发展将着重于改进燃烧过程，提高机械效率，减少散热损失，降低燃料消耗率；开发和利用非石油制品燃料、扩大燃料资源；减少排气中有害成分，降低噪声和振动，减轻对环境的污染；采用高增压技术，进一步强化内燃机，提高单机功率；研制复合式发动机，绝热式涡轮复合式发动机等；采用微处理器控制内燃机，使之在最佳工况下运转；

加强结构强度的研究，以提高工作可靠性和使用寿命，不断创制新型内燃机。

第三节 原 子 能

回顾人类过去几千年的历史，虽然出现了中国的四大发明，埃及的金字塔等科学奇迹，但是纵观人类漫长的生活史，似乎略显平淡。只是从 19 世纪末至今的百余年间，才出现了一场翻天覆地的变化。而这场变化中的根本发现，就是原子科学。

1. 认识原子及核能

在用中子轰击各种元素的原子核时，人们不但发现用中子能实现许多核反应，创造出多种放射性元素（称同位素），同时还发现：中子竟是一把打开原子能宝库的钥匙。

1938 年，当第二次世界大战的阴影已经笼罩欧洲上空的时候，人类科学技术史上完成了一项重大发现——铀核裂变现象的发现。从此，原子科学又翻开了新的一页，原子科学的历史从原子核物理研究进入到原子能技术革命的崭新阶段。

这项重大发现的序幕早在几年以前就已揭开。1934 年，当约里奥 · 居里夫妇发现人工放射性元素的消息传出后，意大利罗马大学的一些青年物理学家，在年轻的费米的领导下，决定做类似的实验。他们已经不用粒子做“炮弹”，而是用刚刚发现不久的中子做“炮弹”来轰击原子核。在用中子轰击化学元素周期表中许多种元素的原子核试验中，最初都像他们所预想的那样，许多元素的原子核都吸收了一个中子。原子核吸收了一个中子后，就失去了稳定状态，而放出射线（电子流），原子核放出电子后，变成了周期表中下一个位置的元素的原子核。既然一种元素的原子核吸收一个中子后，会衰变为周期表中的下一个元素的原子核，那么当使周期表中的最后一个元素（原子序数为 92 的铀）的原子核吸收一个中子时，会产生什么现象呢？他们设想，可能产生新的、人们还不知道的超铀元素（即铀后面的新元素，也叫铀后元素）。费米等人对这个令人感兴趣的问题进行了实验。他们用中子轰击铀，企图得到原子序数为 93、94 的人造元素，可是所获得的都是一些令人迷惑、无法精确分析的放射性物质。其实，这些物质，后来查明，已经蕴藏着新的重大发现。而费米等人则认为自己已经创造出了原子序数为 93 的超铀元素。由于未能测出这个核反应的生成物，所以失之交臂地错过了发现铀核裂变重大秘密的机会。

与费米同时，德国柏林凯撒 · 威廉研究所的放射化学家哈恩和斯特拉斯曼，以及法国的伊伦 · 居里和约里奥 · 居里都对上面的问题做了很多实验。但是，由于他们都按着过去已知的核反应规律推断：“元素受到中子的轰击后，生成原子序数增加一的新元素”，得出了一些错误的结论，也都认为自己发现了 93、94、95 号等近铀元素，并分别命名为所谓“类铼”、“类锇”、“类铱”等，即表示是那一类的元素。后来，哈恩和斯特拉斯曼发现，当把钡加到被轰击过的铀中时，它能带出一些放射性。他们认为，这些放射性应该是镭的，因为镭在元素周期表中正好列在钡的下面。于是，他们认为，铀被中子轰击后，似乎有一部分变成了“镭”。但他们尽了最大努力，这种“镭”还是不能从钡里分离出来。

在世界上许多实验室中，都进行了类似的实验。这些实验都得到了大致相同的看法，并受到了普遍的赞扬。但德国年轻的诺达克夫妇却不以为然。他们当时在布列斯高的弗莱堡大学物理化学学院工作。他们对此提出了完全不同的看法，对费米的“超铀元素”做出了否定的结论，认为这位意大利物理学家的实验在化学分析方面没有提出令人信服的论据。也是在1934年，诺达克夫妇提出了一个大胆的假定，“铀原子核在中子的作用下发生了裂变反应，这个反应与到目前为止发现的原子核反应有很大的区别。似乎在用中子轰击重原子核时，原子核分裂成几个碎片是可能的，而且毫无疑问，这些碎片应该是已知元素的同位素，但不是被轰击元素的相邻元素”。

1938年，伊伦·居里和沙维奇，从铀的被轰击的产物中发现了一种新的放射性元素，它的化学性质和镧完全相同（后来证明是周期表中的57号元素镧-141）。伊伦·居里发表了他们的成果论文，但是他们并没有弄清楚镧是从何而来。

于是，一连几天甚至几星期哈恩和斯特拉斯曼都在实验室里，重复着用中子射击铀原子核的核反应实验。他们经过精密的分析终于也发现，获得的核反应生成物并不是和铀靠近的元素，而是和铀相隔很远，而且原子核比铀要轻得多的钡。这是他们过去万万没有想到的。他们对此感到莫名其妙，无法解释。这本来是一个奇迹，可是这些创造了奇迹的人，当时谁也不知道自己已经创造了奇迹。

后来，梅特纳和弗瑞士通过对该实验现象的热烈讨论，认为用中子射击铀原子核时，中子将铀原子核击碎了，他们并用细胞分裂的“分裂”（在英文中，原子核的“裂变”和细胞“分裂”，两个名词都是fission。）这个名词，来表示原子核被打破而分裂的现象，把它称作“核裂变”，或“原子分裂”。同时，梅特纳用数学方法分析了实验结果。她推想钡和其他元素就是由铀原子核的分裂而产生的。但当她把这类元素的原子量相加起来时，发现其和并不等于铀的原子量，而是小于铀的原子量。对于这种现象，唯一的解释是：在核反应过程中，发生了质量亏损。怎样去解释所发生的亏损现象呢？梅特纳认为，这个质量亏损的数值正相当于反应所放出的能量。于是她又根据爱因斯坦的质能关系式算出了每个铀原子核裂变时会放出的能量。

弗瑞士赶回实验室去证实他和姑母梅特纳在瑞典所作的设想。他也用中子轰击铀，每当中子击中铀核时，他都能观察到了那异常巨大的能量几乎把测量仪表的指针逼到刻度盘以外。这样他就完全证实了这个新的观点。

铀核分裂产生的这个能量，比相同质量的化学反应放出的能量大几百万倍以上！就这样，人们发现了“原子的火花”，一种新形式的能量。这个能量就是原子核裂变能，也称核能，或原子能。但当时人们只注意到了释放出的惊人能量，却忽略了释放中子的问题。稍后，哈恩、约里奥·居里及其同事哈尔班等人又发现了更重要的一点，也是最引人注目的一点，就是：在铀核裂变释放出巨大能量的同时，还放出两、三个中子来（图9-8），这是又一项惊人的发现。为什么呢？一个中子打碎一个铀核，产生能量，放出两个中子来；这两个中子又打中另外两个铀核，产生2倍的能量，再放出四个中子来，这四个中子又打中邻近的四个铀核，产生4倍的能量，再放出八个中子来……。以此类推，这样的链式反应，也就是一环扣一环的反应，又称链式反应，持续下去，宛如雪崩，山顶上一团雪滚下来，这团雪带动了其他雪，其他的雪再带动另一块雪，这样连续下去，越滚越大，瞬间就会形成大雪球，滚下山坡，势不可挡。这意味着：极其微小的中子，将有能力释放沉睡在自然界中几十亿年的物质巨人。

为了进行核反应研究，必须先建造核反应堆。因为核反应所需要的许多重要数据和机理，必须事先在反应堆的实验中取得。

1941年7月，费米和津恩等人在哥伦比亚大学，开始着手进行石墨—铀点阵反应堆的

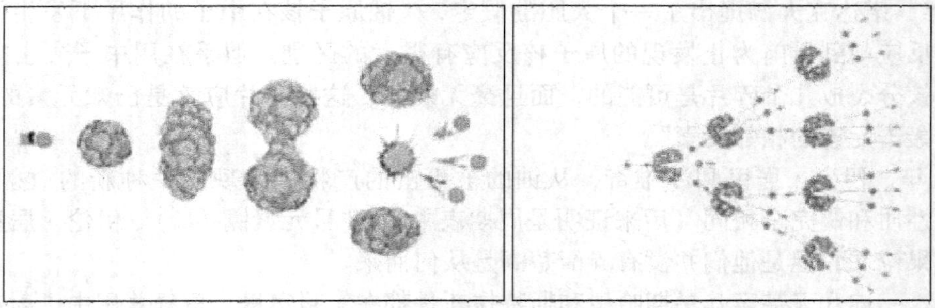

图 9-8 自持链式反应原理图

研究，确定实际可以实现的设计方案。

1941 年 12 月 6 日，即日本偷袭珍珠港的前一天，罗斯福总统下令设置专门机构，以加强原子能的研究。此时，康普顿被授权全面领导这项工作，并决定把链式反应堆的研究集中到芝加哥大学进行。1942 年初，哥伦比亚小组和普林斯顿小组都转移到芝加哥大学，挂上"冶金实验室"的招牌。这就是后来著名的国立阿贡实验室的前身。

在芝加哥大学的这个"冶金实验室"里，费米领导的小组主要是设计建造反应堆。他们在建造并试验了 30 个亚临界反应堆实验装置的基础上，最后才制定出建造真正反应堆装置的计划。

1942 年 11 月，这个反应堆主体工程正式开工。由于机制石墨砖块、冲压氧化铀元件以及仪器设备的制造很顺利，工程进展很快。核反应堆结构如图 9-9 所示。

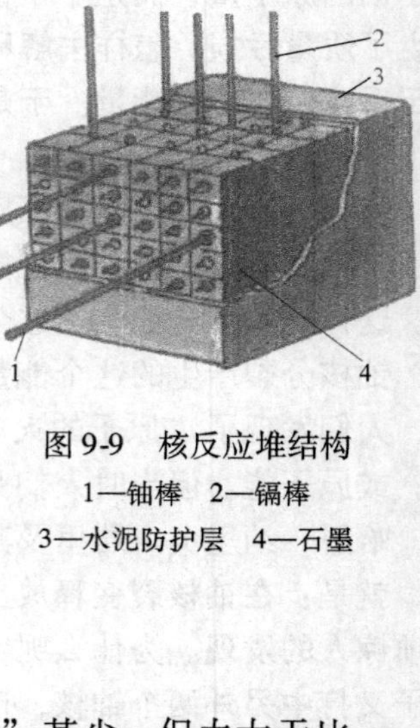

图 9-9 核反应堆结构

1—铀棒 2—镉棒

3—水泥防护层 4—石墨

1942 年 12 月 2 日，在费米的领导下，世界上第一座核反应堆起动并进入自持状态，同时该反应堆被命名为"芝加哥"第一号，CP-1。

在人类历史上，只有很少的几桩个别事件曾在本质上改变过文明的进程，CP-1 的建成就属于这类事件。从它对未来的推动和它对社会变迁的重大意义来说，可以同蒸汽机的发明相提并论。这一伟大科学成就，首先被应用于原子武器和潜艇核动力方面。然后，各种类型的核电站相继建成。今后还会有更多的奇迹出现。

2. 核能与放射性的工程应用

（1）核电站 核电站是能源队列中的巨人。核电站"吃食"甚少，但力大无比。一座 100 万 kW 级压水堆核电站，一年只需 30～40t 左右低浓铀核燃料。而同样规模的煤电站，一年要供应它 212～350 万 t 煤炭。核电站的不凡风貌，其奥妙就在它的"核发电机"与众不同。核电站是怎样发电的呢？简而言之，它是以核反应堆来代替火电站的锅炉，以核燃料在核反应堆中发生特殊形式的"燃烧"产生热量，来加热水使之变成蒸汽。蒸汽通过管路进入汽轮机，推动汽轮发电机发电。一般说来，核电站的汽轮发电机及电器设备与普通火电站大同小异，其奥妙主要在于核反应堆。图 9-10 所示是主反应堆结构。

核电站除了关键设备——核反应堆外，还有许多与之配合的重要设备。以压水堆核电站

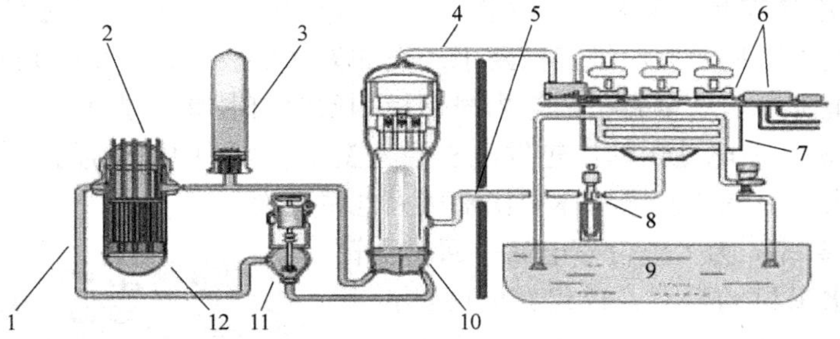

a)

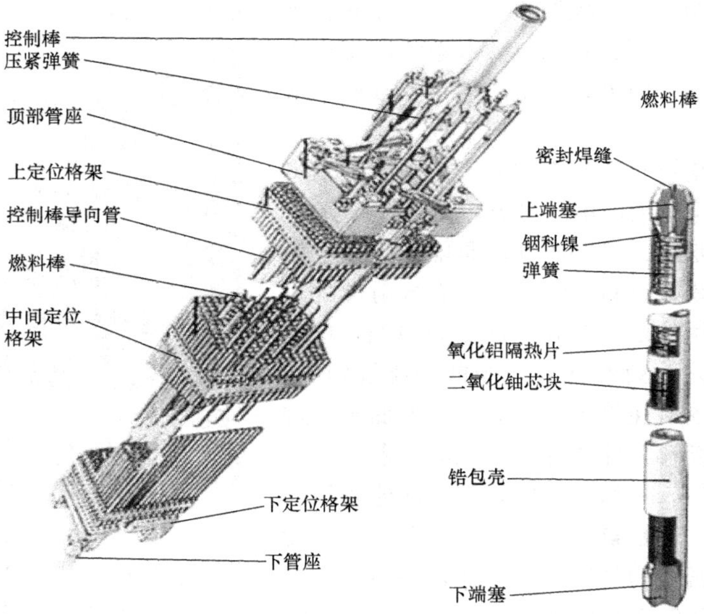

b)

图 9-10 主反应堆结构

a）结构示意图 b）控制棒蜘蛛形连接架

1—回路系统 2—控制棒及驱动机构 3—稳压器 4—二回路系统 5—循环水 6—汽轮发电机 7—凝汽器 8—给水泵 9—冷却水源 10—蒸汽发生器 11—主冷却剂泵 12—反应堆

为例，它们是主泵、稳压器、蒸汽发生器、安全壳、汽轮发电机和危急冷却系统等。它们在核电站中有各自的特殊功能。

1）主泵：如果把反应堆中的冷却剂比作人体血液的话，那主泵则是心脏。它的功用是把冷却剂送进反应堆内，然后冷却剂流过蒸汽发生器，以保证裂变反应产生的热量及时传递出来。

2）稳压器：又称压力平衡器，是用来控制反应堆系统压力变化的设备。在正常运行时，起保持压力的作用；在发生事故时，提供超压保护。稳压器里设有加热器和喷淋系统，当反应堆里压力过高时，喷洒冷水降压；当堆内压力太低时，加热器自动通电加热使水蒸发以增加压力。

3）蒸汽发生器：它的作用是把通过反应堆的冷却剂的热量传给二次回路水，并使之变成蒸汽，再通入汽轮发电机的气缸作功。

4）安全壳：用来控制和限制放射性物质从反应堆扩散出去，以保护公众免遭放射性物质的伤害。万一发生罕见的反应堆一回路水外逸的失水事故时，安全壳是防止裂变产物释放到周围的最后一道屏障。安全壳一般是内衬钢板的预应力混凝土厚壁容器。

5）汽轮发电机：核电站用的汽轮发电机在构造上与常规火电站用的大同小异，所不同的是由于蒸汽压力低，汽轮发电机体积比常规火电站的大。

6）危急冷却系统：为了应付核电站一回路主管道破裂的极端失水事故的发生，近代核电站都设有危急冷却系统。它由注射系统和安全壳喷淋系统组成。一旦接到极端失水事故的信号，安全注射系统就向反应堆内注射高压含硼水，喷淋系统向安全壳喷洒水和化学药剂，便可缓解事故后果，限制事故蔓延。

核电站里安装着原子反应堆的厂房由于要求特殊，没有窗户。反应堆厂房剖视图如图 9-11 所示。

图 9-11　反应堆厂房剖视图

1—喷淋系统管道　2—外层安全壳

3—内层安全壳　4—环吊　5—换料机

对于危险的东西，最好的办法是隔离。核电站里的危险物质就是核燃料，它是一种有放射性的物质，特别是在使用过以后，放射性更为强烈。核燃料是被密闭在称之为燃料元件包壳的金属管内的。只要管子不破，放射性物质就不会漏到外面来，这是第一道防线。燃料元件放在反应堆的容器内，反应堆容器是密闭的。一切相连的管道，其他各种容器也都是密闭的。这是第二道防线。整个反应堆设备都安装在一座密闭的建筑物内，这是一座没有窗户的房子，万一放射性物质冲破第一道和第二道防线外溢，这座没有窗户的房子就是最后的防线。

核电站的反应堆是一个庞然大物，容纳这样一个东西的房子必然也很大，而且必须十分坚固。设想反应堆发生了十分严重的事故，比如说发生了爆炸，这最后一道防线也决不能受到损坏。它就像一个钟罩似的，把一切危险物质或危险气体都罩在里面，不能散发到外面去。

什么结构的建筑式样最坚固呢？是球形建筑或球顶状建筑。球形的东西，如果里面产生压力，那么它所受的力是很均匀的。而且，从几何学上可以知道，球体和其他几何形状比起来，在最小的表面积之下，有着最大的容积。这就是说照这个样子建成的房子，里面可以容纳最多的设备、而所用的建筑材料最少，也最坚固。核电站反应堆厂房就是按照这个原理设计的。由于它的主要目的是防止核电站在运行、停堆和事故期间，因失去控制而将放射性物质排放到周围环境中去，因而这个没有窗户的房子就专门称为“安全壳”。

20 世纪 50 年代的“安全壳”，为了达到密封和坚固的目的，是作成球形的。这是一个很大的球，直径大到 20～30m，是用厚达 50mm 的钢板压成弧形，一块块地拼焊起来的。这要有很高的焊接技术，才能保证密封得很好。这种巨大的圆球，构成了核电站特有的宏伟壮观的景色。

造一个这样大的球形钢壳，要用几百吨钢材。钢材用得多还在其次，主要的困难在于焊接工艺不易达到要求。几千块钢板，几万米焊缝，要做到一丝儿气体也不漏，实在是很困难，而且还要防止焊接中钢板变形。既然安全壳是一种工业建筑，为什么不能用钢筋混凝土来造呢？20 世纪 60 年代就将核电站的安全壳改成了钢筋混凝土的，里面敷上钢衬里。式样也从球形演变为圆柱形上接一个半球形的盖，以便于浇灌。钢筋混凝土壳厚达 1m，用来承受压力，而钢衬里只用来保持密封，这样，钢板可以用得很薄，焊接时就比较容易达到气密的要求了。

有时候由于要求更可靠的气密性，在钢衬里和混凝土壳之间留一层一米多厚的空气隙，空气隙内的气压比周围环境的大气压低一些，如果钢壳发生泄漏，有放射性的气体就漏入这空隙中，但是它不会再透过混凝土壳的裂缝漏到外面去，只能是外面的大气漏入空隙中。漏入空隙中的有害气体便可吸入专门的处理设备中加以处理，以除去有害的成分。

为了使混凝土安全壳更加坚固，现在大部分新建的核电站都采用预应力混凝土安全壳。它的原理很像紧箍木桶的铁箍的妙用。在混凝土里嵌进许多纵横交错的钢丝绳，用巨大的螺旋机构将钢丝绳拉紧。这样的安全壳十分可靠，每一股钢丝绳都可以安装测力的仪器，随时检查拉紧的情况，如果有哪一根松了，便及时重新拧紧。用这么多钢丝绳捆紧的混凝土壳，不可能一下子崩开。要是损坏的话，总是先裂一条小缝，钢丝绳的弹力就会把这条小缝挤合。这样的建筑物，虽然没有窗，那么门有没有呢？门当然是要有的，不然怎么进去呢？不过这门也是密封的，而且还是十分坚固的。

（2）放射线的工业应用

1）检测。材料的某些物理性质用一般的方法很难搞清楚，但是通过观察辐射和物质的相互作用可以很容易地进行测量。例如，测量放射源放出的粒子透过塑料薄膜或纸张之后的粒子数量就能确定薄膜或纸的厚度。从裂变产物分离出来的同位素锶-90（半衰期 28.82 年，粒子能量 0.546MeV）和铯-137（半衰期 30.17 年，粒子能量 0.512MeV）被广泛地用于这样的检测之中。

用探测射线通过物质的方法，在外部可以测定管道中流动的液体的密度。管道中的液体起辐射“屏蔽”作用，因为衰减与物质的密度有关。

没有窥视镜或电接触点也不难测出不透明容器中液体的液面位置。把一个放射源缚在浮子上，让浮子漂在液面上。探测器在容器外面探测放射源的辐射即可确定液面位置。

通过研究被氢慢化的中子可以估计土壤中的含水量。在中子水分测量仪中，由一个混合的粒子发射体组成的放射源通过（α，n）反应产生中子，中子通量可以为测量含水量提供数据。

有多种核技术已用于石油工业中。例如，在油井探测中，“测井”过程包括地质特征的研究。有一种方法是测量天然辐射。当把探测器从天然放射性岩石区移到含石油或其他液体区时，信号减少。也可以用中子水分测量仪测量石油的存在。因为石油中含有氢，把中子源和射线探测器放到油井中，可以对化学成分进行中子活化分析。

2）放射性废物的利用。生产核能中产生的各种同位素，是有害的废物，但也是能给人类提供安全保障的有用之物。例如，氪-85（半衰期 10.7 年），它是核燃料后处理过程中的一种丰富的副产品。该同位素可作为机场跑道和煤矿照明用的自发光源中的激活成分。这种光源由一个密封的氪-85 气体辐照盒构成，氪-85 气体和荧光体接触，荧光体被低能电子激发。发光的颜色决定于所用的荧光体，亮度取决于同位素氪-85的总量。这种光源类似于用氪辐照盒代替了灯泡的汽车前灯。其优点是使用寿命长，不要求有能源，与天气条件无关。

使用氪-85“束流断路器”可以防止入侵者，增进安全。当人体经过“束流断路器”时，一束细得像铅笔一样的低能γ射线被遮断，警报器即被接通。

3）辐射技术的应用。核武器爆炸产生的强辐射对人体是有害的，但是适量的核辐射作为一种物理效应，却有着广泛的应用，可以给人类带来很多奇特的好处。因此，人们现在利用各种辐射源，如X射线机、带电粒子加速器、核反应堆和放射性同位素源等的辐射效应对人类有利的一面。贯穿辐射包括电磁辐射、电子或其他带电粒子和中子，它们在工业、医学、农业和空间探测中都有很多应用。下面以射线照相法为例说明。

最早和最为人们所熟悉的辐射应用是射线医学诊断上用的X射线，它是用电子轰击重金属靶产生的高频电磁辐射。众所周知，X射线贯穿人体组织的程度取决于物质密度，所以骨骼与其他密集的物质的影子会出现在照相胶片上。一般来说，射线照相法包括用X射线、γ射线或中子对活组织或物体的内部情况进行研究。

通过中子吸收，由稳定的钴-59可以产生同位素钴-60，在医学和工业方面都有应用，同位素钴-60是X射线管的重要替代物。钴-60发射的γ辐射能量为1.17和1.33MeV，这两种辐射对检查金属中的缺陷特别有用。用带有钴射线照相设备的扫描装置扫描，可以揭示金属的内部裂缝、焊接缺陷和非金属夹杂物。同位素钴-60源的优点是小型轻便，无需电源。钴的半衰期为5.27年，因此钴源可长期使用而无需更换。另一方面，其射线能量是固定的，强度也不会改变，但X射线机上发出的射线能量和强度是可以改变的。如果用射线照相法给薄样品拍照，用铱-192比较方便。它的半衰期是74.2天，光子能量约0.4MeV。

有些物质对光子不敏感，但这些物质中富有氢，如塑料和橡胶，这时中子射线照相法就弥补了γ射线照相法的不足。典型的中子源是锑—铍源。在这种放射源中锑-124的γ射线（半衰期为60.4天）在铍中引起（γ，n）反应。一种有希望的新放射源是锎-252，它是反应堆中经中子连续轰击钚而产生的人造同位素（原子序数98）。虽然锎-252大部分时间（96.908%）通过发射粒子而衰变，但其余时间（3.092%）是自发裂变。这两个过程相应的半衰期分别是2.730年和85.57年。平均每次裂变放出约3.5个中子。因此极少量的同位素锎-252就可以用作丰富的快中子源。

4）改进材料性能。

① 改进纤维。电子或γ射线辐照可以改变聚合物，如聚乙烯的各种性质。原来的材料是由很长的平行分子链构成的，辐射使这些链连起来。这种过程称为交联。辐照过的聚乙烯具有较好的抗热性，是很好的电线绝缘包皮材料。经过辐射可以把适宜的聚合物结合到纤维基底上。用这种方法可以制造各种不吸尘土的织物。

② 化学药品合成。使用高能γ辐射可以引发某些化学反应。在实验室里可以进行很多这样的反应，但相对来讲多数反应是不经济的。然而有一个例外，这就是溴乙烷的生产，此为挥发性的有机液体，在有机材料的合成中用作中间化合物。Co-60源的γ辐射在溴化氢和乙烯的化合中起催化剂作用。人们发现作为催化剂的γ射线比化学催化剂、紫外线光电子轰击都好。通过这种独特的方法每年生产数量不少的溴乙烷。另外，在商业上，重要的化学制品聚乙烯也是由钴的γ射线轰击乙烯而产生的。

③ 木材塑化加工。经 γ 辐照生产的新型木质地板市场需求量很大。木材用塑胶浸泡，并通过一束 γ 射线。这束 γ 射线改变了塑胶的分子结构，使木材表面光滑并能防火。产品的外观没有什么变化，但材料却变得非常坚硬，在公共场所使用这种木材是合适的。此外，还可用类似的辐照技术制作经久耐用的建筑用材，如花砖。

第四篇　机械的应用

第十章　运载机械与人类文明

第一节　汽车的身世

汽车自上个世纪末诞生以来，已经走过了风风雨雨的一百多年。从卡尔·本茨造出的第一辆三轮汽车以 18km/h 的速度，跑到现在，竟然诞生了从速度为零到加速到 100km/h 只需要 3s 多一点的超级跑车。这一百年，汽车发展的速度是如此惊人！同时，汽车工业也造就了多位巨人，他们一手创建了奔驰、宝马、通用、福特这样一些在各国经济中举足轻重的著名公司。

汽车同其他现代高级复杂工具，如电子计算机等一样，并非是哪一个人坐在那里发明的。发明之初的汽车也不是现在这个式样，如果你能见到当时的汽车，你还可能认为这不是汽车呢。如今，汽车已经广泛应用到起重、消防、救护、环境卫生等领域，是当今世界上唯一一种零件以万计，产量以千万计，保有量以亿计，售价以万元计的，集机械、电子、化工、美工、声、光、热为一体的综合性商品。而这一切的变化，经历了一个漫长的历程，总的说来，汽车发展史可以分为蒸汽机发明前、蒸汽汽车的问世、大量流水生产汽车开始三个阶段。

一、汽车的发明

在 1705 年，纽可门首次发明了不依靠人和动物来做功而是靠机械来做功的实用化蒸汽机。这种蒸汽机用于驱动机械，便产生了划时代的第一次工业革命。随着蒸汽驱动的机械即汽车的诞生，人类社会便拉开了永无休止的汽车发展的序幕。

1769 年，法国人 N·J·居纽（Cugnot）制造了世界上第一辆蒸汽驱动的三轮汽车。到 1804 年，脱威迪克（Trouithick）又设计并制造了一辆蒸汽汽车，这辆汽车还拉着 10t 重的货物在铁路上行驶了 15.7km。

1831 年，美国的哥德史沃奇·勒（ColdsworthyGur-ney）将一台蒸汽汽车投入运输，相距 15km 的格斯特夏和切罗腾哈姆之间便出现了有规律的运输服务，这台运输车走完全程约需 45min。此后的三年内，伦敦街头也出现了蒸汽驱动的公共汽车。当这个笨重的怪物在英国城镇奔跑时，曾引起了很大的骚动。说起来，这种车比现在的筑路用的压道机还重，速度又低，常常撞坏未经铺修的路面，引起各种事故。市民们当时曾呼吁取缔这种汽车。为此英国制定了所谓的“红旗法规”，具有讽刺意味的是，由于这条法规的实施，使得英国后来在制造汽车的起步上大大落后于其他工业国家。

由于蒸汽汽车本身又笨又重，乘坐蒸汽汽车又热又脏，为了改进这种发动机，艾提力·雷诺（Etience Lenor）在1800年制造了一种与燃料在外部燃烧的蒸汽机（即外燃机）所不同的发动机，让燃料在发动机内部燃烧，人们后来称这类发动机为内燃机。

1876年康特·尼古扎·奥托（Count Nicholas Otto）发明了对进入气缸的空气和汽油混合物先进行压缩，然后点火的内燃机，提高了发动机效率。这种发动机具有进气、压缩、做功、排气四个行程，为了纪念奥托的发明，人们把这种循环改称为奥托循环。

1879年德国工程师卡尔·本茨（Kart Benz），首次试验成功一台二冲程试验性发动机。1883年10月，他创立了本茨公司和莱茵煤气发动机厂，1885年他在曼海姆制成了第一辆本茨专利机动车，该车为三轮汽车，采用一台二冲程单缸0.9马力[⊖]的汽油机，此车具备了现代汽车的一些基本特点，如火花点火、水冷循环、钢管车架、钢板弹簧悬架、后轮驱动、前轮转向和制动手把等。与此同时，在1883年就与威廉·迈巴特合作制成了第一台高速汽油试验性发动机的德国人戴姆勒（Daimler）又在迈巴特的协助下，于1886年在巴特坎施塔特制成了世界上第一辆“无马之车”。该车在买来的一辆四轮“美国马车”上安装了他们制造的功率为1.1马力[⊖]，转速为650r/min的发动机，以当时所谓“令人窒息”的18km/h速度从斯图加特驶向康斯塔特，世界上第一辆汽油发动机驱动的四轮汽车就此诞生了。实际使用表明，此车行驶良好。第二年本茨第一次把三轮汽车卖给了一个法国巴黎人，由于这种三轮汽车设计可靠，选材和制造精细，受到了好评，销路日广。

由于上述原因，人们一般都把1886年作为汽车元年，也有些学者把卡尔·本茨制成第一辆三轮汽车之年（1885），视为汽车诞生年。本茨和戴姆勒则被尊为汽车工业的鼻祖。这是汽车发展史上的第二件大事。

进入20世纪以后，汽车不再仅是欧洲人的天下了，特别是亨利·福特（Henery Ford）在1908年10月开始出售著名的“T”型车时，这种车产量增长惊人，短短19年，就生产了1500万辆。此间的1913年福特汽车公司还首次推出了流水装配线的大量作业方式，使汽车成本大跌，汽车价格低廉，不再仅仅是贵族和有钱人的豪华奢侈品了，它开始逐渐成为大众化的商品。也是此时开始，美国汽车便成为世界宠儿，福特公司也因此成为名副其实的汽车王国。所以，人们说，汽车发明于欧洲，但获得大发展那是在本世纪初30年代的美国。福特采用流水作业生产汽车，在汽车发展史上树起了第三块里程碑。

短短几年时间，汽车已经从一种实验性的发明转变为关联产业最广、工业技术波及效果最大的综合性工业。因此，汽车工业的发展不仅依赖于汽车行业本身的技术进步，而且也取决于汽车工业应用这些技术的投资能力和世界汽车市场的投放容量，两者相互影响并受到整个经济形势的发展，人们对环境要求、能源及原材料供应、意外变化及国家政策等的影响。例如，第一次世界大战表明了汽车运输的机动性，而且还培训了不少驾驶军用卡车的驾驶员，他们中的很多人还学习到了一些汽车机械技术，于是战后汽车买卖兴隆，在美国，汽车制造商和附件的供应商全负荷生产仍不能满足要求的迅猛增长，汽车价格几倍于战前，但时隔不久由于经济萧条汽车高需求即宣告结束。到了第二次世界大战后，在英国，汽车的需要量比第一次世界大战后更高，几乎生产多少就可售出多少。大战中的美国发了横财，战后的美国工业越发兴旺，汽车生产在世界上始终处于遥遥领先的地位。汽车、钢铁、建筑这三大

⊖ 1马力=735.499W。

工业曾被誉为“三大支柱”，而汽车工业更是美国工业骄傲的象征，长期以来，他们一直以研究豪华小汽车为主。但当1973年首次发生石油危机时，美国汽车工业便受到很大的冲击，而日本似乎对此早有察觉，他们大量研制生产的是小型节油汽车，结果终于在1980年把美国赶下了“汽车王国”的宝座，取而代之。

二、汽车的类型

按总体结构分类可分为单车和列车，单车是基本形式，常用4×2、6×4、4×4、6×6等符号表示驱动特点，前一个数字代表车轮总数（双胎并装仍算一个车轮），后一数字表示驱动轮数。列车由牵引车或单车拖带挂车或半挂车组成。

按行驶道路条件分类可分为公路用汽车和非公路用汽车，前者是根据公路和城市道路的要求设计的；后者是为矿区、土路等专用道路或无道路地区设计的。

按所用动力装置分类主要分为汽油机汽车、柴油机汽车，还有电动汽车、太阳能汽车等。后来出现的复合动力汽车装有两种动力装置，而其中之一必须是具有回收能量系统的储能装置。常见的复合动力装置为内燃机和蓄电池。

按用途分类一般可分为六类。①轿车：又称小客车，座位一般不超过九个（包括驾驶员座位）；②客车：座位为九个以上（驾驶员座位在内），包括城市公共汽车、公路客运汽车、旅游客车等；③载货汽车：俗称卡车，主要用于运输货物；④牵引车：专门用于牵引挂车或半挂车；⑤专用运输车：按运输货物的特殊要求设计，有专用车厢并装有相应附属设备的运输车，如自卸汽车、液罐汽车、冷藏汽车、散装水泥汽车、集装箱汽车等；⑥特种车：主要用于完成其他任务的汽车，如救护车、消防车、垃圾车、洒水车以及各种工程车等。

三、汽车的总体构造

承担主要公路运输任务的货运汽车，主要由四部分组成，典型货车的总体结构如图10-1所示。

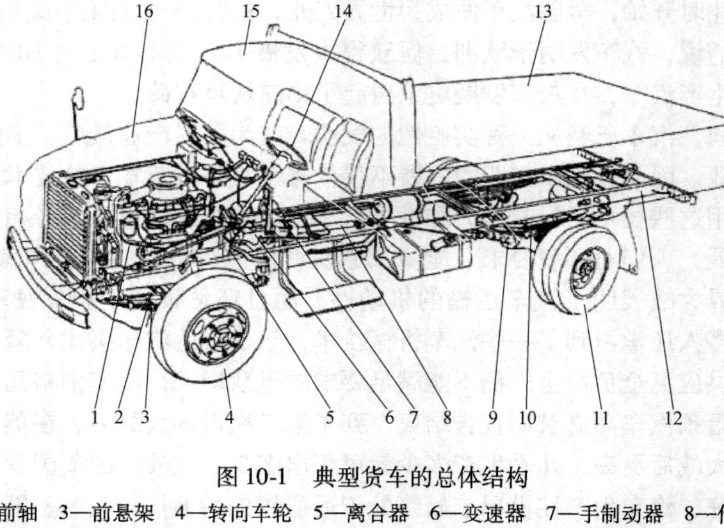

图10-1　典型货车的总体结构

1—发动机　2—前轴　3—前悬架　4—转向车轮　5—离合器　6—变速器　7—手制动器　8—传动轴　9—驱动桥　10—后悬架　11—驱动车轮　12—车架　13—车厢　14—转向盘　15—驾驶室　16—车前钣制件

1. 动力装置

它是驱动汽车行驶的动力源，其作用是使燃料燃烧产生动力，然后通过底盘的传动系驱动车轮使汽车行驶。现代汽车的动力装置主要是汽油机和柴油机。汽油发动机由曲柄连杆机构、配气机构和燃料供给系、冷却系、润滑系、点火系、起动系组成。轿车、轻型货车一般装用汽油机，大、中型货车和客车多用柴油机。

2. 车身

车身安装在底盘的车架上，供驾驶员、旅客乘坐或装载货物，包括驾驶室和车厢两部分。载客汽车的驾驶室常和车厢制成一个整体，货车车身一般由驾驶室和货厢两部分组成，专用运输车的车厢按需要制作。

3. 底盘

底盘作用是支撑、安装汽车发动机及其各部件、总成，形成汽车的整体造型，并接受发动机的动力，使汽车产生运动，保证正常行驶。底盘由传动系、行驶系、转向系和制动系四部分组成，是车身和动力装置的支座。

传动系是将动力装置输出的动力传给驱动车轮，它包括能及时中断或接通动力传递的离合器，能根据需要变化转矩和转速的变速器，能在变速器和驱动桥两轴线相对位置不断改变的条件下传递动力的万向节和传动轴，能把动力按需要分配到左右两个驱动车轮上的差速器和左右半轴等。

行驶系是将汽车的各个组成部分联成一体并使整体能够行驶，主要包括车架、车轮、车桥和悬挂装置。转向系和制动系用于保证按驾驶人的意志控制汽车行止和选择行驶路线，包括转向装置和使汽车行驶时能迅速减速、及时停车的制动装置。

4. 电气设备

由电源组、发动机起动系和点火系、汽车照明和信号装置等组成。在现代汽车上越来越多地装用各种电子设备：微处理器、中央计算机系统及人工智能装置等。

四、轿车的结构特点

各类功能完善、方便实用、富有个性的家用小型轿车与人们生活日益紧密，其结构与货用汽车有所不同，小型轿车的结构如图 10-2 所示。

1. 发动机布置与驱动形式

常见的有下面几种，驱动形式都为 4×2。

（1）发动机前置后桥驱动　大型和很多中型轿车都采用这种方式。重心位置合理，驱动与附着可靠，操纵机构简单，但由于传动轴的存在，为避免由于过于抬高地板的高度使重心高度增加，常将地板中央凸起，导致后排中间座位乘坐不舒适。但这种方式仍然是一种很好的驱动方式。

（2）发动机前置前桥驱动　很多中、小型轿车采用这种形式。一种是发动机横置，另一种则为发动机纵置，该形式结构简单、紧凑，不设传动轴可降低重心和车厢底板高度，有助于提高乘坐舒适性和行驶稳定性。前桥驱动的汽车上坡时前轮附着力减少，不能够获得足够的牵引力。

（3）发动机后置后桥驱动　见于某些微型轿车。发动机位于后桥后部，除散热不良外，操纵机构也较复杂，应用不广泛。

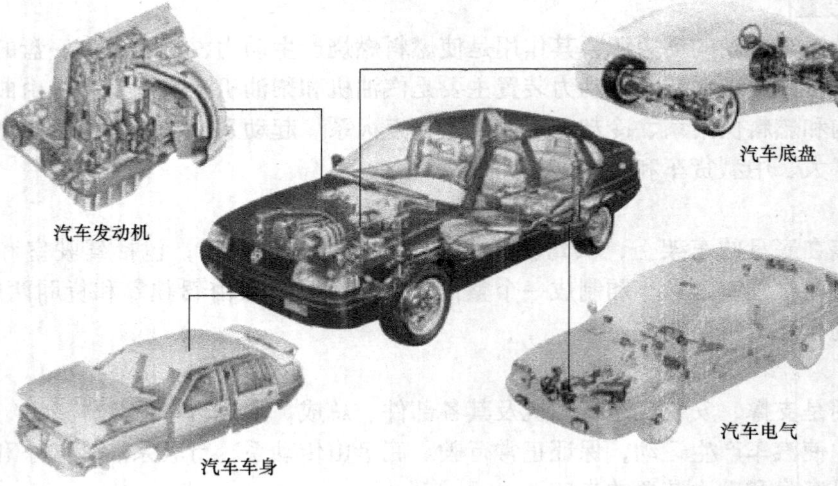

图 10-2　小型轿车的结构

2. 车身与外形

大型轿车多采用非承载式车身，车身不承载发动机、底盘及各部件的重力。车身通过弹簧装置安装于车架上，乘坐舒适，隔振性好，但结构复杂，质量增加，价格较贵。中、小型轿车多采用承载式车身结构，不设车架，发动机和底盘等部件直接安装于车身上。结构简单、质量轻、价格便宜、应用越来越广泛。

轿车外形种类很多，但不论何种外形，都必须具有优良的行驶稳定性，以利轿车高速行驶。友好的外形还必须使轿车各部件布置合理，具有尽量大的乘坐空间和行李厢容积。除此之外，还应美观大方，色彩光亮，具有时代特点，符合人们的审美观念。轿车结构主要有以下几种：

（1）三厢式结构　是应用最为广泛的一种形式。前厢安置发动机，中厢为乘坐空间，后厢是行李厢，可分成“船型”和“楔型”两种。船型为传统型，高雅、气派、大方，为高级轿车广泛采用，楔型具有优良的空气力学性能，外形具有时代感。

（2）两厢式结构　没有专门的行李厢，只是在乘坐厢后排座位之后有一个安放行李的空间。车身短小、停车方便，机动灵活，非常适合于市内行驶，在交通拥挤的现在，有着很大的实用性。

（3）斜背式结构　介于两厢与三厢结构之间，车身接近于流线型。

（4）旅行轿车结构　在三厢基础上将行李厢向上扩大，并和乘坐厢打通成一个统一的空间，能容纳更多的行李，适合于远距离行驶。

（5）客货两用车结构　在三厢式轿车基础上改装而成，主要用来载客，也可用来载少量货物，适合于私人家庭使用。

（6）越野客车外形结构　为了缩小前、后悬挂和具有较大的接近角和离去角，都采用两厢式结构，第二排座位后面设有可折叠座椅，既可载人，又可载物。

3. 发动机排量

几乎所有轿车都采用汽油机。发动机排量越大，发动机功率越大，除了使轿车具有较高的行驶速度和良好的加速能力外，还可以装置更多的附属装置。轿车也可以作得更大更宽敞，使乘坐更舒适，但经济性较差。微型轿车由于追求低成本、低油耗，发动机排量较小。

4. 底盘

中、小型轿车仍然大量采用机械式传动系。而很多大型轿车都采用了液力机械传动。轿车悬挂多为独立式悬挂，制动装置大多采用双管路液压制动装置或者真空助力液压制动装置。制动器大多采用前盘后鼓式，轮胎为超低压胎，具有优良的弹性。

五、汽车的发展趋势

现代汽车有朝着智能化、个性化、大型化和小型化、专用化方向发展的趋势，即根据汽车的不同用途和使用条件，设计制造各种专用汽车，以获得最佳使用效能和提高对具体使用条件的适应性。随着低碳经济概念深入人心，更加安全、环保、舒适的汽车将成为现代人便捷的出行工具。

第二节　高铁的前世与今生

人类自有了商品交换后，物料的运输始终伴随的人类社会前进的步伐。特别是进入工业社会后，随着社会财富的急剧膨胀，追求更大的运输量、更快的速度、更低廉的成本成为人类改进运输工具的不竭动力。

一、机车的发明与发展

蒸汽机出现后，不少人努力将蒸汽机装在车辆上，设计制造“一种无马的车”（A Horseless Carriage）。而早在17、18世纪，欧洲矿区就有在木制或铁制的轨道上行走的马拉货车，装载矿砂的车辆在铁轨上滑行，既省时又省力。英国人特维地克在1801年圣诞节的前夕，设计制造的能在铁轨上行驶的蒸汽机车，将许多矿工及时运回家中过节，这就是最早发明的火车头了。特维地克的蒸汽机车，行驶状况良好。然而由于机车和所拉的货物过重，造成铁轨断裂，没有被人们接受。英国人斯蒂芬森由此意识到，蒸汽机车要得到推广必须在改进机车的同时注重铁轨的改进。1829年自利物浦（Liverpool）至曼彻斯特（Manchester）的铁路公司，举行了一次火车头优劣的比赛，斯蒂芬森制造的“火箭”（Rocket）号火车头（图10-3）夺得锦标。斯蒂芬森制造火车头的名声掩盖了特维地克，而被人误认为是火车头的发明者。蒸汽机车虽经100多年的发展，但运用热效率只有6%左右，加上保养维修量大、污染严重、日运行里程短，因此逐渐被热效率高、运用率高的电力机车、柴油机车和汽轮机车取代。

图10-3　“火箭”（Rocket）号火车头

1843年上海开埠后，随着西方列强在上海设立租界，西方一些先进的器物也不断引入上海。19世纪70年代后，外国人借口黄浦江泥沙淤积严重，运送货物有所不便，要求修筑一条吴淞到市中心的铁路。1874年英美两国商人合资开设了“吴淞道路公司”，买下了今河南路桥堍到吴淞一带的田地，在未获清政府批准的情况下，偷偷修起了铁路。两年后，一条全长14km的窄轨铁路即淞沪铁路建成了。1876年7月3日，淞沪铁路的上海江湾段正式通车。由于中国从来没有过铁路，所以对此大家都感到很新鲜，都赶来观看。那天，车站上盛况空前，像过节一样热闹，挤满了人群，远在十几里上百里外的人们也远道而来观看开车典礼。火车共拖有六节车厢，车票分上、中、下三等。不久，车票就全部售完，车厢内座无虚席。下午 1 时许，火车大吼了几声后，车轮就慢慢转动了，并越转越快，向前冲去。站在站台上的人们看着这庞然大物吼叫着远去，不禁大声喝彩，更有甚者，不少年轻人还追着火车想往上跳。火车一路飞驰而去，车上的乘客，看着窗外向后快速退去的绿树、庄稼，无不面带笑容，喜不自禁。火车开过的地方，一路上引来了无数观光的人群。临近江湾时，随着几声汽笛的尖叫，车速逐渐慢了下来。这时，铁轨两旁的观众“立如堵墙”。五个月后，淞沪铁路全线通车。图 10-4 所示是我国现存最早的 0 号机车。

图 10-4　我国现存最早的 0 号机车

机车可按所采用的动力装置、用途和走行部形式分类。按动力装置，机车可分为热力机车和电力机车两大类；按用途，机车可分为客运机车、货运机车、客货通用机车、调车机车和工矿机车五类；按走行部形式，机车可分为车架式机车和转向架式机车两类。

二、机车的结构与工作原理

1. 蒸汽机车的构造和功用

蒸汽机车主要由锅炉、蒸汽机、车架、走行部和煤水车几部分组成，其他还有车钩缓冲装置、制动装置、控制和监测装置、驾驶室、辅助装置等部分。蒸汽机车构造比较特殊，电力机车、柴油机车和燃气轮机车除动力装置、传动装置不同外，其他部分基本相同或相似。

（1）锅炉　产生和储存蒸汽的装置，是蒸汽机车的心脏。锅炉由火箱、锅筒和烟箱组成。火箱是燃烧燃料的地方，火箱的底部是燃烧煤炭的炉床和存灰的灰箱。锅筒在锅炉的中部，筒内排列有大烟管和小烟管，大烟管内有使蒸汽干燥和加热的过热管。火箱产生的热量经内火箱和小烟管传给锅水，锅筒的顶部设有聚集蒸汽的蒸汽包。烟箱位于锅炉的前部，内有烟筒、乏气喷口、反射板和火星网等通风和排烟装置。燃料投入炉床后，在火箱内与从灰箱风门进入的空气混合后燃烧，热能通过内火箱板和大、小烟管传递给锅水和过热管。燃烧后的烟气经烟箱由烟筒排出。高压饱和蒸汽由蒸汽包经干燥管和过热蒸汽集汽箱的一侧进入过热管。加热后的过热蒸汽，再返回集汽箱上安装的调整阀的一侧，过热蒸汽经调整阀和蒸汽管进入蒸汽机。

（2）蒸汽机　它将蒸汽的内能转变为机械功以推动机车运行。蒸汽机车一般装有两套蒸汽机，装于机车的两侧。蒸汽机主要由汽室、气缸、传动机构、阀动装置（配汽机构）等组成。汽室在气缸的上面，过热蒸汽经烟箱中的主蒸汽管，从汽室中部进入气缸。汽室与气缸的两端都有汽口相通。与活塞协调动作的阀动装置带动汽室中的汽阀作纵向往复运动，同时向气缸配汽。过热蒸汽在气缸内膨胀做功，推动活塞与活塞杆运动，经传动机构（十字头、摇杆、连杆、曲拐销）将活塞的往复运动变成机车动轮的旋转运动。通过轮、轨接触产生的牵引力基本符合机车牵引特性，又能逆转，所以蒸汽机车不需要像内燃机车那样的传动装置。

（3）车架和走行部 车架是由两片棒式或板式侧梁和若干横梁组成的结构，它是安装锅炉和汽油机的基础。走行部是机车承重和在轨道上走行的部分。车架和走行部主要由车架、弹簧悬挂装置、动轮、从轮、导轮，各轮的转向架、轴箱、牵引装置、基础制动装置等构成。

（4）煤水车 机车上装载煤、水、油脂和存放工具的部分，用牵引杆挂在车架后面。煤水车由煤槽和水柜组成。煤水车车架由两台转向架支撑，车架后端装有车钩缓冲器以牵引列车。大功率蒸汽机车的煤水车上还装有推煤机和输煤机，能将煤从炉口均匀地喷到炉床各处。

（5）驾驶室 即驾驶人、副驾驶人、司炉工工作的处所，装于锅炉后端车架上，有操纵控制和监视仪器及座位。驾驶室与煤水车相连，便于司炉工烧火。

2. 内燃机车简述

内燃机车是以内燃机作为原动力，通过传动装置驱动车轮的机车。根据机车所用内燃机的种类，可分为柴油机车和燃气轮机车。在我国，内燃机车由于使用柴油机，所以在介绍内燃机车时一般都是指柴油机车。

当柴油机的燃料在气缸内燃烧时，所产生的高压高温气体在气缸内膨胀，推动活塞往复运动，并通过曲轴将往复运动变为旋转运动，这样燃料的热能就转化为机械功。柴油机发出的动力传输给传动装置，通过对柴油机、传动装置的控制和调节，将适应机车运行工况的输出转速和转矩再送到每个车轴齿轮箱驱动机车动轮，使机车运行，动轮产生的轮周牵引力传送到车架，由车架端部的车钩变为挽钩牵引力来拖动或推送车辆。

从内燃机车工作原理可以看出，内燃机车的基本构造是由柴油机、传动装置、车体走行部、辅助装置、制动设备、控制设备等部分组成的。

图 10-5 柴油机

柴油机（图 10-5）是内燃机车的动力装置，现代内燃机车一般采用四冲程高速或中速柴油机。为满足各种功率的需要，在制造柴油机时，便生产相同气缸直径和活塞冲程，不同气缸数的系列产品。小功率的多为直列型，大功率的一般都是 V 型等。所谓直列型是指柴油机的气缸垂直排列，而 V 形的气缸成 V 形排列。各种柴油机都用一定的型号来表示，如 16V240ZL 型柴油机，表示 16 个气缸 V 型排列，缸径 240mm，设有涡轮增压器和中间冷却器。

内燃机车的传动装置有电力传动和液力传动两种，两者在结构原理和运用维修上都有较大的区别。电传动内燃机车结构如图 10-6 所示。

（1）内燃机的电力传动 内燃机车虽然装有功率强大的柴油机，但柴油机并不直接驱动机车。电力传动内燃机车采用电动机来驱动机械。有一种所谓串励式电动机，它的特性和蒸汽机相似，即转速低时转矩大，起动时转矩最大。如果用这种电动机驱动车轮，柴油机只需用来驱动一台发电机，把产生的电力送给电动机，电动机再带动牵引齿轮传动使机车车轮转动，这就是所谓电传动方式。这种传动方式和电力机车的驱动方式实质上是一样的，所不

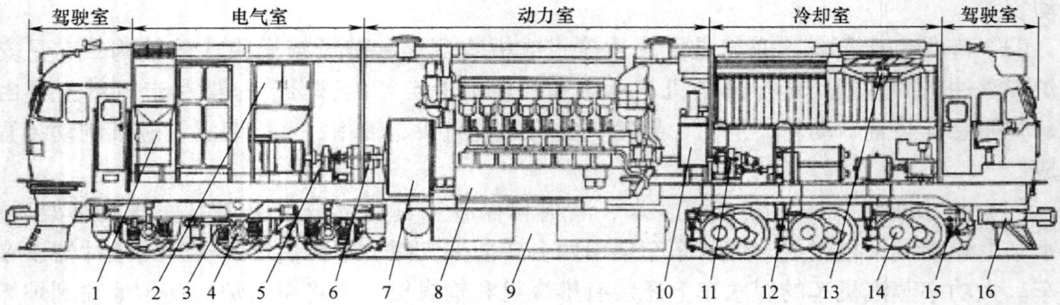

图 10-6　电传动内燃机车结构

1—电阻制动装置　2—硅整流柜　3—牵引装置　4—走行部　5—起动变速器　6—励磁机　7—主发电机　8—柴油机　9—燃油箱　10—预热锅炉　11—静液压变速器　12—电动机悬挂系统　13—冷却风扇　14—牵引电动机　15—基础制动装置　16—车钩缓冲装置

同的是电力机车和城市电车一样，电流从架在上空的电网上来；而电传动内燃机车则自己备有“电站”，不依赖外界动力。和电力机车相比，电传动内燃机车的缺点是独立“电站”要占去机车很大一部分质量，而机车的质量是有一定限制的，因此机车功率比电力机车要小一些。它比电力机车优越的地方是不需要长距离供电，输电损失小、热效率高，自备“电站”的电压可以调节，能比较充分地发挥电动机的功率，即所谓恒功率特性比电力机车好。因此尽管机车的名义功率一般比电力机车小，但在某些运用条件下，它的牵引能力和运输能力倒不一定次于功率较大的电力机车。

电力传动根据电动机形式的不同，可分为直流—直流电力传动、交流—直流电力传动、交流—直流—交流电力传动等类型。

与传统的直流牵引电动机调速系统相比，交流传动机车具有以下优良性能：轴功率大，粘着利用率高；异步电动机可靠性高；机车动力学性能好；利用率高，节能效果好；主要零部件可以少维修和无维修。

内燃机车有较明显的优点，如机车效率较高、机车准备时间短，持续工作时间长，用水量少，适用于缺水地区。初期投资比电力机车少，机车乘务员劳动条件好，还便于多机牵引。但内燃机车最大的缺点是对大气和环境有污染。

（2）内燃机车的液力传动　能用作驱动机车车轮的机械，电动机不是唯一无二的。水力机械中的涡轮机也有和电动机相类似的驱动特性。只要用柴油机带动一个泵，向涡轮提供具有某些压力的液流，而且能够把在涡轮中工作完毕后的液流引回到泵的进口处，使液流循环工作，这套系统就可用作内燃机车的动力驱动系统。根据这一原理，德国工程师费廷格创造了液力变矩器和液力耦合器，把涡轮和泵轮组合在一起，两者之间没有机械连接而只是通过液流循环来相互作用。内燃机车采用这种“软”连接方式而设计的传动系统称作液力传动内燃机的液力传动结构图如图 10-7 所示。

与电力传动相比，液力传动不过是后起之秀。但它在与电传动的竞争中，异军突起，很快赢得了重要位置。液力传动装置的优点是不用电动机，可以节省大量昂贵的铜，同时它的质量也轻些。这使得机车降低了造价也减轻了质量，即在同样的机车质量下，它的机车功率一般都比电传动机车大。另外，液力传动装置的可靠性高，维护工作简单，修理费也少，还有一个优点是，它的部件是密闭式的，无论风沙雨雪对它的工作都不会产生坏的影响。

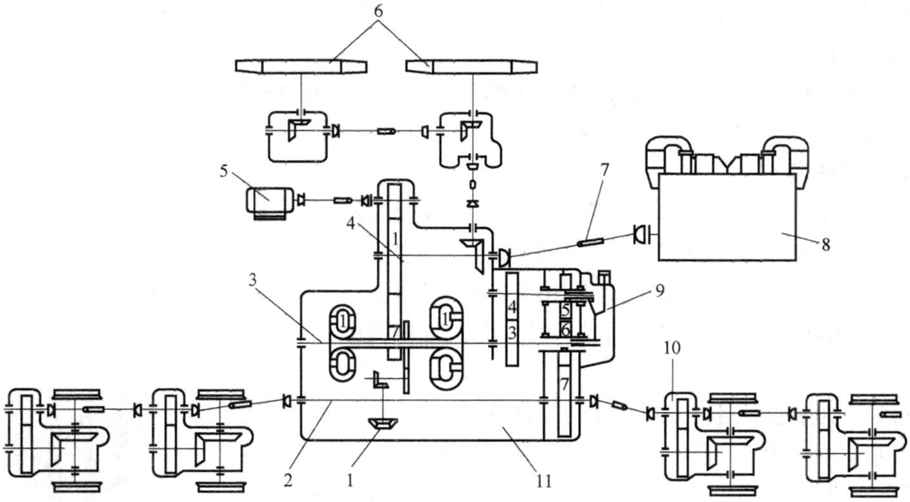

图 10-7　内燃机的液力传动结构图

1—供油泵　2—输出轴　3—变扭器轴　4—输入轴　5—起动电动机　6—冷却风扇
7—万向轴　8—柴油机　9—换向机构　10—车轴齿轮箱　11—液力传动箱

液力传动装置的主要组成部分是液力传动箱、车轴齿轮箱、换向机构和相互联结的万向轴等。它的核心元件是液力传动箱中的液力变扭器，如图 10-8 所示，主要由泵轮、涡轮和导向轮组成。泵轮通过轴和齿轮与柴油机的曲轴相连，涡轮通过轴和齿轮与机车的动轮相连，导向轮固定在变扭器的外壳上，并不转动。当柴油机起动时，泵轮被带动高速旋转，泵轮叶片则带动工作油以很高的压力和流速冲击涡轮叶片，使涡轮与泵轮以相同的方向转动，再通过齿轮把柴油机的输出功率传递到机车的动轮上，从而使机车运行。

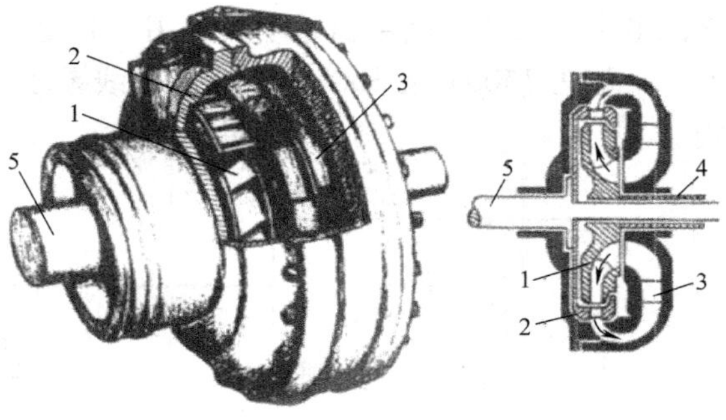

图 10-8　液力变矩器结构示意图

1—泵轮　2—涡轮　3—导向轮
4—泵轮轴　5—涡轮轴

变矩器关键在“变”。当机车起动和低速运行时，变矩器中的涡轮转速很低，工作油对涡轮叶片的压力就很大，从而满足机车起动时牵引力大的需求；当涡轮的转速随着机车运行速度的提高而加快时，工作油对涡轮叶片的压力也逐渐减小，正好满足机车高速运行时牵引力要小的需求。由此可见，柴油机发出的大小不变的转矩，经过变矩器就能变成满足列车牵引要求的机车牵引力。当机车需要惰力运行或进行制动时，只要将变矩器中的工作油排出到油箱，使泵轮和涡轮之间失去联系，柴油机的功率就不会传给机车的动轮了。

内燃机车的走行部采用了构架式转向架的形式。转向架主要承受机车上部质量，传递牵引力和制动力，以及缓和、吸收来自线路的各种冲击和振动，保证机车安全平稳地运行。

辅助装置的作用是保证柴油机、传动装置和走行部的正常工作和可靠运行。主要包括：燃油系统、冷却系统、机油管路系统、空气滤清器、压缩空气系统、辅助电气设备等。

制动设备包括一套空气制动机和手制动机。电传动机车增设电阻制动装置，液力传动机车装有液力制动装置。

控制设备主要有机车速度控制器、换向控制器、自动控制阀和辅助制动阀。为了保证安全，还装有机车信号和自动停车装置。

3. 电力机车简述

电力机车（图 10-9）本身不带原动机，靠接受接触网送来的电流作为能源，由牵引电动机驱动机车的车轮。电力机车具有功率大、热效率高、速度快、过载能力强和运行可靠等主要优点，而且不污染环境，特别适用于运输繁忙的铁路干线和隧道多，坡度大的山区铁路。

图 10-9　电力机车

电力机车从接触网上获取电能，接触网供给电力机车的电流有直流和交流两种。由于电流制式不同，所用的电力机车也不一样，基本上可以分为直—直流电力机车、交—直流电力机车、交—直—交流电力机车三类。电力机车供电系统示意图如图 10-10 所示。

直—直流电力机车采用直流制供电，牵引变电所内设有整流装置，它将三相交流电变成直流电后，再送到接触网上。因此，电力机车可直接从接触网上取得直流电供给直流串励牵引电动机使用，简化了机车上的设备。直流制的缺点是接触网的电压低，一般为 1500V 或 3000 V，接触导线要求很粗，要消耗大量的有色金属，加大了建设投资。

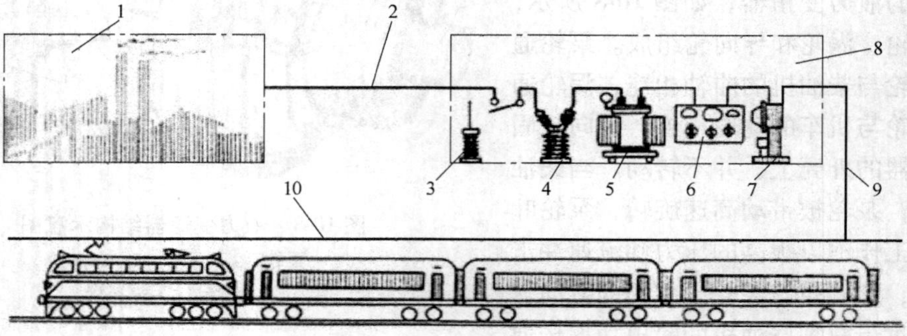

图 10-10　电力机车供电系统示意图

1—发电厂　2—高压输电线　3—避雷器　4—开关　5—变压器　6—操纵盘
7—开关　8—牵引变电所　9—馈电缆　10—接触网

交—直流电力机车采用交流制供电，目前世界上大多数国家都采用工频（50Hz）交流制或 25 Hz 低频交流制。在这种供电制下，牵引变电所将三相交流电改变成 25 kV 工业频率单相交流电后再送到接触网上。但是在电力机车上采用的仍然是直流串励电动机（这种电动机最大优点是调速简单，只要改变电动机的端电压，就能很方便地在较大范围内实现对机车的调速。但是这种电动机由于带有整流子，使制造和维修都很复杂，体积也较大），把交流电变为直流电的任务在机车上完成。由于接触网电压比直流制时提高了很多，接触导线的直径可以相对减小，减少了有色金属的消耗和建设投资。因此，工频交流制得到了广泛采用，世界上绝大多数电力机车都是交—直流电力机车。

交—直—交流电力机车采用交流无整流子牵引电动机，即三相异步电动机，这种电动机在制造、性能、功能，体积、质量、成本、维护及可靠性等方面都远比整流子电动机优越得多。它之所以迟迟不能在电力机车上应用，主要原因是调速比较困难。这种机车具有优良的牵引能力，很有发展前途。德国制造的 E120 型电力机车就是这种机车。

电力机车电气回路示意图如图 10-11 所示，其工作原理是，接触导线上的电流，经受电弓进入机车后经过主断路器再进入主变压器，交流电从主变压器的牵引绕组经过硅机组整流后，向六台分两组并联的牵引电动机集中供应直流电，使牵引电动机产生转矩，将电能转变为机械能，经过齿轮的传递驱动机车动轮转动。

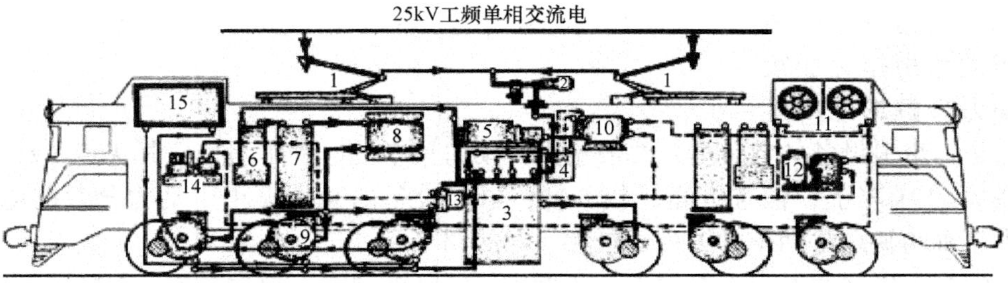

图 10-11　电力机车电气回路示意图

1—受电弓　2—主断路器　3—主变压器　4—转换硅机组　5—调压开关　6—硅机组　7—主回路柜　8—平波电抗器　9—牵引电动机　10—劈相机　11—通风机　12—牵引通风机　13—油泵　14—空气压缩机　15—制动电阻柜

4. 前景光明的动车组

动车组（图 10-12）是城际和市郊铁路实现小编组、大密度的高效运输工具，以其编组灵活、方便、快捷、安全、可靠、舒适为特点，备受世界各国铁路运输和城市轨道交通运输的青睐。

使用动车的比重以日本为最大，占 87%；荷兰、英国次之，分别占 83% 和 61%；法国、德国又次之，分别占 22% 和 12%。动车组称得上是铁路旅客运输的生力军。

图 10-12　动车组

通常看到的电力机车和内燃机车，其动力装置都集中安装在机车上，在机车后面挂着许多没有动力装置的客车车厢。如果把动力装置分散安装在每节车厢上，使其既具有牵引动力，又可以载客，这样的客车车辆便称为动车。而动车组就是几节自带动力的车辆加几节不带动力的车辆编成一组，带动力的车辆称动车，不带动力的车辆称拖车。

德国是最早制造和运用动车的国家，制造技术一直领先。1903 年 7 月 8 日，首先运行了由钢轨供电的动车组，由四节动车和两节拖车编成。同年 8 月 14 日，又运行了由接触网供电的动车组，这是世界上第一列由接触网供电的单相交流电动车组。同年 10 月 28 日，西门子公司制造的三相交流电动车进行了高速试验，首创时速 210. 2km 的历史性记录。

（1）动车组的牵引方式　动车组有两种牵引动力的分布方式，一种称为动力分散，一种称为动力集中。动车组牵引动力布置示意图如图 10-13 所示。动力分散的电动车组的优点

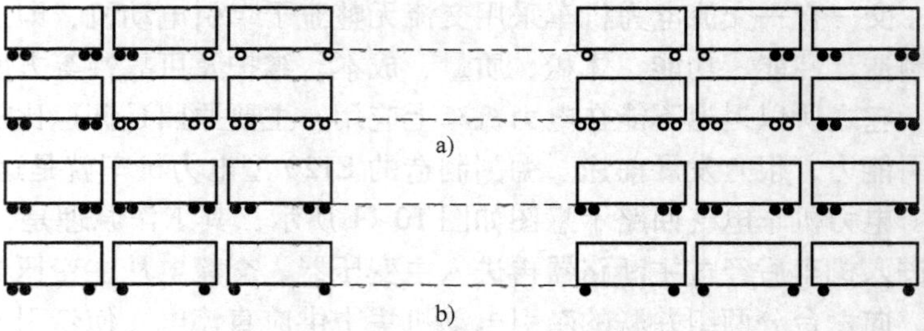

图 10-13　动车组牵引动力布置示意图
a）动力集中　b）动力分散

是，动力装置分布在列车不同的位置上，能够实现较大的牵引力，编组灵活。由于采用动力制动的轮子多，制动效率高，且调速性能好，制动减速度大，适合用于限速区段较多的线路。另外，列车中一节动车的牵引动力发生故障对全列车的牵引指标影响不大。动力分散的电动车组的缺点是：牵引设备的数量多，总质量大。动力集中的电动车组也有其优点，动力装置集中安装在 2 ~3 节车上，检查维修比较方便，电气设备的总质量小于动力分散的电动车组。动力集中布置的缺点是动车的轴质量较大，对线路不利。

动车的技术发展主要表现在功率、速度和舒适性的提高，单位功率质量的降低以及电子技术的应用等方面。动车组今后还将不断发展，特别是世界各国正在发展市郊铁路与地下铁道的过轨互通，构成城市高速铁路网，动车组在其中将会起到主力军的作用。

（2）动车组的种类　动车组按动力装置一般可分为内燃动车组和电动车组。内燃动车组按传动方式又分为电力传动和液力传动两种；电动车组按电流制又分为直流和交流两种。用内燃机作动力通过电传动装置或者液力传动装置的动车组，称为内燃动车组；由电气化铁路接触网供电，驱动牵引电动机的动车组，称为电动车组。这和内燃机车、电力机车的情况大致相同。

市郊铁路站间距离短、行车密度高、客运量大，要求动车加、减速快，车厢容量大，旅客上下车方便。因此各国大城市近郊客运基本上都用电动车组，地面铁路还与地下铁道相结合，互相过轨，向统一的高速铁路发展。例如，日本 8000 系斩波器控制的电动车组，由四节动车和两节控制车编成，每节车有四个宽 1.3m 的侧门供旅客上下，能和地下铁道互相过轨。日本使用的双层电动车组，能有效地利用空间，增加载客数量。

具有代表性的各种长途高速电动车组有：日本的 200 系电动车组，由两节控制车和 12 节动车编成，总功率 12880kW，最高速度 260km/h。俄罗斯的 ЭР200 型电动车组，由两节控制车和 14 节动车编成，总功率 11520kW，试验速度 200km/h。法国的 TGV 电动车组，由两节动车和八节拖车编成，最高速度可达 260km/h。英国的 APT 高速电动车组，采用摆式车体，由两节动力集中式动车和 12 拖车编成，总功率 6000kW。

高速内燃动车组有，日本的 181 系特快内燃动车组，由八节动车和一节拖车编成，共有八台 500 柴油机，总功率 3650kW，最高速度 120km/h。还有英国投入运用的高速内燃动车组，两端各有一节内燃动车，中间有 7 ~8 节拖车，速度最高达 229km/h。

（3）我国动车组的发展与未来　从 20 世纪下半叶开始，欧美、日本等开始大规模研制并运用动车组。我国也于 20 世纪 90 年代开始研制动车组。中国首列 DMU 型双层内燃动车组是一种理想的中、短途轨道运输工具，由唐山机车车辆厂于 1998 年自行开发研制成功，并于当年 6 月在南昌至九江间投入运行。设计速度 120km/h，总定员 540 人。

在短短的十几年里，我国的动车组制造技术通过引进、消化、吸收有了长足的进步，动车的整体技术性能达到国外同类产品的先进水平，一跃成为技术的领先者！

2010 年 12 月 3 日上午 11 时左右，我国新一代高速动车组在京沪高铁先导段（枣庄至蚌埠）展开综合试验。“和谐号”CRH380A 11：06 从枣庄起点驶出，11：17 到徐州，枣庄距离徐州 82.5km，整个路段仅仅用了 11min。11：28 最高时速达到 486.1km，是喷气飞机低速巡航的速度。这是继 2010 年 9 月 28 日沪杭高铁试运行创下时速 416.6km 之后，我国高铁再次刷新世界铁路运营试验最高速（图 10-14）。

图 10-14　中国高铁运营试验速度

2011 年 6 月 13 日，铁道部举行京沪高铁开通运营新闻发布会宣布，京沪高铁工程已通过初步验收和安全评估，将于当年 6 月底正式开通运营。

毋庸置疑，正如 19 世纪铁路帮助英国和美国相继成为世界第一强国，我国的高速铁路建设，必将对国家的经济、社会发展带来难以估量的广泛而深远的影响。到 2012 年，我国铁路营运里程已达到 11 万 km 以上，其中新建高速铁路已达到 1.3 万 km。我国邻近省会城市已形成 1 ~2h 交通圈，省会与周边城市形成半小时至 1h 交通圈。速度的提升意味着经济运行成本的节约，也意味着时间成本的大量减少。可以说，发展高铁，减少成本，实行客货分离，是我国在高速发展经济时的一种必然选择。

5. 磁悬浮列车

磁悬浮列车（图 10-15）从严格意义上说，是介乎于火车和飞机之间的一种特别的运输工具。说它是火车，它不靠车轮在地上跑；说它是飞机，它不靠翅膀在空中飞。它是一种采用无接触的电磁悬浮、导向和驱动系统的磁悬浮高速列车系统。它的时速可达到 500km 以上，是当今世界最快的地面客运交通工具，有速度快、爬坡能力强、能耗低，运行时噪声小、安全舒适、不燃油，污染少等优点。并且它采用高架方式，占用的耕地很少。磁悬浮列车意味着这些火车利用磁的基本原理悬浮在导轨上来代替旧的钢轮和轨道列车。磁悬浮技术利用电磁悬力将整个列车车厢托起，摆脱了讨厌的摩擦力和令人不快的锵锵声，实现与地面无接触、无燃料的快速“飞行”。

图 10-15　磁悬浮列车

磁悬浮列车的研究和试验已经有四十多年的历史，但是复杂的技术和高额的投资以及一系列相关问题的悬而未决，使它至今难以推广普及。不过，可以肯定，随着科学技术和经济的发展，磁悬浮列车将会成为未来交通的新宠。

目前世界上的磁悬浮列车有两个发展方向：一个是以德国为代表的常规磁铁吸引式悬浮系统，即EMS系统，如图10-16所示，它利用常规的电磁铁与一般铁性物质相吸引的基本原理，把列车吸引上来，悬空运行，悬浮的气隙较小，一般为10mm左右。常导型高速磁悬浮列车的速度可达每小时400～500km，适合于城市间的长距离快速运输；另一个是以日本的为代表的排斥式悬浮系统，即EDS系统，如图10-17所示，它使用超导的磁悬浮原理，使车轮和钢轨之间产生排斥力，使列车悬空运行，这种磁悬浮列车的悬浮气隙较大，一般为100mm左右，速度可达每小时500km以上。这两个国家都坚定地认为自己国家的系统是最好的，都在把各自的技术推向实用化阶段。估计在本世纪，这两种技术路线将依然并存。磁悬浮列车原理图如图10-18所示。

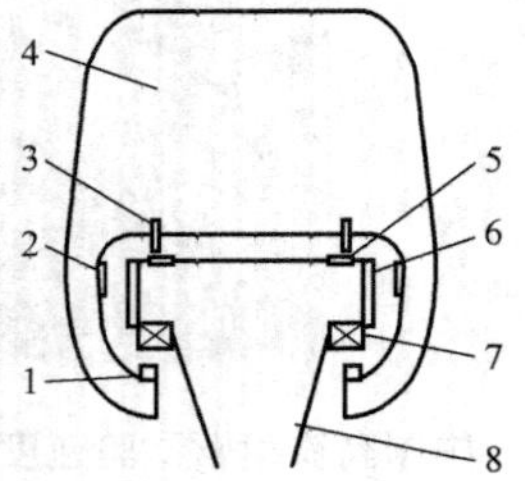

图10-16　德国EMS系统

1—悬浮和推进磁体　2—导向和制动　3—滑块
4—车辆　5—滑道　6—导向和制动轨道
7—长定子铁心电枢绕组　8—导轨

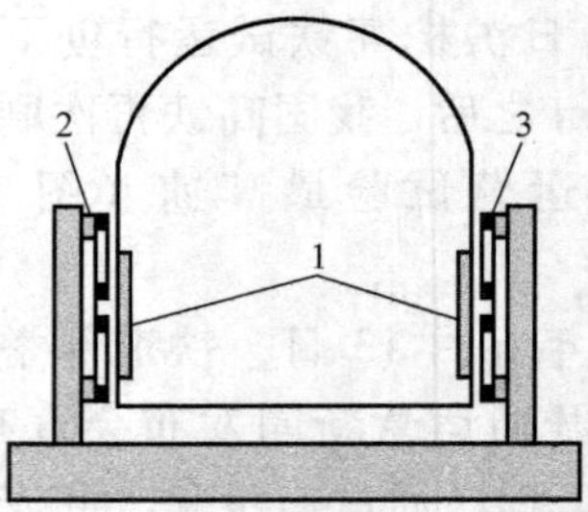

图10-17　日本EDS系统

1—超导磁体　2—推进线圈
3—“8”字形零磁通线圈

作为目前最快速的地面交通工具，磁悬浮列车技术的确有着其他地面交通技术无法比拟的优势：

1）它克服了传统轮轨铁路提高速度的主要障碍，发展前景广阔。第一条轮轨铁路出现在1825年，经过140年努力，其运营速度才突破200km/h，由200km/h到300km/h又花了近30年，虽然技术还在完善与发展，继续提高速度的余地已不大，而困难却很大。还应注意到，轮轨铁路提高速度的代价是很高的，300km/h高速铁路的造价比200km/h的准高速铁路高近2倍，比120km/h的普通铁路高3～8倍，继续提高速度，其造价还将急剧上升。与之相比世界上第一个磁悬浮列车的小型模型是1969年在原西德出现的，日本是1972年造出的。可仅仅十年后的1979年，磁悬浮列车技术就创造了517km/h的速度纪录。目前技术已经成熟，可进入500km/h实用运营的建造阶段。

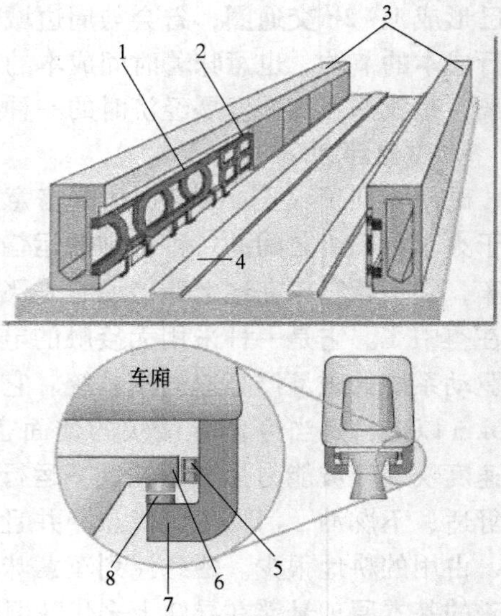

图10-18　磁悬浮列车原理图

1—推进线圈　2—悬浮和导向线圈
3—道轨　4—车轮支撑轨道　5—导引电磁铁
6—导轨　7—起落架　8—磁浮电磁铁

2）磁悬浮列车速度高。常导磁悬浮可达400～500km/h，超导磁悬浮可达500～600km/

h。对于客运来说，提高速度的主要目的在于缩短乘客的旅行时间，因此，运行速度的要求与旅行距离的长短紧密相关。各种交通工具根据其自身速度、安全、舒适与经济的特点，分别在不同的旅行距离中起骨干作用。专家们对各种运输工具的总旅行时间和旅行距离的分析表明，按总旅行时间考虑，300km/h 的高速轮轨与飞机相比，在旅行距离小于 700km 时才有优越。而 500km/h 的高速磁悬浮，则比飞机优越的旅行距离将达 1500km 以上。

3）磁悬浮列车能耗低。据日本研究与实际试验的结果，在同为 500km/h 的速度下，磁悬浮列车每座位公里的能耗仅为飞机的 1/3。据德国试验，当 TR 磁悬浮列车时速达到 400km 时，其每座位公里能耗与时速 300km 的高速轮轨列车持平；而当磁悬浮列车时速降到 300km 时，它的每座位公里能耗可比轮轨铁路低 33%。

4）维修少。磁悬浮列车无需处理因轮、轨摩擦和磨损所带来的频繁的维修和零部件更换问题，便于全自动控制，这使日常管理费用大大降低。日常维修主要集中在电子技术方面，不需大量体力劳动。

5）磁悬浮列车无污染。采用电力驱动，无需燃油，无有害气体排放。

6）稳定性好。磁悬浮列车没有轮、轨摩擦和与受电弓的机械接触，稳定，舒适性好。

7）安全性好。它在半封闭的厢体中运行，不会出现通常火车、汽车的碰撞、倾覆事故。德国专家评价，TR 系列磁悬浮列车的安全性是飞机的 20 倍、轮轨列车的 250 倍、公路系统的 700 倍。

8）起动停车快，爬坡能力强，选择自由度较大是高速磁悬浮列车的又一优势。德国 TR 磁悬浮列车起动 50s 后（行程 2km），时速可达 200km/h，100s 后（4.8km）达 300km/h，150s 后（9.6km）达 400km/h；ICE 轮轨高速在 150s 后（行程 5km）达 200km/h。已经证明，磁悬浮列车爬坡能力可达 100%，而轮轨高速为 40%，在同等速度下，磁悬浮列车转弯半径小，从而其选择自由度较大，这意味铁路可较短、少占地面、耕地，降低总投资。

三、机车的发展趋势

更安全、更低价、更快速、低污染是人类快节奏生活永远追求的目标，高速磁悬浮列车是 21 世纪火车技术发展的主方向。磁悬浮列车具有显著的高速度，但也具有显著的高成本，它的机车、轨道和信号控制系统与现在铁路系统完全不同。与建设磁悬浮列车线路相比，怎样利用现有的铁路网是许多国家面临的更现实的问题。摆式列车的再现则为这个问题提供了一个很好的答案。摆式列车是一种可以在原来轨道上运营的新型列车，它通过采用新的悬挂体系、转向仪和加速仪，使列车运行速度提高了 1/3，是发展中国家重点发展的机车技术之一。

第三节　万户的梦想

“又是一年三月三，风筝飞满天，……”，这首美丽歌谣伴着多少代人长大，与歌谣一样美丽的还有歌谣里的风筝。中国是风筝的故乡，勤劳智慧的中国人民早在 2000 多年前就掌握了空气动力学的基本原理，并让风筝飞上了天，让手中一线牵着的风筝实现人类遨游天际的梦想。

风筝最初是为了军事需要而发明的，自汉朝以后一直到唐朝，风筝还是军用品，之后才从军用逐渐转到游戏、娱乐之用。风筝在本质上是一种重于空气的飞行器，它是利用空气动力升空的原始飞行器，其飞行原理和现代飞机相似。

火箭是现代发射人造卫星和宇宙飞船的运载工具，是我们祖先首先发明的。起初，只是用于过年过节放烟火时使用，到13世纪，人们把火箭用作战争武器，以后传入欧洲。

第一个想到利用火箭飞天的人是聪明的中国人——明朝的万户（图10-19）。14世纪末期，明朝的士大夫万户把47个自制的火箭绑在椅子上，自己坐在椅子上，双手举着两只大风筝，然后叫人点火发射，设想利用火箭的推力，加上风筝的力量飞起。不幸火箭爆炸，万户也为此献出了生命。这个说法还是国外的专家说到人类对太空的探索的时候说到的，之前我们国家并没提出。

图10-19　万户

目前，只有火箭才能把人送上太空。以此为标准，最早的载人航天应是约600年前的万户飞天。西方学者考证，万户是“世界上第一个想利用火箭飞行的人”。

风筝大约在14世纪传入欧洲，在欧洲产业革命的影响下，中国的玩具风筝在那里向着飞行器发展，经过英国的凯利，澳大利亚的哈格瑞夫和德国的李林达尔等人，最后在美国由莱特兄弟制造了最早的能载人成功飞行的飞机。因此，在美国华盛顿宇航博物馆的大厅里挂着一只中国风筝，在它边上写着：“人类最早的飞行器是中国的风筝和火箭。”

人类的航行活动根据地球的空间范围，可分为航空：载人或不载人飞行器在地球大气层中的航行活动，航天：载人或不载人的航天器在太空的航行活动，又称空间飞行或宇宙航行。

一、人类的航空探索

1. 飞艇时代

18世纪气球的诞生，实现了人类飞行的愿望。然而乘坐气球飞行受天气的影响较大，尤其是风，且难以控制。到了19世纪，人们开始尝试在气球上安装“舵”、“帆”，并在下面系上小船（起先是圆形的，由于空气阻力大，后来又改为雪茄形）进行飞行试验。虽然方向控制有所改善，但是由于没有动力，速度问题并未解决。后来随着蒸汽机、电动机的出现，尤其是1885年，德国人卡尔·本茨和戈特利布·戴姆勒发明了实用的汽油机，这为飞艇提供了动力装置。此后，一种靠充气产生升力、由发动机推进、可驾驶其向任意方向飞行的飞艇就应运而生了。

世界第一艘接近实用能操纵的飞艇是法国人亨利·吉法尔于1851年制造成功的。该艇长44m，直径12m，体积为2499m^3，它由功率为3马力的蒸汽机转动三叶螺旋桨驱动，外形好似一支雪茄烟。1852年9月24日，吉法尔把氢气充入气囊，驾驶这艘飞艇，从巴黎郊外跑马场起飞，以10km/h的速度飞行了27km，由巴黎飞至特拉普。这次飞行虽未能返回原地点，但创造了世界上飞艇第一次飞行的纪录。飞艇结构如图10-20所示。

然而硬式飞艇（图10-21）的出现，才使其真正进入实用阶段。所谓硬式飞艇，是指由金属、木材等制成框架，再在表面蒙上蒙布的，靠完整的骨架结构保持外形的飞艇。骨架通常是圆形的，由纵梁和连接纵梁的横梁构成，里面装有很多的充满气体的小气囊，有的多达16个，这种飞艇可载重几十吨。

世界上第一艘真正实用的硬式飞艇是由德国的齐伯林伯爵于1900年制造成功的，定名为LZ—1号。该艇长129m，直径11.6m，框架由一根纵向龙骨，24根木桥条、大量的纵向和径向的张线组成，框架外面蒙有防水布，分前后两个舱室，各装有一个16马力的发动机。艇内有16个气囊，容积为22500m^3，载重量为8700kg，总升力达13t，升限为2500m。

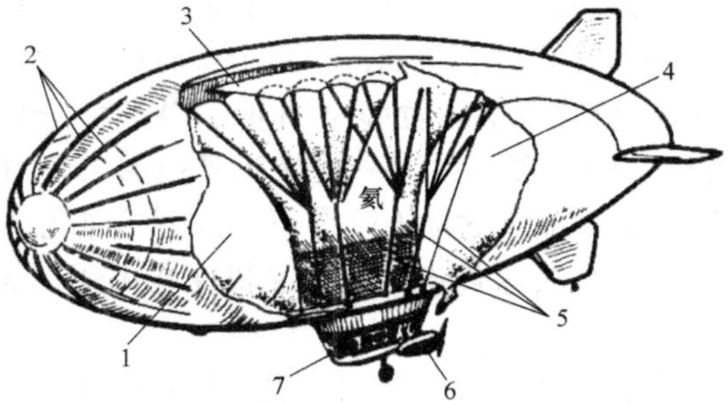

图10-20　飞艇结构

1—前副气囊（空气）　2—头锥支撑　3—固定吊线帘子布
4—后副气囊（空气）　5—吊缆　6—发动机　7—吊篮

图10-21　硬式飞艇

齐伯林自制造出第一艘硬式飞艇之后，又与他人合作在短短20多年的时间里制造出了129艘各种飞艇，大大加强了德国的军事力量。后来由于飞机的蓬勃发展，影响了飞艇的制造和使用。1937年5月6日，德国巨型飞艇LZ—129“兴登堡”号（该艇长244m，最大直径39.65m），在飞抵美国新泽西州的莱克赫斯特上空准备系留停泊时，尾部突然起火并点燃了氢气，飞艇焚烧殆尽，35人不幸遇难。

在战争时期，作为新技术之一的飞艇不可避免地被应用于军事用途，它主要用于军事侦察，炮火定位，海岸巡视等方面，发挥了重要的作用。战后，相对于飞机性能的飞速发展，飞艇却进步不大，缺点也越来越突出，飞行速度低，不易操纵和控制，安全性差，逐渐被挤出了空中舞台。

然而近些年，随着航空技术的进步，飞艇又开始得到人们的重视。尽管同飞机相比，飞艇显得大而笨，操纵不便，速度也较慢，易受风力影响，但飞艇也有其突出的优点，如垂直起降，留空时间长，可长时间悬停或缓慢行进，且不因此消耗燃料，噪声小，污染小，经济性好，而且随着飞艇广泛使用了氦气填充，安全性也大大改善。根据计算，用飞艇运送1t货物的费用，要比飞机少68%，比直升机少94%，比火车少一半。因此，世界各国纷纷又重新开始研制飞艇，先进技术的现代飞艇新型号不断涌现，如英国的“哨兵”系列，德国的LZ—07，俄罗斯的“科学静力”系列以及我国的“中华号”等。现代飞艇在现代空中勘测、摄影、广告、救生以及航空运动中得到了广泛的应用。

2. 飞机的出现与发展

大约在1801年，乔治·凯利研究了鸟的推动力，并于1804年在旋转臂上试验了一架滑翔机模型。在随后的时间里，这位伟大的先驱者曾多次制造了改进型的滑翔机原型机。在乔治·凯利的众多追随者中，最为著名的是英国工程师威廉·塞缪尔·亨森，他于1843年提出的飞机设计方案“空中蒸汽车”几乎具备了成功的载人动力飞行所需要的一切要素，他设计的飞机草图非常简单而且合理，令人觉得建造飞行器这一幻想离现实只有一步之遥。然而由于在当时缺乏必要的理论和技术基础知识，亨森也只有停下他的探索工作。

经过无数先驱者的不懈努力，自由飞行的梦想和人们越来越接近了。威尔伯·莱特（1867—1912）和奥维尔·莱特（1871—1948）兄弟俩是美国俄亥俄州一名牧师的儿子，他们从少年时代起就对飞行十分感兴趣。经过他们多年的努力，莱特兄弟的第一架飞机——“飞鸟”（flyer）一号终于出现在人们的面前。1903 年 12 月 17 日，在北卡罗莱纳州的基蒂霍克海滩上，“飞鸟”一号像一只白色的巨鸟昂然挺立，显得十分轻盈。它的机身骨架和机翼都是用又轻又牢的枞木和桉木制成的，螺旋桨也是枞木的，弯曲的机翼上蒙着薄薄的但十分结实的棉布。飞机的长度为 6.5m，翼展 12.3m，整架飞机的质量为 280kg，飞机完全靠螺旋桨的推动力起飞。这天“飞鸟”一号总共进行了四次飞行，第一次试飞是由弟弟奥维尔·莱特驾驶的，飞机摇摇晃晃在空中飞行了 12s，在 36m 远的地方降落下来。而后来得到世界公认的第一次自由飞行则是由哥哥威尔伯·莱特驾驶的第四次飞行，飞机在空中用 59s 的时间飞行了 260m。

当设计、制造和试飞者莱特兄弟沉浸在巨大的喜悦之中时，他们决想不到一种新的战争武器将由此问世。20 世纪上半叶相继发生了两次世界大战，航空的发展首先对战争产生了重大影响。在第一次世界大战中，飞机开始得到大规模使用，出现了执行不同军事任务的机种。在 20 世纪 20 ~ 30 年代，飞机完成了从双翼机到张臂式单翼机，从木布结构到全金属结构，从敞开式座舱到密闭式座舱，从固定式起落架到收放式起落架的过渡，飞机的升限、速度提高了 2 ~ 4 倍。而发动机功率则提高了 5 倍，航空工业逐渐成为独立的产业部门。战斗机从诞生到发展，后成为战争的一支重要力量，使过去以海、陆为主的平面战争变成以包括空中在内的立体战争。

第二次世界大战引起了航空工业的第二次大发展，参战飞机数量剧增，性能迅速提高，空军发展成为对战争全局有重要影响的一个军种。飞机气动外形的改进、燃气涡轮发动机和机载雷达的应用，改变了飞机的面貌。战后喷气技术迅速发展，军用飞机广泛采用喷气发动机。随着超声速空气动力学、结构力学和材料科学的进展，飞机突破了“声障”和“热障”，飞行速度达到 2 ~ 3 倍声速，进入了超声速飞行时代。变后掠机翼和垂直起落技术的成功为变后掠翼飞机和垂直起落飞机的发展创造了条件。能躲避和削弱雷达搜索的“隐身”技术在军用飞机上得到成功应用，直升机也得到发展和广泛应用。

在两次世界大战间隙中发展起来的民用航空运输也有了很大增长，从 20 世纪 50 年代起，喷气式旅客机逐渐取代了螺旋桨旅客机。随着低耗油率的高涵道比涡轮风扇发动机的诞生，20 世纪 70 年代初出现了大型宽体高亚声速喷气式旅客机和货机，飞机载重量大大增加。飞机成了国民经济和人民生活不可缺少的交通工具。人类从模仿鸟类飞行开始，已发展到能比任何鸟类飞得更高、更快、更远。

3. 飞机的主要组成部件

飞机的主要组成部件有机翼、尾翼、机身、起落架、飞机操纵系统、飞机动力装置和机载设备等，如图 10-22 所示。机翼是飞机产生升力的部分。通常在机翼上有用于横向操纵的副翼和扰流片，机翼前后缘部分还设有各种形式的襟翼，用于增加升力或改变机翼升力的分布。

尾翼通常在飞机尾部，分为水平尾翼和垂直尾翼两部分。个别飞机的尾翼设计成 V 形，它兼起纵向和航向稳定、操纵的作用，称为V形尾翼。一般水平尾翼由水平安定面和升降舵组成，垂直尾翼由垂直安定面和方向舵组成。在超声速飞机上，为了提高飞机纵向操纵能力，常将水平尾翼作成一个整体（不分水平安定面和升降舵），它可以操纵偏转，称为全动平尾。有的飞机上（主要是变后掠翼飞机）还将全动水平尾翼设计成可以差动偏转的形式，即平尾的左右两半翼面不仅可以同向偏转，而且可反向偏转，此时可起横向操纵作用，这种形式称差动平尾。带方向舵的垂直尾翼已能满足超声速飞行时的航向操纵要求，所以较少采用全动垂直尾翼。在有些飞机上，水平尾翼不是装在飞机尾部，而是移到机翼的前面，它称为前翼或鸭翼。

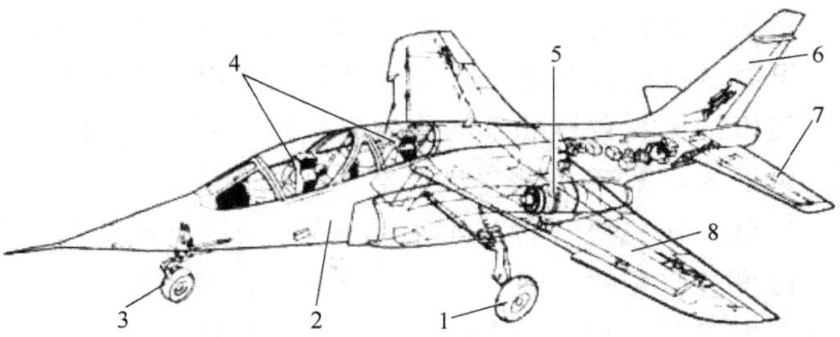

图 10-22　飞机的主要组成部件

1—主起落架　2—机身　3—前起落架　4—飞行员座椅　5—喷气发动机　6—垂直尾翼　7—水平尾翼　8—机翼

机身处于飞机的中央，主要用于容纳人员、货物或其他载重和设备，别的部件也多与机身相连。但是机身并不是飞机不可缺少的部件，早期飞机仅有一个连接各部件的构架，这样的机身在初级滑翔机和超轻型飞机上还可见到。以后为了减少阻力，发展成为流线外形的机身，并用以容纳货物、人员和设备等体积较大的载重物。如果飞机足够大，能将人员、货物、燃油等全部装在机翼内部，则可以取消机身，成为飞翼式飞机，简称飞翼。

起落架是飞机起飞、着陆滑跑和在地面（或水面）停放、滑行中支撑飞机的装置，一般由承力支柱、减振器、带制动的机轮（或滑橇、浮筒）和收放机构组成。在低速飞机上用不可收放的固定式起落架以减轻质量，在支柱和机轮上有时装整流罩以减小阻力。对于陆地上或舰上起落的飞机用机轮，在冰上或雪地起落的飞机用滑橇代替机轮，浮筒式水上飞机则代之以浮筒。

操纵系统包括驾驶杆（盘）、脚蹬、拉杆、摇臂或钢索、滑轮等。驾驶杆（盘）控制升降舵（或全动水平尾翼）和副翼，脚蹬控制方向舵。为了改善操纵性和稳定性，现代飞机操纵系统中还配备有各种助力系统（液压的和电动的）、增稳装置和自动驾驶仪等。

动力装置包括产生推力的发动机和保证发动机正常工作所需的附件和系统，其中包括发动机的起动、操纵、固定、燃油、滑油、散热、防火、灭火、进气和排气等装置或系统。

机载设备包括飞行仪表、通信、导航、环境控制、生命保障、能源供给等设备，以及与飞机用途有关的一些机载设备，如战斗机的武器和火控系统，旅客机的客舱生活服务设施等。

4. 飞机的分类

无动力装置的滑翔机、以旋翼作为主要升力面的直升机以及在大气层外飞行的航天飞机都不属于飞机的范围。但在日常生活中，人们习惯地将除气球、飞艇外的航空器泛称飞机。

飞机按用途分为军用飞机和民用机两大类。军用飞机是按各种军事用途设计的飞机，其中主要包括歼击机（战斗机）、截击机、歼击轰炸机、强击机（攻击机）、轰炸机、反潜机、侦察机、预警机、电子干扰飞机、军用运输机、空中加油机、舰载飞机等。民用机则泛指一切非军事用途的飞机，包括旅客机、货机、公务机、农业飞机、运输机、救护机、试验研究机等。其中旅客机、货机和客货两用飞机又统称民用运输机。现代运输机具有快速、舒适、安全可靠的优点，并且不受复杂地形的影响，能在两地之间完成最短距离的航行。

飞机按机翼数目的不同分为单翼机、双翼机和多翼机。按水平尾翼的有无和前后位置不同，可分为正常式飞机（水平尾翼在机翼之后）、鸭式飞机（在机翼的前面有鸭翼，或称为前翼）和无尾飞机（没有水平尾翼）。按机身形式可分为正常机身（单机身）式和尾撑式飞机。按推进装置的不同，飞机可分为螺旋桨飞机和喷气飞机。按飞行航程的不同可分为近程飞机、中程飞机和远程飞机。远程飞机的航程足以完成中途不着陆的洲际跨洋飞行。近程飞机的航程一般在1000km以下，中程飞机的航程在3000km左右。

二、航天器

在地球大气层以外的宇宙空间，基本上按照天体力学的规律运行的各类飞行器，被称为航天器，又称空间飞行器。为了完成航天任务，航天器须与运载器、发射场和回收设施、航天测控和数据采集网及用户台站（网）等互相配合，协调工作，共同组成航天系统。航天系统是大型的系统工程，航天器是执行航天任务的主体，是航天系统的主要组成部分。

航天器的出现使人类的活动范围从地球大气层扩大到广阔无垠的宇宙空间，使人类认识自然和改造自然的能力得到飞跃，对社会经济和社会生活产生了重大影响。

在地球大气层以外运行的航天器，摆脱了大气层阻碍，可以接收到来自宇宙天体的全部电磁辐射信息，开辟了全波段天文观测；航天器从近地空间飞行到行星际空间飞行，实现了对空间环境的直接探测，以及对月球和太阳系大行星的逼近观测和直接取样观测；环绕地球运行的航天器可从几百公里到数万公里的距离观测地球，迅速而大量地收集有关地球大气、海洋和陆地的各种各样的电磁辐射信息，直接服务于气象观测、军事侦察和资源考察等方面；人造地球卫星作为空间无线电中继站，实现了全球卫星通信和广播，而作为空间基准点，可以进行全球卫星导航和大地测量；利用空间高真空、强辐射和失重等特殊环境，可以在航天器上进行各种重要的科学实验研究。

1. 航天器的分类

通常，航天器分为人造地球卫星、空间探测器和载人航天器。载人航天器按飞行和工作方式分为载人飞船（图10-23）、航天站和航天飞机（图10-24）。载人飞船包括卫星式载人飞船和登月载人飞船。航天飞机既是航天器又是可重复使用的航天运载器。

保障航天员在外层空间生活和工作以执行航天任务并返回地面的航天器，又被称为宇宙飞船，它的运行时间有限，是仅能一次使用的返回型载人航天器。载人飞船一般包括卫星式载人飞船和登月载人飞船。载人飞船可以独立进行航天活动，也可作为往返于地面和航天站之间的“渡船”，还能与航天站或其他航天器对接后进行联合飞行。载人飞船容积较小，受到所载消耗性物资数量的限制，不具备再补给的能力，而且不能重复使用。前苏联发射了第一艘“东方”号飞船，美国也相继研制成功“水星”号飞船等，我国从1999年起连续发射并成功回收了神舟系列飞船。

2. 航天器的用途

载人飞船具有多种用途，主要是：①进行近地轨道飞行，试验各种载人航天技术，如轨道交会和对接，航天员在轨道上出舱，进入太空活动等；②考察轨道上失重和空间辐射等因素对人体的影响，发展航天医学；③进行载人登月飞行；④为航天站接送人员和运送物资；

⑤进行军事侦察和地球资源勘测；⑥进行临时性的天文观测。

3. 航天器的组成

载人飞船一般由乘员返回座舱、轨道舱、服务舱、对接舱和应急救生装置等部分组成，登月飞船还具有登月舱。返回座舱是载人飞船的核心舱段，它是飞船上升和返回过程中航天员乘坐的舱段，也是整个飞船的控制中心，返回座舱不仅和其他舱段一样要承受起飞、上升和轨道运行阶段的各种应力和环境条件，而且还要经受再入大气层和返回地面阶段的减速过载和气动加热。轨道舱是航天员在轨道上的工作场所，里面装有各种实验仪器和设备。服务舱通常安装推进系统、电源和气源等设备，对飞船起服务保障作用。对接舱是用来与航天站或其他航天器对接的舱段。对接舱除对接锁紧机构外，还有气闸舱，航天员可由此出舱进入空间。应急救生装置保障在应急情况下，使航天员安全返回地面，或转移到其他航天器上。它也是载人飞船的重要组成部分。

图 10-23 “神五”空间飞行状态模拟图

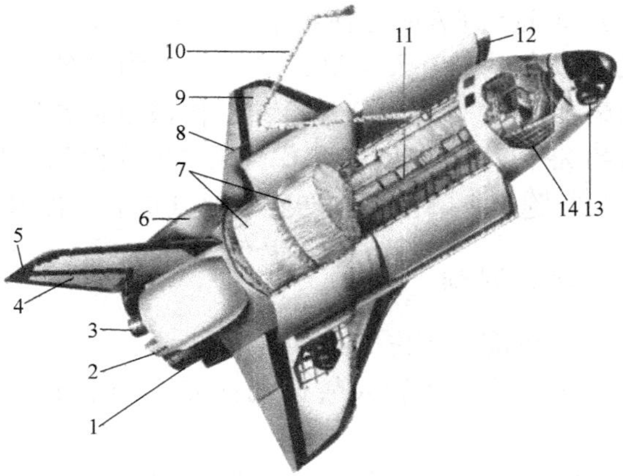

图 10-24 航天飞机结构

1—尾舱 2—轨道机动系统 3—主推力器 4—方向舵 5—垂直尾翼 6—襟翼 7—尾部机身 8—升降副翼 9—机翼 10—机械臂 11—设备舱 12—有效载荷舱门 13—反作用控制系统舱 14—宇航员舱

为了保证人员能够进入太空和安全返回地面，载人飞船有以下主要分系统：①结构系统；②姿态控制系统；③轨道控制系统；④无线电测控系统；⑤电源系统；⑥返回着陆系统；⑦生命保障系统；⑧仪表照明系统；⑨应急救生系统。

三、空天飞机

航空与航天两大技术存在不可分离的联系和很强的互补性。因为无论什么航天器进出太空，都必须穿越大气层与空气打交道，后者显然属于航空技术范畴。航空与航天紧密联系的必然结果，就导致了人们对既能在大气层内飞行，又能在大气层外航行、水平起飞、水平降落的新型飞行器的构想，这就是航空航天飞机，简称“空天飞机”。发展空天飞机的主要目的是想降低空天之间的运输费用。其途径归纳起来主要有三条：①充分利用大气层中的氧，以减少飞行器携带的氧化剂，从面减轻起飞质量；②整个飞行器全部重复使用，除消耗推进剂外不抛弃任何部件；③水平起飞，水平降落，简化起飞（发射）和降落（返回）所需的场地设施和操作程序，减少维修费用。经过十几年的研究试制，科学家们解决了关键技术，即新构思的吸气式发动机、计算空气动力学分析、发动机和机身一体化设计、防热结构与材料等，终于使构想成为现实。

据国外媒体报道，美国东部时间 2011 年 4 月 22 日晚 7 时 52 分（北京时间 23 日早上 7 时 52 分），“阿特拉斯” 5 型运载火箭搭载美空军 X—37B 空天飞机（图 10-25）从佛罗里达州卡纳维拉尔角空军基地发射升空。

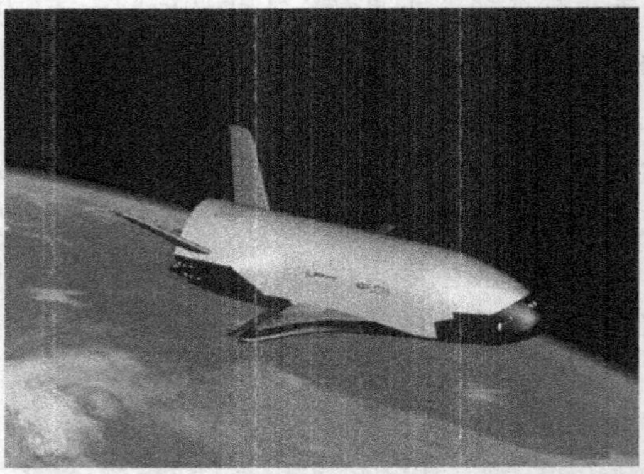

图 10-25　美国空军研制的 X—37B 军用空天飞机

美空军表示，这次发射取得了成功，但未公布任务进展的任何细节。X—37B 空天飞机外形像小型航天飞机，正式名称为“轨道测试飞行器”。据美空军介绍，由波音公司制造的 X—37B 空天飞机将作为未指明实验的平台，可以在轨道停留最长 270 天的时间，然后自行在跑道上降落。首选着陆地点是加利福尼亚州的范登堡空军基地。

四、火箭

1. 火箭的历史

火箭是现代载人航天的必备条件，在追寻载人航天踪迹的时候，不能不从火箭开始。

中国是火箭的故乡。据《宋史》等古籍记载，在公元 970 年前后的宋朝初年，我国就发明了具有反作用力的古代火箭。

但“万户飞天”的悲壮故事说明，古代火箭是无法将人送入太空的。这个任务就历史地落在了现代火箭身上。

由于火箭不依赖外部空气工作，因此，宇宙航行理论奠基人、俄国科学家齐奥尔科夫斯基在 1883 年指出，能在太空真空中工作的火箭，可以作为宇宙航行的动力工具。到 1903 年，齐奥尔科夫斯基进一步提出火箭公式，指出火箭的飞行速度与火箭发动机的喷气速度成正比，并指出，黑色火药一类的固体火箭燃料，产能效率低，无法使火箭达到宇宙速度，应该使用液氢、液氧这样的液体燃料。同时，火箭公式还表明，火箭的自身结构质量越小越好，燃料装得越多越好。这样，火箭公式就为发展现代火箭指明了方向。它被称为“齐奥尔科夫斯基公式”。

在火箭公式的基础上，齐奥尔科夫斯基还运用他巧妙的思维指出，用多级火箭接替工作的办法，可使火箭逐级提高速度，最后达到所需的宇宙速度。

火箭公式是把宇宙航行从理论、理想变为现实的转折点，后来人们将火箭公式誉为“宇宙航行第一公式。”

1926 年，美国科学家戈达德发射成功第一枚液体燃料火箭，虽然它只飞行了 2. 5s，上升高度只有 12m，但它是现代火箭的一个健康的胎胚。

在 20 世纪 30 年代，奥伯特和他周围的一些欧洲人，积极投入到研制火箭的实践中去，也为发展现代火箭做出了重要贡献。

20 世纪 40 年代初，德国人布劳恩领导研制的 V—2 火箭，虽是一种作战武器，但它却宣告现代火箭诞生了。

1957 年 10 月 4 日和 1961 年 4 月 12 日，苏联航天事业总设计师科·罗廖夫研制的火箭，分别将人类的第一颗人造地球卫星和第一名航天员送入太空轨道，建造了载人航天的巨大里程碑。

2. 火箭原理

图 10-26　中国火箭

火箭发动机是我国劳动人民首先创造出来的。早在唐代初年（约在 7 世纪）火药就出现了，南宋时代火药用来制造烟火，其中包括“起花”。大约在 13 世纪制成火箭（图 10-26）。我国古代制造的火箭和起花所用的是黑色火药。它们的工作原理和现代的固体燃料火箭是一样的。

同空气喷气发动机相比较，火箭发动机的最大特点是：它自身既带燃料，又带氧化剂，靠氧化剂来助燃，不需要从周围的大气层中汲取氧气。所以它不但能在大气层内，也可在大气层之外的宇宙真空中工作。这是任何空气喷气发动机都做不到的。目前发射的人造卫星、月球飞船以及各种宇宙飞行器所用的推进装置，都是火箭发动机。

现代火箭发动机主要分固体推进剂和液体推进剂两种发动机。所谓“推进剂”就是燃料（燃烧剂）加氧化剂的合称。

（1）固体火箭发动机　固体火箭发动机为使用固体推进剂的化学火箭发动机，如图 10-27 所示。固体推进剂有聚氨酯、聚丁二烯、端羟基聚丁二烯、硝酸酯增塑聚醚等。

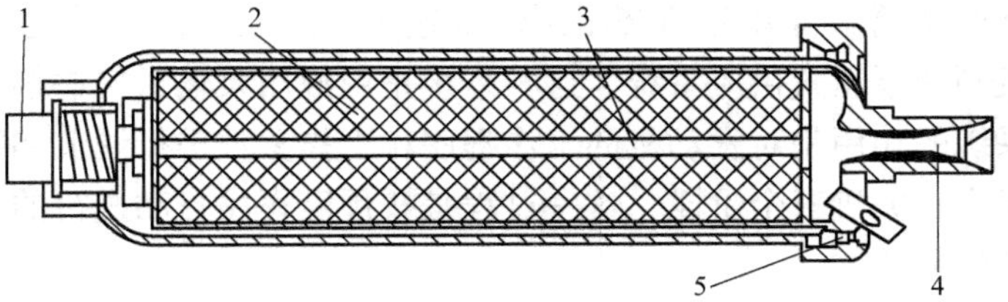

图 10-27　固体火箭发动机

1—点火药包　2—药柱　3—燃气通道　4—喷管　5—保险装置

固体火箭发动机由药柱、燃烧室、喷管组件和点火装置等组成。药柱是由推进剂与少量添加剂制成的中空圆柱体（中空部分为燃烧面，其横断面形状有圆形、星形等）。药柱置于燃烧室（一般即为发动机壳体）中。在推进剂燃烧时，燃烧室须承受 2500～3500℃ 的高温和 10^5～2×10^7Pa 的压力，所以须用高强度合金钢、钛合金或复合材料制造，并在药柱与燃烧内壁间装备隔热衬。

点火装置用于点燃药柱，通常由电发火管和火药盒（装黑火药或烟火剂）组成。通电后由电热丝点燃黑火药，再由黑火药点燃药柱。

喷管除使燃气膨胀加速产生推力外，为了控制推力方向，常与推力向量控制系统组成喷管组件。该系统能改变燃气喷射角度，从而实现推力方向的改变。药柱燃烧完毕，发动机便停止工作。

固体火箭发动机与液体火箭发动机相比较，具有结构简单，推进剂密度大，推进剂可以储存，在燃烧中可常备待用和操纵方便、可靠等优点。缺点是比冲小（也称比推力，是发动机推力与每秒消耗推进剂质量的比值，单位为秒），比冲在250～300s，工作时间短，加速度大，导致推力不易控制，重复起动困难，从而不利于载人飞行。

固体火箭发动机主要用作火箭弹、导弹和探空火箭的发动机，以及航天器发射和飞机起飞的助推发动机。

（2）液体火箭发动机　液体火箭发动机是指液体推进剂的化学火箭发动机。常用的液体氧化剂有液态氧、四氧化二氮等，燃烧剂由液氢、偏二甲肼（二甲基联氨）、煤油等。氧化剂和燃烧剂必须储存在不同的储箱中。液体火箭发动机一般由推力室、推进剂供应系统、发动机控制系统组成，如图10-28所示。

推力室是将液体推进剂的化学能转变成推进力的重要组件。它由推进剂喷嘴、燃烧室、喷管组件等组成（图10-28）。推进剂通过喷注器注入燃烧室，经雾化，蒸发，混合和燃烧等过程生成燃烧产物，以高速（2500～5000m/s）从喷管中冲出而产生推力。燃烧室内压力可达200atm㊀（约20MPa），温度3000～4000℃，故需要冷却。

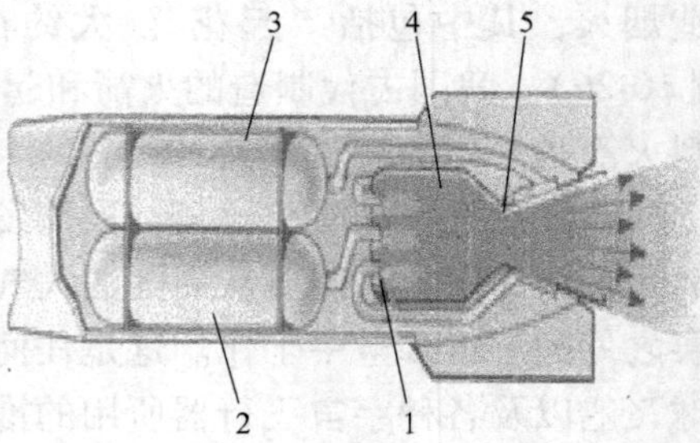

图10-28　液体火箭发动机
1—推进剂喷嘴　2—氧　3—液体燃油
4—燃烧室　5—推力喷管

推进剂供应系统的功用是按要求的流量和压力向燃烧室输送推进剂。按输送方式不同，有挤压式（气压式）和泵压式两类供应系统。挤压式供应系统是利用高压气体经减压器减压后（氧化剂、燃烧剂的流量是靠减压器调定的压力控制）进入氧化剂、燃烧剂储箱，将其分别挤压到燃烧室中。挤压式供应系统只用于小推力发动机。大推力发动机则用泵压式供应系统，这种系统是用液压泵输送推进剂。

发动机控制系统的功用是对发动机的工作程序和工作参数进行调节和控制。工作程序包括发动机起动、工作、关机三个阶段，这一过程是按预定程序自动进行的。工作参数主要指推力大小、推进剂的混合比。

液体火箭发动机的优点是比冲高（250～500s），推力范围大（单台推力在1克力㊁～700吨力㊂）、能反复起动、能控制推力大小、工作时间较长等。液体火箭发动机主要用作航天器发射、姿态修正与控制、轨道转移等。

（3）其他能源的火箭发动机

1）电火箭发动机。电火箭发动机是利用电能加速工质，形成高速射流而产生推力的火箭发动机。与化学火箭发动机不同，这种发动机的能源和工质是分开的。电能由飞行器提供，一般由太阳能、核能、化学能经转换装置得到。工质有氢、氮、氩、汞、氨等气体。

电火箭发动机由电源、电源交换器、电源调节器、工质供应系统和电推力器组成。电源

㊀ 1atm = 101.325kPa。
㊁ $1gf = 9.8 \times 10^{-3}N$。
㊂ $1tf = 9.8 \times 10^{3}N$。

和电源交换器供给电能；电源调节器的功用是按预定程序起动发动机，并不断调整电推力器的各种参数，使发动机始终处于规定的工作状态；工质供应系统则是存储工质和输送工质；电推力器的作用是将电能转换成工质的动能，使其产生高速喷气流而产生推力。

按加速工质的方式不同，电火箭发动机有电热火箭发动机、静电火箭发动机和电磁火箭发动机三种类型。电热火箭发动机利用电能加热（电阻加热或电弧加热）工质（氢、胺、肼等），使其汽化；经喷管膨胀加速后，由喷口排出而产生推力。静电火箭发动机的工质（汞、铯、氢等）从储箱输入电离室被电离成离子，然后在电极的静电场作用下加速成高速离子流而产生推力。电磁火箭发动机是利用电磁场加速被电离工质而产生射流，形成推力。电火箭发动机具有极高的比冲（700～2500s）、极长的使用寿命（可重复起动上万次、累计工作可达上万小时），但产生的推力小于100N。这种发动机仅适用于航天器的姿态控制、位置保持等。

2）核火箭发动机。核火箭发动机用核燃料作能源，用液氢、液氦、液氨等作工质。核火箭发动机由装在推力室中的核反应堆、冷却喷管、工质输送系统和控制系统等组成。在核反应堆中，核能转变成热能以加热工质，被加热的工质经喷管膨胀加速后，以6500～11000m/s的速度从喷口排出而产生推力。核火箭发动机的比冲高（250～1000s），使用寿命长，但技术复杂，只适用于长期工作的航天器。这种发动机由于核辐射防护、排气污染、反应堆控制，以及高效热能交换器的设计等问题未能解决，至今仍处于试验之中。此外，太阳加热式和光子火箭发动机尚处于理论探索阶段。

第四节　轮船的家族

船舶指的是：凡利用水的浮力，依靠人力、风帆、发动机（如蒸汽机、燃气涡轮、柴油引擎、核子动力机组）等动力，牵、拉、推、划，或推动螺旋桨、高压喷嘴，能在水上移动的交通运输工具。另外，民用船一般称为船（古称舳舻）、轮（船）、舫，军用船称为舰（古称艨艟）、艇，小型船称为舢舨、艇、筏或舟，其总称为舰船、船舶或舰艇。

船舶是重要的水上交通工具，按不同的使用要求而具有不同的技术性能、装备和结构形式。如今，船舶在国防、国民经济和海洋开发等方面都占有十分重要的地位。

一、世界船舶发展史

在石器时代就出现了最早的船——独木舟（把一根圆木中间挖空）。然后，出现了有桨和帆的船（图10-29）。后来又出现了用蒸汽或柴油发动机提供动力的船。今天人们用太阳能和喷气式发动机作为船的动力，航行的速度令人吃惊，最高时速已经可以达到500km/h以上了。

1879年世界上第一艘钢船问世后，又开始了以钢船为主的时代。船舶的推进也由19世纪的依靠人力、畜力和风力（即撑篙、划桨、摇橹、拉纤和风帆）发展到使用机器驱动。

1807年，美国的富尔顿建成第一艘采用明轮推进的蒸汽机船“克莱蒙脱”号，时速约为8km/h；1839年，第一艘装有螺旋桨推进器的蒸汽机船“阿基米德”号问世，主机功率为58.8kW。这种推进器充分显示出它的优越性，因而被迅速推广。

1868年，中国第一艘载重600t、功率为288kW的蒸汽机兵船“惠吉”号建造成功。

a)

b)

图 10-29　古代及现代帆船

1894 年，英国的帕森斯用他发明的反动式汽轮机作为主机，安装在快艇“透平尼亚”号上，在泰晤士河上试航成功，航速超过了 60km/h。

早期汽轮机船的汽轮机与螺旋桨是同转速的。后来，约在 1910 年，出现了齿轮减速、电力传动减速和液力传动减速装置。在这以后，船舶汽轮机都开始采用减速传动方式。

1902～1903 年在法国建造了一艘柴油机海峡小船；1903 年，俄国建造的柴油机船“万达尔”号下水。20 世纪中叶，柴油机动力装置遂成为运输船舶的主要动力装置。

英国在 1947 年，首先将航空用的燃气轮机改型，然后安装在海岸快艇“加特利克”号上，以代替原来的汽油机，其主机功率为 1837kW，转速为 3600r/min，经齿轮减速器和轴系驱动螺旋桨。这种装置的单位质量仅为 2.08kg/kW，远比其他装置轻巧。20 世纪 60 年代先后，又出现了用燃气轮机和蒸汽轮机联合动力装置的大、中型水面军舰。

当代海军力量较强的国家，在大、中型船舰中，除功率很大的采用汽轮机动力装置外，几乎都采用燃气轮机动力装置。在民用船舶中，燃气轮机因效率比柴油机低，用得很少。

原子能的发现和利用又为船舶动力开辟了一个新的途径。1954 年，美国建造的核潜艇“鹦鹉螺”号下水，功率为 11025kW，航速 33km/h；1959 年，前苏联建成了核动力破冰船“列宁”号，功率为 32340kW；同年，美国核动力商船“萨瓦纳”号下水，功率为 14700kW。1961 年 11 月，世界上第一艘核动力航母“企业”号建成服役。美国的“企业”号航母上装备有核动力装置，使航空母舰具有更大的机动性和惊人的续航力，更换一次核燃料可连续航行 10 年，而且，它可以高速地驶往世界上任何一个海域。“企业”号核动力航母的问世，使航空母舰的发展进入新纪元。

现有的核动力装置都是采用压水型核反应堆汽轮机，主要用在潜艇和航空母舰上，而在民用船舶中，由于经济上的原因没有得到发展。20 世纪 70～80 年代，为了节约能源，有些国家吸收机帆船的优点，研制了一种以机为主、以帆助航的船舶。用电子计算机进行联合控制，日本建造的“新爱德丸”号便是这种节能船的代表。

二、船舶结构

1. 船舶结构及作用

船舶是由许多部分构成的，按各部分的作用和用途，可综合归纳为船体、船舶动力装置、船舶舾装等三大部分，船舶的机构组成如图 10-30 所示。

船体是船舶的基本部分，可分为主体部分和上层建筑部分。主体部分一般指上甲板以下

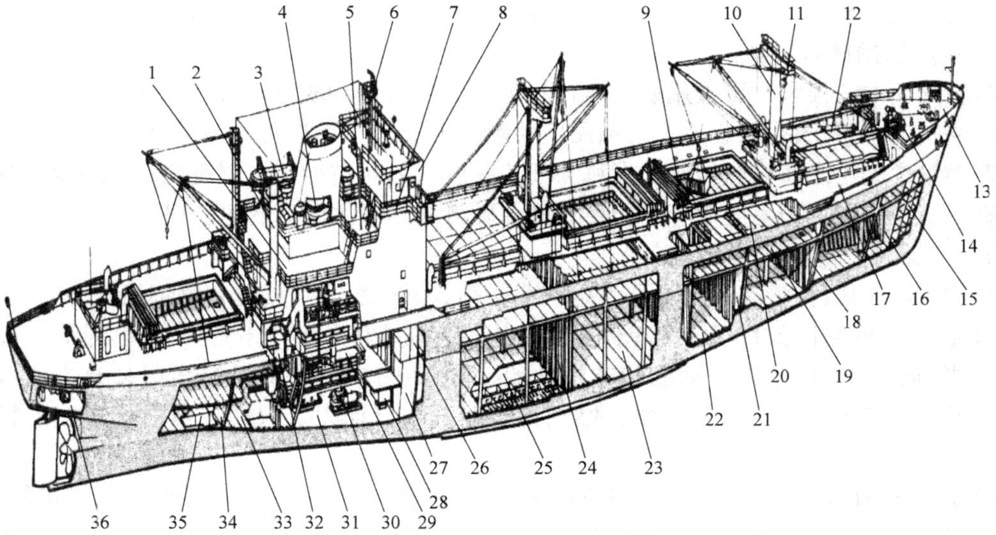

图 10-30 船舶的机构组成

1—艇甲板 2—吊杆柱 3—救生艇 4—废气锅炉 5—上桥楼甲板 6—雷达天线桅 7—桥楼 8—驾驶室 9—谷物舱口 10—桅柱 11—起货机 12—舱口盖 13—首楼甲板 14—起锚机 15—首尖舱 16—第一货舱 17—上甲板 18—第二货舱（A） 19—下甲板 20—下甲板舱口盖 21—第二货舱（B） 22—内底板 23—第三货舱 24—第四货舱 25—双底层燃油舱 26—燃油柜 27—燃油舱 28—润滑油贮存柜 29—主机 30—柴油发电机 31—机舱舱底板 32—贮气柜 33—轴隧平台 34—第五货舱 35—轴隧 36—舵机舱

的部分，它是由船壳（船底及船侧）和上甲板围成的具有特定形状的空心体，是保证船舶具有所需浮力 、航海性能和船体强度的关键部分。船体一般用于布置动力装置、装载货物、储存燃油和淡水，以及布置其他各种舱室。

为保障船体强度、提高船舶的抗沉性和布置各种舱室，通常设置若干强固的水密舱壁和内底，在主体内形成一定数量的水密舱，并根据需要加设中间甲板或平台，将主体水平分隔成若干层。

上层建筑位于上甲板以上，由左、右侧壁，前、后端壁和各层甲板围成，其内部主要用于布置各种用途的舱室，如工作舱室、生活舱室、贮藏舱室、仪器设备舱室等。上层建筑的大小、层楼和形式因船舶用途和尺度而异。

船舶动力装置包括：推进装置——主机经减速装置、传动轴系来驱动推进器（螺旋桨是主要的形式）；为推进装置运行服务的辅助机械设备和系统，如燃油泵、润滑油泵、冷却水水泵、加热器、过滤器、冷却器等；船舶电站，为船舶的甲板机械、机舱内的辅助机械和船上照明等提供电力；其他辅助机械和设备，如锅炉、压气机、船舶各系统的泵、起重机械设备、维修机床等。通常把主机（及锅炉）以外的机械统称为辅机。

船舶舾装包括舱室内装结构（内壁、天花板、地板等），家具和生活设施（炊事、卫生等），涂装、门窗、梯和栏杆、桅杆、舱口盖等。

除推进装置外，船舶的其他装置和设备中还有锚设备与系泊设备；舵设备与操舵装置；救生设备；消防设备；船内外通信设备；照明设备；信号设备；导航设备；起货设备；通风、空调和冷藏设备；海水和生活用淡水系统；压载水系统；液体舱的测深系统和透气系统；舱底水疏干系统；船舶电气设备；其他特殊设备（依船舶的特殊需要而定）。

2. 船舶的用途和分类

船舶分类方法很多，可按用途、航行状态、船体数目、推进动力、推进器等分类。

1）按用途，船舶一般分为军用和民用船舶两大类。军用船舶通常称为舰艇或军舰，其中有直接作战能力或海域防护能力者称为战斗舰艇，如航空母舰、驱逐舰、护卫舰、导弹艇和潜艇，以及布雷、扫雷舰艇等，担负后勤保障者称为军用辅助舰艇。民用船舶一般又分为运输船、工程船、渔船、港务船等。

2）按船舶的航行状态通常可分为排水型船舶、滑行艇、水翼艇和气垫船。

3）按船舶的船体数目可分为单体船和多体船，在多体船型中双体船较为多见。

4）按推进动力可分为机动船和非机动船，机动船按推进主机的类型又分为蒸汽机船（现已淘汰）、汽轮机船、柴油机船、燃气轮机船、联合动力装置船、电力推进船、核动力船等。

5）按船舶推进器又可分为螺旋桨船、喷水推进船、喷气推进船、明轮船、平旋轮船等，空气螺旋桨只用于少数气垫船；按机舱的位置分，有尾机型船（机舱在船的尾部），中机型船和中尾机型船；按船体结构材料分，有钢船、铝合金船、木船、钢丝网水泥船、玻璃钢艇、橡胶艇、混合结构船等。

6）按照国籍分为国轮（指在国内登记并悬挂本国国旗的船舶）与外轮（指在外国登记并悬挂外国国旗的船舶）。

7）按照航程远近分为近海轮与远洋轮。两者的航行能力是不同的。

3. 船舶的技术特征

船舶的主要技术特征有船舶排水量，船舶主尺度、船体系数、舱容和登记吨位、船体型线图、船舶总布置图、船体结构图、主要技术装备的规格等。

1）船舶排水量，根据阿基米德原理，船体水线以下所排开水的质量，即为船舶的浮力，并应等于船舶总质量。船的自重等于空船排水量。船的自重加上装到船上的各种载荷的质量的总和（载重量）是变化的，即等于船的总质量。

2）船舶载重量包括货物、燃油和润滑油、淡水、食物、人员和行李、备品及供应品等的质量。通常预定的设计载货量与按预定最大航程计算的油、水、食物等的质量之和，称为设计载重量。设计载重量时的排水量称为设计排水量或满载排水量。

3）船舶主尺度包括总长、设计水线长度、垂线间长、最大船宽、型宽、型深、满载（设计）吃水等。钢船主尺度的度量指量到船壳板内表面的尺寸，称为型宽和型深；水泥船、木船等则指量到船体外表面的尺寸。

4）舱容指货舱、燃油舱、水舱等的体积，它是从容纳能力方面表征船舶的装载能力、续航能力，它影响船舶的营运能力。登记吨位是历史上遗留下的用以衡量船舶装载能力的度量指标，作为买卖船舶、纳税、服务收费的依据之一。登记吨位和载重量分别反映船舱的容纳能力和船的承重能力。它们虽互有联系，但属不同的概念。

5）船体形线图用来表征船舶主体（包括舷墙和首楼、尾楼）型表面的形状和尺寸，是设计和建造船舶的主要图样之一。它由三组线图构成：横剖线图、半宽水线图和纵剖线图。三者分别由横剖视、水线面和纵剖视与船体型表面剖切而成。

6）船舶总设计图是设计和建造船舶的主要图样之一，它反映了船的建筑特征、外形和尺寸、各种舱室的位置和内部布置、内部梯道的布置、甲板设备的布局等。总布置图由侧视图、各层甲板平面图和双层底舱划分图组成。

7）船体结构图用来反映船体各部分的结构情况，船体各相关部分的结构既独立又相互联系。船舶主体结构是保证船舶纵向和横向强度的关键，通常把它看成为一个空心梁进行设计，并用船中横剖视结构图来反映它的部件尺寸和规格。

新中国成立后，船舶工业有了很大发展，20 世纪 50 年代建成了一批沿海客货船、货船和油船。20 世纪 60 年代以后，我国的造船能力提高得很快，陆续建成多种海洋运输船舶、长江运输船舶、海洋石油开发船舶、海洋调查船舶和军用舰艇，大型海洋船舶的吨位已达 30 万以上载重吨。除少数特殊船舶外，我国已能设计制造各种军用舰艇和民用船舶。但与先进发达国家相比，仍有较大的差距。

第十一章 工程机械

雄伟的万里长城和神秘的古埃及金字塔被称作人类建筑史上的奇迹，据考证，人类肯定使用了类似滚木那样的有效的助力工具来搬运数吨乃至数十吨重的巨石，才完成了如此宏伟的工程。到了近代，特别是经过产业革命，人类认识自然、适应自然的能力以前所未有的速度发展，发明、改进了一系列生产机械应用于社会经济生活的各个领域。

第一节 建筑机械

无论是在繁华闹市的住宅建筑工地上，还是规模宏大的三峡电站施工现场，或是在黑暗的地下隧道中，总能看到各式各样的工程机械在帮助人们改变着世界，它们是现代文明建设的重要力量。

一、挖掘机

挖掘机的主要任务是将高于或低于承机面（挖掘机的停靠、固定水平面）的物料用铲斗挖掘并装入运输车辆或卸至堆料场。挖掘的物料有土壤、煤、泥沙及经过预松后的岩石和矿石等。一般工程中约60%的土方量、露天矿山80%的剥离量和采掘量是用挖掘机械完成的。

1. 挖掘机的发展简史

现代意义上的挖掘机，诞生于约17世纪前后，根据其铲斗的形式，其演变过程各有千秋，下面就来看看其各自的发展历程。

(1) 单斗挖掘机的发展　按照使用动力形式的不同，单斗挖掘机的发展可划为四个阶段：

1) 16~18世纪的早期雏形阶段。当时的挖掘机以人力或畜力为动力，安置于挖深河底的浚泥船上，铲斗容量相对较小。

2) 1833~1836年，挖掘机的蒸汽铲阶段。美国人W·S·奥蒂斯设计和制造了第一台蒸汽机驱动、铁木混合结构、半回转、轨行式的单斗挖掘机，由于经济性差没有得到广泛推广，到19世纪70年代，经过改进的蒸汽铲正式生产并应用于露天矿的剥离。在19世纪80年代，出现了第一批以拖拉机为底盘的半回转式蒸汽铲。

3) 20世纪初至40年代末，挖掘机全面发展阶段，挖掘机的动力呈多样化发展。1910年出现了第一台电动机驱动的单斗挖掘机，紧接着出现了汽油机和煤油机驱动的全回转式单斗挖掘机，1916年出现了柴油发电动机驱动的单斗挖掘机以及柴油机直接驱动的单斗挖掘机。同时，行走装置也有了较大变化，履带式行走装置于1910年开始采用，轮胎式行走装置随着汽车工业的发展，广泛用于小型挖掘机，到20世纪30年代，出现了步行式行走装置。由于液压技术的成熟，20世纪40年代有了在拖拉机上配装液压反铲的悬挂式挖掘机，20世纪50年代相继研制出拖式全回转液压挖掘机和履带式全液压挖掘机。

4) 20世纪60年代后，液压挖掘机进入推广和蓬勃发展阶段，各国挖掘机制造厂和挖掘机品种增加很快，产量猛增，液压挖掘机产量占各类挖掘机总产量的83%。应用机电液一体化技术的全自动液压挖掘机，广泛应用于建筑、交通、港口、能源及农田水利部门。

（2）多斗挖掘机的发展　在单斗挖掘机发展的同时，多斗挖掘机也在快速发展。1860年法国生产出了世界上最早的结构比较成熟的多斗挖掘机，用于苏伊士运河开挖工程。20世纪后期，国际上挖掘机的生产向大型化、微型化、多功能化、专用化和自动化的方向发展。

2. 挖掘机的结构与工作原理

挖掘机可分为单斗挖掘机、多斗挖掘机、多斗挖沟机、斗轮挖掘机、挖掘装载机、滚切挖掘机、掘进机、特殊用途挖掘机等。以液压式的各类挖掘机应用最为广泛。

液压挖掘机主要由发动机、液压系统、工作装置、行走装置和电气控制等部分组成。液压系统由液压泵、控制阀、液压缸、液压马达、管路、油箱等组成。电气控制系统包括监控盘、发动机控制系统、泵控制系统、各类传感器、电磁阀等。单斗挖掘机和斗轮挖掘机还有转台，多斗挖掘机还有物料输送装置。

（1）工作装置　是直接完成挖掘任务的装置，它由动臂、斗杆、铲斗三部分铰接而成。动臂起落、斗杆伸缩和铲斗转动都用往复式双作用液压缸推动。液压挖掘机可以配装多种工作装置，如挖掘、起重、装载、平整、推土、冲击锤等多种作业机具，以满足不同施工作业的需要。

（2）回转装置　是液压挖掘机的机体，转台上部设有动力装置和传动系统。液压传动系统通过液压泵将发动机的动力传递给液压马达、液压缸等执行元件，推动工作装置动作。

（3）动力装置　有柴油机、电动机、柴油发电机组或外电源变流机组多种。柴油机和电动机大多用于中、小型挖掘机械，用一台原动机集中驱动，两者可互换。柴油发电机组和外电源变流机组用于大、中型挖掘机械，用多台电动机分散驱动。传动装置主要有机械式和液压式两种。

（4）行走装置　用来支撑机器、或使机器变换工作位置和转移作业场地。多斗挖掘机中的链斗式挖掘机和环轮式挖掘机的铲斗随着行走装置的连续行走而切削土壤。行走装置有履带式、轮胎式、步行式、轨行式、浮游式和拖挂式等。图11-1所示为普通履带式挖掘机的履带行走装置。

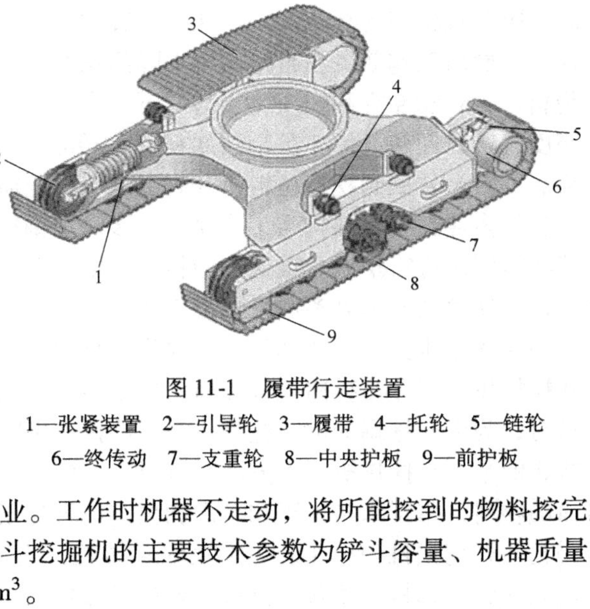

图11-1　履带行走装置

1—张紧装置　2—引导轮　3—履带　4—托轮　5—链轮　6—终传动　7—支重轮　8—中央护板　9—前护板

（5）单斗挖掘机结构与工作原理　单斗挖掘机用一个铲斗进行周期性作业，铲斗以挖掘、回转、卸料、返回为一个周期循环，主要用于挖掘基坑、疏浚河道、剥离表土和采掘矿石等作业。工作时机器不走动，将所能挖到的物料挖完后移动一段距离，在新的位置重新挖掘，单斗挖掘机的主要技术参数为铲斗容量、机器质量和发动机功率，铲斗容量一般为0.05～100m^3。

按用途单斗挖掘机可分为剥离型、采矿型和建筑型三类。剥离型挖掘机挖掘半径大，可在露天矿剥离较大范围的表土。采矿型挖掘机挖掘力大，可直接挖掘爆破后的矿石。建筑型挖掘机可配装多种工作装置，供挖掘、起重、打桩和钻孔等不同作业之用，又称通用型挖掘机。此外，还有以拖拉机为底盘、前端悬挂装载装置、后端安装挖掘装置的挖掘机和以汽车为底盘的挖掘机，主要用于小型工地。

各种单斗挖掘机均由动力装置、传动装置、行走装置、转台和工作装置等组成，图 11-2 为机械式正铲挖掘机。通常，动力装置、工作装置和驾驶室装在转台上，转台可绕垂直轴线回转，最大转角为 180°、270°、360°。工作装置包括铲斗、动臂和斗杆。铲斗有正铲斗、反铲斗、拉铲斗和抓斗等几种。行走装置以履带式和轮胎式使用最广。几种主要的单斗挖掘机因结构和工作原理不同而有不同的使用场合。

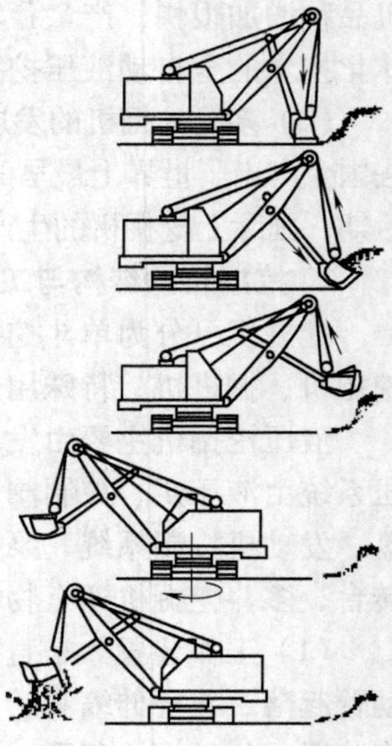
图 11-2 机械式正铲挖掘机作业过程

1）正铲挖掘机。主要用于挖掘高于承机面的物料。机械式正铲挖掘机利用推压力和提升力挖掘物料，图 11-2 所示为其作业过程。挖掘时动臂倾角不变，先将铲斗降到挖掘起始位置，然后外伸的斗杆将斗齿压入料堆，同时提升铲斗，切下物料。满斗后，转台回转，铲斗被带到卸料点，打开斗底卸料。卸料后，转台转回到挖掘位置，开始下一个作业循环。铲斗的升降、斗杆的伸缩和斗底开启都用钢丝绳操纵，斗杆的伸缩可用齿轮、齿条传动。液压式正铲挖掘机利用动臂液压缸、斗杆液压缸、铲斗液压缸进行挖掘和卸料。转台的转动由液压马达完成。

2）反铲挖掘机。主要用于挖掘低于承机面的物料。机械式反铲挖掘机利用工作装置的自重和挖掘力挖掘物料。液压式反铲挖掘机（图 11-3）利用液压缸的作用力进行挖掘，挖掘力大，因此反铲挖掘机多为液压式。作业时先转动斗杆使斗杆和铲斗向前伸出，然后工作装置在自重作用下降到挖掘起始位置使斗齿切入物料，再转动斗杆和铲斗将物料切下。满斗后，提升动臂到一定高度，转台回转，铲斗被带到卸料点，转斗（或开斗）卸料。卸料后，转台转回到挖掘位置，开始下一个作业循环。

图 11-3 液压式反铲挖掘机

（6）多斗挖掘机结构与工作原理　多斗挖掘机械用若干铲斗连续运转同时进行挖掘、运送和卸料。它用于运河开挖、沟槽挖掘、边坡修整及矿山剥离和采掘等作业。

多斗挖掘机分链斗式和轮斗式两种。链斗式挖掘机的铲斗装在挠性件（链条）上，链斗式挖掘机又可分为纵向挖掘和横向挖掘两种。当环形链条所构成的平面与挖掘机行走方向平行时，为纵向挖掘的链斗挖掘机，它能挖一定断面的凹沟，又称链斗挖沟机；当环形链条所构成的平面与挖掘机行走方向垂直时，为横向挖掘的链斗挖掘机，它可挖掘高于或低于承机面的物料，用于水利工程和矿山剥离，也可用于挖沟。链斗式挖掘机如图 11-4 所示。

轮斗式挖掘机的铲斗装在刚性件（转轮）上。轮斗式挖掘机按结构不同可分为环轮挖掘机和斗轮挖掘机。多斗挖掘机主要技术参数是铲斗宽度、挖掘深（高）度和小时生产率。环轮挖掘机的最大挖掘深度一般不大于 2.5m。链斗挖沟机的最大挖掘深度一般不大于 3.5m。挖掘的沟底宽度一般 <1.2m。多斗挖掘机主要由五个部分组成：动力装置，链斗式

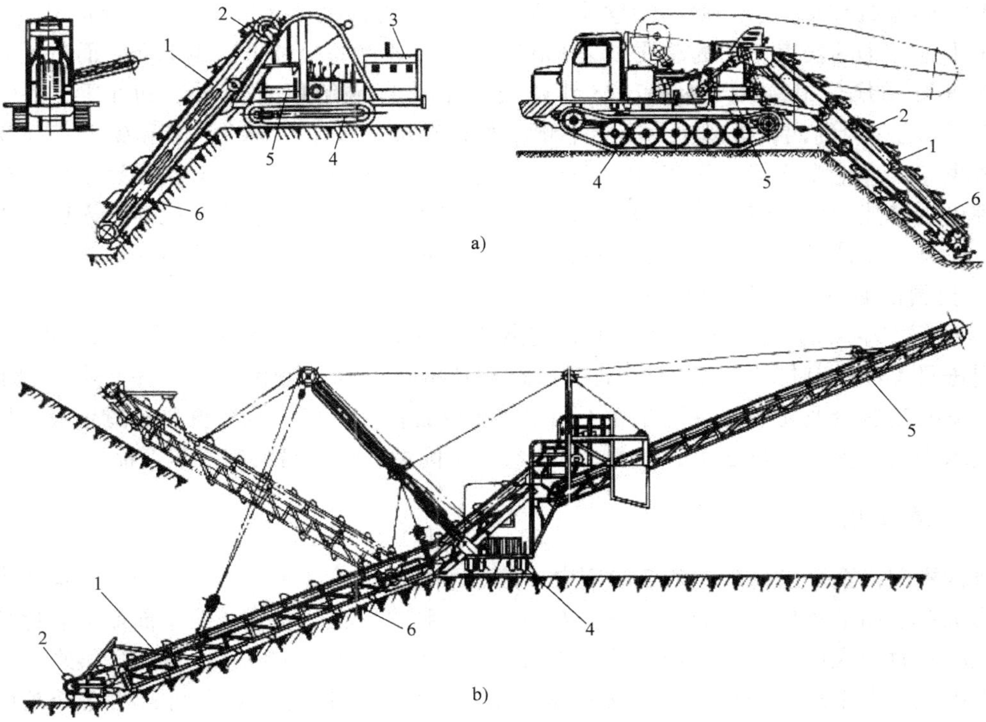

图 11-4 链斗式挖掘机

a）纵向挖掘 b）横向挖掘

1—链条 2—铲斗 3—发动机 4—行走装置 5—输送带 6—斗架

挖掘机和环轮挖掘机都用柴油机或柴油发电机组，斗轮挖掘机用柴油发电机组或外电源变流机组，横向挖掘的链斗挖掘机用柴油机、电动机、柴油发电机组或外电源变流机组；传动装置，除某些斗轮挖掘机用液压传动外，其他都为机械传动；行走装置，中、小型多斗挖掘机一般采用轮胎式和履带式，大型的采用多履带式和轨行式，大型斗轮挖掘机还采用步行式行走装置；输送装置，包括料斗和输送带；工作装置，包括铲斗和支撑铲斗的构件。

图 11-5 斗轮挖掘机

多斗挖掘机的主要优点是生产率高，机重和能量消耗均低于同等生产能力的单斗挖掘机，所挖掘的作业面整齐，外形准确、操作简单、劳动强度低，因连续作业而动载荷小。缺点是挖掘力小，仅能挖掘没有夹杂大块坚硬物料的土壤和矿物，工作装置通用性差。

图 11-5 所示是由德国克

虏伯 KRUPP 联合 O&K 公司研制的世界上最大的斗轮挖掘机，近 95m 高，240m 长，差不多是两个半足球场的长度，它的总质量是 13500t。最高速度每分钟可以走 10m，而每天可以采集 7.6 万 m^3 的煤，由 KRUPP 于 1978 年建成。斗轮上配有 18 个铲斗，每个容积为 6.6～8.6m^3，驱动斗轮的四台电动机由上至下顺序垂直排布；装配 8.6m^3 大容积铲斗挖掘松散土石方或煤时，理论生产能力为 22000m^3/h；装配高强度 6.6m^3 厚壁铲斗挖掘密质硬岩或冻土时，理论生产能力为 19100m^3/h；12 条履带采用前八后四的布置形式；仅需五人就可以进行操作。设计、制造及装配它用了五年的时间，花费更是高达一亿美元之巨。

3. 我国挖掘机的生产发展情况

20 世纪 50 年代我国开始生产机械式挖掘机，后来能够生产液压挖掘机。20 世纪 90 年代初引进日本小松制作所的 PC 系列挖掘机制造技术。1994 年开始，世界各工业发达国家的著名挖掘机制造企业先后在我国建立了众多的中外合资或外商独资挖掘机制造企业，生产世界一流水平的、整机质量从 1.3～45t，100 余个不同型号和规格的挖掘机产品。

二、盾构机

盾构机问世至今已有近 180 年的历史，其始于英国，发展于日本、德国。盾构技术是利用盾构机在地面下暗挖隧洞的一种施工方法，是一种可以在防止软基开挖面崩塌和保持开挖面稳定的同时，人员在机内安全地进行隧洞的开挖和衬砌作业的方法。近 30 年来，通过对土压平衡式、泥水式盾构机中的关键技术的解决，如盾构机的有效密封，确保开挖面的稳定、控制地表隆起及塌陷在规定范围之内，使得盾构技术越来越多地在隧道开挖中使用。国外主要生产厂家有日本三菱重工、川崎重工、日立造船、德国海伦克内希特（Herren-knechtAG）公司等。

1. 盾构机的安装

盾构机在其施工过程中需先在隧洞某段的一端开挖竖井或基坑，将地铁盾构机吊入安装，地铁盾构机从竖井或基坑的墙壁开孔处开始掘进，并沿设计洞线推进直至到达洞线中的另一竖井或隧洞的端点。图 11-6 所示为盾构机安装的示意图。

1）先开挖一个天井，将盾构机吊到天井里，距地面约 17m 的地方，在这里对盾构机组装、调试，做好盾构准备。

2）盾构机后面的螺旋输送机带动前端的刀盘旋转。

3）盾构机每推进 1.5m，就将事先准备好的盾构片（也称管片）装进刀盘后面的管片拼装机中，每 6 块管片一组，可以拼出一个圆管形，跟着盾构机放到已经开挖的 1.5m 的隧道中，支撑着隧道四周的泥土和水，避免土层塌方。

4）刀盘剥落的泥土装进盾构机后方的土箱中，土箱水平运至天井处，通过吊车吊起，再水平运到地面上。

图 11-6　盾构机的安装示意图

1—切削刀盘　2—管片　3—吊车　4—土箱　5—盾构掘进机

2. 盾构技术的特点

使用盾构技术进行隧洞施工具有自动化程度高、节省人力、施工速度快，一次成洞、不受气候影响，开挖时可控制地面沉降，减少对地面建筑物的影响和在水下开挖时不影响水面交通等特点，在隧洞洞线较长、埋深较大的情况下，用盾构技术施工更为经济合理。

3. 盾构机的原理

盾构机的基本工作原理就是一个圆柱体的钢组件沿隧洞轴线边向前推进边对土壤进行挖掘。盾构机的工作过程如图 11-7 所示。该圆柱体组件的壳体即护盾，它对挖掘出的还未衬砌的隧洞段起着临时支撑的作用，承受周围土层的压力，有时还要承受地下水压以及将地下水挡在外面。挖掘、排土、衬砌等作业都在护盾的掩护下进行。

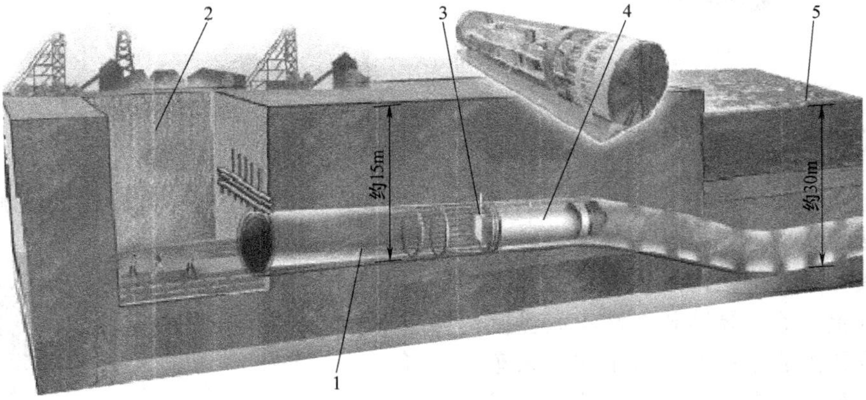

图 11-7　盾构机的工作过程

1—地铁隧道　2—工作井　3—中央控制室　4—盾构机机头　5—河流

4. 盾构机的分类

(1) 根据工作原理　盾构机根据工作原理一般分为手掘式盾构，挤压式盾构，半机械式盾构（局部气压、全局气压），机械式盾构（开胸式切削盾构，气压式盾构，泥水加压盾构，土压平衡盾构，混合型盾构，异型盾构）等。

(2) 根据适用的土质及工作方式　盾构机根据其适用的土质及工作方式的不同，主要分为压缩空气式、泥水式，土压平衡式盾构机等类型。下面简单介绍后两种。

1）泥水式盾构机是通过加压泥水或泥浆（通常为膨润土悬浮液）来稳定开挖面，其刀盘后面有一个密封隔板，与开挖面之间形成泥水室，里面充满了泥浆，开挖土料与泥浆混合由泥浆泵输送到洞外分离厂，经分离后泥浆重复使用。

2）土压平衡式盾构机如图 11-8 所示，是把土料（必要时添加泡沫等对土壤进行改良）作为稳定开挖面的介质，刀盘后隔板与开挖面之间形成泥土室，刀盘旋转开挖使泥土料增加，再由螺旋输料器旋转将土料运出，泥土室内土压可由刀盘旋转开挖速度和螺旋输料器的土量（旋转速度）进行调节。

根据盾构机不同的分类，盾构开挖方法可分为：敞开式、机械切削式、网格式和挤压式等。为了减少盾构施工对地层的扰动，可先借助千斤顶驱动盾构机使其切口贯入土层，然后再在切口内进行土体开挖与运输。

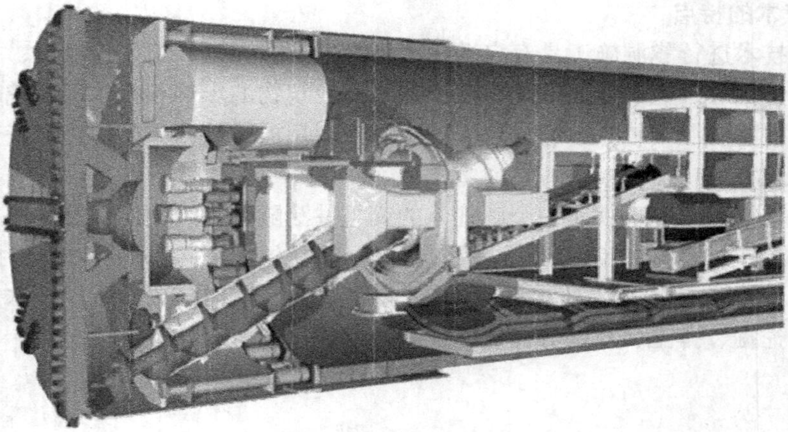

图 11-8　土压平衡盾构机

三、混凝土泵车

混凝土泵车如图 11-9 所示，是一种利用压力将混凝土沿管道连续输送的机械车辆，具有灵活方便的特点。其混凝土输送系统由泵体和输送管组成。泵体按结构形式分为活塞式、挤压式、水压隔膜式等。泵体装在汽车底盘上，再装备可伸缩或屈折的布料杆，就组成了泵车。混凝土泵车是在载重汽车底盘上进行改造而成的，它在底盘上安装有运动和动力传动装置，泵送和搅拌装置，布料装置以及其他一些辅助装置。混凝土泵车通过动力分动器将发动机的动力传送给液压泵组或者后桥，液压泵推动活塞带动混凝土泵工作。然后利用泵车上的布料杆和输送管，将混凝土输送到一定的高度和距离。

图 11-9　混凝土泵车

混凝土泵车电气控制系统的控制方式主要有五种：机械式、液压式、机电式电器控制式、可编程控制器式、逻辑电路控制式。混凝土泵车上除了安装电气控制系统以完成控制任务之外，还安装有手动控制操纵系统，它也是控制系统的一部分。如果采用机械操纵，一般有杆系操纵机构和软轴操纵机构两种操纵方式。如果将两者进行对比就不难发现，软轴操纵机构有更多的优越性，如布置灵活、传动效率高、过渡接头少，而且空行程小、行程调节方便等，所以混凝土泵车的操纵系统主要是选择软轴操纵机构。

根据实际需要，在泵车的操纵系统中应该能够实现无级调速操纵，而能够使操纵杆停止在任何一个位置的锁定机构是实现无级调速操纵的关键装置，一般可以选用碟形弹簧或弹簧板等。为便于操作，操纵手柄都设计安装在较方便的位置，如普茨迈斯特 BSF36—09Z 型泵车，其控制发动机转速的操纵手柄就装在梯子边，操作很方便。

混凝土泵车的操纵系统主要用来控制主液压泵流量和发动机转速，从而改变泵车的混凝土排出量。如采用液压操纵，则可直接从泵车的泵送系统中获取液压驱动力，并通过手动液压阀实现操控。混凝土泵工作情况与混凝土的性能有密不可分的关系，同时在操作过程中注意操作规程的细节，及时发现及时排除故障，以提高输送泵的工作效率。管道清洗有水洗和气洗两种方法。不管是水洗或气洗，都要将阀箱体和料斗清洗干净。水洗时，把用水浸过的扎成圆柱形的水泥袋和清洗球先后装进已清洗干净的锥管中，接上锥管、管道，关闭卸料门，再向料斗注满水（须保持水源不断），用泵送水，直到清洗球从输送管的前端冒出为止。气洗即压缩空气吹洗，是把浸透水的清洗球先塞进气洗接头，再与变径管相接的第一根直管连接，并在管道的末端接上安全盖，安全盖的孔口要朝下。控制压缩空气的压力不超过0.8MPa，气阀要缓慢开启，当混凝土能顺利流出时才可开大气阀。

四、装载机

装载机（图11-10）是用机身前端的铲斗进行铲、装、运、卸作业的施工机械。装载机是一种广泛用于公路、铁路、建筑、水电、港口、矿山等建设工程的土石方施工机械，它主要用于铲装土壤、砂石、石灰、煤炭等散状物料，也可对矿石、硬土等作轻度铲挖作业。

1. 装载机的分类

常用的单斗装载机，按发动机功率，传动形式，行走结构，装卸方式的不同进行分类。

（1）按发动机功率分类

1）功率<74kW为小型装载机。

2）功率在74～147kW为中型装载机。

3）功率在147～515kW为大型装载机。

4）功率>515kW为特大型装载机。

（2）按传动形式分类

图11-10 轮式装载机

1）液力—机械传动：冲击振动小，传动件使用寿命长，操纵方便，车速与外载间可自动调节，一般多用在中大型装载机上。

2）液力传动：可无级调速、操纵简便，但起动性较差，一般仅在小型装载机上采用。

3）电力传动：无级调速、工作可靠、维修简单、费用较高，一般在大型装载机上采用。

（3）按行走结构分类

1）轮胎式：质量轻、速度快、机动灵活、效率高、不易损坏路面，接地比压大、通过性差，但被广泛应用。

2）履带式：接地比压小、通过性好、重心低、稳定性好、附着力强、牵引力大、比切入力大，速度低、灵活性相对差、成本高、行走时易损坏路面。

（4）按装卸方式分类

1）前卸式：结构简单、工作可靠、视野好，适合于各种作业场地，应用较广。

2）回转式：工作装置安装在可回转360°的转台上，侧面卸载不需要调头，作业效率高，但结构复杂、质量大、成本高，侧面稳定性较差，适用于较狭小的场地。

3）后卸式：前端装，后端卸，作业效率高，但作业的安全性欠佳。

2. 装载机的组成

其包括发动机，变矩器，变速器，前、后驱动桥，简称四大件。

1）发动机：主要以各类型柴油机为主。

2）变矩器上有三个泵，工作泵（供应举升，翻斗压力油）、转向泵（供应转向压力油)、变速泵也称行走泵（供应变矩器，变速器压力油），有些机型转向泵上还装有先导泵（供应操纵阀先导压力油）。

3）工作液压油路包括：液压油箱，工作泵，多路阀，举升液压缸和翻斗液压缸。

4）行走油路包括：变速器油底壳，行走泵，一路进变矩器一路进挡位阀，变速器的离合器。

5）驱动：传动轴，主差速器，轮边减速器。

6）转向油路包括：油箱，转向泵，稳流阀（或者优先阀）转向器，转向液压缸。

7）变速器有一体的（行星式）和分体的（定轴式）两种。

五、土方压实及路面机械

压实机械是利用机械力使土壤、碎石等填层被压产生永久变形而密实的土方机械，广泛用于地基、道路、飞机场、堤坝等工程。

压实机械按工作原理分为：静力碾压式，冲击式，振动式和复合作用式等。静力碾压式压实机械如图 11-11 所示：有利用碾轮的重力作用和振动作用的振动式压路机，也有利用碾压和冲击作用的冲击式压路机等。压路机的碾轮分为：光碾、槽碾、羊足碾和轮胎碾等。光碾压路机压实的表面平整光滑，使用最广，适用于各种路面、垫层、飞机场道面和广场等工程的压实。槽碾、羊足碾单位压力较大，压实层厚，适用于路基、堤坝的压实。轮胎式压路机轮胎气压可调节，可增减压重，单位压力可变，压实过程有揉搓作用，使压实层均匀密实，且不伤路面，适用于道路、广场等垫层的压实。

a)　　b)

图 11-11　静力碾压式压实机械

冲击式压实机械（图 11-12）依靠机械的冲击力压实土壤。有利用二冲程内燃机原理工作的火力夯，利用离心力原理工作的蛙夯和利用连杆机构及弹簧工作的快速冲击夯等。其特点是夯实厚度较大，适用于狭小面积及基坑的夯实。

振动式压实机械（图 11-13）以机械激振力使材料颗粒在共振中重新排列而密实，如板式振动压实机。其特点是振动频率高，对黏结性低的松散土石，如砂土、碎石等压实效果较好。

复合作用压实机械：有碾压和振动作用的振动压路机，碾压和冲击作用的冲击式压路碾等。振动作用的振动式压路机，系在压路机上加装激振器而成，为目前发展迅速的机型，有取代静力碾压式压实机的趋势。

图 11-12　冲击式压路机

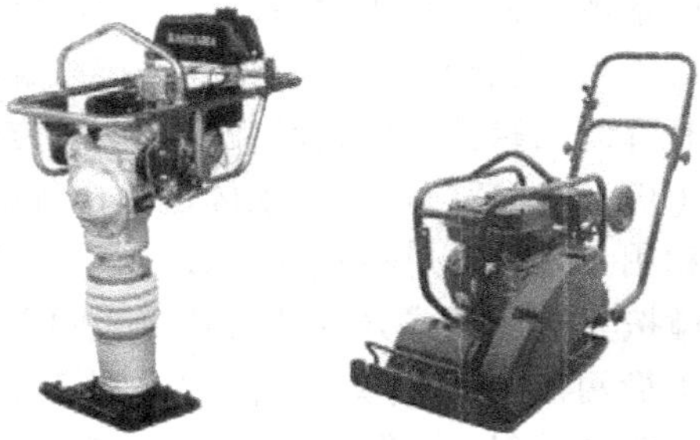

a)　b)

图 11-13　振动式压实机

六、桩工机械

桩工机械是进行桩基础工程施工的机械设备。用来进行钻孔、打桩、沉桩及其他特殊地基基础等工程施工的机械设备，其作用是将各式桩埋入土中，以提高基础的承载能力。桩工机械一般由桩锤和桩架两部分组成。除专用桩架外，也可以在挖掘机或者起重机上设置桩架，完成打桩任务。桩工机械主要有打桩机和钻孔机两类。

1. 打桩机

如图 11-14 所示，是利用冲击力将桩贯入地层的桩工机械。由桩锤、桩架及附属设备等组成。桩锤依附在桩架前部两根平行的竖直导杆（俗称龙门）之间，用提升吊钩吊升。桩架为一钢结构塔架，在其后部设有卷扬机，用以起吊桩和桩锤，桩架前面有两根导杆组成的导向架，用以控制打桩方向，使桩按照设计方位准确地贯入地层。塔架和导向架可以一起偏斜，用以打斜桩。导向架还能沿塔架向下引伸，用以沿堤岸或码头打水下桩。桩架能转动，也能移行。打桩机的基本技术参数是冲击部分质量、冲击动能和冲击频率。桩锤按运动的动力来源可分为落锤、汽锤、柴油锤、液压锤等。

（1）落锤打桩机　桩锤是一钢质重块，由卷扬机用吊钩提升，脱钩后沿导向架自由下落而打桩。

（2）汽锤打桩机　桩锤由锤头和锤座组成，以蒸汽或压缩空气为动力，有单动汽锤和双动汽锤两种。单动汽锤以柱塞或气缸作为锤头，蒸汽驱动锤头上升，而后任其沿锤座的导杆下落而打桩。双动汽锤一般是由加重的柱塞作为锤头，以气缸作为锤座，蒸汽驱动锤头上升，再驱动锤头向下冲击打桩。上下往复的速度快，频率高，使桩贯入地层时发生振动，可

图 11-14　打桩机

以减少摩擦阻力，打桩效果好。双向不等作用力的差动汽锤，其锤座质量轻，有效冲击质量可相对增大，性能更好。汽锤的进排汽旋阀的换向可由人工控制，也可由装在锤头一侧并随锤头升降的凸缘操纵杆自动控制，两种方式都可以调节汽锤的冲击行程。

（3）柴油锤打桩机　主体也是由气缸和柱塞组成，其工作原理和单缸二冲程柴油机相似，利用喷入气缸燃烧室内的雾化柴油受高压高温后燃爆所产生的强大压力驱动锤头工作。柴油锤按其构造形式分导杆式和筒式两类。导杆式柴油锤以柱塞为锤座压在桩帽上，以气缸为锤头沿两根导杆升降。打桩时，先将桩吊到桩架龙门中就位，再将柴油锤搁在桩顶，降下吊钩将气缸吊起，再脱开吊钩让气缸下落套入柱塞，将封闭在气缸内的空气进行压缩，气缸继续下落，直到缸体外的压销推压锤座上燃油泵的摇杆时，燃油泵就将油雾喷入缸内，油雾遇到燃点以上的高温气体，当即发生燃爆，爆发力向下冲击使桩下沉，向上顶推，使气缸回升，待气缸重新沿导杆坠落时，又开始第二次冲击循环。筒式柴油锤以气缸作为锤座，并直接用加长了的缸筒内壁导向，省去了两根导杆，柱塞是锤头，可在气缸中上下运动。打桩时，将锤座下部的桩帽压在桩顶上，用吊钩提升柱塞，然后脱钩往下冲击，压缩封闭在气缸中的空气，并进行喷油、爆发、冲击、换气等工作过程。柴油锤的工作是靠压燃柴油来起动的，因此必须保证气缸内的封闭气体达到一定的压缩比，有时在软土地层上打桩时，往往由于反作用力过小，压缩量不够而无法引燃起爆，这时就需要用吊钩多次吊起锤头脱钩冲击，才能起动。柴油锤的锤座上附有燃油喷射泵、油箱、冷却水箱及桩帽。柱塞和缸筒之间的活动间隙用弹性柱塞环密封。

（4）液压锤打桩机　以油液压力为动力，可按地层土质不同调整液压，以达到适当的冲击力进行打桩。

2. 钻孔机

在施工灌注桩和钻孔打入预制桩时，首先要在地基上成孔。机械成孔的方法主要有挤土成孔和取土成孔。挤土成孔是用桩锤将工具式钢管桩（桩尖为活瓣或用钢筋混凝土预制桩尖）沉入地基土中至设计要求的深度后拔出成孔，一般孔径不大于0.5m。取土成孔是利用钻孔机把桩位上的土取出成孔。常用的钻孔机有螺旋钻孔机、潜水钻孔机、全套管钻孔机等。

（1）螺旋钻孔机　如图11-15所示，适用于地下水位以上的施工。所用的螺旋钻孔机包括长螺旋钻孔机（连续排土，一次完成钻进深度）、短螺旋钻孔机（周

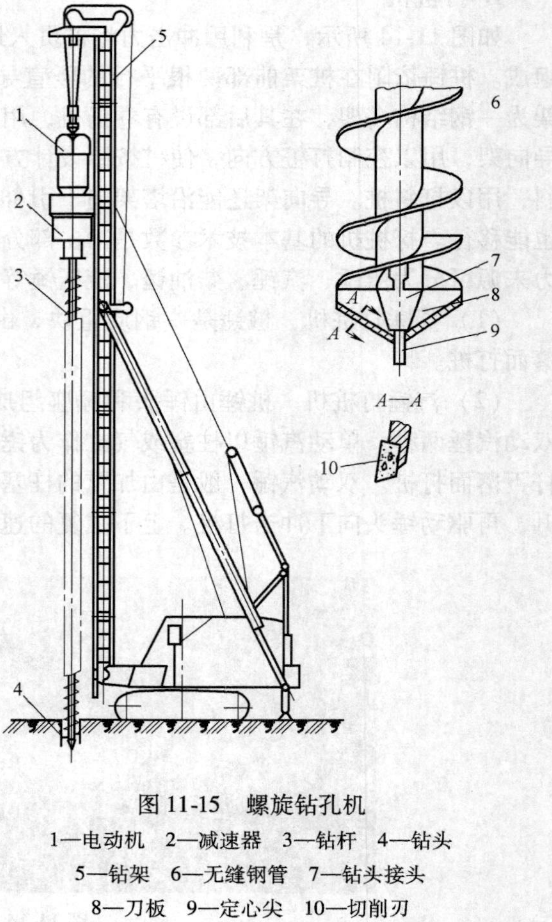

图11-15　螺旋钻孔机

1—电动机　2—减速器　3—钻杆　4—钻头
5—钻架　6—无缝钢管　7—钻头接头
8—刀板　9—定心尖　10—切削刃

期性钻进、排土）和螺旋钻扩机（施工扩底桩）。

（2）潜水工程钻孔机　如图 11-16 所示，用于循环法钻孔。所谓循环法钻孔，就是将钻头切下来的土以浆状排出孔外，钻孔过程中靠泥浆（静水压）护壁。有正、反循环法两种排渣方式。

（3）全套管钻机　如图 11-17 所示，是先将钢制套管压入土中，再用锤式抓斗将套管内的土取出，压套管和取土交替循环进行，直至达到设计深度后，放置钢筋，浇注混凝土，最后将套管拔出。钻孔作业系统由钻机、套管、锤式抓斗等组成。

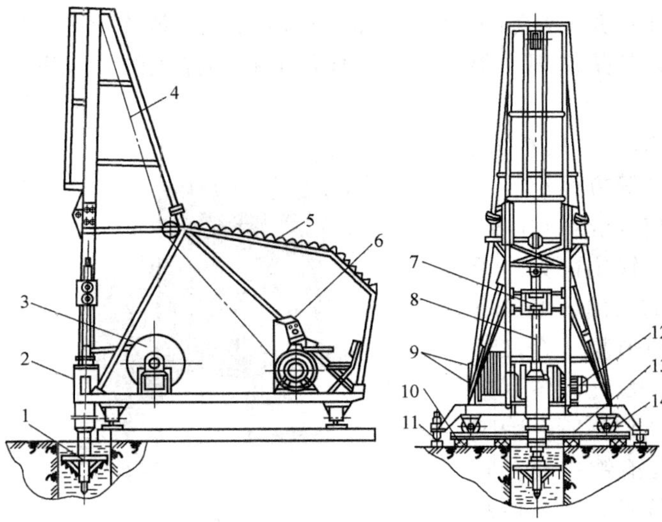

图 11-16　潜水工程钻孔机

1—钻头　2—主机　3—电缆和水管卷筒　4—钢丝绳　5—遮阳板　6—配电箱　7—活动导向　8—方钻杆　9—进水口　10—枕木　11—支腿　12—卷扬机　13—轻轨　14—行走车

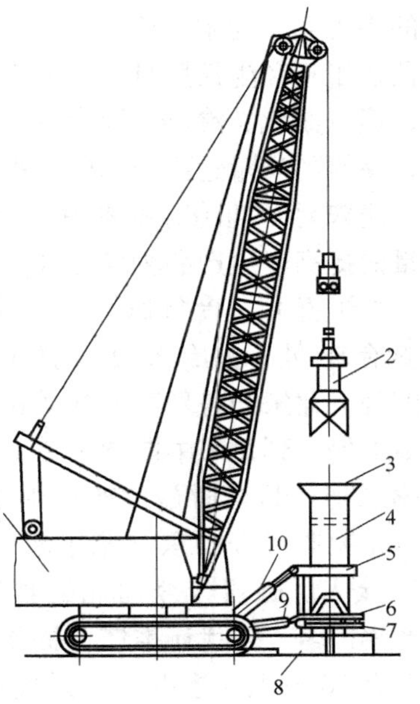

图 11-17　全套管钻机

1—起重机　2—锤式抓斗　3—导向口　4—套管　5—导向及纠偏架　6—摆动机构　7—沉拔管液压缸　8—托板　9—摆动液压缸　10—纠偏液压缸

第二节　冶金机械

冶金机械就是从矿石中提取金属或金属化合物，用各种加工方法将金属制成具有一定性能的金属材料的过程中所用的机械。随着物理化学在冶金中的成功应用，冶金从工艺走向科学，开始了对金属矿物的勘探、开采、精选、冶炼、以及轧制成材的过程。

一、冶金发展史

冶金技术在我国具有悠久的发展历史，从石器时代到随后的青铜器时代，再到近代钢铁冶炼的大规模发展。人类发展的历史就融合了冶金的发展。在不断发现的各种金属矿石中，烧陶窑为金属的冶铸准备了高温炉和在炉内还原条件下冶炼矿石的技术。在甘肃东乡县林家马家窑文化遗址中发现的距今约5000年的青铜刀，以及在其他一些新石器晚期遗址中相继发现的早期铜器和铜渣等，标志着中国冶金业的诞生。《左传》等古文献中关于夏代铸九鼎的记载和这一时期遗址中出土的青铜器物，说明随着夏王朝的建立，青铜冶铸业有了初步发展。与青铜冶铸一起兴起的是锡、铅的开采与利用，金、银工艺也有相应的发展。东周时青铜表面加工的鎏、贴、错等技术已甚精致，并能用金铸造货币。东周时出现的鉴别青铜剑质量的相剑术，实际是一种靠肉眼观察鉴定金属质量的金相学。冶铁业起于春秋时期，如赵国的邯郸、楚国的宛（今河南南阳）都是当时重要的冶铁中心。秦汉时期，冶铁业成为最重要的手工业。与东周比，秦汉铁器具有品种多、质量好、数量大、分布广的特点，铁器遍及兵器、工具和生活用具各个方面；材料材质分为各种不同硬度的钢和铸铁等；制作工艺采用铸、锻、柔化、渗碳、淬火等技术。尤其是出现了用生铁反复加热锻打和淬火的百炼钢工艺，使钢的质量达到较高的水平。

唐宋元时期冶金业非常繁荣，采冶地区的扩大、产量的提高、生产品种增加和大型铸件等方面都有发展。《新唐书·食货志》记载唐前期有坑冶168处，计银冶58处，铜冶96处，铁山五处，锡山两处，铅山四处。北宋初各路主管矿冶的机构监、冶、场、务有201处，到北宋中期增至271处。利国监（今江苏徐州东北）是当时最大产铁中心，有36处，各百余人。莱芜监（今山东莱芜东南）有铁冶18所，冶工1800余人。磁州（今河北磁县）亦有冶铁中心，并以产钢出名。宋代还推广了提取铜的技术。广东岭水铜场有10万人从事开采。元代较大的冶铁中心有44处。綦阳铁冶有冶户2764户；燕南燕北17处铁冶，用工3万余人。据记载：铸九州鼎，高14尺到18尺，用铜56万多斤；五代时所铸沧州铁狮（图11-18）重10余万斤；宋代在太原晋祠铸有四个大铁人，在正定铸大铜佛高73尺；元代用铁1.6万斤铸铁龟，铸铜殿长2.7m、宽2.5m。还有一些极为精巧的铸件，如唐代铸造的黄道游仪（图11-19），北宋铸造的水转浑天仪等。这一时期的金属加工，工艺精湛，嵌镶铜镜技术达到高峰，金银饰品及鎏金器物受到世界赞誉。公元1404年左右，明代永乐年间铸造的大铜钟（现保存在北京西直门外觉生寺），是世界上著名的大钟之一。铜钟高7m，重四十多吨，铸造精美，表现出明代劳动人民铸造技术上的高度成就。公元15世纪，明代中叶我国已大量生产金属锌。宋应星的《天工开物·五金》中有关于密封加热冶炼“倭铅”（即锌）方法的记载。明代的钱币“永乐通宝”（公元1403—1424年）有的含锌高达99%。欧洲到18世纪才开始冶炼锌。宋应星的《天工开物》记载了我国古代冶金技术的许多成就，例如，冶炼生铁和熟铁（低碳钢）（图11-20）的连续生产工艺，退火、正火、淬火、化学热处理等钢铁热处理工艺和固体渗碳工艺等。

图11-18　沧州铁狮

新中国成立以来，国家一直非常重视冶金工业的发展。中国的钢产量连续居于世界前列，现代科技的进步催生了一些高科技新材料的诞生和应用，冶金材料在相当长的一段时期内，其优势和特性依然是其他材料所不可比拟和替代的。

图 11-19　黄道游仪

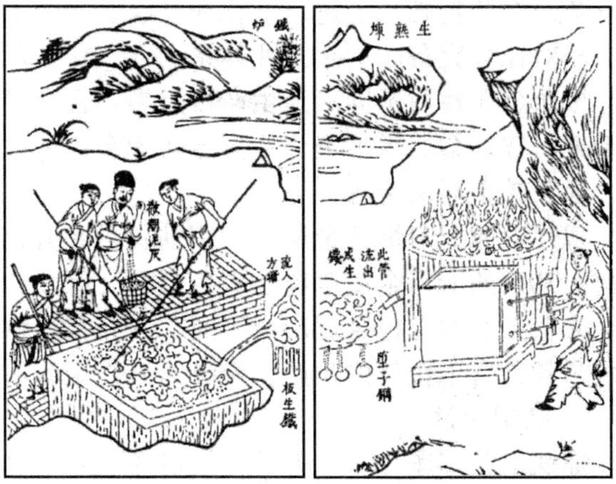

图 11-20　天工开物之炼铁炉、炒铁炉

二、冶金技术分类

(1) 火法冶金　火法冶金是在高温条件下进行的冶金过程。矿石或精矿中的部分或全部矿物在高温下经过一系列物理化学变化，生成另一种形态的化合物或单质，分别富集在气体、液体或固体产物中，达到所要提取的金属与脉石及其他杂质分离的目的。实现火法冶金过程所需的热能，通常是依靠燃料燃烧来供给，也有依靠冶金过程中的化学反应来供给的，例如，硫化矿的氧化焙烧和熔炼就无需由燃料供热，金属热还原过程也是自热进行的。火法冶金包括：干燥、焙烧、熔炼，精炼，蒸馏等过程。

(2) 湿法冶金　湿法冶金是在溶液中进行的冶金过程。湿法冶金温度不高，一般低于100℃，现代湿法冶金中的高温高压过程，温度也不过200℃，极个别情况温度可达300℃。湿法冶金包括：浸出、净化、制备金属等过程。

1) 浸出。用适当的溶剂处理矿石或精矿，使要提取的金属以某种离子（阳离子或阴离子）形态进入溶液，而其他杂质则不溶解，这一过程称为浸出。浸出后经澄清和过滤，得到含金属（离子）的浸出液和残渣（浸出渣）。对某些难浸出的矿石或精矿，在浸出前常常需要进行预备处理，使被提取的金属转变为易于浸出的某种化合物或盐类。例如，为转变成可溶性的硫酸盐而进行的硫酸化焙烧等，都是常用的预备处理方法。

2) 净化。在浸出过程中，常常有部分金属或非金属杂质与被提取金属一道进入溶液，从溶液中除去这些杂质的过程称为净化。

3) 制备金属。用还原等方法从净化液中将金属提取出来的过程。

(3) 电冶金　电冶金是利用电能提取金属的方法。根据利用电能效应的不同，电冶金又分为电热冶金和电化冶金。电热冶金是利用电能转变为热能进行冶炼的方法。在电热冶金的过程中，按其物理化学变化的实质来说，与火法冶金过程差别不大，两者的主要区别只是冶炼时热能来源不同。电化冶金（电解和电积）是利用电化学反应，使金属从含金属盐类的溶液或熔体中析出。

三、冶炼设备

我国现代化的冶金工业起步相对较晚，从20世纪的70年代开始，通过引进国外的技术和设备，在此基础之上进行消化和吸收，冶金工业取得极大的成就，逐步建立起了独立自主的、相对比较完备的冶金工业体系。

按照金属性质不同冶金生产可分为：轻金属冶金：如铝冶金、镁冶金；重金属冶金：如铜冶金、锌冶金、镍冶金；稀有金属冶金：如钛冶金、钨冶金、稀土冶金；贵金属冶金：如金、银及铂金属冶金等。

现代工业上习惯把金属分为钢铁材料和有色金属两大类，铁、铬、锰三种金属属于钢铁材料，其余的所有金属都属于有色金属。因此，冶金工业按照金属的两大类别通常分为钢铁材料冶金工业和有色金属冶金工业。前者包括铁、钢及铁合金的生产，故称为钢铁冶金。后者包括各种有色金属的生产，统称为有色金属冶金。

1. 高炉炼铁

炼铁工艺如图 11-21 所示，是以含铁矿石为主要原料在高温下还原为铁的过程，以焦炭、煤为主要能源，并能生产部分铸造生铁和铁合金。

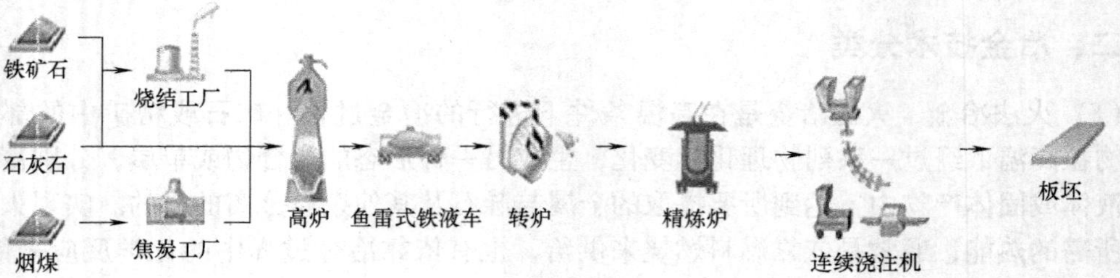

图 11-21　炼铁工艺

炼铁高炉如图 11-22 所示，是一个竖立的炉体，自上而下分为炉喉、炉身、炉腰、炉腹、炉缸五部分。高炉除本体外，还有以下附属设备：上料设备、装料设备、送风设备、煤气除尘设备、喷吹设备和环境集尘设备。

图 11-22　炼铁高炉

2. 炼钢

炼钢工艺如图 11-23 所示，是将铁液、直接还原铁或废钢（铁）经加热、熔化，通过化学反应去除金属液中的有害杂质元素，再根据对钢性能的要求加入适量的合金元素，使之成为具有优良性能的钢的过程。

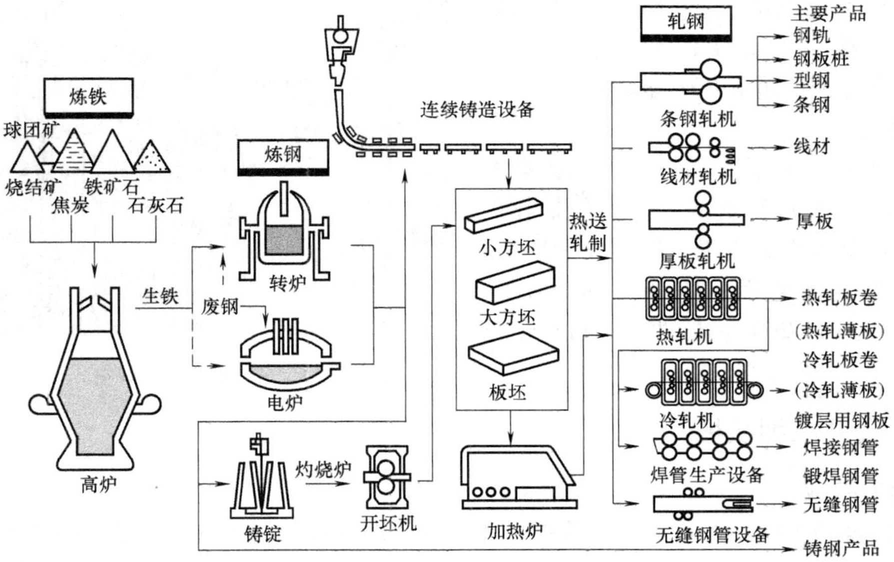

图 11-23　炼钢工艺

最早出现的炼钢方法是 1740 年出现的坩埚法，它是将生铁和废铁装入到由石墨和黏土制成的坩埚内，用火焰加热熔化炉料，之后将熔化的炉料浇成钢锭。此法是几乎无杂质元素的氧化反应。

现代炼钢方法主要有转炉炼钢法、电炉炼钢法。

转炉炼钢，主要是靠转炉内液态生铁的物理热和生铁内各组分（如碳、锰、硅、磷等）与送入炉内的氧进行化学反应所产生的热量，使金属达到出钢要求的成分和温度。转炉按炉衬的耐火材料性质分为碱性（用镁砂或白云石为内衬）炉和酸性（用硅质材料为内衬）炉；按气体吹入炉内的部位分为底吹、顶吹和侧吹；按吹炼采用的气体，分为空气转炉和氧气转炉。目前，氧气顶吹转炉炼钢（图 11-24）是冶炼普通钢的主要手段，世界钢产量的一半以上是通过这种方法生产的。

电炉炼钢主要是指电弧炉炼钢（图 11-25），电炉包括电弧炉、感应炉、电渣炉、电子束炉等。电弧炉炼钢 1899 年始于法国，有酸性和碱性之分：以酸性耐火材料作炉衬，炼钢时造酸性炉渣，这种炉子称为酸性电弧炉；采用碱性耐火材料作炉衬，炼钢时造碱性炉渣，

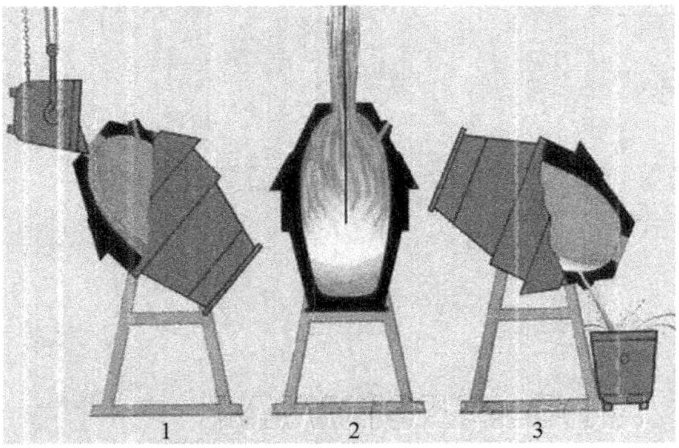

图 11-24　氧气顶吹转炉

图 11-25　电弧炉炼钢

这种炉子称为碱性电弧炉。电弧炉炼钢发展很快，主要用于冶炼高质量合金钢种，已超过了世界钢产量的20%。

3. 铝冶炼

铝冶炼生产采用冰晶石—氧化铝熔盐电解法。熔融冰晶石是溶剂，氧化铝作为溶质，以碳素体作为阳极，铝液作为阴极，通入强大的直流电后，在 950 ~ 970℃下，在电解槽（图 11-26）内的两极上进行电化学反应。

图 11-26　电解槽

四、金属成型机械

1. 铸造机械

中国冶金史上的一个最突出的特点是铸造技术占有重要的地位，以至于铸造既作为成形工艺而存在，又成为冶炼工序中的一个组成部分，达到了“冶”与“铸”密不可分的地步。因此在古代文献中往往是冶铸并称，并对中国文化产生了深刻的影响。如常用词汇“模范”、“范围”、“陶冶”、“就范”等，都是由冶铸技术衍生而来的。这种冶与铸密不可分的冶金传统，是古代世界上其他国家和地区所无法比拟的。

目前采用的浇注方法有模铸法和连铸法。模铸法是将金属液体注入到具有一定形状和尺寸的铸模中，铸成金属锭。连铸法是金属液经过连续铸造机，直接冷却凝固，清整处理后得到有预定形状、尺寸和性能的铸件的方法。

铸造机械一般按造型方法来分类，造型方法习惯上分为普通砂型铸造和特种铸造。普通砂型铸造包括湿砂型、干砂型、化学硬化砂型铸造三类。特种铸造按造型材料的不同，又可分为两大类：一类以天然矿产砂石作为主要造型材料，如熔模铸造、壳型铸造、负压铸造、泥型铸造、实型铸造、陶瓷型铸造等；其主要铸造设备有：混砂机、落砂机、抛丸机、制芯机、造型机。另一类以金属作为主要铸型材料，如金属型铸造、离心铸造、连续铸造、压力铸造、低压铸造等，所用的浇注机是可将液态金属引入铸型的设备。

我国冶炼生产企业使用的液态浇注技术，主要有倾转式浇注机、气压式浇注机、底注式浇注机三大类。

(1) 倾转式浇注机　如图 11-27 所示，该机的浇包以某一点为转轴，倾转完成液态金属浇注。倾转时浇注机以转轴位置不同主要分两大类：一是以包嘴为转轴的倾转式浇注机；二是以浇包重心附近为转轴的倾转式浇注机。浇包的倾转方式分为液压缸驱动和伺服电动机驱动两种。

(2) 气压式浇注机　如图 11-28 所示，又称为气压式浇注电炉。其工作原理犹如家庭用的气压式保温瓶的工作原理，是利用压力介质（干燥的压缩空气或氮气），将金属液体从密闭的熔池

图 11-27　倾转式浇注机

内通过升液槽压入浇注溜槽，然后从浇注溜槽前端的浇口砖孔流出，注入其下方的铸型。

(3) 底注式浇注机　如图 11-29 所示，金属液流出口位于浇注包底，靠活塞杆升降来控制金属液体流动。

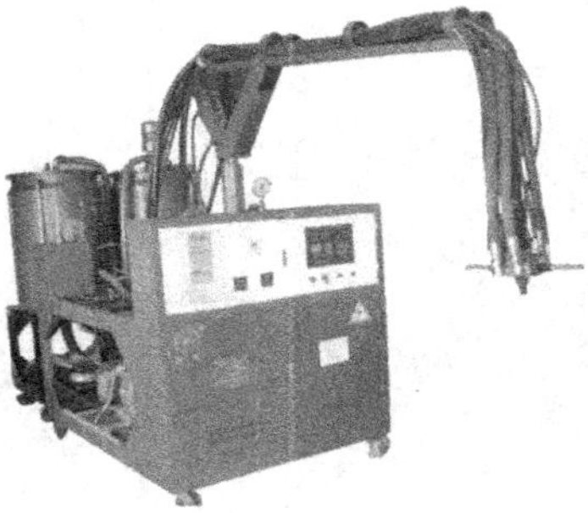

图 11-28　气压式浇注机

图 11-29　底注式浇注机

连铸工艺路线图如图 11-30 所示。与传统的“模铸-开坯”工艺相比，连铸机械具有如下突出的优点：简化了生产金属坯件的工艺流程，节约了大量的能源；由于能在一个机组上连续浇注出金属坯，可以提高金属收得率达 7%～8%，成材率提高 10%～15%，成本还可以降低约 10%～12%；采用了计算机自动控制，实现连续生产，从根本上改变了工人劳动条件，生产率相应得到提高。由于连铸的优越性，许多钢厂纷纷采用连铸取代模铸工艺，并出现了连铸车间。

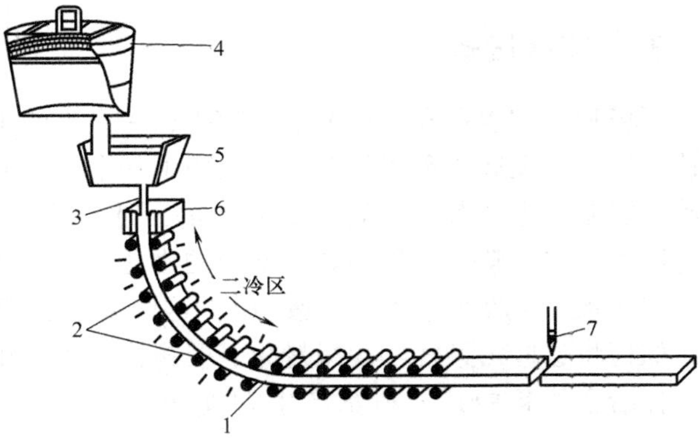

图 11-30　连铸工艺路线图

1—矫直辊　2—支撑辊　3—浸入式水口　4—盛钢浇包
5—中间包　6—结晶器　7—切割机

2. 锻造机

锻造机如图 11-31 所示。锻造是一种利用锻压机械对金属坯料施加压力，使其产生塑性变形以获得具有一定力学性能，一定形状和尺寸锻件的加工方法。通过锻造能消除金属在冶炼过程中产生的铸态疏松等缺陷，优化微观组织结构，同时由于保存了完整的金属流线，锻件的力学性能一般优于同样材料的铸件。相关机械中负载高、工作条件严峻的重要零件，除形状较简单的可用轧制的板材、型材或焊接件外，多采用锻件。

3. 轧制

图 11-31　锻造机

轧制是一种将金属坯料通过一对旋转轧辊的间隙（各种形状），受轧辊的压缩使材料断面减小，长度增加的压力加工方法，成形轧制如图 11-32 所示。这是生产钢材最常用的生产方式，主要用来生产型材、板材、管材，分热轧和冷轧两种。热轧是相对于冷轧而言的，冷轧是在再结晶温度以下进行的轧制，而热轧（图 11-33）则是在再结晶温度以上进行的轧制。

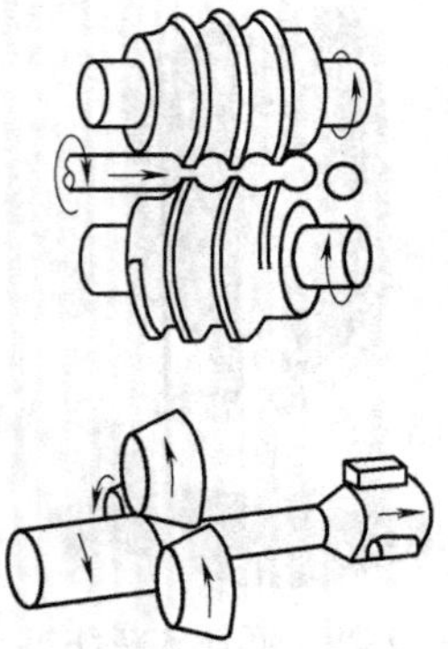

图 11-32　成形轧制

图 11-33　热轧

五、环保设备

环境是人类生存和发展的基本前提，为人类的生存和发展提供了必须的资源和条件。随着社会经济的发展，环境问题已经成为了一个不可回避的重要问题。冶金工业是一个开发金属矿产资源、生产各类金属产品原料的工业，冶金企业在生产过程中，需要处理大量的物料，这些物料在整个流程中具有不同的物理、化学状态，在冶炼提取主金属的同时，产生大量的“三废”（废水、废气、废渣）。这些废水、废气、废渣的排放将会造成严重的环境污染，如何将这些污染物实现减量化、资源化、无害化是当前冶金工作者的主要任务之一。

在冶金过程中，一般都产生烟气和烟尘。冶炼烟气的性质与冶炼工艺过程、设备及其操作条件有关，冶炼烟气的特点是烟气温度高，含尘量大，波动范围大，有些烟气还具有很高的湿度，并含有腐蚀性的气体（SO_2、SO_3）和有毒、有害气体。可根据烟气、烟尘的特性选择不同的除尘设备。一般冶金厂常采用的净化烟气的除尘设备如图 11-34 所示，根据除尘设备工作原理不同，可分为机械除尘、湿式除尘、过滤除尘、点除尘等。

图 11-34　除尘器

1. 机械除尘

机械除尘是利用机械力（重力、离心力、惯性力）将悬浮物从气流中分离出来，主要设备有沉降室、旋风除尘器等。这种除尘设备结构简单，气流阻力和功率消耗小，基建投资、维修费用都比较省，适于处理含尘浓度高及悬浮颗粒度较大的含尘气体。缺点是除尘效率不高，除不掉细微粒子。

1）重力沉降室。重力沉降室是利用含尘气流通过横断面比管道大得多的空间时，流速降低，尘粒在自身重力作用下自然沉降，落入灰斗的设备。

2）惯性力除尘器。惯性力除尘器是使含尘气流方向急剧变化或与挡板、百叶等障碍物碰撞时，利用尘粒自身惯性力从含尘气流中分离尘粒的设备。

3）旋风除尘器。旋风除尘器是使含尘气流旋转而产生离心力，利用气流的离心力将尘粒从含尘气流中分离出来的除尘设备。

2. 过滤式除尘器

1）袋式除尘器。净化气体时，使含尘气体通过一多孔织物，气体分子可以通过纤维间隙，悬浮的烟尘则通不过去而被截留下来。

2）颗粒除尘器。颗粒除尘器是一种用石英砂、河沙、焦炭、金属屑、陶粒、玻璃球等颗粒状物料构成过滤层的除尘器，能耐高温，不燃不爆，耐磨损。且滤料来源广，价格低，使用时间长，除尘效率高，捕集灰尘种类多，出尘效率受气温、气量、灰尘波动的影响小。

3. 静电除尘

静电除尘器基本上由两个部分组成，一部分为电器设备，将外线路所供给的交流电（380V）转变为高压直流电（45000 ~ 90000V）供给积尘室的电晕电极。另一部分为积尘室，由于电晕电极的放电，形成电场，将气体电离，使烟尘带电，从而在电场作用下将烟尘收集起来。

六、冶金机械发展趋势

以计算机技术以及人工智能技术为核心的信息化技术的发展，给冶金机械的发展带来了一种新的发展空间。针对国际冶金行业的发展趋势，我国冶金自动化发展趋势主要表现在以下几方面。

1）过程控制系统的发展。采用先进的电子数控技术和新型传感器技术、光机电一体化技术、软测量技术、冶金环境下可靠性技术等，实现冶金流程在线检测和监控系统。

2）冶金技术信息化发展。在工业生产控制中，网络就是中枢神经，对工业生产起到控制作用。在冶金工业中，以计算机技术为先锋的网络技术、电子数控技术、计算机仿真技术、多媒体技术、计算力学技术等在冶金流程中的应用实现集成模拟系统，通过人机交流，模拟钢铁生产全过程，进而推进冶金工业生产制造的智能化。

3）生产管理系统的发展。冶金工业的自动化不仅仅包括机械的自动化，也包括管理的自动化，这主要包括对生产进行相应的协调、对产品的质量进行严格的把关、对企业的资源以及能源的使用进行优化配置，提高能源的使用效率。通过管理的自动化，将企业的生产人员以及冶金机械设备进行有机地联合，使其有效地进行运作，从而保证整个企业的生产活动有条不紊地进行，提高人力资源、能源的使用效率，降低成本，提高产品的质量，从而使企业在激烈的竞争中占据优势地位。

第三节　石油矿山机械

一、石油机械

石油被称作工业的血液，石油在国民经济中有着举足轻重的地位。石油的钻采主要通过石油矿场机械来实现，主要设备包括：石油和天然气的钻井、采油（气）、运输用的设备、机械配件和工具。

按采钻环境的不同，石油矿场机械分为陆地石油钻采机械和海洋石油钻采机械。

1. 陆地石油钻采机械

陆地石油钻采机械按开采工序分为钻井机械、采油机械、修井机械和维持油井高产的压裂、酸化机械。

（1）钻井机械　指开发石油或天然气而钻探或打生产井的全套机械设备。石油钻井机（图 11-35）包括井架、绞车、动力机、泥浆循环系统、滑车装置系统、转盘、井口装置和电气控制系统。

图 11-35　钻井机

井架用于装置行车、游动滑车和大钩等，吊升其他重物上下钻台，悬挂井内钻具进行钻进。绞车安装在井架的钻台上，将动力机的动力传递到井口的转盘上，以带动钻具旋转钻进。它利用绞车卷筒上缠绕的钢绳带动游动滑车系统进行卷扬，起下钻杆、套管和吊升其他重物到钻台上。

动力机是钻井机械的动力源，可由柴油机、电动机和柴油机发电机组驱动。在超深井钻井时，已采用燃气轮发电机驱动和交流可控硅整流系统。泥浆循环系统包括泥浆泵、泥浆池、泥浆槽和管路循环系统等，用于清除井底岩渣和冷却钻具。

滑车装置系统由滑轮组、钢绳、大钩等组成，以起下钻具和进行卷扬工作。井口装置由套管头、油管头、防喷器和采油树组成。防喷器在钻井时用以控制井下高压油、气、水层，防止发生井喷或其他事故。采油树装设在井口的油管头上，由法兰盘、三通、四通接头、闸门及压力表等组成，作用是控制地下油、气藏，以便在合理条件下进行开采。

（2）采油机械　油井开采后地下油源逐渐消耗，油井不能继续维持自喷，需要用采油机械将油从地下抽出。采油机械有两种形式：有杆抽油设备由地面驱动设备［抽油机（图 11-36）］、井底工作机（抽油泵）和能量传递装置（抽油杆）等组成；无杆抽油设备有水电活塞机、电力离心沉没泵和振动泵几种。

图 11-36　抽油机

（3）修井机械　用于井下设备和井身的修理，包括修井机（图 11-37）和洗井机（图 11-38）。

（4）压裂、酸化机械　用于使油、气井增产。压裂是在油层渗透率低或天然气渗透率较差时将高压液体压入地层内，造成人工裂缝或扩展地层的原始裂缝，并用支撑剂（砂子或其他固体颗粒）填充裂缝，在靠近井眼地带造成高渗透区域，从而提高油气井产量。压裂机械包括压裂车、混砂厂、罐车和井口装置等。酸化是向井内注入酸液，利用酸对地层的浸蚀作用，提高油层渗透率而增加油气产量。也有用酸液压裂的，这种方法较单纯压裂或酸化具有更好效果。

图 11-37 修井机

图 11-38 洗井机

2. 海洋石油钻采机械

与陆地石油钻采机械相似，分为钻井装置和采油系统。

（1）海洋钻井装置 一般是在海洋钻井平台（图 11-39）上安装钻机和采油装置，并附有生活设施。平台有固定式和移动式两类。固定式平台只适于浅海钻井，有普通钢质导管架式、重力式、深水全钢结构式和腿柱张紧式四种。移动式平台也有四种形式：沉淀式、自升式、半潜式平台和钻井船。沉淀式平台的总高度（不包括井架）大于工作地区水深，其上为甲板，下为浮箱，中连管柱。钻井时向浮箱中注水，使沉垫下沉到海底；钻毕将浮箱中的水排出，使沉垫升起。吃水较浅的平台可以拖航，一般用在水深 20～30m 的海区。自升式平台周边有三个以上的桩脚，桩脚的高度大于工作区的水深，可升降和支于海底。钻井时将平台顶起高出海面；钻毕先将平台降到水面，收起桩脚便可拖航。半潜式平台的结构与沉淀式平台相似，高度（不包括井架）为 40～50m。它在 10～30m 的浅水区可支于海底工作；在 30～200m 的深海区可在半潜状态下工作，用锚系定位。钻井船形如普通船舶，一般用于水深 200m 以内的海区，浮在水面上工作，用锚系等方法定位。有的钻井船采用动力定位的先进技术，即不用锚系，而用一套声呐、电子和机械设备，自动测量和调节船位。

图 11-39 海洋钻井平台

海洋钻井装置与陆地钻井装置的区别是：前者由于钻深井和超深井，为便于向海底下沉特殊井口设备，多采用大直径转盘和可移动转盘；同时为适应波浪引起的船体（平台）升降运动，减少对钻杆柱的弯曲，采用具有万向铰接补心的转盘。

（2）海洋采油系统 分为纯平台采油、湿式海底采油、干式海底采油和平台与海底混合采油四种系统。使用纯平台采油系统时，在平台上钻出生产井后将钻机拆除，将采油设备安装在平台上。使用湿式海底采油系统时，将海底采油设备安装于一定水深的海底，并且直接与海水接触采油。使用干式海底采油系统时，也将采油设备安装在海底，但采油设备用外罩与海水隔开，处于罩中的采油设备密闭，保持在一个大气压中，与陆上的设备一样维护，但成本较高。使用混合采油系统时，将平台上的采油设备安装在平台甲板以下一定距离的海水中（或海底），而在平台上设置常规的采油树。

3. 石油设备的发展趋势

（1）钻井设备　钻井设备主要向大型化、撬装化、机电一体化方向发展，以适应深地层、低渗透率的沙漠油田和海上油田的需要。大力发展新型交流变频调速电驱动钻机；大力发展和推广顶部驱动装置系列；开发深井钻机用大功率新型柴油机；发展成套小井眼技术装备，包括钻机、钻头、工具和下井仪器；发展地质导向钻井技术与装备，开发斜井钻机、丛式井钻机以及用于定向井、水平井的井下钻具及测试仪器；发展套管钻井技术装备；完善固控、井控设备，发展密闭固控装置；发展超深井用的高强度、大规格三角股钢丝绳；加强钻头单元技术研究，发展各种新型钻头。

（2）采油设备　主要应满足超深井采油、二次采油、三次采油以及含水率高、黏度大、含蜡高，开采难度大的采油装备的需要。发展深井采油设备，包括大型、长冲程、低冲次抽油机，大排量抽油泵，连续抽油杆，耐高温电潜泵和井下采油螺杆泵；大力发展连续油管作业机，推广应用各种连续油管作业；发展注聚合物系列技术，研制聚合物驱采出液回注装备和聚合物回收装备；发展大排量注水精细处理装备和井下油水分离设备；发展大功率、高压、大排量压裂车，混砂车及其配套设备以及大型修井机；发展大排量的能将油气水一起举出的气举设备，井下无杆采油设备和稠油开采设备；开发采油气井井口装置用的井下安全阀。

（3）油田地面工程设备　研制高效输油泵和注水泵，发展新型高效高含水原油稳定脱水设备及污水处理和回注设备，研制多相流混输泵和多相流（油、气、水）计量设备，以适应海上边际油田、沙漠油田的混相输送，发展油气输送用高钢级埋弧直缝焊接钢管、耐高压玻璃钢管，并完善直缝套管系列产品。

（4）设备制造技术　采用CAD和CAM技术，提高设计、制造质量，应用制造资源计划（MRP－Ⅱ）为基础的工厂管理信息系统，并结合精益生产（Lean Production）、敏捷制造（Agile Manufacturing）和准时制造（JIT）等先进管理思想和管理模式，提高经济效益；应用计算机集成制造技术（CIMS），信息技术、网络技术，采用系统集成的方法，建立并行工程（CE）系统，缩短高技术、新产品的开发周期，提高市场竞争能力。

二、矿山机械

科技发展和工业进步，使得人类对各种类型的矿产资源，石油、煤炭、钢铁材料、有色金属，特别是稀有金属和贵金属等需求越来越大。矿山机械和冶金机械是矿产资源开采、提炼的主要装备。

矿山机械是指直接用于矿物开采和富选等作业的机械，包括采矿机械和选矿机械。探矿机械的工作原理和结构与采矿机械大多相同或相似，广义地说也是一种矿山机械。矿山作业中还应用大量的起重机、输送机、通风机和排水机械。

1. 采矿机械

采矿机械是直接开采有用矿物和开采准备工作所用的机械设备，主要有开采金属矿石和非金属矿石的采掘机械；开采煤炭用的采煤机械；开采石油用的石油钻采机械等。

采掘机械是主要用于井下和露天矿山开采的机械，包括钻炮孔用的钻孔机械；挖装矿岩用的挖掘机械和装卸机械；钻凿天井、竖井和平巷用的掘进机械等。

钻孔机械分为凿岩机和钻机两类，钻机又有露天钻机和井下钻机之分。凿岩机是用于中硬以上的岩石，钻凿直径为20～100mm、深度在20m以内炮孔的机械，按其动力不同可分为风动、内燃、液压和电力凿岩机，其中风动凿岩机应用最广。露天钻机按破碎矿岩的工作机构不同，分为潜孔钻机、牙轮钻机和旋转钻机。

掘进机械是利用刀具的轴向压力和回转力对岩面产生碾压作用，直接破碎矿岩的成巷或成井机械设备。所用刀具有盘形滚刀、楔齿滚刀、球齿滚刀和铣削刀具等。按掘进巷道的不同，又可分为天井钻机、竖井钻机和平巷掘进机。

2. 选矿机械

选矿是在所采集的矿物原料中，根据各种矿物物理性质、物理化学性质和化学性质的差异，选出有用矿物的过程。实施这种过程的机械称为选矿机械，选矿机械按选矿流程分为破碎、粉磨、筛分、分选和脱水机械。

分选机械按作用原理分为重力选矿机械、磁选机、浮选机和特殊选矿机械。分选机械中出现最早的是重力选矿机械，用于金属矿分选；第一台磁选机于1888年问世；浮选机出现较晚，第一台机械搅拌式的浮选机出现于1910年。

重力选矿机械是利用矿粒与矸石在密度和粒度上的差异，在运动介质中进行分选的设备，包括跳汰机、重介质选矿机和离心选矿机。

重介质选矿机是利用悬浮液或重液作为重介质，使矿粒与矸石分离。主要有重介质振动溜槽、重介质旋液器、斜轮重介质选煤机和立轮重介质选煤机。

离心选矿机是用于回收微细矿泥中的金属矿粒的机械，主要由主机与控制机构两部分组成。在主机锥形转鼓高速旋转所产生的离心力场中，重矿粒沉积到转鼓壁上成为精矿，轻矿粒附在精矿表面，受到流膜作用，排出转鼓，成为尾矿。

磁选机是利用各种矿物的磁性差异，借助磁力和机械力对矿物的作用进行分选的机械。磁选机由磁力系统、分选装置、给矿和排矿装置组成。磁选机种类很多，主要有永磁筒式磁选机、电磁平环强磁选机和高梯度强磁选机等。

3. 破碎机械

破碎机械常用的有颚式破碎机、旋回破碎机、圆锥破碎机、辊式破碎机和反击式破碎机等；粉磨机械中使用最广的是筒式磨机，包括棒磨机、球磨机、砾磨机和自磨机等；筛分机械中常用的有惯性振动筛和共振筛；水力分级机和机械分级机是湿式分级作业中广泛使用的分级机械。破碎作业常按给料和排料粒度的大小分为粗碎、中碎和细碎。碎石机如图11-40所示。

图11-40　碎石机

第四节　轻工机械

一、食品加工机械

1. 概述

食品加工就是把可以吃的东西通过某些程序，加工成更好吃或更有益的食品。将原粮或其他原料经过人为的处理过程，形成一种新形式的可直接食用的产品，这个过程就是食品加工。例如，将小麦经过碾磨，筛选，加料搅拌，成型烘干，成为饼干，就属于食品加工的过程，食品加工目前是一种专业技术。食品机械指的是把食品原料加工成食品（或半成品）过程中所应用的机械设备和装置。

食品工业的现代化水平，在很大程度上依赖于食品机械的发展及其现代化水平，离开现代仪器和设备，现代食品工业就无从谈起。食品工业的发展是设备和工艺共同发展的结果，应使设备和工艺达到最佳配合，以设备革新和创新促进工艺的改进和发展，以工艺的发展进一步促进设备的发展和完善。

2. 食品机械分类

食品机械按制品原料分类，有果蔬加工机械、畜牧产品加工机械等；按产品分类，有糕点机械、糖果机械、调味品加工机械、方便食品加工机械等。按功能分类，有物料输送机械，清洗、分选机械，分离机械、混合机械、预煮杀菌机械，油炸焙烤设备、浓缩设备，干燥机械、冷冻设备等。

（1）食品输送机　输送机械是现代化食品加工企业中不可缺少的设备。在食品的生产过程中、需要使用各种输送机械完成对食品原料、辅料、半成品和成品的运输，并将各生产环节衔接起来构成生产自动线，以减轻劳动强度，提高生产率，减少物料与外界接触，保证食品卫生。

输送机械按输送机械的工作原理，可分为连续式输送机械和间歇式输送机械两大类；按传送时的运动方式可分为直线式（图 11-41）和螺旋式（图 11-42）；按所传送的物料形态可分为团体物料输送机械和流体物料输送机械。为了达到良好的输送效果，应该根据物料性质、工艺要求、输送路线及运送位置的不同选择适当形式的输送设备。

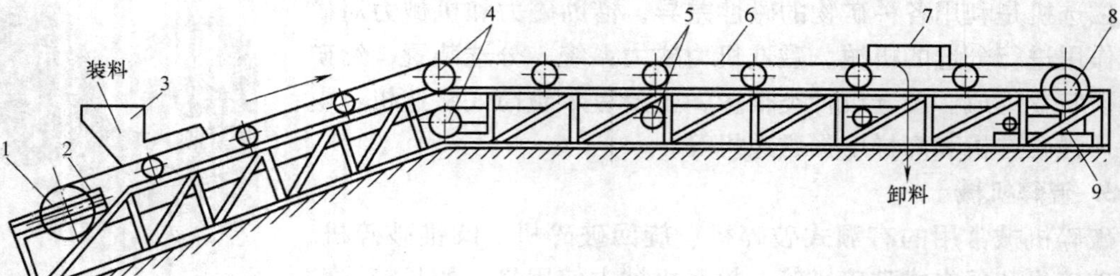

图 11-41　带式输送机

1—张紧滚筒　2—张紧装置　3—装料斗　4—改向滚筒　5—托辊
6—环形输送带　7—卸料装置　8—驱动滚筒　9—驱动装置

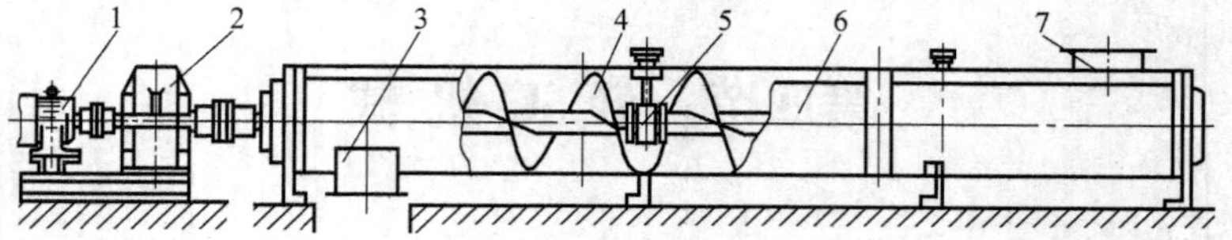

图 11-42　螺旋式输送机

1—电动机　2—减速器　3—卸料口　4—螺旋叶片　5—中间轴承　6—机槽　7—进料口

（2）清洗分选机械　食品加工原料在其成熟阶段以及运输、储藏过程中常常受尘埃、沙粒及微生物等污染，因此，在加工前必经认真清洗，并清除杂物及不合格部分，以便下道工序加工。但食品加工厂用的原料种类繁多，不同原料其性质差异甚大，同一种原料有不同的品种，而不同原料可以加工成不同的产品，同一种原料也可以加工成不同的产品。仅以罐头工厂而言，产品就有几千种，这就决定了清洗和原料处理机械设备的多样化和复杂性。

以全自动洗瓶机为例，全自动洗瓶机（图 11-43）的洗瓶方式有喷射式和浸泡喷射式两种。全自动洗瓶机主要由箱体式机壳，传动系统，数组输瓶链，数组驱动、张紧和改向链轮，预泡槽，洗涤剂浸泡槽，降温水箱，消毒水箱，水泵喷射装置，进、出瓶机构等组成。

图 11-43　全自动洗瓶器

（3）物料混合与搅拌　食品加工中的混合操作的目的主要是通过混合获得化学及物理均匀度，以得到要求的混合产品，例如，饮料、乳制品的配制，糖果、糕饼原料的配制，调味料的配制，营养强化处理，添加剂的配制等都需要经过混合才能获得质地均匀的物料。在食品加工中，根据被混合的物料性质和状态，将混合作业机械分成混合机、搅拌机等。

1）混合机：混合机的容器结构是固定的，物料依靠装于容器内部的旋转搅拌器的机械作用产生流动，在流动过程中发生混合。固定容器式混合机按搅拌机主轴的方向可分为固定式和转动式两种，如图 11-44 所示；搅拌构件的结构形式可分为螺带式、桨对式、螺旋式（固定螺旋、行星螺旋）等，如图 11-45 所示。

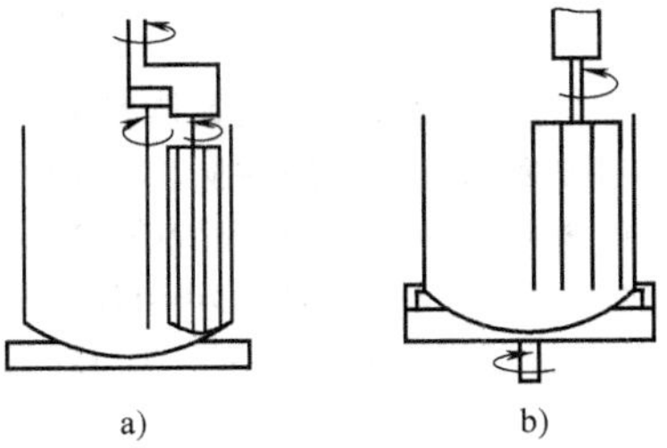

图 11-44　混合机
a）固定式　b）转动式

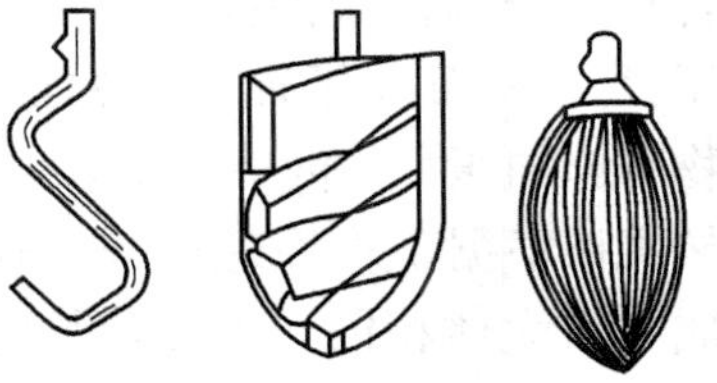

图 11-45　搅拌构件结构形式

2）搅拌机：在食品加工中，常见操作有乳液的混合、液体的换热、糖浆的制备、溶糖及打蛋等。通过搅拌机可以促进物料的传热，使物料温度均匀化，促进物料中的成分混合均匀。搅拌机的主要部件为搅拌桨叶。搅拌桨叶根据搅拌产生的流型分成轴向流动的轴流式桨叶和产生径向流动的径流式桨叶。根据桨叶的结构形式不同，可分为涡轮式、螺旋桨式搅拌器，如图 11-46 所示。

（4）皮壳剥离机械

1）剥壳机械：剥壳是带壳的物料，如坚果、油料、谷物等在加工前的一道重要工序。目前常用的剥壳方法有：碾搓法、摩擦法、撞击法、剪切法、挤压法、气爆法。

2）去皮机械：水果及块根、块芋类蔬菜的外皮在加工成食品之前，大多需要除去表皮。由于原料的种类不同，皮层与果肉结合的牢固程度不同，以及产品的不同，对原料的去皮要求也不同。果蔬去皮的基本要求是去皮完全、彻底，原料损耗少，制造果蔬罐头时常常对果蔬表面的形状有一定的要求。目前果蔬加工中常用的去皮方法为机械法去皮和化学法去皮。按去皮原理不同可分为机械刀削去皮、机械磨削去皮和机械摩擦去皮。摩擦去皮机如图 11-47 所示。

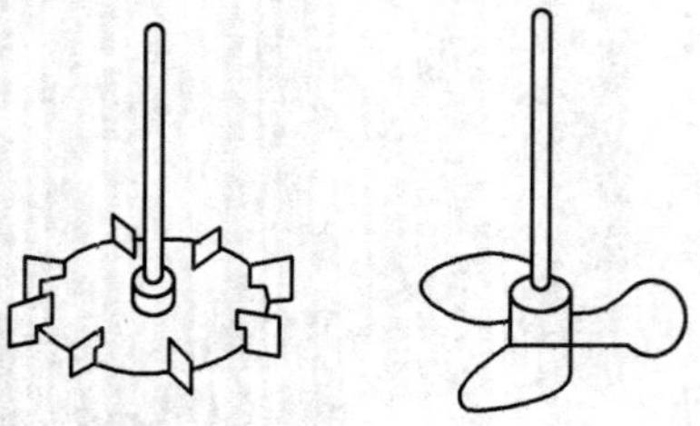

图 11-46　桨叶结构形式

a）涡轮式　b）螺旋桨式

图 11-47　摩擦去皮机

(5) 物料分离机械　与化工产品相比，食品物料在加工过程中一般仍具有一定的生物活性，它们往往对于外界环境相当敏感，加工过程也将对原料天然风味、营养成分产生影响，因此食品物料的分离技术更为复杂，对食品物料分离设备要求更高。

1）压榨机：压榨是通过压缩力将液体从液固两相混合物中分离出来的操作。在压榨过程中，将物料置于两个表面（平面、圆柱面或螺旋面）之间，对物料施加压力使液体释出。

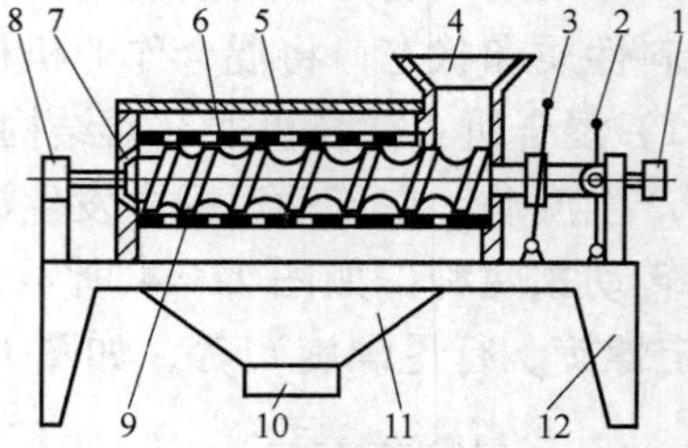

图 11-48　螺旋压榨机

1—传动装置　2—离合手柄　3—压力调整手轮　4—料斗　5—机盖　6—圆筒筛　7—环形出渣　8—轴承　9—压榨螺杆　10—出汁口　11—汁液收集斗　12—机架

压榨机械根据工作原理可分为很多种类，但其基本构成要素大体相同，主要包括喂料机构、压榨机构、分离装置、传动装置等。按操作方法压榨设备可分为螺旋压榨机（图 11-48）、辊式压榨机、离心压榨机、带式压榨机等。

2）过滤机：过滤是以某种多孔性物质为介质，在外力作用下使连续相流体在通过介质的孔道时截留分散颗粒，从而实现分离的操作。过滤分离在食品工业广泛应用于：滤饼过滤，如从饴糖液中脱去糖渣，葡萄糖、食用油脱色后滤去活件炭、漂白土的操作等；深层过滤，如从啤酒、果汁、牛奶、色拉油等液体中除去少量不溶性固体的过滤；膜过滤，采用膜材料，从液体中除去少量极细小质点的过滤，如从汽水、果汁中除去少量的微生物的过滤。过滤片如图 11-49 所示。

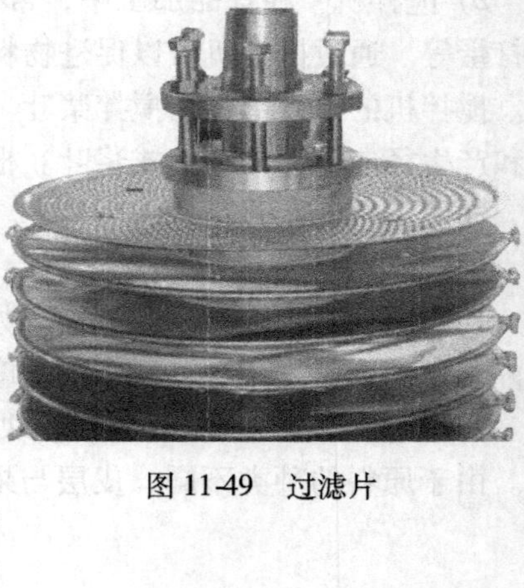

图 11-49　过滤片

(6) 成形机械　食品成形是面食、糕点和糖果加工生产中的主要操作，通常用来进行形状整理、夹馅等操作。食品成形机械种类繁多，有辊制成形机、冲制成形机、挤出成形机、揉制成形机、包馅成形机和浇注成形机等。

1）辊压成形机按照装配形式分为：立式辊压机和卧式辊压机。

立式辊压机的轧辊呈水平配置，借助重力进行物料的传送，有两辊压片机、四辊压片机及立式辊压折叠机。立式辊压机占地面积小，压制面带层次分明、厚度均匀，工艺范围较宽，但结构复杂。

卧式压辊机的轧辊在机架上呈上、下布置，物料呈水平方向传送。分为间歇卧式辊压机和连续卧式辊压机。连续卧式辊压机是一种新型高效辊压机，是饼干、起酥生产线中的关键设备。

2）辊印成形机：利用表面制有印模的转辊制取成型产品，主要由成型脱模机构、生坯输送带、面屑接盘、传动系统及机架等组成。

3）辊切成形机：包括面条辊刀（图 11-50）、辊切饼干成形机（图 11-51）等。

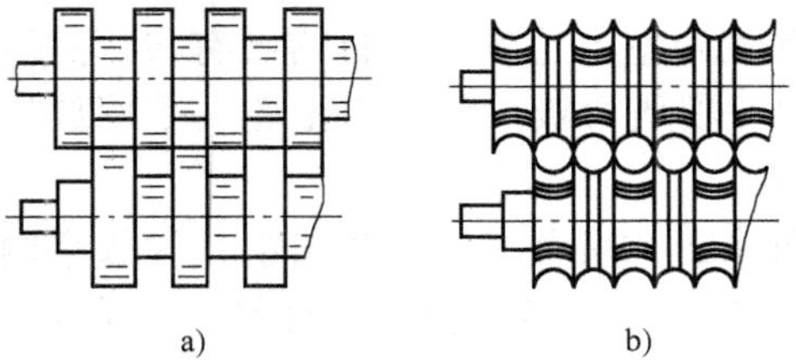

图 11-50　面条辊刀

a）方形刀　b）圆形刀

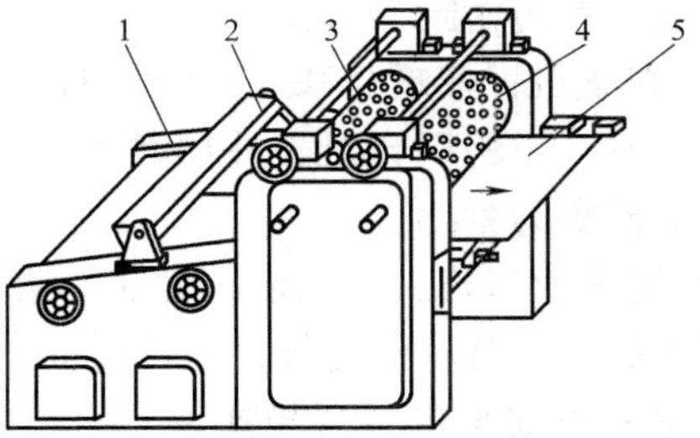

图 11-51　辊切饼干成形机

1—机架　2—撒粉机　3—印花辊　4—切块辊　5—帆布脱模带

包馅机械专门用于生产各种带馅的食品。带馅食品一般由外皮和内馅组成，外皮由各种材料的面团压制而成。由于充填的物料不同以及外皮制作和成形的方法不同，包馅机械的种类甚多。

（7）真空操作　食品工业中通常用真空泵来获得真空，常用真空泵有：

1）活塞式真空泵。可获得 1MPa 的极限真空，一般用于食品的真空浓缩和真空干燥。

2）水环式真空泵。其极限真空在 0.67 ~ 16.00kPa，可抽吸带水蒸气的气体，用于真空封口、真空浓缩等操作。

3）旋片式真空泵。可获得 0.013Pa 以下的真空，也可用作其他高真空设备的前级泵，用于食品冷冻干燥装置的真空系统。

4）水力喷射泵。可获得 80 ~ 96kPa 的真空度，在浓缩装置中使用时可起到抽气和冷凝水气的作用。

（8）制罐机械　制罐是将镀锡薄钢板制成盛装食品的金属包装容器的过程，包括切板、制盖、制罐身、翻边、封口、检漏、码垛等。相应的机械有切板机、制盖设备、罐身制造机械、翻边机、封罐机、封口机等。

1）切板机：已由传统的闸刀式发展成纵、横连续切铁的圆刀式双向切板机。用这种切板机制作的条板精度高、边缘无毛刺，尤其适合于电阻焊罐身机的要求。

2）制盖设备：主要由波形压力切板机、自动冲床、圆盖机、注胶机、罐盖烘干机组成。波形压力切板机将镀锡板边缘冲成波形，使冲切的底盖在两条波形板之间交叉排列，以提高材料的利用率。冲制底盖的自动冲床常采用双冲头的模具。由于冲床冲制的罐盖的边与盖面是垂直的，为了使罐身能顺利地进行封口，须用圆盖机将罐盖的盖边向盖面中心弯曲50°左右。罐盖注胶机和烘干机系将液状橡胶注入罐盖钩边，经烘干后成为具有一定硬度、弹性和韧性的密封填料，以保证罐盖和罐身卷边封口后完全密封。

3）罐身制造机械：罐身制造过程包括切角、切缺、两端端折、成圆、钩接、踏平、锡焊等多项操作步骤。将上述工序集于一机自动连续完成的即为罐身联合制造机，在20世纪40～70年代为制罐厂普遍采用。20世纪70年代开始，制罐技术逐步以熔焊（电阻焊）技术取代锡铅焊接罐，不仅避免了铅锡料中铅的污染，保证了食品的卫生要求，而且提高了焊缝强度和罐身质量，简化了制罐工艺，提高了生产效率，节约了原材料，一般焊接速度为15～25m/min。由于电阻焊需要昂贵的变频装置和纯铜作为中间电极，因此，目前已开始研究用激光焊接技术来制造罐身。

4）翻边机：通过翻边模的冲压作用将焊接后的罐身两端的边缘适当翻出，以便于罐身和罐盖进行卷边密封的机械。

5）封罐机：使罐身和底盖卷封的机器。通常采用两重卷边操作。目前已有将罐身翻边和封口作业合一的组合机，并用具有一定沟槽形状的硬质弯板代替封口滚轮，采用旋压翻边，使机构更为紧凑。

6）实罐封口机：对已装填食品的罐头容器施行密封的机器。为了尽可能地除去罐内顶隙间和食品本身含有的空气，在密封前须进行排气。通常采用真空排气或喷射蒸汽排气。

3. 食品加工业的发展与前景

食品工程是年轻的技术学科。它广泛地汲取其他工业部门的最新成就，并结合食品加工的特点而不断加以完善和发展。新出现的加工技术，如无菌包装、蒸煮挤压技术、冷冻浓缩和超滤技术，已将传统的加工概念加以更新。这些技术为缩短食品链、减少食品污染和最大限度地减少食品中营养成分的损失起了重要作用。尤其是蒸煮挤压技术，它把食品混合、加热、冷却、剪切和成形等多道工序集于一机，在无污染物排出的情况下，完成了食品的高温短时灭菌和蒸煮。

食品工程的进一步发展，将着重解决以下问题：①用新的包装手段和装备改善食品包装，提高食品保藏性能和货架寿命；②完善蒸煮挤出技术、无菌包装技术等新兴技术；③研究合理的节能装置以降低冷冻食品和冷冻干燥食品的成本；④用生物方法解决食品生产中排污问题；⑤提高自动化程度，防止食品污染，保证食品安全质量；⑥食品工程单元操作的最优化及计算机的应用。

二、印刷机械

雕版印刷术（图11-52）是人类历史上最早的印刷术，发明于公元7世纪的中国，即唐朝经济文化最发达的时期，后来活字版的发明是印刷术发明后的第二个里程碑。印刷术从发明至今，已成为当代社会不可缺少的行业，是人类文化、信息交流的有力工具，是促进社会文明发展的重要手段，被称为“文明之母”。

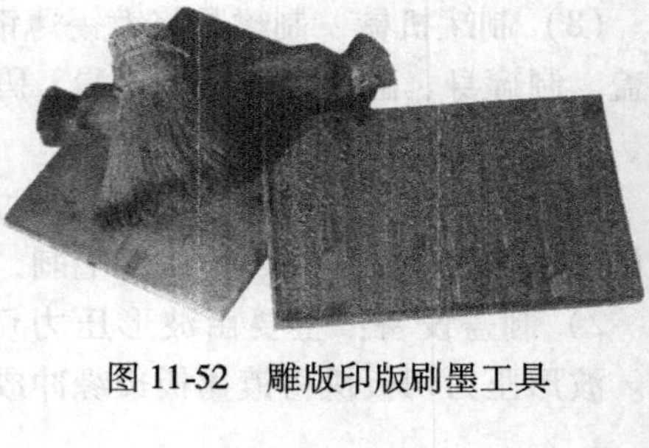

图11-52　雕版印版刷墨工具

印刷技术已在各方面都取得了巨大的发展，设备越来越精密，速度越来越快，质量越来越高，印刷的范围也越来越广，书刊、报纸、图书、杂志、资料、图片、地图、货币、单据、商标、电路板等无一不是印刷产品。在不同的时期，印刷有不同的含义，有传统印刷和广义印刷之分。早期的印刷就是利用一定的压力使印版上的油墨或其他粘附性的色料向承印物上转移的工艺技术。广义的印刷是使用印版或其他方式将原稿上的图文信息转移到承印物上的工艺技术，也就是说，印刷是对原稿上图文信息进行大量复制的技术。

1. 印刷机械的产生与发展

印刷机械的发展与印刷技术的发展紧密相关。北宋庆历年间（1041—1048 年）毕昇发明了泥活字印刷技术（图 11-53），早于德国谷腾堡的活字技术四百多年。泥活字印刷技术既继承了雕版印刷的优点，又开创了新的印刷技术。传到西方后，受到使用字母文字国家的欢迎，并不断改进，逐渐成为世界范围内占统治地位的印刷方式。

初期的活字印刷技术是预先制成单个活字，然后按照付印的稿件，捡出所需要的字，排成一版印刷。采用活字印刷，一书印完之后，版可拆散，单字仍可再用来排其他的书版，这种技术直到现在也是世界上生产书籍、报纸、杂志的技术之一。

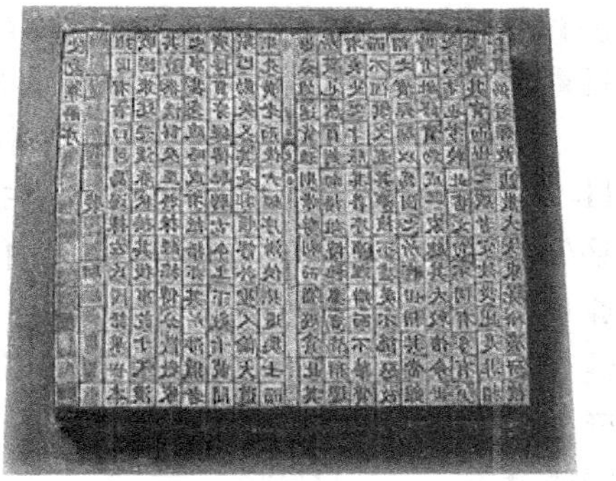
图 11-53 泥活字版（模型）

活字技术产生的时期，正是雕版印刷的繁荣昌盛期，发展缓慢。到元代，农学家王祯看到这一新技术的力量，并对活字、字盘进行了改进，字盘为圆盘状，分为若干格，活字选用木活字，字模依韵排列在格内。字盘下有立轴支撑，立轴固定在底座上。排版时两人合作，一人读稿，一人则转动字盘，方便地取出所需要的字模排入版内。印刷完毕后，将字模逐个还原在格内。

在西方，1439 年德国的谷腾堡制作了木制凸版印刷机，这种垂直螺旋式手扳印刷机虽然结构简单，但却沿用了 300 年之久。1812 年，德国的柯尼希制成第一台圆压平凸版印刷机；1855 年，法国人稽录脱氏（M · Gllot）用照相术制作锌版，发明了平版照相金属锌版。1882 年，德国人麋生白克（Meisenbach）发明了照相网目版，使照相制版术可以制作带有浓淡层次的图画，将照相制版术乃至包括平、凸、凹印在内的整个印刷术大大地向前推进了一步。后来先后出现了六色轮转印刷机、胶版印刷机软凸版印刷、孔版印刷、静电印刷、喷墨印刷等也得到了发展。

2. 印刷机械的分类

印刷机按印版形式分为凸版、平版、凹版和孔版印刷机；按装版和压印结构分为平压平式、圆压平式和圆压圆式印刷机。按在印刷工艺流程中的位置可分为：印前设备，如扫描仪、激光计算机直接制版机、打印系统等，印刷设备和印后设备，如裱纸机、覆膜机、平压模切机等。

（1）凸版印刷机　凸版印刷机是历史最久的印刷机，它印版表面的图文部分凸起，空白部分凹下。工作时，表面涂有油墨的胶辊滚过印版表面，凸起的图文部分便沾上一层均匀的油墨层，而凹下的空白部分则不沾油墨。压力机构把油墨转移到印刷物表面，从而获得清晰的印迹，复制出所需的印刷品。现代凸版印刷机如图 11-54 所示。

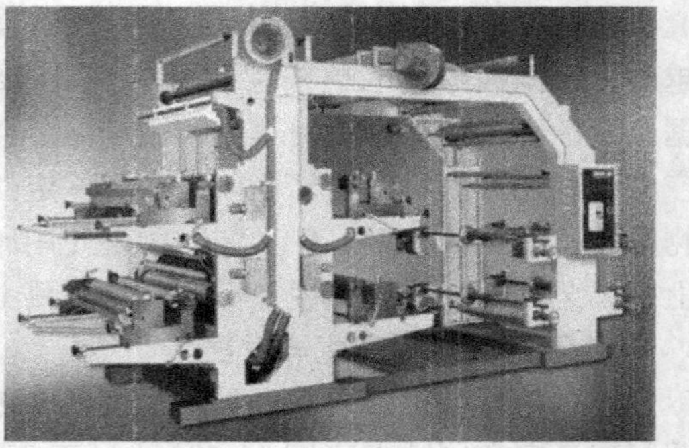

图 11-54　现代凸版印刷机

凸版印刷机主要有平压平、圆压平和圆压圆三种形式。平压平凸版印刷机又称平压印刷机，装置印版的版台和压印机构均为平面，印版与压印平板全面接触，机器一次所承受的总压力比较大，相对压印时间较长。这种印刷机要求印版和压印平板平整，印刷幅面不大。圆压平凸版印刷机又称平台印刷机，它装置印版的版台为平面，而压印机构则为圆形滚筒。工作时，版台往复运动，印刷速度受到一定限制，产量不高。圆压圆凸版印刷机又称轮转印刷机，它装置印版的版台和压印机构均为圆形滚筒。压印滚筒带着印刷物运动，并与印版滚筒互相接触。压印滚筒和印版滚筒连续不断地飞速旋转，生产效率较高。其印刷材料较多，甚至包括聚乙烯、聚丙烯塑料袋，玻璃纸等食品纸包装，超市手提袋、服装袋等包装材料。

图 11-55　对开多色平版印刷机

（2）平版印刷机　平版印刷机（图 11-55）印版表面的图文部分与空白部分几乎处在同一平面上。它利用水、油相斥的原理，使图文部分抗水亲油，空白部分抗油亲水而不沾油墨，在压力作用下使着墨部分的油墨转移到印刷物表面，从而完成印刷过程。

采用间接印刷法以后，平版印刷机发展迅速，品种较多，如办公用的微型胶印机，大型、多色、高速的书报杂志胶印轮转机，用于平张纸的或卷筒纸的、单面印的或双面印的平版印刷机。其中单色胶印机和卷筒纸胶印机具有代表性。平版印刷机已广泛采用电子计算机控制装置，技术上日趋先进。制版设备也已运用电子分色机，并广泛采用预涂感光版。

图 11-56　电脑凹版印刷机

（3）凹版印刷机　凹版印刷机（图 11-56）的主要特点是印版上的图文部分凹下，空白部分凸起，与凸版印刷机的版面结构恰好相反。机器在印单色时，先把印版浸在油墨槽中滚动，整个印版表面遂涂满油墨层。然后，将印版表面属于空白部分的油墨层刮掉，凸起部分形成空白，而凹进部分则填满油墨，凹进越深的地方油墨层也越厚。机器通过压力作用把凹进部分的油墨转移到印刷物上，从而获得印刷品。

3. 印刷机械的发展趋势

现代的印刷机械正进一步朝着高速、高效、高质方向发展，大型、多色、多功能，以及自动化、联动化、系列化的机种和机型，也与日俱增。随着近十几年来电子、激光、计算机等技术不断向印刷领域的扩展，以及高科技成果在印刷领域中的应用，已经出现并继续发展着许多如激光打印、数字印刷、喷墨打印等无需印版和印刷压力的数字化印刷方式。

三、纺织机械

人类用天然纤维作原料纺纱织布，早于文字的发明。中国在春秋战国时已经使用手摇纺车纺纱，到了宋代已经发明了30多个锭子的水力大纺车。1769年英国人理查德·阿克莱特制造了水力纺纱机。1779年英国人塞缪尔·克朗普顿发明了走锭纺纱机。传入美国后，1828年美国人J·索普发明了环锭纺纱机，因采用连续纺纱使生产效率提高数倍。中国战国时期的织机已经运用了杠杆原理，以脚踏连杆完成纺纱。1733年英国人约翰·凯伊发明了飞梭，打击梭子，使其高速飞行，织机生产率得以成倍提高。1785年英国艾德蒙特·卡特莱特发明了动力织机，同年英国建成世界上第一个用蒸汽机为动力的棉纺织厂，是纺织工业由工场手工业向大工业生产过渡的一个转折点。人类社会的进步和人口的增加，促进了纺织工业的发展，相应地推动了纺织机械的改进。

19世纪末人造纤维问世，拓宽了纺织机械的领域，增添了化学纤维机械的门类。人们对合成纤维需要的增长，推动了合成纤维纺丝设备向大型化（纺丝螺杆直径达200mm，单台纺丝机的日产量达到100t）和高速化（纺丝速度达3000～4000m/min）方向发展。世界合成纤维工业发展最快的国家，几乎在5～6年内设备更新一次，机台数量在10年内就增长1倍。近20年来的纺纱织造设备，为适应化学纤维纯纺或与天然纤维混纺作了不少局部改进，如扩大牵伸机构的范围、消除纤维上静电等。在染整方面发展了高温高压染色设备、热定形设备、树脂整理设备以及松式整理设备等。

人类用传统方法纺纱织布，已有6000多年的历史。至今根据传统原理设计的纺纱织布机器，仍是世界纺织工业的主要设备。但是20世纪50年代以来，已经创造出一些新的工艺方法，部分地取代了传统方法，以高得多的效率生产纺织物，如转杯纺纱、无纺织布等。新的工艺方法孕育着新的纺织设备，新的纺织设备成熟与推广，又促使纺织工业进一步向前发展。

目前，全球纺织机械的二分之一在中国。我国对纺织机械的需求大部分是在东部地区，特别是在浙江、江苏、山东、广东及福建等省，而这些地区的销售总额又占到了全国销售总额的70%左右。以中国为首的东南亚地区，已成为世界最大的纺织机械市场，而我国也成为东南亚主要的纺织机械生产基地和贸易中心。

1. 纺织机械分类

纺织机械涵盖了从纤维制备到服装成形过程中的所有加工设备，具体包括化纤机械、纺纱机械、织造机械、针织机械、染整机械、服装机械及纺织器材等几类。纺织机械与产业链图如图11-57所示。

（1）纺纱机械　把纺织纤维加工成纱的过程称为纺纱，其过程是由所用纤维原料的基本特性及成纱的用途要求决定的。按照加工原料的不同，纺纱工艺系统一般可分为棉纺、毛纺、麻纺、绢纺等系统。

纺纱是使纤维由杂乱无章的状态变为按纵向有序排列的加工过程。纺纱前，纤维原料经过初步加工去除了大部分杂质，但纤维的排列仍是杂乱无章的，每根纤维本身既不伸直也没有一定方向，因此要经过开松、梳理、并条、粗纱、细纱、纱线等基本过程，才能使纺出的纱线符合后道工序的加工要求。

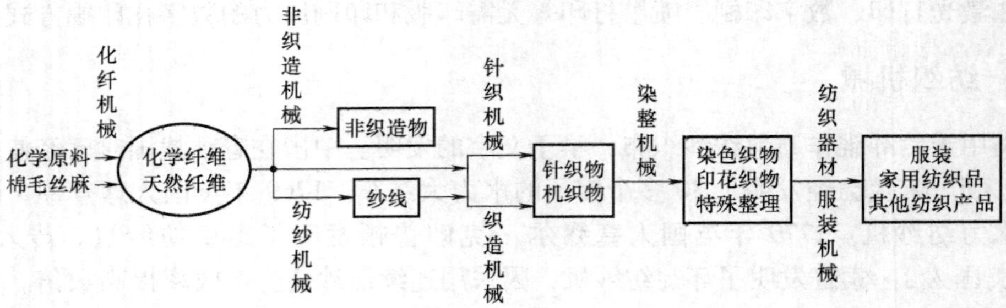

图 11-57　纺织机械与产业链图

纺纱的生产工艺流程主要包括抓棉机、混棉机、开棉机、清棉成卷机、梳棉机、精梳机、并条机、粗纱机、细纱机以及络筒机等机械设备。

1）开、清棉机。由于纺纱生产使用的原料范围广、性能差异大，开、清棉工序是纺纱生产的第一步，主要完成短纤维的喂入、开松、除杂及混合。

2）梳棉机。经过开、清棉工序的加工，棉卷或纤维流中的纤维多数呈松散棉块、棉束状态，并含有较小的带纤维或熟附性较强的杂质和棉结，需采用梳棉机做进一步处理，梳棉机如图 11-58 所示。

3）精梳机（图 11-59）。精梳准备工序所用的各种机器是按工艺进行组合的，一般应以工艺流程短、纤维伸直效果好、不粘卷为前提。目前，常用的准备机械工艺流程有：梳棉棉条→并条机→条卷机（条卷工艺），梳棉棉条→条卷机→并卷机（并卷工艺）；梳棉棉条→预并条机→并条机联合机（条并卷工艺）三种。

图 11-58　梳锦机

图 11-59　精梳机

4）并条机。生条的纤维经过初步定向、伸直，具备了纱条的初步形态，但是不均匀，生条内纤维排列紊乱，大部分纤维成弯钩状态。如果直接用生条纺纱，成纱的质量偏差及质量不匀率难以控制，细纱质量差。因此，需将梳棉生条并合，以改善条干均匀度及纤维状态。并条机可实现并合、牵伸、混合、成条的操作。

5）粗纱机：由熟条纺制成细纱，约需 150 倍的牵伸，而目前普通细纱机尚未达到采用熟条直接成纱的要求，所以在并条工序与细纱工序之间需要粗纱工序来承担纺纱过程中的一部分牵伸，以减轻细纱机的牵伸负担。粗纱工序任务为牵伸、加捻、卷绕成形。根据粗纱机的结构和作用，全机可分为喂入、牵伸、加捻、卷绕成形等部分。

6）细纱机：细纱工序是纺织厂的一个重要工序，并且纺纱厂的规模就是以这个工序所拥有细纱机的总锭数来表示的。在一般的纺纱工艺流程中，细纱工序前有开、清棉、梳棉、并条、粗纱工序，后有络筒、并纱、捻线、成包等工序，这些工序所采用的设备，都是根据细纱机产量来配备的。细纱机产量的高低、产品质量的好坏，是纺纱厂生产技术管理优劣的综合表现。细纱机的工艺目的就是把粗纱纺成细纱，其工序任务与粗纱工序相似，亦为牵伸、加捻、卷绕成形。

7）络筒机：络筒是纺纱后加工和织前准备的重要工序。络筒工序的作用可以概括为以下两点：首先将原纱（或长丝）制成容量较大的筒子，提供给整经和针织机的供纬；再清除纱线上的某些疵点、杂质，以改善纱线品质。

络筒机卷绕机构的作用是使纱线以螺旋线的形式均匀卷绕在筒管表面而逐渐形成筒子卷装。经过络筒制成的筒子可分成有边筒子和无边筒子两大类，每一类又可分为若干种，筒子的卷绕形式如图 11-60 所示。

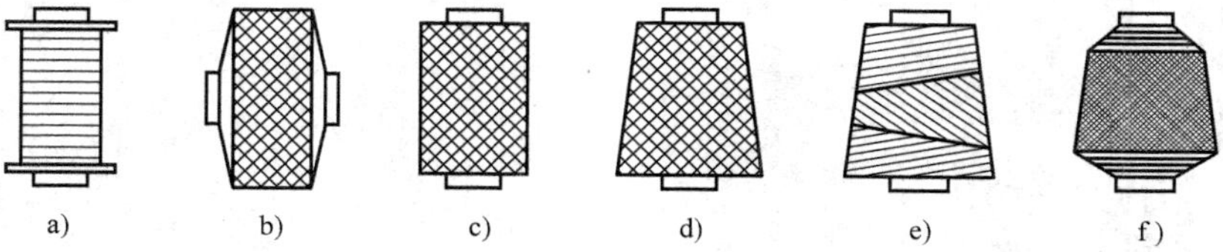

图 11-60　筒子的卷绕形式

a）有边筒子　b）圆柱形筒子　c）圆柱形筒子　d）圆锥形筒子
e）圆锥形筒子（紧密卷绕）　f）三圆锥形筒子

（2）织造机械　纺织品按其形态可分为纱、线、绳、平面织物、三维织物等。平面织物按其生产方式又可分为机织物、针织物、非织造物及编织物。其中，机织物历史悠久，在现代纺织品中占据着重要的比例和地位。机织物生产的工艺流程包括织前准备、织造及织物整理三个部分。织机是织造生产中的主要机械，设备的数量最多，其主要特性和技术水平对织造生产有着决定性的影响。

1）整经机。整经机（图 11-61）是将一定根数的经纱从筒子上同时引出，形成张力均匀、互相平行排列的经纱片，并按规定的长度和宽度平行卷绕到经轴或织轴上的机械。织造生产中的整经工序，根据不同的纱线种类和工艺要求，可分别采用分批整经、分条整经、分段整经及球经整经等方式。

图 11-61　整经机

2）浆纱机。浆纱工序包括调浆和上浆两部分。调浆前先要根据经纱情况和织物品种合理地选用浆料，确定浆液配方和适宜的上浆率，然后调制浆液。上浆就是把一定量的浆液粘附在经纱上，经烘燥后形成浆膜。浆纱机（图 11-62）有多种分类方法，按原纱品种分，有短纤纱用、长丝用及色纱用三种浆纱机；按烘燥方式分，有热风式、烘筒式及热风烘筒联合式三种浆纱机；按上浆方式分，有单浆槽、多浆槽以及单浸单压、单浸双压、双浸双压等。加压机构的形式有机械式、液压式和气动式三种。

3）织机。织造过程是指两组纱线按一定的组织规律交织形成织物的过程的；而织物是由两组相互垂直的纱线交织而成的。实现织造过程所使用的机器称为织机。根据引纬方式的不同，织机可分为有梭织机和无梭织机两大类。

无梭织机的引纬方式多种多样，有喷射（喷气、喷水）引纬、剑杆引纬、片梭引纬以及多梭口（多相）引纬等。喷射引纬是利用气流和水流带引纬纱穿越梭口，喷水织机如图11-63所示；剑杆引纬是运用刚性或挠性的剑带夹持、导引纬纱；片梭引纬则是以带夹子的小型片状梭子夹持纬纱，投射引纬；多梭口引纬可以在织机上同时形成多个梭口，并用多个引纬器将纬纱引入梭口，这是一种低速高效的引纬方法，前景较为广阔。这些方法的基本特点是将纬纱卷装从梭子中分离出来，或者是仅携带约相当于一次引纬长度的纬纱，以小而轻的引纬器代替了大而重的梭子，相应地也降低了梭口的高度，为高速引纬提供了有利的条件；在纬纱的供给上，又可直接采用筒子卷装，使织机摆脱了频繁的补纬动作，对于少出疵点、改进织物质量以及提高织机的效率具有重要的意义。

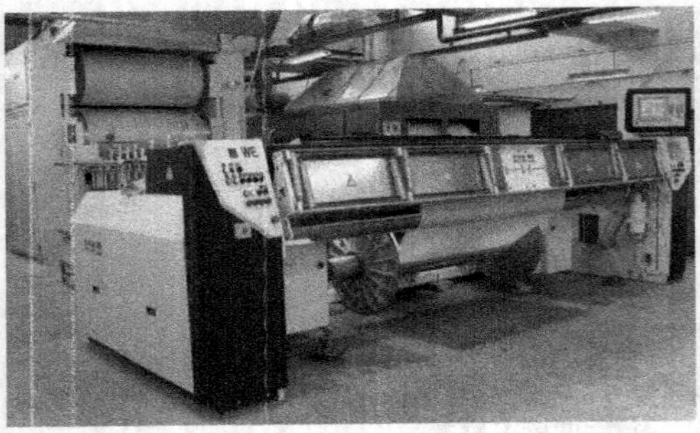

图 11-62　浆纱机

图 11-63　喷水织机

（3）针织机械　针织是利用织针将纱线弯曲成圈，并相互串套连接而形成织物的工艺过程。根据编织方法的不向，针织生产可分为纬编和经编两大类。纬编针织是将纱线由纬向喂入到纬编针织机的织针上，使纱线顺序地弯曲成圈并相互串套而形成纬编针织物。经编针织是采用一组或几组平行排列的纱线，于经向喂入到经编针织机的织针上，同时弯纱成圈，并在横向相互连接而形成经编针织物。针织方法如图11-64所示。

针织机的分类方法有很多，按生产工艺类别可分为经编针织机与纬编针织机；按针床数量可分为单针床针织机和双针床针织机；按针床形式可分为回型针织机和平型针织机；按使用织针的类型可分为钩针机、摆针机及复合针机。针织机主要由给纱（纬编）或送经（经编）机构、编织机构、针床或梳栉横移机构（横机或经编机）、牵拉卷取机构、传动机构及辅助机构等组成。横向针织机如图11-65所示。

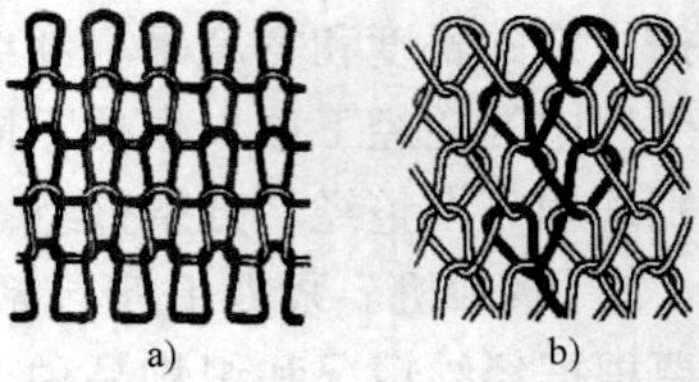

图 11-64　针织方法

a）纬编针织物　b）经编针织物

针织圆纬机如图11-66所示，是一种生产纬编针织物的针织设备，人们习惯称之为“针织大圆机”。它产量高、变换花色品种快，实用性强、工艺流程短。该设备上已广泛使用了电子技术，实现了机电一体化。电子技术主要用于针织面料的花纹设计、电子选针提花、调线控制编织横条、控制三角自动调节面料密度、声光停机显示、电脑控制自动加油、显示面

图 11-65　横向针织机

图 11-66　针织圆纬机

料的线长和克重等。

（4）染整机械　染整是指纺织品通过浸轧、洗涤、烘燥、蒸化等物理化学方法进行加工处理，使其具有多种附加功能的加工过程。在实际生产、生活中，几乎所有纺织品都需经过染整加工后才能满足服装、装饰，工业及国防对其性能、质量的要求。随着人民生活水平和社会生产水平的不断提高，科技水平的不断进步，纺织品染整不断被赋予更新、更丰富的内容。染整机械是为满足染整生产的技术和经济要求而设计制造的，是纺织品质量、产量、生产成本的根本保障。性能优良的染整机械是印染新技术、新工艺应用的技术保证，也是染整企业创造良好经济效益的必要条件。纺织品染整加工通常包括预处理、染色、印花及后整理等内容，对于不同的纤维原料、织物组织结构、规格以及成品用途和要求，其染整加工工艺流程和使用的设备也不同。

染色是把纤维制品染上颜色的加工过程，借助染料与纤维发生物理或化学的结合，或者用化学的方法在纤维上生成颜色，使整个纺织物色泽均匀且有一定色牢度。染色是在一定温度、时间、pH 值以及染色助剂等条件下进行的。为满足各种染整生产工艺的要求，染整机械的数量和种类都非常多，根据设备功能的不同，通常将其分为通用单元机、通用装置、练漂机械、染色机械（图 11-67）及整理机械等。

图 11-67　染色机械

（5）化学纤维机械　化学纤维按原料的不同可分为再生纤维和合成纤维两大类。再生纤维是用天然高分子化合物为原料，经化学处理和机械加工而制得的纤维；合成纤维是用石油、天然气、煤及农副产品等为原料经一系列化学反应，合成高分子化合物，再经加工而制得的纤维。根据大分子的化学结构，合成纤维又可分为杂链纤维和碳链纤维两类。杂链纤维的大分子主链中除碳原子以外，还含有氮、氧等其他原子；碳链纤维的大分子主链则纯由碳链所组成。

虽然化学纤维的纺丝方法和相应的设备很多，但应用比较广泛的是湿法纺丝设备和熔体纺丝设备两大类。湿法纺丝设备由于纺丝品种不同设备也不同，即使同一品种，也出于溶剂不同、腐蚀性不同，设备使用的材料也不相同，因而较难相互通用，而且湿法纺丝工艺路线长、设备复杂，因而湿法纺丝的合成纤维的发展受到影响，产量远不及熔体纺丝类的合成纤维；熔体纺丝机械大部分都可以通用，纤维性能优良，产量大，机械的加工速度高，因而发展很快，应用最广泛。

熔融纺丝成形机械如图 11-68 所示，包括纺丝箱和冷却吹风装置。由螺杆挤压机制得的高温高压熔体，经过弯管或波纹管（高速纺时中间加装静态混合器、预过滤器等）流入纺丝箱，由纺丝箱中的熔体分配管均匀分配到各纺丝部位，每个纺丝部位均有计量系和纺丝组件，经过精确计量和精细过滤后，在喷丝板微孔中喷射成熔体细流，最后在由冷却吹风装置提供的冷却条件下固化成丝条。

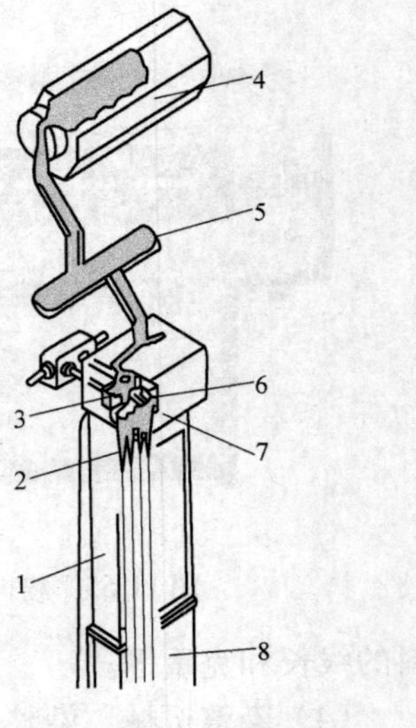

图 11-68　熔融纺丝成形机
1—侧吹风箱　2—固化丝束　3—计量泵　4—螺杆挤出机　5—熔体管路　6—喷丝头及组件　7—纺丝箱　8—纺丝甬道

合成纤维纺丝成形后，长丝必须按照一定规律卷绕成具有一定形状和容量的卷装。在纺丝机上的卷装为圆柱形，每一丝层的长度不变，卷装容量大，相应的卷绕机构较简单；在牵伸加捻机和变形机上的卷装是带双锥边的圆柱形；在络丝机上是采用锥形筒管，卷绕成三锥面的卷装。因为这些机器上的卷装通常是送往外厂使用的，故两端锥面的卷装结构较为稳定，不易塌边、脱圈，也较容易退绕。短纤维的纺丝卷绕，因为最终成品是制成散纤维，故可以在纺丝成形后集成粗丝束，按一定规律有条不紊地放入盛丝桶内，从而大大简化了机械结构，省去了频繁的生头落筒操作，同时也方便了搬运和简化了后加工操作。

2. 纺织机械发展趋势

20 世纪 80 年代以来，光机电一体化成为推动纺织机械发展最主要的驱动力，它使得纺织机械结构简化、体积缩小、控制灵活、节能减排，从而大大地提高了纺织生产的自动化控制水平，有效地降低了成本，改善了劳动条件，提高了产品性能、质量及生产效率。纺织机械产品的技术创新、技术改进以及产品升级换代都离不开机电一体化技术的有力支撑。

纺织机械设计作为纺织机械技术创新的重要源泉，主要融合了纺织机械产品设计理论、设计方法及设计技术（如创新设计、概念设计、系统设计、计算机辅助设计、优化设计、可靠性设计、反求工程设计等），以机构学、机械结构强度学、机械动力学、摩擦力学为基础，探索设计过程本身的一般理论、方法及技术，以及与其他学科相互交叉融合，在新工艺、新材料、新技术及光机电一体化应用技术方面不断取得新的突破。

四、包装机械

包装（packaging）为在流通过程中为保护产品、方便储运、促进销售，按一定的技术方法所用的容器、材料和辅助物等的总体名称，也指为达到上述目的在采用容器、材料和辅助物的过程中施加一定技术方法等的操作活动。包装机械是指完成全部或部分包装过程的机器。包装过程包括成形、充填、封口、裹包等主要包装工序，及清洗、干燥、杀菌、贴标、捆扎、集装、拆卸等前后包装工序，转送、选别等其他辅助包装工序。

包装机械是包装工业的重要基础，在轻工机械行业中占有重要的地位。包装机械为包装业提供了重要的技术保障，在食品、医药、日用品、化工产品等生产中起着重要的作用。包装机械能大幅度地提高生产效率，加快产品的不断更新；降低劳动强度，改善劳动条件；能节约材料、降低成本、保护环境；有利于提高被包装产品的卫生，提高产品质量；延长产品的保质期，方便产品的流通；可减少包装场地面积，节约基建投资等。

1. 包装机械的特点

包装机械多属于自动机械，它既具有自动机械的共性，也具有自身的特点，包装机械的主要特点如下：

1）大多数包装机械种类繁多，结构复杂、运动速度快、动作精度较高。

2）用于食品、药品等包装机械要便于清洗，与食品、药品接触的部位要用不锈钢或经过化学处理的无毒材料制成。

3）进行包装作业时的工艺力一般都较小，所以包装机械的电动机功率较小。

4）包装机械一般都采用无级变速装置，以便灵活调整包装速度，调节包装机的生产能力。

5）包装机械是特殊种类的专业机械，使用需求数量有限。为便于制造和维修，减少设备投资，在各种包装机械设计中应注意通用性及多功能性。

2. 包装机械的分类

包装机械有多种分类方法。按功能可分为单功能包装机和多功能包装机；按使用目的可分为内包装机和外包装机；按包装品种又可分为专用包装机和通用包装机；按自动化水平分为半自动机和全自动机等。各种分类方法各有其特点及适用范围，但均有其局限性。从国际上包装机械总的情况来看，比较科学的分类方法是按其主要功能进行分类。2003 年，国家标准局在 1986 年标准的基础上，修订了包装机械分类标准，新标准以包装机械产品主要功能的不同作为划分类别的原则，对包装机械产品进行分类。新标准将包装机械分为：封口机械、灌装机械、裹包机械、贴标机械、填充机、多功能包装机械、清洗机械、杀菌机械、捆扎机械、集装机械、辅助包装设备、包装材料制造机械、包装容器制造机械、无菌包装机械。本节将介绍一些常用包装机械。

（1）封口机械　封口机是将充填有包装物的容器进行封口的机械，其主要种类有：

1）无封口材料封口机。包括热压式（图 11-69）、冷压式、熔焊式、插合式、折叠式等封口机。

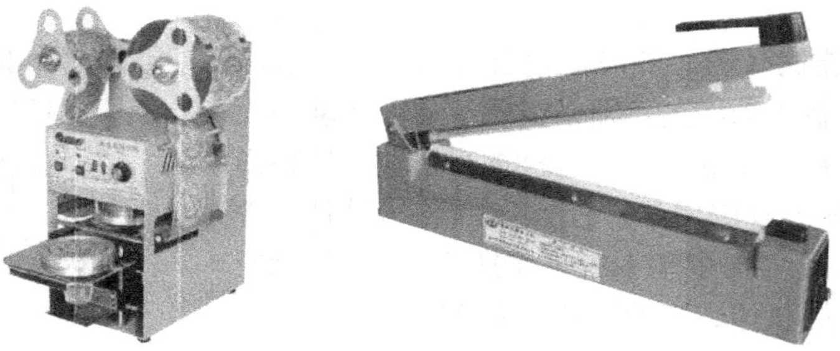

a)　　b)

图 11-69　热压式封口机

2）有封口材料封口机。包括旋合式、滚纹式、卷边式、压合式等封口机。

3）有辅助封口材料封口机。包括胶带式、粘结式、钉合式、结扎式、缝合式等封口机。

几种典型的封口形式如图 11-70 所示。

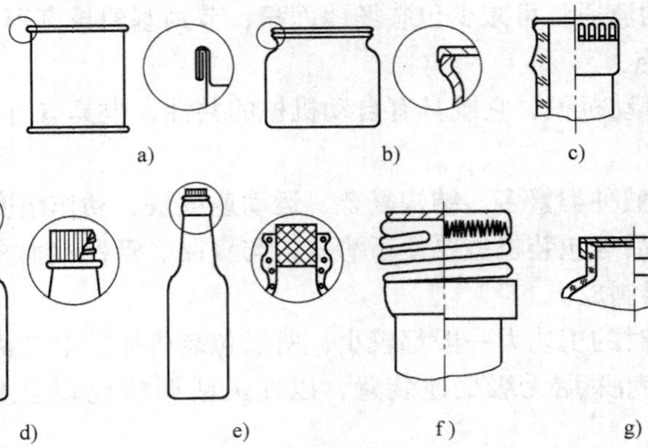

图 11-70　几种典型的封口形式

（2）灌装机械　灌装机械就是将液体产品按预订量灌注到包装容器内的机器。按灌装方法及灌装压力可分为：

1）常压灌装机。在常压下将液体充填到包装容器内的机器，主要灌装液体产品，如白酒、酯、酱油、牛奶、药水等。

2）负压灌装机。先对包装容器抽气形成负压，然后将液体充填到包装容器内的机器。适宜于灌装低强度的物料，如油类、糖浆、含维生素的饮料、农药、化工试剂。

3）等压灌装机。先向包装容器充气，使其内部气体压力和储液缸内的气体压力相等，然后将液体充填到包装容器内的机器。适宜于含气体饮料的灌装，如啤酒、汽水等，可减少其中所含二氧化碳气体的损失。

4）压力法灌装机。利用外部的机械压力将液体产品充填到包装容器内的机器。适宜于灌装较稠性物料，如番茄酱、肉糜、牙膏、香脂等。

旋转型负压灌装机按包装容器的主要运动形式可分为：

1）旋转型灌装机（图 11-71）。包装容器进入灌装工位后，由灌装机转盘带动绕主立轴作旋转运动，转动一周完成连续灌装，然后由转盘送入压盖机进行压盖。这种灌装机在食品、饮料行业应用最广泛，如汽水、果汁、啤酒、牛奶的灌装，主要由供料系统、供瓶系统、灌装阀、大转盘、传动系统、机体、自动控制等部分组成。

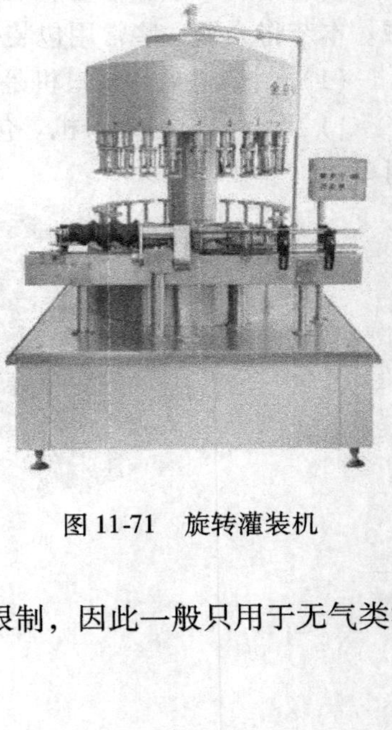

图 11-71　旋转灌装机

2）直线型灌装机。包装容器沿着直线运动，并在停歇时进行成排灌装。这种灌装机结构简单，制造方便，占地面积比较大，由于是间歇运动，生产能力的提高受到一定限制，因此一般只用于无气类液体的灌装，局限性较大。

(3) 裹包机械 裹包是一种最常用的包装方式，特别适于块状并具有一定刚度的物品的包装。用挠性料局部或全部裹包产品的包装设备称为裹包机械。

随着产品种类的增加，包装材料的丰富多样及包装技术的发展、提高，包装形式也变得丰富多样，灵活多变。另外，由于被包装物品的特性、尺寸和形态的不同，采用的裹包形式也在变化。因此裹包的方式和种类也在不断变化、增加。几种典型的裹包方式如图 11-72 所示。

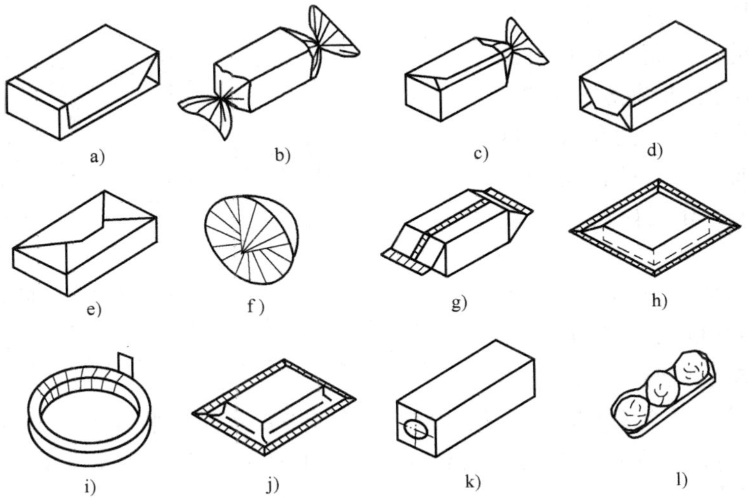

图 11-72 几种典型的裹包方式

1) 半裹包。用柔性包装材料将被包装物品的大部分裹包而裸露一部分的包装形式。如部分橡皮擦、口香糖等的内包装。

2) 全裹包。用柔性包装材料将被包装物品的表面全部裹包的形式，它可分为扭结式、折叠式、接缝式、覆盖式等。

3) 缠绕裹包。用柔性材料缠绕被包装物品的裹包形式。

4) 泡罩裹包。将产品封合在由透明塑料薄片形成的泡罩与底板之间的包装方法，最常用于药品的包装。

5) 贴体包装。将产品放在能透气的，用纸板或塑料薄片制成的底板上，上面覆盖可加热软化的塑料薄膜或薄片，四边封接并加热后，通过底板抽真空，使薄膜或薄片紧密地包紧产品的包装方法。

6) 热收缩包装。利用有收缩性能的塑料薄膜裹包产品或包装件，然后加热到一定温度使薄膜自行收缩而紧贴住包装件的一种包装方法。

7) 拉伸包装。利用可拉伸的塑料薄膜在常温下对薄膜进行拉伸，对产品或包装件进行裹包的方法。

(4) 贴标机械 随着社会的发展，几乎每种商品都需要注明自己的身份和生产日期，包装是这些信息的载体，对商品贴标是实现这一要求的主要途径，贴标机械是完成商品贴标的包装与印刷机械。贴标机就是在包装件或产品上加上标签的机器。绝大多数液态、部分粉状或粒状瓶装或盒装产品都采用机器贴标。标签对商品有装潢作用，同时便于商品的销售与管理。标签上的商标、商品的规格及主要参数、使用说明与商品介绍，是现代包装不可缺少的组成部分。

贴标机按标签的种类可分为片式标签贴标机、卷筒状标签贴标机、热黏性标签贴标机、感压性贴标机及收缩筒形标签贴标机；按自动化程度可分为半自动贴标机和全自动贴标机；按容器的运行方向可分为立式贴标机和卧式贴标机；按贴标工艺特征可分为压捺式贴标机、滚压式贴标机、搓滚式贴标机、刷抚式贴标机；根据包装容器形状可分为方瓶贴标机，圆瓶贴标机，扁型瓶贴标机和小型异形瓶贴标机等；根据标签贴的长度可分为单面贴标机，双面贴标机，三面贴标机和多面贴标机等。这里介绍两种真空转鼓贴标机。

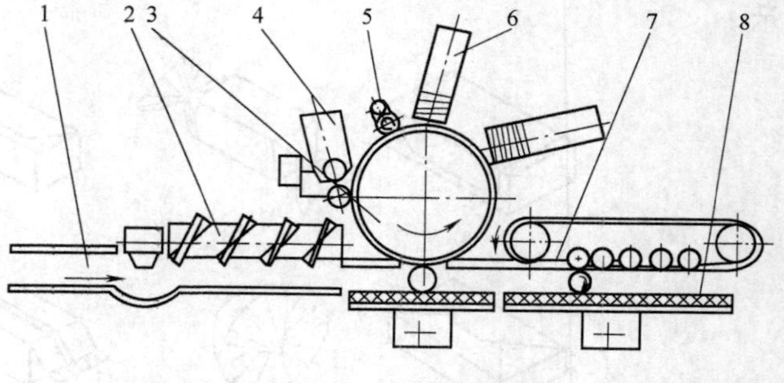

图 11-73　直线式真空转鼓贴标机示意图

1—板式输送链　2—供送螺杆　3—真空转鼓　4—涂胶装置　5—印码装置　6—标盒　7—搓滚输送带　8—海绵橡胶衬垫

1）直线式真空转鼓贴标机。直线式真空转鼓贴标机示意图如图 11-73 所示，由板式输送链 1、供送螺杆 2、真空转鼓 3、五条搓滚输送带 7、海绵橡胶衬垫 8 及涂胶装置 4、印码装置 5、标盒 6 等组成。该机特点是：①搓滚装置是与真空转鼓分开的独立装置；②除利用真空实现取标、送标外，还能完成打印字码、涂胶、贴标等工作；③设有“无瓶不取标”和“无标不涂浆”装置。

2）回转式真空转鼓贴标机。回转式贴标机由板式输送链与回转工作台交替载运容器，通过相应的贴标工作区段。容器在贴标机上经过的是一条由直线与圆弧组成的轨迹。回转式真空转鼓贴标机是回转式贴标机中应用较为广泛的一种。它采用了真空转鼓结构部件，具有吸标、传输、贴标等多方面的功能，机器结构合理简单，并能提高贴标工作效率和工作可靠性。

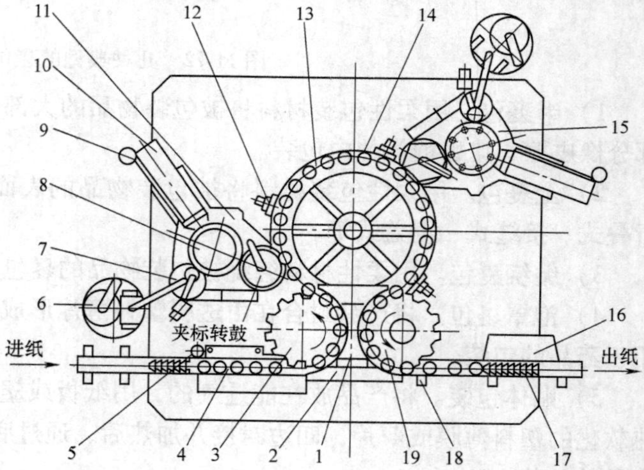

图 11-74　回转式真空转鼓贴标机示意图

1—取标转鼓　2—涂胶装置　3—真空转鼓　4—板式输送链　5—分隔星轮　6—供送螺杆　7、8—星形拨轮　9—回转工作台　10—理标毛刷　11—打印装置　12—标盒

图 11-74 所示为回转式真空转鼓贴标机示意图。它由取标转鼓 1、涂胶装置 2、真空转鼓 3、板式输送链 4、分隔星轮 5、供送螺杆 6、星形拨轮 7 和 8、回转工作台 9、理标毛刷 10、打印装置 11、标盒 12 组成。

（5）多功能包装机　在一台包装机上可以完成两个或两个以上包装工序的机器称为多功能包装机。这种机器常以它所能完成的包装工序联合命名，也有以其完成的主要功能命名的。随着多功能包装机的迅速发展，它的种类也日趋增多。其分类如图 11-75 所示。

- 多功能包装机
  - 充填—封口机
  - 成型—充填—封口机
    - 袋成形—充填—封口机
    - 箱成形—充填—封口机
    - 热成形—充填—封口机
    - 冲压成形—充填—封口机
    - 熔融成形—充填—封口机
    - 泡罩包装机
  - 真空包装机
  - 定型—充填—封口机
    - 开袋—充填—封口机
    - 开箱—充填—封口机
    - 开瓶—充填—封口机
    - 衬袋箱—定型—充填—封口机
  - 充气包装机

图 11-75 多功能包装机分类

3. 包装机械的产生和发展趋势

包装机械是随着新包装材料的出现和包装技术的不断革新而发展的。中国发明的造纸技术，在历史上为纸包装的产生提供了条件。1850 年世界纸价大跌，纸包装开始用于食品。1852 年美国的沃利发明出制纸袋机，从而出现纸制品机械。1861 年德国建立了世界上第一个包装机械厂，并于 1911 年生产了全自动成形充填封口机。美国、日本、德国、意大利是世界上包装机械四大强国。我国包装机械起步较晚，经过 20 多年的发展，我国包装机械已成为机械工业中十大行业之一，为我国包装工业快速发展提供了有效的保障，有些包装机械填补了国内空白，已能基本满足国内市场的需求，部分产品还有出口。包装机械竞争日趋激烈，而高度自动化、智能化、多功能、高效率、低消耗的包装设备越来越受到行业的青睐，并且工艺流程自动化程度越来越高。目前包装机械的发展趋势主要强调：

1）安全检测技术。安全在任何一个行业都是第一关键词，在包装行业更是如此。在食品行业，安全检测技术发展迅速。食品安全在包装机械上的体现不只局限在简单的物理参数的范围，同时也要关注食品的颜色、原料等因素。包装机械应用的范围在扩大，这样不断地为机械厂家以及自动化产品供应商提出新的要求。

2）运动控制技术。运动控制技术在国内的发展十分迅速，但是在包装机械行业的发展动力却显得上升乏力。运动控制产品及技术在包装机械上的作用主要是达到精确的位置控制和严格的速度同步的要求，主要用于装卸、输送、打标、码垛、卸垛等工序。有人认为运动控制技术是区别高、中、低端包装机械的关键因素之一，也是我国包装机械升级的技术支撑。

3）柔性化生产。各大企业为适应市场激烈的竞争，产品更新换代的周期越来越短。据了解，化妆品生产一般可达到三年一变，甚至一个季度一变，同时生产量又相对较大，所以对包装机械的柔性与灵活性提出了很高的要求：即包装机械的使用寿命要远远大于产品的寿命周期。因为，只有这样才能符合产品生产经济性的要求。要从三个方面考虑柔性化的概念：量的灵活性、构造的灵活性以及供货的灵活性。

4）制造执行系统。近几年来，集成技术在包装行业发展势头迅猛。包装机械设备种类较多，这就使得不同厂商的产品接口对接、设备与工控机、信息与设备之间的传输方式遇到了很大难题。在这种情况下，包装企业转而向制造执行系统（MES）寻求解决方案。

第十二章　农用机械

约在 1 万年前，人类在逐步学会驯化植物和动物的同时，摆脱了完全依靠采集和狩猎为生的阶段，开始了农业生产。现代农业是有工业技术装备、以实验科学为指导、主要从事商品生产的农业，农业机械是现代农业生产活动中的重要装备。

在作物种植业和畜牧业生产过程中，以及农、畜产品初加工和处理过程中所使用的各种机械，都被称为农业机械。包括农用动力机械、农田建设机械、土壤耕作机械、种植和施肥机械、植物保护机械、农田排灌机械、作物收获机械、农产品加工机械、畜牧业机械和农业运输机械等。广义的农业机械还包括林业机械、渔业机械和蚕桑、养蜂、食用菌类培植等农村副业机械。

第一节　农业机械的发展简史

农业机械的起源可以追溯到原始社会使用简单农具的时代。在我国，早在公元前 3000 年前新石器时代的仰韶文化时期，就有了原始的耕地工具——耒耜（图 12-1）；公元前 13 世纪已使用铜犁头进行牛耕；到了春秋战国时代，已经拥有耕地、播种、收获、加工和灌溉等一系列铁、木制农具。

公元前 90 年前后，赵过发明了三行耧（图 12-2），即三行条播机，其基本结构至今仍被应用。到 9 世纪已形成结构相当完备的畜力铧式犁。在《齐民要术》《耒耜经》、王祯《农书》《天工开物》等古籍中，对各个时期农业生产中使用的各种机械和工具都有详细的记载。在西方，原始的木犁起源于美索不达米亚和埃及，约公元前一千年开始使用铁犁铧。

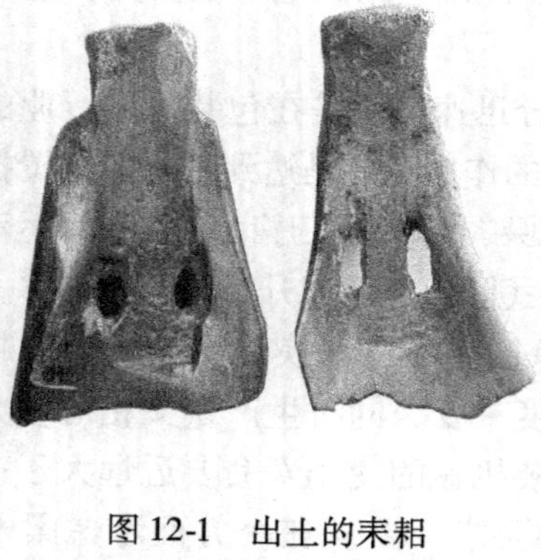

图 12-1　出土的耒耜

图 12-2　三行耧

20 世纪初，以内燃机为动力的拖拉机开始逐步代替牲畜作为牵引动力，广泛用于各项田间作业，并用以驱动各种固定作业的农业机械。20 世纪 30 年代后期，英国的弗格森创制成功拖拉机的农具悬挂系统，使拖拉机和农具二者形成一个整体，大大提高了拖拉机的使用和操作性能。

随着科技的进步，农业机械有了液压系统操纵的农具悬挂系统，这使农具的操纵和控制更为轻便、灵活。与拖拉机配套的农机具由牵引式逐步转向悬挂式和半悬挂式，使农机具的质量减轻、结构简化。欧美各国的谷物联合收获机逐步由牵引式转向自走式。水果、蔬菜等收获机械得到发展。电子技术逐步应用于农业机械作业过程的监测和控制，逐步向作业过程的自动化方向发展。

第二节　农业机械的分类

农业机械一般按用途分类，其中大部分机械是根据农业活动的特点和各项作业的特殊要求而专门设计制造的，如土壤耕作机械、种植和施肥机械、植物保护机械、作物收获机械、畜牧业机械，以及农产品加工机械等。另一部分则与其他行业通用，根据农业活动的特点和需要直接选用，如农用动力机械、农田排灌机械中的水泵等，或者把这些机械设计成农用变型机，如农业运输机械中的农用汽车、挂车和农田建设机械中的土、石方机械等。

按照作业方式，农业机械可分为行走作业和固定作业的两大类。在行走作业的农业机械中，又有连续行走式和间歇行走式两类。在固定作业的农业机械中，则有在非作业状态下可以转移作业地点的可移动式和作业地点始终固定的不可移动式两类。

1. 农业动力机械

农业动力机械的主要任务是为各种农业机械和农业设施提供动力，主要有内燃机和拖拉机（图12-3），以及电动机、风力机、水轮机和各种小型发电机组等。柴油机有热效率高、燃料经济性好、工作可靠和防火安全性好等优点，在农用内燃机中和拖拉机上应用最广。汽油机主要用于小型农业机械。

图 12-3　带 GPS 的拖拉机

2. 农田建设机械

是用于平整土地、修筑梯田和台田、开挖沟渠、敷设管道和开凿水井等农田建设的施工机械。部分机械与道路、建筑工程用的同类机械基本相同，如推土机、平地机、铲运机、挖掘机、装载机和凿岩机等土、石方机械，但大多数（凿岩机除外）与农用拖拉机配套使用，挂接方便，以提高动力的利用率，其他农田建设机械主要有开沟机、鼠道犁、铲抛机、水井钻机等。

图 12-4　折叠圆盘耙

3. 土壤基本耕作机械

是用以对土壤进行翻耕、松碎或深松、碎土等所用的机械，包括铧式犁、圆盘犁、凿式犁和旋耕机等；表土耕作机械包括圆盘耙（图 12-4）、钉齿耙镇压器（图 12-5）和中耕机等。联合耕作机械能一次完成土壤的基本耕作和表土耕作，即耕地和耙地，其形式可以是两台不同机具的组合，如铧式犁和钉齿耙，铧式犁和旋耕机等，也可以是两种不同工作部件的组合，如由铧式犁犁体与立轴式旋耕部件组成的耕耙犁等。

（1）铧式犁　土壤耕作最常用的机具。主要工作部件是由犁铧、犁壁等组成的犁体。犁铧和犁壁的工作面为连续、光滑的犁体曲面，其形状和参数根据不同的土壤和耕作要求选取，并与机组的行进速度有关。20世纪80年代初出现的调幅犁是铧式犁传统结构的一个较大突破。调幅犁的调幅程度通过改变主梁与机器前进方向的夹角大小而变化，以适应在各种土壤条件下耕作时的不同阻力。

图 12-5　钉齿耙进行整地作业

（2）圆盘犁　圆盘犁的工作部件是与铅锤面约成20°倾角，而与前进方向成40°~50°偏角的凹面圆盘。圆盘犁能切碎干硬土地，切断草根和小树根。它适用于多石、多草和潮湿黏重的土壤以及高产绿肥田的秸秆还田后的耕翻作业。

（3）凿式犁　凿式犁的工作部件是1~3列带刚性铲柱的凿形松土铲，适用于干旱、多石和水土流失严重地区土壤的基本耕作。

（4）旋耕机　旋耕机的工作部件旋耕刀是在一根水平横轴上按多线螺纹均匀配置的一组切土刀片，由拖拉机动力输出轴通过传动装置驱动，旋转切土和碎土，一次作业即可达到种床准备要求。主要用于水田、蔬菜地和果园的耕作。

4. 种植机械

按照种植对象和工艺过程的不同，可分为播种机、栽种机和秧苗栽植机。

（1）播种机　1636年在希腊制成第一台播种机。1830年俄国人在畜力多铧犁上制成犁播机。1860年后，英、美等国开始大量生产畜力谷物条播机。20世纪后相继出现了牵引和悬挂式谷物条播机，以及运用气力排种的播种机。20世纪50年代发展了精密播种机。我国在20世纪50年代引进了谷物条播机、棉花播种机等。20世纪60年代先后研制成悬挂式谷物播种机、离心式播种机、通用机架播种机和气吸式播种机等多种类型，并研制成磨纹式排种器。到20世纪70年代，已形成播种、中耕通用机和谷物联合播种机两个系列，同时研制成功了精密播种机。精密播种机按播种方式可分为撒播机、条播机和穴播机。20世纪50年代开始大量发展的各类型精密播种机，能精确控制播种量、穴（株）距和播种深度。后来发展的气力排种精密播种机（图12-6），其排种器（气吸式、气压式或气吹式）利用正压或负压气流按一定的间隔排出一列种子，实现单粒精密穴播，与传统的机械式排种器相比，播量精确、不伤种子。

图 12-6　精密播种机

（2）栽种机　栽种机种植的对象是马铃薯、甘薯和葱头等作物的种块和甘蔗的种段等。由于不同作物种块、种段的形状和栽种要求差异较大，大多数栽种机为专用栽种机，常用的有马铃薯栽种机、甘蔗栽种机等。

（3）秧苗栽植机　秧苗栽植机的种植对象是水稻、棉花、烟草、蔬菜、果树和花卉等作物的秧苗和带营养钵或带土的秧苗。栽植机分为半机械化、机械化和自动化。半机械化秧苗栽植机是由机器完成开沟、覆土和镇压等工序，而取秧和栽秧则由坐在机器上的栽秧手完成。机械化秧苗栽植机的栽秧动作由机器完成，但仍由栽秧手取秧并将其放入栽秧机构。自动化秧苗栽植机仅用人工把成盘的秧苗（通常为带营养钵的秧苗）装到机器的秧盘架上，机器在行进中自动完成全部栽植工序。

水稻插秧机如图 12-7 所示，是专用于水稻秧苗移栽的一种秧苗栽植机。其结构包括分插机构（连杆式、回转式）、行走装置、送秧机构等。

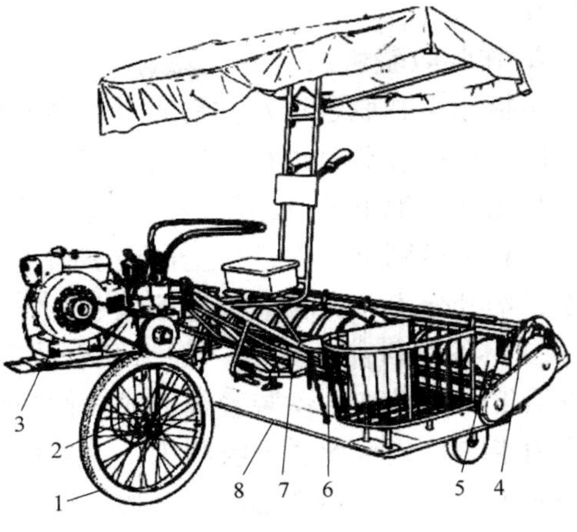

图 12-7　水稻插秧机
1—行走装置　2—动力驱动　3—发动机
4—分插机构　5—秧箱　6—送秧机构
7—机架　8—浮体

5. 施肥机械

施肥机械的任务是在田间施放各种化学肥料（颗粒肥、液肥）、厩肥、粪肥和堆肥等，主要用于在耕地前施放基肥，而种肥和追肥一般分别由附装在播种机和中耕机上的施肥装置施放。常用的施肥机械有厩肥撒肥机、撒肥挂车、液肥喷洒机、化肥撒肥机和氨水条施机等。

6. 植物保护机械

它是用于保护作物和农产品免受病、虫、鸟、兽和杂草等危害的机械，通常是指用化学方法防治植物病虫害的各种喷施农药的机械，也包括用化学或物理方法除草，和用物理方法防治病虫害、驱赶鸟、兽所用的机械和设备等。植物保护机械主要有喷雾、喷粉等机具。植保机械作业（喷洒农药）如图 12-8 所示。

（1）喷雾器　又可分为下列类型：

1）单管式。用手压柱塞泵，由空气室保持喷雾压力，工作压力可达 0.7～1.0MPa，本身不带药箱，而是将吸药管插入药桶内吸药。结构简单，轻巧灵便，但施药量低，射程短，适用于苗圃、幼龄或矮小果树等的防治作业。

2）压缩式。采用塞杆式气泵，使压缩后的空气进入药液箱，在箱内产生 0.4～0.6MPa 的压力。结构简单，使用方便。

图 12-8　植保机械作业（喷洒农药）

3）背负摇杆式。采用皮碗式活塞泵。作业时通过泵的往复运动将药液压入空气室，在空气室内压力的作用下，从喷头喷出药液。喷雾质量好，工作效率高。药箱容积为 10～16L，最大工作压力为 0.8MPa。

（2）喷粉器　主要由药粉箱、离心式风机、喷撒部件、摇把和增速传动装置等组成。作业时摇动摇把，风机叶轮在增速传动装置作用下高速旋转，药粉箱内的药粉由刮板式输粉器送入风机壳内，与空气混合，随气流经喷管和喷粉头喷出。喷程 2m，喷粉量 0.45～

0. 65L/min。由于喷程较小，效率较低，只适用于小块地作物和苗圃、幼龄及矮小果树的防治作业。

7. 作物收获机械

包括用于收取各种农作物或农产品的各种机械。不同农作物的收获方式和所用的机械都不相同，有的机器只进行单项收获工序，如稻、麦、玉米和甘蔗等带穗茎秆的切割，薯类、甜菜和花生等地下部分的挖掘，棉花、茶叶和水果等的采摘，亚麻、黄麻等茎秆的拔取等。有的收获机械则可一次进行全部或多项收获工序，称为联合收获机，可进行茎杆切割、谷穗脱粒、秸秆分离和谷粒清选等项作业。

（1）谷物联合收获机　谷物联合收获机由收割台、输送装置、脱粒装置、分离装置、清洗装置、粮箱和传动装置等组成。按作物的喂入方式有全喂入式和半喂入式两种。图 12-9 所示为半喂入式玉米联合收割机，主要用于收获玉米、豆类、水稻和向日葵等，经过改造和调整后可收获小麦和其他麦类作物。

图 12-9　玉米联合收割机

（2）采棉机　采棉机用旋转的带齿摘锭，将绽开棉桃中的带籽纤维抓带出来并靠气流送入棉箱。采棉机有两种类型：水平摘锭采棉机，采摘效率高，但结构复杂，制造精度要求和成本高；垂直摘锭采棉机，机构简单，成本较低，但采摘效率较低，落地棉较多，对棉株损伤大。

8. 机器人收获机

机器人收获机包括以下机构：

1）执行机构：完成机器人的操作或移动，包括铰链连接的基座、肩肘、夹持器（手爪）以及行走轮等部分。

2）动力元件：为执行机构提供动力，常用的动力元件有交直流电动机、液压及气压的动力元件。

3）传动装置：将动力元件提供的动力传送到执行元件，常采用齿轮、链轮、蜗轮蜗杆等。

4）传感器：分为内部传感器和外部传感器两类。内部传感器用来确定整个系统的各组成元件之间的位置与位姿；外部传感器用来获得机器人的环境状态信息，如安装在机器人本体上的摄像机、力检测器、接近传感器等。

5）计算机：它是机器人的大脑，用来处理机器人传感器所接受的信息及进行控制运算。图 12-10 所示为直走式黄瓜收获机器人，图 12-11 所示为西瓜收获机器人。

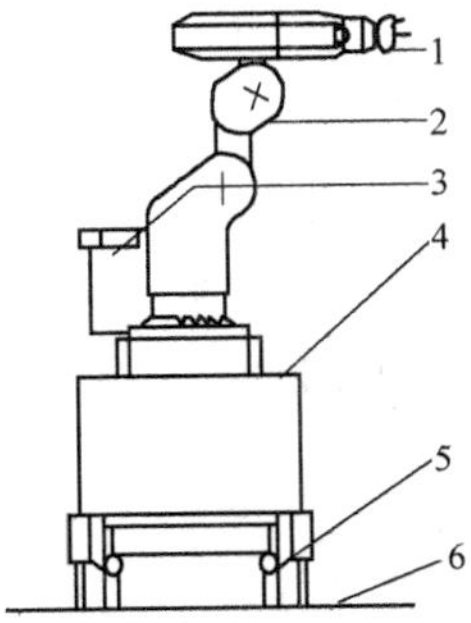

图 12-10　直走式黄瓜收获机器人

1—末梢执行器　2—机械手　3—视觉系统
4—行走车　5—加热管道（作导轨）　6—地面

图 12-11　西瓜收获机器人

第三节　农业机械的发展趋势

农业机械的发展，与一个国家及其农业的经济条件有直接的联系。在经济发达国家，农业机械继续向大型、宽幅（作业宽度是普通机械的数倍）、高速和高生产率的方向发展，并在实现机械化的基础上逐步向生产过程的自动化过渡。电子技术、微型电子计算机技术等各种先进科学技术，在农业机械产品及其设计制造中得到日益广泛的应用。

我国近期仍以发展中小型农业机械为主，重点发展的项目是经济效益高、能提高抗御自然灾害能力、保证稳产高产和增产增收的农业机械品种，各种农副产品加工机械和禽畜饲养机械，以及养蜂、养蚕、池塘养鱼和食用苗类培植等机械设备。

在完善网络基础设施的基础上，我国已建成一批“数字农业”示范工程。例如，在水利建设中，加快信息化系统在防汛抗旱指挥调度、水资源管理、水文和水土保持监测等方面的应用；在农业生产中，在小麦、玉米等大田作物种植中选择示范区，推广应用精准作业、管理信息、农村远程数字化和可视化、灾害预警等技术；在农业物联网上，重点推广农产品物流配送、农产品安全溯源等物联网信息系统，加强农产品运输和销售过程安全管理等。

参考文献

[1] 路留生．我国机床工业的发展概况及现状［J］．安阳大学学报，2002（4）．

[2] 张伯霖．高速切削技术及应用［M］．北京：机械工业出版社，2002.

[3] 毕承恩．现代数控机床：上册［M］．北京：机械工业出版社，1991.

[4] 李良福．世界机床制造业的发展趋势［J］．机械制造与自动化，2002（5）．

[5] 于华．数控机床的编程及实例［M］．北京：机械工业出版社，2002.

[6] 杨瑞成．材料科学与世界漫步［M］．北京：化学工业出版社，2003.

[7] 李宏胜．数控原理与系统［M］．北京：机械工业出版社，1999.

[8] 程良骏．水轮机［M］．北京：机械工业出版社，1981.

[9] 西安交通大学内燃机教研室．内燃机原理［M］．北京：中国农业机械出版社，1981.

[10] 長尾不二夫．内燃机原理与柴油机设计［M］．冯中，万欣，等译．北京：机械工业出版社，1984.

[11] 刘又午．数字控制机床［M］．北京：机械工业出版社，1983.

[12] 王润孝．先进制造技术导论［M］．北京：科学出版社，2004.

[13] 张菊水．工程材料学［M］．北京：机械工业出版社，1990.

[14] 国家自然科学基金委员会．机械工程科学技术前沿［M］．北京：机械工业出版社，1996.

[15] 中国机械工程学会．中国机械设计大典［M］．南昌：江西科学技术出版社，2002.

[16] 黄平．常用机械零件及机构图册［M］．北京：化学工业出版社，1999.

[17] 戴念祖．中国文化通志：科学技术典：物理与机械志［M］．上海：上海人民出版社，1998.

[18] 王中发．实用机械设计［M］．北京：北京理工大学出版社，1998.

[19] 镇江农业机械学院．农业机械学［M］．北京：中国农业机械出版社，1981.

[20] 宁恩浙．采掘机械［M］．北京：冶金工业出版社，1980.

[21] 陈玉凡．矿山机械［M］．北京：冶金工业出版社，1981.

[22] 徐元昌．工业机器人［M］．北京：中国轻工业出版社，1999.

[23] 柳洪义．机器人技术基础［M］．北京：冶金工业出版社，2002.

[24] 朱蓦彬．微型机械加工技术发展现状和趋势及其关键技术［J］．精密制造与自动化，2002，2.

[25] 王琪民．微型机械导论［M］．合肥：中国科学技术大学出版社，2003.

[26] 王启平．机械制造工艺学［M］．哈尔滨：哈尔滨工业大学出版社，1995.

[27] 张之一，等．风力机［M］．呼和浩特：内蒙古人民出版社，1979.

[28] 吴圣庄．金属切削机床［M］．北京：机械工业出版社，1980.